NIZI YU JIANZHU TULIAO
XINJISHU

腻子与建筑涂料
新技术

徐 峰 薛黎明 尹东林 编著

U0231222

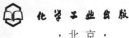

化学工业出版社

·北京·

腻子是涂料工程中重要的配套材料，会对涂料工程的质量产生重要影响。本书从技术性和实用性出发，介绍墙面、木质基层、金属基层和汽车修补等用途腻子的生产、应用技术和新的研究与发展。书中详细介绍这些腻子的原材料、参考配方、性能要求、施工技术等，还介绍我国高装饰性建筑涂料和建筑反射隔热涂料的生产与应用新技术，包括生产、施工和工程应用技术以及对新技术的研究。

　　本书可供从事建筑材料、生产、施工、检测、研究和管理的工程技术人员阅读，也可供大专院校相关专业的教师、学生阅读参考。

图书在版编目（CIP）数据

腻子与建筑涂料新技术/徐峰等编著. —北京：化学工业出版社，2015.8
ISBN 978-7-122-24021-7

Ⅰ.①腻…　Ⅱ.①徐…　Ⅲ.①油灰-建筑涂料-基本知识②建筑涂料-基本知识　Ⅳ.①TU56

中国版本图书馆 CIP 数据核字（2015）第 106210 号

责任编辑：仇志刚　　　　　　　　　　　装帧设计：刘丽华
责任校对：王素芹

出版发行：化学工业出版社（北京市东城区青年湖南街 13 号　邮政编码 100011）
印　　装：北京虎彩文化传播有限公司
850mm×1168mm　1/32　印张 12¼　字数 365 千字
2015 年 9 月北京第 1 版第 1 次印刷

购书咨询：010-64518888　　　　　　　　售后服务：010-64518899
网　　址：http://www.cip.com.cn
凡购买本书，如有缺损质量问题，本社销售中心负责调换。

定　　价：48.00 元

版权所有　违者必究

　　腻子是涂料涂装过程中使用的重要配套材料，于涂料的使用具有如影随形的依存关系，并对涂料工程质量产生重要影响。涂料工程中应用腻子的目的主要是提高装饰效果或产生功能作用，随之产生的不利因素则是使涂膜的物理性能降低，对此应有正确的认识。

　　早期并无专门的商品腻子，而是涂装工人于施工时现场调配，至今一些传统的腻子（如猪血灰腻子和某些木器腻子）仍是如此。随着涂料工业的发展逐渐出现了商品腻子，如各种机械产品腻子、木器腻子、车辆腻子和墙面腻子等。近年来墙面腻子和车辆腻子的发展很快，应用量也非常大。墙面腻子用量既大，品种也多，而车辆腻子以原子灰为主。

　　商品墙面腻子的出现虽只十多年时间，却极大地影响着建筑涂料的使用，而尤以外墙涂料为甚。近年来大量的外墙涂料工程在涂装不久即出现起皮、开裂，甚至脱落现象，绝大多数原因是因为使用了劣质腻子。一些车辆涂料的损坏原因也常常溯源到腻子。可见，生产出质量合格的腻子并正确使用之，对于涂料的应用具有重要意义。

　　提高腻子生产与应用水平，首先应提高理论知识和专业技术水平，然后结合以生产和应用实践，其中书本上的学习必不可少。但目前尚无专业腻子书籍，为此笔者遴选技术资料并结合实际工作经验整理成书以弥补这一空缺，同时也是对我国近年来腻子生产、应用和发展的总结。

　　另一方面，外墙外保温技术的广泛应用促进了外墙涂料的快速发展，近年来外墙涂料的品种和应用技术都发生很大变化，特别是砂壁状外墙涂料、水性多彩涂料和反射隔热涂料等得到大量应用和发展，已经成为新型建筑外墙装饰和建筑节能的重要材料。水性多彩涂料和反射隔热涂料都是近年来新出现的建筑涂料品种，其生产与应用都属于新技术，需要通过学习并结合实践而提高应用技术水平，以减少目前常常受到诟病的大量工程质量问题。砂壁状外墙涂料虽出现时间较早，但生产和应用技术已发生很大变化，也有与上二者相类似的情况与问题。

有鉴于此，本书在腻子的相关内容之后分两章介绍新型建筑涂料的生产与应用技术。其内容重点突出"新"和实用，形式上则删繁就简。同时，由于水性多彩涂料和反射隔热涂料的生产和应用技术还处于不断研究和完善阶段，因而书中介绍了相关的研究，旨在拓宽视野，把握动态和推动进步。

笔者多年来从事腻子与建筑涂料的技术研发、产品生产、质量检测等，较多涉及腻子、建筑涂料生产与应用，经历过涂料工程失败的教训，也积累一定的知识与经验，现将这些知识、经验与教训汇集整理，并参考相关资料文献将内容扩而大之写成本书。水平所限，缺漏疏失在所难免，诚望读者不吝指正。

编著者
2015 年 5 月

CONTENTS 目录

第一章 绪论

第二章 墙面腻子

第三章 木器和金属基层用腻子

第四章 新型高装饰性建筑涂料

第五章 建筑反射隔热涂料及其应用技术

绪 论

第一节 概述

一、腻子的功能

1. 定义与作用

腻子是用于消除涂料涂装前基层表面孔隙或者其他缺陷的厚质涂料，但一般被认为是一种涂料涂装的配套材料。

腻子一般用在底漆上面，其主要作用是填平基层，为涂料涂装提供理想的底面。尚处于较粗糙状态的基层通过批涂多道腻子，形成较厚的腻子膜。腻子膜经打磨后，变成平整、光滑的表面，为表面涂装涂料提供一个良好的基础，既能够减少涂料的用量，也能够使涂膜具有好的装饰效果。

如果对腻子进行分类的话，腻子的种类与涂料涂装的种类有关。例如，与汽车涂料涂装配套使用的腻子人们称之为汽车涂料腻子、与机械涂料涂装配套使用的腻子称之为机械涂装腻子等。因而，建筑腻子就是与建筑涂料涂装配套使用的腻子，例如墙面腻子、地坪腻子、拉毛腻子等。但除了墙面腻子外，在建筑木质基层涂装使用的腻子、在建筑领域的金属构件涂装使用的腻子等，也都属于建筑腻子的范围。不过，在建筑腻子中，从使用量来说，最大的还是墙面腻子，一是墙面基层通常平整度较差，单位面积腻子的用量大；二是需要涂装使用腻子的建筑物墙面面积大；从品种方面来说，最多的也是墙面腻子。

有必要指出的是，近年来由于建筑腻子品种的增多、功能的扩展和应用场合的变化，有时腻子的概念和传统上的腻子有明显差别，有时仅仅是根据腻子的外观形态（稠厚）和成膜后的厚度而将一些本属于涂料的产品也划归腻子范畴。例如，墙面拉毛腻子，应用于地坪的耐磨腻子，工业墙、地面或其他特殊场合使用的防腐腻子以及防水腻子等，本来都是一种有特殊性能或装饰效果的涂料，但鉴于以上原因或者习惯上的称呼（当然有时也是产品销售的需要），而将其称为腻子。由于本书是把腻子作为论述重点，也就把这些材料作为腻子种类列入本书的介绍范围。

2. 对腻子的基本性能要求

腻子品种很多，从腻子的共有特性来说，腻子应具备以下性能：

① 黏稠度合适，易刮涂，刮涂时不卷边，施工性能好；

② 能够自干（有的腻子还要求快干），干透性能好；

③ 触变性能好，干燥收缩率低；

④ 填充性能好，表面细腻；

⑤ 打磨性能好，打磨时不卷边，不粘砂纸；

⑥ 腻子膜有良好的机械强度，具有一定的柔韧性，本身不易开裂，同时能够遮蔽基层的微细裂缝，并抵抗基层微细裂缝大小的变化；

⑦ 与底面漆配套，有良好的防护性能；

⑧ 用于室内的腻子环保性能要好，不能含有（特别是干燥后）对人体或者环境有害的物质。

3. 腻子的特性

腻子的性能不同于涂料，从其组成、施工性能、腻子膜性能、经济性、技术性、用量等方面，均具有明显不同于涂料的特性，见表 1-1。

表 1-1 腻子的基本特性和性能要求概述

性能项目	特征描述
腻子的组成特性	腻子的组成材料中，成膜物质的种类相比于涂料要少得多，其用量一般都很低，体质颜料占有极大比例，其颜料体积浓度 PVC 值可达 80% 甚至更高。此外，对于多数腻子来说，对体质颜料质量（例如白度、细度等）的要求也远低于涂料；而对于某些腻子（例如以填平为主要功能的粗找平腻子）来说，甚至要求体质颜料的细度粗些才好。腻子的这种材料组成特征使得腻子从批刮时的膏状到变化成干燥的腻子膜过程中，不会产生很大的体积收缩，从而保证腻子膜能够批涂得很厚而在干燥过程中不会开裂，这对腻子填平粗糙基层十分有利

性能项目	特征描述
对基层的黏结性能	腻子对基层的黏结性能是腻子的重要性能,直接影响腻子的使用。一般要求腻子对基层黏结牢固,以保证涂料在使用过程中腻子膜不会从基层脱落
施工性能	对腻子施工性能的要求比涂料低。通常要求腻子具有很好的触变性和稠度,因为腻子多采用批涂方法施工,对批涂性能的要求通常是易批涂,不黏滞,不卷边,批涂一定厚度不会产生流挂,具有适当的干燥时间以满足批涂后的局部休整。此外,还要求腻子在干燥后至达到最终强度前具有较好的打磨性
腻子膜性能	就墙面腻子来说,由于墙面基层为水泥基材料,具有很高的碱性,因此,腻子膜应具有良好的耐碱性、耐水性,并具有一定的机械强度。有时还要求腻子膜具有某种特殊性能,例如抗裂性、柔韧性等。但总的来说,腻子膜的物理力学性能比涂膜的物理力学性能差
卫生性能	腻子中不能含有对人体或者环境有毒有害的物质,用于内墙的腻子的有毒有害物质限量应满足国家标准 GB 18582—2008 的要求
经济性	腻子单位面积的用量大,且又是涂装的配套材料,应有合理的成本,经济性不好,会影响腻子的使用

二、腻子与涂料工程的关系

对于很多涂料的涂装来说,必须使用腻子才能够得到所需要的涂装效果和涂膜性能。因而,腻子在涂料工程中是很重要的。

1. 保证涂膜的装饰效果

对于很多种平面光滑型涂膜(或称之为薄质涂膜)来说,提高基层的平整度、平滑度,往往会使涂膜具有更好的装饰效果。因而,使用腻子提高涂料涂装底面的平整度,是提高涂料装饰效果的有效方法。反过来说,对于那些表面粗糙、质感性强的涂料品种,例如复层涂料、砂壁状涂料和拉毛涂料等,就不需要使用腻子进行配套涂装。

在某些需要显现底材纹理、质地的涂装,例如使用透明清漆对木器进行漏出木材纹理的透明涂装中,透明腻子的使用,不影响木质纹理和质地的显现,大大增强涂装效果,使涂料的装饰性更强。

2. 赋予涂料涂装良好的经济性

腻子的使用,能够使涂料涂装于平整、光滑的面层上,从而使单位面积的涂料用量大大减少。另一方面,基层批涂一层一定厚度的腻子膜后，腻子膜遮盖了原来基层的各种颜色，给涂料涂装提供一个颜色基本均匀一致的底面，这能够使涂料在涂装厚度较薄的情况下，满足对基层遮盖的要求，减少涂料的用量和涂装道数。可见，腻子的使用对涂料涂装的经济性具有良好的作用。

3. 保证涂膜性能

虽然腻子膜的物理力学性能不如涂膜，但腻子膜对保证涂膜性能仍能够产生良好的影响，特别是在某些特殊情况下更是如此。例如，对于弹性墙面涂料，如果使用弹性腻子，在外力或者其他外部环境作用下涂膜产生体积变化时，腻子膜就能够和涂膜一起产生胀缩，对基层产生裂缝时的遮蔽作用也会更强；再例如，仿树脂幕墙涂装时配套的氟碳涂料专用滑爽腻子、抛光腻子、滑爽抛光二合一腻子等，其组成和性能已经接近面层涂料的性能，对于保证表面涂料的各种性能非常有利。

4. 改善涂料施工条件、加快施工速度

一个明显的例子是瓷砖外墙面在翻新涂装时，凿除瓷砖劳动强度大，费时费力，对施工环境也会产生非常不利的影响。而使用瓷砖翻新涂装专用腻子直接在旧瓷砖表面批涂，就免去凿除旧瓷砖之劳作，这能够加快施工速度，基本消除施工时对环境的影响，降低施工费用。

5. 增强涂料的装饰效果

有些腻子不是处于涂层下面被涂膜覆盖，而是直接显现出来的，例如仿树脂幕墙涂装时使用的分格缝专用腻子，就能够起到很好的美观作用，而且还能够减缓和防止裂缝的产生，同时还能够起到伸缩缝的作用。

6. 腻子对涂料工程的不利影响

除了以上腻子对涂料工程的有利作用以外，腻子对涂料工程的不利影响也是明显的。例如，增加涂装施工的道数和程序，腻子本身常常需要刮涂 2～4 道；因而腻子的使用会多消耗工时和材料；腻子膜显著降低整套涂膜体系的机械强度，影响涂膜体系的综合性能，例如耐候性、防腐蚀性等。应指出，由于建筑外墙涂料工程对附着强度、物理力学性能要求很高，而腻子的使用会降低这些性能，因而在满足涂装要求的前提下，外墙腻子的使用应越少越好[1]，不可为了使用

腻子而使用。作者认为，对于外墙面的涂装来说，腻子的基本使用原则是能够不使用腻子尽量不使用。

三、墙面腻子的发展及其功能扩展

1. 墙面腻子产品的发展

墙面腻子是和建筑涂料同步发展起来的。在 20 世纪 70 年代初期，现代建筑涂料在我国开始出现，在涂装过程中开始使用腻子。那时使用的腻子都是在施工现场于使用前临时配制的。内、外墙涂料使用的腻子配制方法有所不同。外墙使用的腻子采用白水泥、107 建筑胶水（聚乙烯醇缩甲醛胶黏剂）、羧甲基纤维素和老粉（重质碳酸钙）配制；内墙腻子不使用白水泥，仅使用 107 建筑胶水、羧甲基纤维素和老粉配制，有时还直接使用内墙涂料和老粉配制。这种情况一直延续到 20 世纪 90 年代末。

随着国家的改革开放，建筑涂料品种增多，用量急剧增大，对涂装质量的要求提高，对工期和涂料工程的施工速度要求都相应提高。现场配制腻子不能满足涂装要求。这时商品腻子开始出现。

当时的腻子绝大多数为膏状，由于原材料的限制，很少有粉状腻子。内墙腻子膏使用 107 建筑胶水配制，外墙腻子膏则使用聚合物乳液（聚醋酸乙烯乳液、聚丙烯酸酯乳液等）配制，这时期腻子作为商品刚刚出现，人们特别注重腻子的质量。因而那时绝大多数腻子的质量是很好的。

但另一方面，当时人们对腻子与涂料和封闭底漆等涂膜系统的配套性以及腻子的生产技术还都很陌生，认知的程度还很低。记得当时有一个现代化程度很高的工业厂房，内墙先用溶剂型环氧封闭底漆进行封闭涂刷，然后批涂内墙腻子并施涂涂料。结果涂料施工后不久，就出现严重的脱落现象，重新维修施工仍然出现相同的问题。后来电话问到作者，作者帮他分析是腻子与底漆的配套性问题，亦即腻子的黏结强度低，因为环氧底漆涂膜坚硬光滑，使其表面的腻子难于黏结，当时的腻子黏结强度低，因而产生涂膜脱落的问题（实际上是腻子膜的脱落引起的涂膜脱落）。作者分析了这个原因，并帮他重新设计了高质量的聚合物乳液内墙腻子（成膜物质是聚丙烯酸酯乳液）的配方，施工后就没有再出现质量问题。这个问题在目前来说可能不算是什么技术难题了，但在当时人们对腻子还没有得到充分认识的情况下，这个问题就产生了，并造成一定的经济损失。

到了 21 世纪初，随着国外醇解度为 88% 的微细聚乙烯醇（即 1788 聚乙烯醇、588 聚乙烯醇等）粉末和可再分散聚合物树脂粉末（乳胶粉）以及高质量的甲基纤维素醚大量进入我国，粉状腻子开始被使用。与膏状腻子相比，粉状腻子由于具有能够利用白水泥，方便包装、运输等特征，在技术上是一大进步，至少是在产品类型上增加了一大类。在腻子组成上，外墙腻子粉基本上是由乳胶粉、甲基纤维素醚、白水泥、重质碳酸钙、石英粉（砂）等组成的。乳胶粉的化学成分是 VAE（乙烯-醋酸乙烯共聚物）树脂或改性的 VAE 树脂，具有良好的低温柔性和黏结性。普通型内墙腻子粉则是由微细聚乙烯醇粉末、甲基纤维素醚和重质碳酸钙等组成的；耐水型内墙腻子粉则是由微细聚乙烯醇粉末、甲基纤维素醚、灰钙粉和重质碳酸钙等组成的。

与此同时，随着建筑涂装要求的提高和建筑涂料施工技术的进步，为了满足新的涂装要求和与新型涂装体系配套，腻子的品种开始显著增多，出现了许多新品种的腻子，例如用于旧面砖墙面翻新涂装的瓷砖面专用腻子、柔性腻子以及与仿树脂幕墙涂装配套的系列腻子等。同时，由以聚合物乳液为主构成的液料组分和以白水泥为主构成的粉料组分配套的双组分腻子也开始使用。这种双组分腻子在保持腻子膜性能的前提下，可使腻子的生产成本明显降低，并能够利用白水泥。

近年来，我国强制实施建筑节能，原国家建设部优先推广应用外墙外保温技术。巨大量的外墙面都施工了外墙外保温系统。由于外墙外保温系统能够有效地阻止墙面的热量传导，使夏季墙面温度显著升高，这增大了外墙外保温系统中抗裂防护层和饰面层开裂的倾向，对饰面层的抗开裂性能提出了新的要求，使得具有良好抗裂性能的外墙柔性腻子得到较多应用。

另一方面，一些新的要求或新技术的出现，也促进新型腻子品种的出现。例如，针对外墙普遍渗漏的实际情况，我国颁布了《建筑外墙防水防护技术规程》（JGJ/T 235—2011）标准，随着对外墙防水要求的提高，出现了类似于聚合物水泥防水涂料的所谓防水腻子。

目前我国建筑墙面腻子品种已经很齐全，并能够形成系列配套。但是，与腻子发展的初期相比，腻子产品质量明显下降，涂料工程中屡屡因为腻子质量而出现涂膜开裂、起皮甚至大面积脱落等工程质量事故，虽然这个问题的本身不完全是技术问题，但确实给建筑腻子的应用与发展提出新的课题[2]。人们期待着这一反常现象得到改变，腻子产品质量能够显著提高。

2. 建筑腻子产品标准的发展

1998 年，我国第一个建筑腻子标准《建筑室内用腻子》（JG/T 3049—1998）颁布实施；2004 年，第一个外墙建筑腻子标准《建筑外墙用腻子》（JG/T 157—2004）颁布实施。其后，又制定并颁布实施了《外墙外保温柔性耐水腻子》（JG/T 229—2007）标准。

除了这些关于建筑腻子的产品标准外，在关于外墙外保温系统标准《胶粉聚苯颗粒外墙外保温系统》（JG 158—2004）中，还对该外保温系统中使用的腻子以"柔性耐水腻子"产品的性能指标作出明确规定。

2009 年，根据外墙腻子实际产品质量状况和应用要求以及产品检测情况，在广泛吸取意见的基础上，对 JG/T 157—2004 外墙腻子标准进行了修订，并颁布了 2009 版的新标准。

到了 2010 年，又根据实际情况的变化，重新修编、制定了室内腻子标准，即《建筑室内用腻子》（JG/T 298—2010），用以代替已经使用了 10 多年的室内用腻子标准 JG/T 3049—1998。

同时，随着对外墙开裂、渗水现象的重视，在 2009 年又新颁布了专门用于外墙找平用的柔性抗裂腻子产品标准，即《外墙柔性腻子》（GB/T 23455—2009）。该标准首次规定了腻子与陶瓷砖之间的黏结强度（标准状态下≥0.5MPa；浸水处理和冻融循环处理后均必须≥0.2MPa），也是我国第一个建筑腻子的国家标准。

总之，伴随着建筑腻子的实际大量、广泛应用，建筑腻子标准相继颁布实施，对于保证腻子产品质量、规范市场产生重要作用。

3. 腻子功能的扩展

过去腻子一直被定义为涂料涂装的配套材料，其主要作用是填平基层的孔隙，但近年来随着涂装中出现的对腻子的新要求，以及腻子的大量使用，其功能已经逐步扩展，作用也得到细化，并相应地出现了一些具有特殊用途的功能性腻子。例如，用于抵抗或遮蔽外墙裂缝的柔性抗裂腻子；能够起到装饰功能的装饰性腻子（拉毛腻子）和应用于瓷砖、马赛克表面的瓷砖翻新涂装专用腻子，以及用于修补凹洞的点补腻子、用于平整度较差的墙面大面积找平的粗找平腻子、用于修补洞口的补洞腻子等。这些腻子的功能作用已经和传统上腻子的含义、作用大相径庭，因而也被称之为"功能性腻子"。

第二节　建筑腻子的种类

一、建筑腻子的分类与种类

建筑腻子目前尚无统一分类方法，有的按照用途分类，有的按照成膜物质种类分类，有的按照腻子的外观形态分类等。按照这些不同的分类方法，建筑腻子的分类与种类如表 1-2 所示。

表 1-2　建筑腻子的分类和种类

分类方法	种类	品种举例
按照用途分类	墙面腻子	内墙腻子、外墙腻子、柔性耐水腻子等
	木器腻子	透明木器腻子、钉眼腻子、打底腻子、浑水漆腻子等
	金属腻子	各种金属建筑构件涂装用腻子
	功能型建筑腻子	防腐腻子、柔性腻子、耐磨腻子、保温隔热腻子、防水腻子等
按照成膜物质种类分类	水性丙烯酸腻子	普通外墙腻子、柔性外墙腻子、瓷砖面专用腻子等
	VAE腻子	普通外墙腻子、柔性外墙腻子、内墙腻子等
	醇酸腻子	醇酸木器腻子、醇酸金属腻子等
	硝基腻子	硝基透明木器腻子、硝基木器腻子
	环氧腻子	环氧金属腻子、环氧地面腻子等
	过氯乙烯腻子	过氯乙烯金属腻子、过氯乙烯木器腻子等
按照外观形态分类	粉状腻子（腻子粉）	内墙腻子粉、外墙腻子粉、保温隔热腻子粉等
	膏状腻子（腻子膏）	内墙腻子膏、外墙腻子膏、拉毛腻子膏等
	双组分腻子	外墙柔性腻子、普通外墙腻子、屋面防水腻子等

二、墙面腻子种类与性能特征

墙面腻子品种很多，有内墙腻子、外墙腻子、瓷砖腻子、马赛克腻子以及各种功能性腻子等，用于不同基层的腻子其组成和性能不尽相同。各种墙面腻子的组成和性能如表1-3所示。

表1-3 墙面腻子的组成和性能

应用部位	腻子品种	腻子的组成	性能特征
内墙	粉状	成膜物质为水泥、灰钙粉和微细聚乙烯醇粉末、可再分散乳胶粉等；填料为重质碳酸钙；保水剂为甲基纤维素等。此外，还需要根据实际使用要求添加一些助剂，例如消泡剂、防霉剂（用于防霉涂料配套涂装时）等	腻子易储存，运输方便，节省包装费用，批刮性好，易打磨，环保；具有适当的黏结强度和抗初期干燥开裂性
内墙	膏状	成膜物质为水溶性聚乙烯醇胶或VAE乳液、苯丙乳液等；填料为灰钙粉和重质碳酸钙；保水剂为羟乙基纤维素或羟丙基甲基纤维素；增稠剂为膨润土等	腻子使用方便，批刮性好，易打磨，环保；具有适当的黏结强度和抗初期干燥开裂性
外墙	粉状	成膜物质为水泥和可再分散乳胶粉；填料为粒径较粗的重质碳酸钙、石英粉、石英砂；保水剂为甲基纤维素醚等，并添加适当的粉状分散剂、消泡剂。	腻子易储存，运输方便，节省包装费用，批刮性好，易打磨，环保；具有较高的黏结强度和抗初期干燥开裂性，腻子膜耐水、耐碱
外墙	膏状	成膜物质为苯丙乳液、VAE乳液等；填料为粒径较粗的重质碳酸钙和石英粉、石英砂等；保水剂为甲基纤维素或羟丙基甲基纤维素；增稠剂为丙烯酸酯共聚物类触变型增稠剂等，并添加防霉剂、消泡剂、分散剂、成膜助剂和冻融稳定剂	腻子使用方便，批刮性好，易打磨，环保；具有适当的黏结强度和抗初期干燥开裂性；具有弹性的腻子能够在一定程度上遮蔽基层裂缝和抗基层的动态开裂性
外墙	双组分	成膜物质为苯丙乳液或VAE乳液；填料为粒径较粗的重质碳酸钙、石英粉和石英砂等；保水剂为甲基纤维素醚；并添加消泡剂、防霉剂和冻融稳定剂	通常为弹性腻子或柔性腻子，能够在一定程度上遮蔽基层裂缝和抗基层的动态开裂性，目前较多地应用于外墙外保温系统中

应用部位	腻子品种	腻子的组成	性能特征
瓷砖基层	双组分	粉状组分的组成材料与粉状外墙腻子基本相同(但不含乳胶粉);液体组分是加有消泡剂、分散剂等成分的环氧树脂乳液或阳离子聚丙烯酸酯乳液	腻子的批刮性好,早期易打磨,环保;具有很高的黏结强度和抗初期干燥开裂性;与光滑的瓷砖表面黏结强度高,能够保证腻子膜不脱落
	粉状	成膜物质为高强水泥和可再分散乳胶粉;少量填料为石英砂;保水剂为甲基纤维素醚等,并添加适当的粉状分散剂、消泡剂	腻子与瓷砖面层具有很强的黏结力,能够保证腻子膜不脱落;批刮性好,早期易打磨,环保和运输、使用方便等

由于外墙外保温系统需要使用柔性腻子,因而普通型外墙腻子(粉状或膏状)目前应用已很少。

三、其他建筑腻子的种类与性能特征

1. 木器腻子

木器腻子也称钉眼腻子、填泥等,主要是溶剂型的,例如醇酸木器腻子,硝基木器腻子等,其作用是将被涂装物表面上的洞眼、裂缝、砂眼、木纹和鬃眼等各种缺陷填实补平,以得到平整的物面,既节省涂料,又能增加美观。

木器腻子的批刮性、打磨性、填平性和抗开裂性等均应能够满足建筑木工涂装的要求。传统的木器腻子以溶剂型为主,但随着新材料的出现和建筑木工涂装技术的需要,在建筑木工涂装领域,水性腻子的使用比例逐步增大。

与墙面腻子的显著不同是,木器腻子有透明型和不透明型两大类。不透明型是木器腻子品种和应用的主体,绝大多数木器腻子是不透明型的,这类腻子也称为浑水腻子。透明型主要是鉴于某些特殊涂装要求时使用的。例如,需要显现底层的颜色、纹理和质地等,但基层的平整度又较差时才采用透明型腻子。

透明木器腻子在配制技术和成本上都显著高于不透明型。透明木器腻子的性能特点是腻子膜透明,能够显现底层的颜色和纹理、质地。实际上，透明木器腻子的性能更接近于清漆，但能够批涂得较厚。这类腻子目前品种不多，主要有醇酸型和硝基树脂型。

2. 金属构件腻子

金属构件腻子主要在涂装要求高、表面光洁度不能够满足涂装要求的情况下使用。与木器腻子一样，金属构件腻子品种很多，如醇酸腻子、硝基腻子、过氯乙烯腻子和环氧腻子等。由于金属本身的强度非常高，而金属构件又可能会受到振动或者其他较剧烈的机械冲击，因而对金属构件腻子的一个明显不同于其他类腻子的要求就是对腻子的机械强度（特别是黏结强度）要求高。

金属构件腻子的其他性能特征一般还具有耐腐蚀性、对腐蚀性介质渗透的阻隔性以及对不同底、面漆的配套性和快干性等。

3. 功能性腻子

（1）保温腻子　该种腻子的干密度低，导热系数 λ 值很小〔一般小于 $0.15W/(m \cdot K)$〕，触变性高，一道能够批涂得很厚。目前这类腻子主要应用在建筑外墙的节能配套涂装。例如，在不含抗裂防护层的建筑保温砂浆外墙保温系统中的底层涂装、在加气砌块这类保温性能较好、基本上能够满足节能设计要求的墙体上与反射隔热涂料配套涂装等。

（2）耐磨腻子　耐磨腻子主要应用于地面，例如环氧耐磨腻子。其性能特征是硬度高，能够承受反复的摩擦作用而不破坏，以及腻子的流动性好、干燥过程中的收缩性小。典型的是应用于环氧耐磨地面配套的中间层，具有自流平性能，其涂装厚度一道就可以达到几个毫米，在干燥过程中几乎不产生体积收缩。

（3）防腐腻子　从涂膜性能来说，防腐腻子也可以说是一种防腐涂料，只是从其稠厚的外观形态和施工厚度以及施工特征等方面称之为防腐腻子。其性能特征在于具有极好的对腐蚀性介质的耐受性，涂装后能够保护被涂装对象免受腐蚀性介质的腐蚀。例如，用于盐酸储存池的环氧耐酸腻子。

（4）调湿腻子　调湿腻子是在室内空气湿度高时，腻子膜能够吸收环境中的湿气（水分），降低空气的相对湿度；在室内空气湿度低时，腻子膜中吸收的水分又能够散发到室内空气中而达到腻子膜自身含水率的降低，在室内空气的相对湿度高时，再一次地吸收空气中的水分。

调湿腻子主要由成膜物质和高吸附性填料组成，由于吸收空气中水分的量与腻子膜厚度直接相关，因而这类腻子需要批涂达到一定厚度后，才能具有所需要的调湿性能。

第三节　建筑腻子的应用

一、建筑腻子的应用特征

（1）施工特征　腻子具有明显的不同于涂料的施工特征。这体现在腻子必须采用批涂（或称批刮）施工；批涂的腻子膜干燥后，再进行打磨操作。这种操作可能需要进行多道，直至达到涂料的涂装要求。

腻子膜虽然最终被涂膜覆盖，显现不出施工质量，但由于施工效果直接影响其后涂装的涂料的效果，因而对于施工技术要求同涂料一样重要。

（2）单位面积用量特征　一般来说，腻子单位面积的用量要比涂料大得多，对于某些平整度较差的基层，每平方米可能需要几千克，这种情况下需要使用供打底用的粗找平腻子先进行粗找平。

（3）腻子的批涂厚度　腻子在涂料工程中的作用虽然很重要，但总次之于涂料。鉴于腻子的功能作用和腻子膜的物理力学性能，腻子膜不宜批涂太厚，在底面能够满足涂膜平整度要求的情况下腻子膜应尽量批涂得薄。这一应用特点是和腻子的功能作用和腻子的性能密切联系的。因为腻子的组成中具有大量填料，决定腻子性能的 PVC 值非常高，相对于涂料来说腻子膜的物理力学性能很差。因而，涂料施工中腻子批涂的基本原则是在满足涂料施工要求前提下尽可能批涂得薄。

（4）腻子的使用原则　不能为了使用腻子而使用腻子，腻子的使用原则是能不用腻子尽量不用或者少用；尽量刮涂得薄一些；尽量使用性能较好的腻子品种，这是使用腻子的基本原则。

例如，在外墙涂装中，对于平整度好、能够满足涂料施工要求的水泥基外墙面，建议不使用腻子，在施工了封闭底漆后直接涂装涂料，以避免腻子性能不良或者批涂施工问题对涂料产生不利影响，而且外墙面对涂膜的平整、光滑度要求相比于内墙面要低。有些技术规程中就明确规定了这一点。例如，江苏省《建筑反射隔热涂料应用技术规程》中规定："若外墙找平层符合施工要求，宜采用抗碱底漆和面漆直接涂施外墙"。

二、墙面腻子在建筑涂装中的配套

既然腻子是涂装工程的配套材料，就有不同的涂装配套要求。在这种涂装配套要求中，腻子和涂料的品种以及涂装基层的关系密切。因而，一般根据涂料品种或者基层情况选择腻子。

1. 内墙腻子

内墙腻子必须与内墙涂料的使用要求相适应。内墙涂料处于室内环境中，对腻子膜的物理力学性能的要求（例如黏结强度、柔韧性和耐水性等）不像外墙腻子那么高，但内墙腻子对有害物质限量要求很严格。由于内墙腻子中不需要使用水泥，因而鉴于使用上的方便性，内墙腻子制成膏状较合理，其成膜物质使用价廉的聚乙烯醇类胶黏剂即能够满足腻子膜的性能要求。在某些特殊场合涂装时，可能还应当使用专门的腻子。例如，对于有较高防霉要求的防霉涂料的涂装，可能需要使用专门的防霉腻子。

2. 外墙腻子

外墙腻子对腻子膜的力学性能要求较为苛刻，一般应使用高性能聚合物树脂（乳胶粉或聚合物乳液）和水泥复合配制的腻子。对于在外墙外保温系统中使用而有柔韧性要求的腻子，腻子膜的柔韧性占据主要位置，从经济性来说，使用聚合物乳液配制腻子膏应用更为适宜。

对于较粗糙的外墙面，若使用普通外墙腻子，腻子的用量大，不经济，每道批涂的厚度也会受到影响，批涂厚度大时腻子在成膜干燥过程中会有开裂的危险。这种情况下，使用粗找平腻子就能够解决这些问题。粗找平腻子中使用的填料粒径很大，有的以80目的重质碳酸钙为主，适量使用140～160目和200目的填料与之搭配。

前面曾提到砂壁状建筑涂料不需要腻子打底，但现在的外墙外保温系统中，保温层表面使用抗裂砂浆，面层往往很粗糙，若不使用腻子则涂料的消耗量大，有时也使用腻子，这种情况下对腻子的黏结强度要求较高，因而市场上出现了与之配套的砂壁状涂料专用腻子。

在某些合成树脂乳液弹性外墙涂料的涂装中，为了达到一定的涂膜厚度以能够既使涂膜系统遮蔽更大的裂缝，又节省涂料用量，实际中使用质量较好的柔性腻子满足涂膜厚度要求，再使用硅丙弹性乳液类耐沾污性能好的弹性面涂进行罩面。这种配套体系也有一定的合理性。

3. 瓷砖面腻子

外墙面砖表面往往坚硬、光滑，不容易黏结，使用普通腻子会有空鼓、开裂甚至脱落的危险，需要使用瓷砖面腻子。这类腻子的填料含量少，使用的水泥强度高，聚合物树脂组分也有足够的含量，既能够与瓷砖表面产生可靠的黏结，腻子膜的脆性也不高，即具有适当的柔韧性。实际工程应用证明使用这种专用腻子对瓷砖面进行处理，效果非常好。

三、墙面腻子应用中存在的问题

随着建筑腻子的大量应用，也因为腻子问题而使涂料工程出现很多质量事故，尤以外墙腻子的情况更为严重。下面介绍有关建筑腻子应用中存在的问题，若能够引以为鉴，无疑会有利于腻子的使用与发展。

1. 外墙腻子

外墙腻子在实际应用中主要存在以下一些问题。

（1）大量使用不合格外墙腻子　外墙涂料施工中大量使用的是质量不合格的腻子。质量不合格腻子又分为两种情况：一种是设计要求使用柔性腻子，但使用的是普通外墙腻子，其质量虽然能够满足普通外墙腻子的要求，但不能够满足柔性要求，也属于质量不合格腻子。但这种情况下的腻子还不至于引起涂料脱落、起皮、起鼓等弊病，只是在抗开裂方面的性能差些。另一种不合格情况则是腻子的质量甚为低劣，在组成中甚至连水泥都加得很少，因而腻子膜的力学强度极低，附着力极差。涂料工程中常常因为使用这类腻子而造成质量安全事故。

（2）对腻子的不正确使用 由于对装饰效果的追求和为了节省涂料，外墙涂料施工中过分依赖腻子，将腻子膜批涂得太厚，这几乎成为墙面涂料施工的一种通病。由于腻子膜的物理力学性能较差，影响涂料工程的使用寿命，严重时则在短期内就产生质量问题。

对腻子的批涂厚度虽然因为墙面基层复杂，情况多变而无法明确规定，但其批涂原则应是在能够得到平整涂膜底面的情况下尽可能薄。如前述，过去对于无外墙外保温系统、平整度很好的水泥基墙面，甚至建议不使用腻子，在施工了封闭底漆后直接涂装涂料。

值得指出的是，虽然在仿幕墙涂装时也需要使用大量和多品种腻子，但其对腻子的质量要求不同，腻子配制时使用的材料、配方都使得其具有能够满足使用要求的物理力学性能和施工性能。有的腻子品种只是在名称上是腻子，实际上其 PVC 值很低，配方组成已经是涂料范畴。仿幕墙涂装时如果使用的腻子质量差，也一样会出现质量问题，而且这类情况也并不罕见。

对腻子的不正确使用还体现在腻子施工的顺序不对。正确的施工方法应当是先施工封闭底漆再施工腻子。但为了节省面层涂料的用量，而将封闭底漆放在腻子层之后施工，即将封闭底漆施涂在腻子膜上。这种方法既影响封闭底漆的封闭、加固性能，又影响腻子膜的附着性能。

不正确使用腻子的情况还表现在不需要使用腻子的情况下使用腻子。例如对于砂壁状建筑涂料、复层涂料、拉毛涂料等，因为是厚质涂料，对基层平整度、光滑度的要求不是很高，大多数情况下基层能够满足涂装要求，施工时只需要施涂封闭底漆即可直接涂装涂料，是无须使用腻子的。但有时在施工时为了节省涂料用量，也使用质量并不好的腻子进行找平，以至于对涂料工程质量产生不良影响。

（3）双组分柔性腻子在应用中液料与粉料不匹配 双组分柔性腻子是鉴于使用乳胶粉配制单组分腻子时成本太高而开发的产品形式。因为乳胶粉是从乳液经过脱水干燥的粉状产品，在腻子使用时还需要再还原成乳液，由于经过干燥加工，虽然使用更为方便，但成本太高。而柔性腻子通常不需要远距离运输，即在当地加工、当地使用，因而使用聚合物乳液生产双组分柔性腻子的做法是合理的。但由于市场竞争和限于成本约束的原因，一些腻子产品的粉料组分是性能差的普通外墙腻子，配套适量经稀释的聚合物乳液送至施工现场。配套的液料很少，只是做个样子或者应付工地抽检，在实际调制腻子时使用很少的液料，这种所谓的双组分柔性腻子实际上还是普通低质量的外墙腻子，并不真正具备双组分柔性腻子的性能。

（4）多数腻子配方不合理、质量低劣　建筑腻子的生产条件要求不高，是一个将成膜物质、填料和助剂等混合均匀的物理过程，所需要的生产设备也只是混合机械。有一台混合机，采购原材料时供应商提供一个简单的配方，就可以生产了。因而腻子生产厂家非常多，市场竞争激烈时很多情况下只是着眼于销售价格，从而导致劣质腻子得以大量应用。但是，实际上要生产具有技术-经济性能好的产品，并满足物理力学和施工等许多综合性能，是需要具有技术性的。一些腻子的原材料供应商有时根本没有一点腻子与涂料常识，甚至分不清纤维与纤维素的差别，其道听途说的一纸所谓配方，有时可能会使使用者受到很大损失。

（5）柔性腻子采取粉状产品形式　建筑涂料市场大量地充斥着所谓"粉状柔性耐水腻子"，这类腻子绝大多数不能够满足现行技术标准规定的柔性指标，且很多腻子质量低劣。造成质量低劣的原因很多，但最主要的还是柔性腻子不适合于生产成粉状产品。研究认为，柔性腻子"产品价格难以为市场接受，没有实际应用价值。柔性腻子最好不要走粉状腻子的技术路线，应以膏状或双组分腻子为主"[3]。在质量接近的情况下，使用乳胶粉生产的柔性腻子，其原材料成本是使用聚合物乳液生产的柔性腻子成本的 2～3 倍[4]。

2. 内墙腻子

（1）成膜物质导致腻子膜的物理力学性能不良　相比于外墙腻子，由于内墙面处于室内环境，因腻子质量低劣而出现的涂料施工质量问题少些。内墙腻子出现的问题主要在于由于生产成本的限制，腻子中成膜物质添加量不足；或者使用的成膜物质的固有性能差。例如，使用预熟化淀粉作为成膜物质，导致腻子膜的物理力学性能不良。但因为处于室内环境的内墙面很少受到水的侵蚀，即便腻子膜的物理力学性能很差其质量问题多数情况下也不会及时显现出来。但如果情况不巧，正赶上阴雨天，或者墙面批涂腻子不久受到水的侵蚀，也会使刚施工的涂料出现起皮、起鼓、甚至脱落等问题。

（2）与基层的相容性不好　内墙腻子使用中出现的另一个问题是有些内墙为石膏板、吸水快、吸水量大，使腻子不能够很好地施工。有的腻子甚至和石膏基墙面产生反应，使腻子无法批涂得平整，影响涂装效果[5]。

（3）干燥时间快影响施工性能　内墙腻子由于保水剂（甲基纤维素醚）的用量不足，批涂时干燥快，影响腻子的施工性能，也是其使用中较常见到的问题。

（4）腻子的耐水性不良　这种情况主要出现在厨房、卫生间等经常会受到水侵蚀的结构场合。这种情况下如果使用耐水性不良的普通内墙腻子，将会导致涂膜起皮、起鼓甚至脱落。实际中此种问题并不罕见[6]。

第四节　建筑腻子生产技术简述

一、建筑腻子的外观形态

建筑腻子的生产非常简单，是常规的物理混合过程，一般情况下不涉及化学反应。因而，这里以很小的篇幅简述建筑腻子的生产过程。

建筑腻子的生产技术（包括生产设备、原材料和生产程序等）和其形态有直接关系，外观形态不同，生产使用的设备不同，生产工艺也不同。因而，简述建筑腻子的生产技术之前，应先简介建筑腻子的外观形态。

根据建筑腻子产品外观形态的不同，可以分为三种，即粉状腻子、膏状腻子和由粉料组分与液料组分构成的双组分腻子[7]，不同形态腻子的特征如表 1-4 所示。

表 1-4　不同形态腻子的性能特征

腻子种类	性能特征	
	性能优势	性能缺点
粉状腻子	①在腻子的配方组成中可以不使用高性能分散剂、防霉剂等材料,对助剂的性能要求低,需使用助剂的品种少,降低生产成本,减小环境影响;②节省包装费用,减少包装废物对环境的影响;③运输和储存都很方便,运输量减少;④在配方组成中可以使用水泥、石膏等无机胶凝材料;⑤腻子的某些性能得到改善,例如与水泥基无机基层的黏结强度、耐水性、耐老化性等更优良	①使用不方便,用前需加水调拌,调拌以后必须在很短时间内用完;②调色困难;③难以制成高性能腻子(例如溶剂型的防腐腻子、耐磨环氧地坪腻子等);④当制备柔性腻子时,成本高
膏状腻子	①使用方便,打开包装即可使用,未用完的腻子密封后还能够长时间存放;②容易调色;③适宜制备高性能腻子;④制备柔性腻子时其成本相对低;	①包装费用高;②运输量大;③配方组成中需使用的助剂品种多,对助剂的性能要求高,使生产成本提高
双组分腻子	综合了粉状腻子和膏状腻子的共同性能优势,例如在配方组成材料中可以减少助剂的使用或者降低对助剂的性能要求,包装费用相对降低,能够利用水泥、石膏等无机胶凝材料,腻子的某些性能得到改善,以及能够以低成本制备柔性腻子等	①使用不方便,用前需调拌,调拌后必须在很短时间内用完;②难以制成高性能腻子;③增加施工管理的难度

二、建筑腻子配方的确定

概而言之,腻子产品的配方确定应该是根据产品的用途和性能需要(或标准规定的性能指标),按照性能-成本最佳化的原则、采用反复试配、逐步接近目标的方法进行设计、试配和确定。即,按照产品标准规定的性能指标,根据已有的生产或研究经验,设计系列配方进行试配,通过试配样品的性能检验结果和成本计算,确定出最佳配方[8]。

1. 确定配制腻子的原材料

以普通外墙腻子(P 型)的配方确定为例,就是要先了解使用环境对外墙腻子的性能要求和现行产品标准情况、现行市场原材料供应状况、腻子产品的包装方式等;其次是根据所掌握的腻子配方,先设计出一个基础配方。根据基础配方中的主要原材料与腻子主要性能指标的关系，以一两种材料作为改变量，再设计一组配方。试配后根据结果选取满意的或相对好的配方，调整后再次进行配方设计和配制试验。如此反复进行，直至得到满意结果为止。

配方设计首先是确定腻子的成膜物质，根据外墙腻子的性能要求，可以根据腻子的形态（膏状或粉状），选取乳胶粉或聚合物乳液。成膜物质的种类和用量直接决定 JG/T 157—2009 中 P 型外墙腻子质量指标的吸水量、腻子膜柔韧性、动态抗开裂性和黏结强度等性能。

2. 确定主要原材料的基本用量

乳胶粉或聚合物乳液都有 VAE（乙烯-乙酸乙烯共聚物）和聚丙烯酸酯两种。在粉状腻子中选用乳胶粉时，应尽量选用玻璃化温度低的产品，且应有一个基本的用量限制才能够满足标准规定的性能指标和实际的使用要求。例如，若以满足 100mm 弯折无裂纹的柔韧性指标来说，则使用乳胶粉时，其用量不应低于 7%；使用聚合物乳液时，其用量不应低于 11%。

填料细度（粒径）影响成膜物质的用量，腻子与涂料不同，选用填料时应尽量选用粒径大些的。200 目细度的填料是多数腻子（粗找平腻子除外）组成中的主要成分。其原因在于：一是能够减少黏结填料所需要的基料的用量；二是能够降低腻子中的填料的成本；三是能够降低腻子膜批涂后的干燥收缩，防止腻子膜的初期干燥开裂。

除了腻子膜的物理力学性能外，腻子的施工性能是非常重要的。施工性能的改善是通过添加甲基或羟乙基纤维素醚解决的。纤维素醚的用量也应该有合理的用量才能够满足易批刮和适当的干燥时间要求。根据作者的经验，这个下限用量应以 0.4% 为宜。

3. 试配制样品

配制试验时应注意各种材料的称量精度，且称量应准确。对于用量很小的助剂应该有更高的称量精度。配出的腻子样品应达到均匀分散状态，稠度以易于批刮为准。若气泡（泡沫）多说明配方中需要使用消泡剂。

4. 样品性能检验和配方调整

应先对样品的主要性能进行检验。腻子膜的柔韧性是较难满足要求的主要性能指标，而且检验方便，因而可先检验该指标，待其合格后再检测吸水量、动态抗开裂性和黏结强度等项目。

对检验结果进行分析、比较后，得到相对满意的配方，在该满意配方的基础上再次进行调整并试配。

根据对腻子研究、生产的经验和所掌握的各种知识的不同，这个过程所需要的工作量也不同，一般有经验的人通过几个配方的试配在短时间内就能够得到满意的结果，反之也可能需要进行很大量的、长时间的试验与配制工作。

现在的原材料供应商在供应原材料的同时，往往提供相应的参考配方。有时这类配方可能是配方设计的良好基础，在这类配方的基础上进行配方的确定，工作量可能要小得多。

三、建筑腻子生产工艺简述

建筑腻子的生产是和其外观形态直接相关的，不同形态的腻子需使用不同生产设备采用不同的生产工艺进行生产。如前述，建筑腻子有粉状、膏状和由粉料组分与液料组分构成的双组分腻子三种。不管是哪类腻子，其生产过程都是物理混合过程，即将腻子组成材料中的各种物料混合均匀的过程。

1. 粉状建筑腻子

（1）简述　粉状建筑腻子的生产过程虽然也是将各种物料均化的物理过程，但其最显著的特点还在于在生产过程中需要涉及大量的粉体材料，而且这些粉体材料在性能和用量上都可能悬殊很大，例如水泥与重质碳酸钙、粉煤灰以及各种助剂等，有的在 1t 产品中的用量是几百千克，有的只是几千克或零点几千克。为了保证这些原材料能够混合得均匀，就需要采取一定的工艺措施，或者在原材料投料时从顺序上予以注意。

粉状建筑腻子的生产工艺非常简单。简言之，就是将各种粉体材料投入粉料混合机中混合均匀。但在投料时，应先投数量较大的原材料品种，再投用量少的。否则，如果先投用量较小的原材料，则很少的一点材料有可能落在某个角落或混合的死角而无法混合均匀。如果这种用量很少的原材料能够对产品的性能产生显著影响的话（例如乳胶粉或者纤维素醚），则这无疑会对产品的质量产生严重影响。因而，为了避免这类问题的出现，可以采取相应的工艺措施，即对于产品配方中用量很少的原材料，可以先将其和少量用量大的原材料混合均匀，得到已经被混合均匀的混合料。再将该预混合均匀的混合料和其他大宗材料一起投入混合机中混合均匀。

（2）生产程序举例说明　以某外墙粉状腻子为例[9]，该腻子的配方组成中含有白水泥、乳胶粉、石英粉、重质碳酸钙、甲基纤维素醚、膨润土、分散剂和消泡剂等原材料。生产时，先将膨润土、乳胶粉、甲基纤维素醚、分散剂和消泡剂等含量少的原材料和适量的白水泥或者重质碳酸钙进行预混合，再将预混合后的混合料投入粉料混合机中，与白水泥、石英粉、重质碳酸钙等一起混合均匀，即成为成品外墙腻子粉产品。

上述物料预混合使用的混合机不同于普通干粉建材（如粉状涂料、粉状砂浆等）生产使用的设备。它应是一种混合均匀度高，能够对粉料中的粒、团产生一定破碎作用的混合机。使用这种设备更容易将腻子配方组成材料中少量关键材料首先得到充分分散混合，这种预混合作用对于产品的质量有一定的影响。

2. 膏状建筑腻子

（1）简述　膏状腻子的生产也是采取一定的工艺措施将各种原材料进行均化的过程。该类腻子在生产时一般情况下直接将各种原材料投入捏合型搅拌机中，通常是先投入液体类材料（例如水、聚合物乳液或者其他胶黏剂），后投入固体类材料，然后搅拌均匀，最后调整黏度并进行消泡即可。

（2）生产程序举例说明　以某柔性聚合物乳液膏状外墙腻子为例，该腻子的配方组成中含有水、羟乙基纤维素、氨水、重质碳酸钙、石英粉、碱激活触变型增稠剂、弹性聚合物乳液，以及分散剂、防霉剂、消泡剂和防冻剂等助剂。

其生产程序是：先向捏合机中投入水和羟乙基纤维素，分散均匀后投入氨水搅拌，并搅拌至羟乙基纤维素溶解成胶液。接着，投入防霉剂、分散剂、消泡剂和防冻剂搅拌均匀后投入弹性聚合物乳液搅拌均匀。再投入石英粉和重质碳酸钙搅拌均匀。最后，将碱增稠触变型增稠剂用一到两倍的水稀释后，以细流状缓慢投入捏合机中，搅拌均匀，即得到成品柔性乳胶外墙腻子。

3. 双组分腻子

（1）简述　双组分腻子是分别生产出粉料组分和液料组分，再将二者配套包装。由于液料组分往往黏度很低，因而只是通过简单的搅拌即能够均匀。粉料组分的生产则是和粉状腻子一样的程序。此外，双组分腻子的两个组分的配合包装也很重要，准确与否直接关系产品质量。

（2）生产程序举例说明　以某双组分外墙腻子为例，该腻子的液料含有弹性合成树脂乳液、防霉剂、消泡剂和防冻剂等；粉料组分含有甲基纤维素醚、膨润土、石英粉、重质碳酸钙和白水泥等。

液料的生产是将消泡剂、防霉剂、防冻剂和水投入搅拌罐中搅拌均匀，再加入合成树脂乳液搅匀即可作为液料组分包装。

粉料的生产是将甲基纤维素醚、膨润土和少量的石英粉在预混合机中混合均匀，再将预混合料和石英粉、重质碳酸钙及白水泥在混合机中混合均匀，即可作为粉料组分包装。

双组分腻子产品是液料、粉料分开包装。液料和粉料的包装重量是按预先设计好的液料-粉料比称重配套的。比如，液料∶粉料＝1∶3，则可按粉料 30kg、液料 10kg 包装配套；或者按粉料 15kg、液料 5kg 包装配套。若液料∶粉料＝1∶4，则可按粉料 20kg、液料 5kg 包装配套。

四、建筑腻子的产品标准

产品标准对于生产企业来说是非常重要的，直接关系到生产配方的确定、产品质量和生产成本的控制等。因而，作为建筑腻子的生产企业来说必须熟悉现行标准，深刻理解标准的内容，掌握标准规定的检验周期和具有标准规定指标检验能力的法定检测机构，完备标准规定的出厂检验项目所需要检验设备和检验条件。

由于建筑腻子对于涂料工程的重要影响，其应用受到重视，产品标准随之逐步配套。目前具有的腻子产品标准及其适用范围如表 1-5 所示。

表 1-5 建筑腻子产品标准及其适用范围

类别	标准编号	标准名称	适用范围
墙面腻子	GB/T 23455—2009	外墙柔性腻子	适用于建筑外墙找平用的柔性抗裂腻子
	JG/T 157—2009	建筑外墙用腻子	适用于以水泥、聚合物粉末、合成树脂乳液等材料为主要黏结剂，配以填料、助剂等制成的，用于普通外墙、外墙外保温系统等涂料底层的外墙腻子
	JG/T 229—2007	外墙外保温柔性耐水腻子	适用于以水泥、聚合物粉末、合成树脂乳液或其他材料为主要黏结剂，配以填料、助剂等制成的建筑外墙外保温抹面层找平及防裂用的柔性耐水腻子
	JG 158—2004	胶粉聚苯颗粒外墙外保温系统	适用于以弹性乳液、粉料、助剂等制成，用于胶粉聚苯颗粒外墙外保温系统抹面层找平及防裂用的柔性耐水腻子
	JG/T 298—2010	建筑室内用腻子	适用于以合成树脂乳液、聚合物粉末、无机胶凝材料等为主要黏结剂，配以填料、助剂等制成的室内找平用腻子
金属和木质基层腻子	HG/T 3352—2003	各色醇酸腻子	适用于由醇酸树脂、颜料、体质颜料、催干剂和溶剂调制而成的腻子，该腻子易于刮涂、涂层坚硬、附着力好。主要用于填平金属和木制品的表面
	HG/T 3354—2003	各色环氧酯腻子	适用于由环氧树脂、植物油酸、颜料、体质颜料、催干剂和二甲苯、丁醇等有机溶剂调制而成的腻子，该腻子涂膜坚硬、耐潮性好，与底漆有良好的结合力，经打磨后表面光洁。主要用于预先涂有底漆的金属表面填平
	HG/T 3356—2003	各色硝基腻子	适用于由硝化棉、醇酸树脂等合成树脂、增塑剂、各色颜料、体质颜料和有机溶剂调制而成的腻子，该腻子干燥快、附着力好、易于刮涂。主要用于涂有底漆的金属和木制品的表面，作填平细孔或隙缝之用
	HG/T 3357—2003	各色过氯乙烯腻子	适用于由过氯乙烯树脂、增塑剂、各色颜料、体质颜料和酯、酮、芳烃类等混合溶剂调制而成的腻子，该腻子干燥快，主要用于填平已涂有醇酸底漆或过氯乙烯底漆的各种车辆、机床等钢铁和木质表面
其他腻子	GB/T 7455—2007	机床涂装用不饱和聚酯腻子	适用于各种机床产品的底层涂料

第五节　建筑涂料新技术概述

一、概述

近 10 年来，建筑涂料的产品结构没有发生根本性变化，基本上维持 21 世纪初的水平，即仍然以合成树脂乳液建筑涂料为主要品种。但是，随着我国近年来的经济快速发展，建筑业以及房地产业也得到了快速发展，并由此也带动了建筑涂料的发展。2011 年我国涂料总产量 1079.5 万吨，建筑涂料为 394 万吨，占总产量的 35.8％。即使在金融危机时期，我国建筑涂料产量仍保持着较高的增长率[10]。经济发展和人们生活水平的提高，对建筑涂料提出了更高要求，使其在满足环保性要求的前提下，逐渐向高装饰性和功能性的方向发展。

我国建筑涂料是从 20 世纪 70 年代初开始发展起来的，当时主要是以聚乙烯醇及其缩甲醛胶为成膜物质的 106 内墙涂料和 107 内、外墙涂料，以及使用聚乙烯醇缩甲醛胶在施工现场调配涂装腻子与涂料配套使用。这种产品状态持续了近 30 年。到 20 世纪末、21 世纪初，随着国家改革开放和经济建设的快速发展，建筑涂料品种档次升高，转换成以合成树脂乳液建筑内、外墙涂料为主，并随之出现多品种的配套商品腻子，聚乙烯醇类涂料基本淘汰。同时，溶剂型的氟树脂涂料、聚氨酯-丙烯酸酯涂料、有机硅-丙烯酸醋涂料和聚丙烯酸醋涂料等也得以生产、应用。

除了墙面涂料外，地坪涂料、水性木器涂料（漆）也得到发展和应用。地坪涂料主要是环氧耐磨涂料，是为满足大量工业厂房对现代工业地坪的需求而发展起来的。

这期间建筑涂料发展的另一个重要方面是建筑涂料施工技术和生产设备得到很大的发展。施工技术方面如合成树脂乳液砂壁状涂料的仿面砖施工方法，外墙外保温系统中涂料的选用和施工方法等；生产设备方面如砂壁状涂料的专用生产设备、涂料成套生产设备和生产工艺设计与布置等。

为适应建筑涂料生产技术发展和规范产品质量的需要，一些新的产品标准、检测方法标准、应用技术规程得到编制和颁布实施。

近年来，对建筑涂料发展应用影响很大的一个因素是国家强制实施建筑节能的举措。由于建筑节能的需要，新建建筑几乎都按照现行节能要求进行了节能处理。而在提高建筑物围护结构的热工性能方面，绝大多数采用的是外墙外保温技术。量大面广的既有建筑，其在进行节能改造时通常也是以采用外墙外保温措施为主的。

外墙面施工了保温隔热层，这对外墙涂料的应用与发展产生极大影响，并推动建筑涂料的发展。例如，提高建筑涂料与其他外墙饰面材料的竞争能力、影响建筑涂料品种的选用、对涂装配套材料，特别是底层腻子提出新的要求，并由此促进建筑涂料新品种的出现和制定新的技术标准以适应其特殊要求等。例如，建筑涂料新品种的出现（如仿涂石料、硅丙乳液复层涂料等）、功能型外墙涂料应用的增多（如建筑反射隔热涂料）以及高耗能、高污染的溶剂型建筑涂料的应用锐减等；再例如，专门针对外墙外保温应用而制定的外墙外保温柔性耐水腻子标准和建筑反射隔热涂料应用技术规程等。

溶剂型建筑涂料由于溶剂对有机保温材料具有溶蚀性、涂膜透气性差和没有柔性等，不能满足外墙外保温系统对涂料性能的要求，在外墙外保温中很难应用，其应用是越来越少了。

总之，建筑涂料的发展虽然不像21世纪初那样快，但也一直处于不停发展的状态，而由于房地产业的高速发展，其应用量更是大幅度地增长。

二、建筑涂料品种的发展

建筑涂料品种的发展从三个方面体现：一是新品种涂料的出现；二是对原有涂料的改进提高，使涂料以新的面貌或名称出现；三是涂装配套材料的发展。

1. 涂料新品种

（1）仿花岗岩涂料 这是近年来出现的新型建筑涂料，该涂料是在砂壁状涂料的基础上发展起来的。首先，它将砂壁状涂料中的粗大砂粒改变成粒径为120～160目、近乎于粉状的细砂；其次，使用特殊技术将以高弹性乳液为基料的彩色涂料破乳，得到类似于花岗岩纹理的彩色"色料"，该"色料"极像砂壁状涂料中的"岩片"。在施工时，先喷涂，再采用仿瓷涂料那样的施工方法将涂膜表面进行压平，得到几可乱真的仿花岗岩涂膜[11]。

仿石涂料的应用背景是我国更青睐面砖和石材饰面。但是，由于膨胀聚苯板薄抹灰外墙外保温系统中保温层结构薄弱、强度低，采用这类装饰即使是从材料、设计和施工等方面都采取技术措施，但外保温和饰面系统的安全性问题依然存在。鉴于此，具有和这类饰面有类似装饰效果的仿花岗岩涂料和批涂型砂壁状涂料脱颖而出，得到很多应用，而且绝大部分工程取得满意效果。

（2）仿大理石涂料　该种涂料相当于我国 20 世纪研制的水包水多彩涂料，或者说是在水包水多彩涂料的基础上改进提高得到的。改进提高体现在几个方面：首先，使用弹性建筑乳液作为彩色颗粒的成膜物质；其次，水包水多彩涂料在颗粒制备时要采取措施使颗粒保持柔软状态，而仿大理石涂料由于采用弹性乳液则没有此种要求，这样可以使彩色颗粒制备得很大，也更稳定；第三，水包水多彩涂料喷涂后基本上保持平面状态，仿大理石涂料在配方设计上使之能够施工成具有稍微的凹凸感。由于这些改进，使仿大理石涂料在装饰效果和物理力学性能上有根本突破，受到欢迎。

2. 原有品种的改进提高

（1）对合成树脂乳液砂壁状涂料的改进　砂壁状建筑涂料以前绝大多数采用喷涂施工。通过技术改进，现在可以批涂施工，而且由于"岩片"的引入，也使得采用批涂施工的砂壁状建筑涂料具有更强的装饰效果。采用氟树脂改性聚丙烯酸酯乳液为基料生产砂壁状涂料或其罩面涂料，能够显著提高涂膜的耐沾污性能，提高涂膜的耐久性，也体现出该类涂料的技术进步。

（2）对复层涂料的改进　复层涂料涂膜富于质感，多年来其应用势头不衰。强制实施建筑节能后，针对外墙外保温系统需要防水透气的特性，开发了硅丙乳液复层涂料，氟树脂改性聚丙烯酸酯乳液涂料用于复层涂料的罩面等，应用于外墙外保温系统饰面，在耐沾污性能方面具有更好的效果，耐久性也更长，使这种高装饰性涂料焕发了新的生命力。

3. 涂装配套材料的发展

过去外墙腻子以粉状单组分产品为主，近年来由于柔性腻子对成膜物质含量要求增大，同时受到成本的约束，以聚合物乳液为成膜物质的双组分腻子品种出现，并得到一定的应用，其应用效果优于单组分腻子。

为了与建筑反射隔热涂料配套使用，近年来还研制了新型保温腻子，其特点是既能够厚涂又具有保温功能。但其在实际应用中的问题是往往过分夸大其保温效果。

三、功能性建筑涂料的发展

近年来功能性建筑涂料的最大发展莫过于建筑反射隔热涂料在夏热冬冷和夏热冬暖地区的应用，这从该类产品标准和应用技术规程的制定情况可以得到论证。目前，该涂料已有国家标准、建工行业标准和建材行业标准以及多个省市地方标准的应用技术规程（见表1-6）。

建筑反射隔热涂料分为透明型和不透明型两类，得到大量应用和受到广泛关注的是不透明类产品。由于透明型反射隔热涂料能够直接涂装于建筑外门窗的中空玻璃的中空内表面，而使之具有显著的反射隔热功能，从而消除建筑外门窗这一提高建筑节能目标的瓶颈，因而作者认为其应用前景还是显而易见的。

当然，除了反射隔热涂料外，其他各种功能性建筑涂料，例如防水涂料、防火涂料等，也都有一定的发展，但这不在本书的讨论范围。

1. 透明型建筑反射隔热涂料

顾名思义，透明型建筑反射隔热涂料的涂膜是透明的，绝大多数入射的可见光波能够透过涂膜，这类涂膜反射的只是能够转换成热能的红外光波。

这类涂料的应用原理是，由于太阳光的主要热量来自红外区，而纳米级的半导体材料［如氧化铟锡（ITO）、氧化锡锑（ATO）和氧化铝锌（AZO）等］对红外光的反射性很强，但能够允许紫外光波和可见光波透射。因而，利用纳米氧化锡锑和氧化铝锌（AZO）等作为功能性填料，以聚丙烯酸酯树脂、聚氨酯树脂或者硅丙树脂等对紫外线透明的树脂为基料，制备得到的涂料具有反射红外光波而阻隔热量传递，而不会妨碍紫外线透过涂膜，因而具有透明和阻隔太阳辐射热的双重功能。

透明型建筑反射隔热涂料有溶剂型和水性两种，但由于该涂料的涂覆基层是玻璃和一些表面黏结性能较差的有机材料（如涤纶薄膜、聚酯薄膜或者其他类似透明塑料薄膜），以及对于涂膜的物理力学性能（例如附着力、耐擦拭性和耐水性等）的苛刻要求，因而其主要应用还是以溶剂型涂料为主。

2. 不透明型建筑反射隔热涂料

不透明型建筑反射隔热涂料的基本原理是通过涂膜的反射作用将日光中的红外辐射反射到外部空间，从而避免物体自身因吸收太阳辐射导致的温度升高。

这类涂料是通过适当选择透明性好的树脂（目前常用的是聚丙烯酸酯树脂）和反射率高的空心玻璃微珠为功能性填料，制得高反射率的涂膜，以达到反射光和热的目的。它利用涂膜对光和热的高反射作用使太阳照射到涂膜上的大部分能量得到反射，而不是被涂膜吸收；同时，由于空心玻璃微珠的绝对体积比例，这类涂膜本身的热导率很小，绝热性能很好，这就阻止了热量通过涂膜的传导，使得涂膜自身的温度不会像使用传统铝粉那样升得很高。此外，由于不透明型建筑反射隔热涂料的高反射性和涂膜的低热导率，使得涂膜在超过一定厚度时，其反射性能只与涂膜表面的反射率有关，而与涂膜厚度无关。

不透明型建筑反射隔热涂料主要应用于外墙面和屋面，以降低墙面和屋顶在夏季的温度。这类涂料也有溶剂型和水性两种，但由于应用于外墙面和屋顶，因而绝大多数是以聚丙烯酸酯乳液（包括弹性乳液和普通建筑乳液）为成膜物质的水性产品。

透明型和不透明型建筑反射隔热涂料除了选用的功能性填料不同而得到不同反射原理的涂料外，其应用场合也全然不同，透明型产品应用于透明基层，否则就失去透明的意义；不透明型产品应用于不透明基层。此外，透明型涂料的功能是阻止红外光波通过涂膜传播；而不透明型涂料则是减少涂膜对照射到其上的能量的吸收。

四、涂料生产技术和施工技术的进步

1. 生产技术

生产技术的进步主要体现在生产设备和生产工艺线的设计两个方面。近年来我国建筑涂料的生产设备制造技术有了较大发展。例如，新研制的大型砂壁状涂料专用生产设备，集大型、环保和高效于一身。这类设备一次能够生产 30t 产品，一次生产的涂料足以涂装一栋建筑物外墙，消除了因使用不同批号产品可能会产生色差的弊端；而且该类设备还专门设置封闭式投料间，避免了投料过程中产生的粉尘污染。

建筑涂料设备生产企业现在多数能够向客户提供生产线的设计服务，能够根据客户的要求和需要提供专业、合理和先进的建筑涂料生产线设计。

2. 施工技术

涂料只有通过施工作业才具有使用价值。有时候对于同一种涂料采用不同的施工工具、不同的施工方法能够得到具有不同装饰效果的涂膜。涂料施工技术的进步体现在新的施工方法和施工机械（机具）的研制与应用等方面。

从施工方法来说，建筑涂料的施工已不再是以前单一滚涂、刷涂或喷涂，出现了以喷涂为主，并且可以采用滚涂、刷涂、抹涂以及多种方法相结合的复合施工工艺。以砂壁状建筑涂料来说，以前仅一种喷涂施工，现在能够喷涂、手工批涂和特殊施工等多种施工方法。即使喷涂施工方法本身，也有新的发展。例如，过去往往是大面积喷涂（喷涂一道或多道）同一种涂料，得到单一效果涂膜，而现在可以采用两道或多道喷涂两种或更多种不同涂料，即首次喷涂一种质感强、涂膜粗糙的涂料，而后道喷涂颜色不同、涂膜质感细腻的涂料，这样多道喷涂多种涂料，得到的涂膜仿石材效果惟妙惟肖，装饰效果极好。

近来出现的砂壁状涂料仿外墙面砖施工技术，也是该类涂料施工方法的进步，该方法施工出的涂膜弥补了人们青睐面砖饰面，而在诸如膨胀（挤塑）聚苯板、硬泡聚氨酯板等薄抹灰外墙外保温系统情况下采用面砖饰面又受到较大限制的缺憾，使砂壁状涂料得到更大量的应用。

合肥市一家企业根据市场的需要，使用高性能乳胶漆和砂壁状涂料、复层涂料等研制出具有现代型、仿古型、典雅型等系列高装饰性涂膜，采用滚涂、抹涂以及多种方法相结合的施工方法得到具有各种特殊装饰效果的涂膜饰面，向市场提供服务，既赢得了效益，又满足了人们提高装饰档次的要求，可以说是涂料施工技术方法发展得很好例证。

从施工机具来说，涂料施工工具已不再是单一的辊筒和毛刷，例如无气喷涂机械，各种配合高装饰性涂料而研制的硬胶印花辊筒、海绵拉毛辊筒以及电动打磨机械，都大大提高了涂料的施工效率和涂膜装饰效果。

五、建筑涂料技术标准的进展

1. 新制定和修订的建筑涂料标准

我国近年来新制定和修订了一些建筑涂料标准，如表 1-6 所示。在建筑涂料标准的制定和修订过程中，逐步与国际标准接轨，与 ISO、ASTM 标准统一。在一些新涂料技术的应用过程中，施工和验收标准同时得到完善，如表 1-6 所示。这将成为以后新型建筑涂料，尤其是功能性建筑涂料发展的一个模式。

表 1-6　近年来编制或修订的建筑涂料产品标准和应用技术规程

序号	标准（规程）名称	标准编号	新编或修订
1	合成树脂乳液内墙涂料	GB/T 9756—2009	修订
2	弹性建筑涂料	JG/T 172—2005	新编
3	外墙外保温用环保型硅丙乳液复层涂料	JG/T 206—2007	新编
4	室内装饰装修材料　内墙涂料中有害物质限量	GB 18582—2008	修订
5	建筑用外墙涂料中有害物质限量	GB 24408—2009	新编
6	建筑防火涂料有害物质限量及检测方法	JG/T 415—2013	新编
7	建筑涂料涂层耐沾污性试验方法	GB/T 9780—2013	修订
8	水性多彩建筑涂料	HG/T 4343—2012	新编
9	水性复合岩片仿花岗岩涂料	HG/T 4344—2012	新编
10	建筑用水性氟涂料	HG/T 4104—2009	新编
11	交联型氟树脂涂料	HG/T 3792—2005	新编
12	建筑涂料　涂层耐碱性的测定	GB/T 9265—2009	修订
13	建筑内外墙用底漆	JG/T 210—2007	新编
14	建筑室内用腻子	JG/T 298—2010	修订
15	建筑用反射隔热涂料	GB/T 25261—2010	新编

序号	标准(规程)名称	标准编号	新编或修订
16	建筑外表面用热反射隔热涂料	JC/T 1040—2007	新编
17	建筑反射隔热涂料	JG/T 235—2014	新编
18	外墙涂料水蒸气透过率的测定及分级	JG/T 309—2011	新编
19	建筑用仿幕墙合成树脂涂层	GB/T 29499—2013	新编
20	建筑反射隔热涂料应用技术规程	DBJ 15—75—2010（广东省地方标准）	新编
21	建筑反射隔热涂料应用技术规程	DBJ 51/T021—2013（四川省地方标准）	新编
22	建筑反射隔热涂料应用技术规程	苏JG/T 026—2014（江苏省地方标准）	修订
23	建筑反射隔热涂料应用技术规程	DB34/T 1505—2011（安徽省地方标准）	新编

2. 内墙涂料中有害物质限量

2001年我国颁布了首部关于内墙涂料中有害物质限量的标准，即《室内装饰装修材料内墙涂料中有害物质限量》（GB 18582—2001），到2008年对该标准又进行了修订，成为2008版。2008版规定了各类室内装饰装修用水性墙面涂料（包括底漆和面漆）和水性墙面腻子的有害物质限量标准，其限量值如表1-7所示。

表1-7 内墙涂料中有害物质限量

有害物质名称		限量值	
		水性墙面涂料	水性墙面腻子
挥发性有机化合物(VOC)/(g/L)		≤120	≤15g/kg
苯、甲苯、乙苯、二甲苯总和/(mg/kg)		≤300	
游离甲醛/(mg/kg)		≤100	
重金属/(mg/kg)	可溶性铅(Pb)	≤90	
	可溶性镉(Cd)	≤75	
	可溶性铬(Cr^{6+})	≤60	
	可溶性汞(Hg)	≤60	

3. 外墙涂料中有害物质限量

2009年，我国颁布了《建筑用外墙涂料中有害物质限量》（GB

24408—2009）标准，该标准规定了直接在现场涂装、对以水泥及其他非金属材料为基材的建筑物和构筑物外表面进行装饰和防护的各类水性外墙涂料和溶剂型外墙涂料的有害物质限量标准，其限量值如表1-8所示。

表1-8 外墙涂料中有害物质限量

有害物质名称		限 量 值				
		水性外墙涂料			溶剂型外墙涂料 （包括底漆和面漆）	
		底漆[①]	面漆[①]	腻子[②]	色漆[③]	清漆[③]	闪光漆[③]
挥 发 性 有 机 化 合 物（VOC)/(g/L)		≤120g/L	≤150g/L	≤15g/kg	≤680g/L	≤700g/L	≤760g/L
苯含量[③]/%		—	—		≤0.3		
苯、甲苯、乙苯、二甲苯总和[③]/%		—	—		≤40		
游离甲醛/(mg/kg)		≤100			—		
游离二异氰酸酯（TDI 和HDI)总量（限以异氰酸酯作为固化剂的外墙涂料)[④]/%					≤0.4		
乙二醇醚及醚酯总量[①②③]（限乙二醇甲醚、乙二醇甲醚醋酸酯、乙二醇乙醚、乙二醇乙醚醋酸酯和二乙二醇丁醚醋酸酯)/%		≤0.03					
重金属含量（限色漆和腻子)/(mg/kg)	铅(Pb)	≤1000					
	镉(Cd)	≤100					
	六价铬(Cr^{6+})	≤1000					
	汞(Hg)	≤1000					

① 水性外墙底漆和面漆所有项目均不考虑稀释配比。

② 水性外墙腻子中膏状腻子所有项目均不考虑稀释配比；粉状腻子除重金属项目直接测试粉体外，其余3项是指按产品明示的施工配比将粉体与水或胶黏剂等其他液体混合后测试。如施工配比为某一范围时，应按照水用量最小、胶黏剂等其他液体用量最大的施工配比混合后测试。

③ 溶剂型外墙涂料按产品明示的施工配比混合后测定。如稀释剂的使用量为某一范围时，应按照产品施工配比规定的最大稀释比例混合后进行测定。

④ 如果产品规定了稀释比例或由双组分或多组分组成时，应先测定固化剂（含二异氰酸酯预聚物）中的二异氰酸酯含量，再按产品明示的施工配比计算混合后涂料中的二异氰酸酯含量。如稀释剂的使用量为某一范围时，应按照产品施工配比规定的最小稀释比例进行计算。

4. 涂料中有害物质限量的危害[12]

（1）挥发性有机化合物 内墙涂料中的挥发性有机化合物（VOC）不仅会危害生产和施工人员的身体健康，而且释放到空气中的 VOC 还会与大气中的氮氧化物、硫化物发生光化学反应，形成光化学烟雾，破坏臭氧层，导致农作物减产、破坏森林和生态系统，对人类健康和赖以生存的环境都会造成负面影响。

（2）游离甲醛 甲醛对皮肤、眼睛和黏膜具有很强的刺激作用，并具有致癌、致畸作用，世界卫生组织已将其列为致癌和致畸形物质。各类合成树脂乳液内外墙涂料在生产过程中均不得使用甲醛作为原材料，如防霉剂中含有的甲醛。

（3）苯、甲苯、乙苯和二甲苯 苯被国际癌症研究中心确认为高毒致癌物质，主要影响造血系统、神经系统，对皮肤也有刺激作用，故对其含量应严加控制。甲苯、乙苯和二甲苯毒性没有苯大，但也会危害人体的中枢神经系统，刺激呼吸道和皮肤等，对人体的危害呈叠加作用。水性内外墙涂料中苯、甲苯、乙苯和二甲苯的含量都很微小，不存在人为加入的情况（只可能由杂质带入）。

（4）重金属 重金属化合物主要来源于涂料生产用原材料中的颜料和某些助剂。铅、铬、镉、汞等有害重金属元素，其可溶物对人体危害明显，会对人体的造血系统、肾、神经系统等产生严重影响，且具有累积性。人体与外墙涂料直接接触的机会虽不大，但同样会存在这种可能，特别是在生产和施工阶段。在涂料及涂料用颜料的生产过程，以及对废弃涂料的处理过程中产生的含有有害重金属的废水、粉尘会对水资源及环境产生极大的破坏作用，经过食物链的生物放大作用将会进一步危害人体健康。

（5）游离二异氰酸酯 异氰酸酯是毒性很强的吸入性物质，在人体中具有积聚性和潜伏性，且具有黏膜刺激性，对眼和呼吸系统具有较强的刺激作用，还具有致敏作用，因而它们的浓度过高会对人体造成不同程度的危害。

（6）乙二醇醚及醚酯 乙二醇醚及醚酯类助溶剂大部分会挥发至空气中，造成涂装生产环境和大气的污染。乙二醇醚及醚酯类对血液循环系统、淋巴循环系统及动物生殖系统均有极大危害，会影响男性 X 染色体，导致雌性不育及胎儿中毒、畸形胎、胚胎消融、幼儿成活率低及先天低智能等病状。现在部分发达国家和地区已开始部分限制某些乙二醇醚及醚酯类的生产和使用，而采用危害性较小的丙二醇醚类替代。

参 考 文 献

[1] 张定成. 建筑外墙涂料的施工. 现代涂料与涂装，2001，(2)：25-27.

[2] 徐峰. 从某涂料工程失败看我国外墙腻子存在的问题. 上海涂料，2010，48（7）：33-36.

[3] 石玉梅，马捷，袁扬. 外墙腻子与动态抗开裂性. 现代涂料与涂装，2005，8（4）：22-24.

[4] 薛黎明，谢绍东. 外墙柔性腻子的研制. 新型建筑材料，2007，(9)：67-69.

[5] 周诗彪，周光明，张维庆等. WFZ-151 粉末腻子的性能研究. 涂料工业，2006，36（1）：35-37.

[6] 方军良，陆文雄，徐彩宣. 用粉煤灰制取建筑用干粉外墙腻子. 新型建筑材料，2003，(3)：15-17.

[7] 王超，陆文雄，赵美丽等. 新型干粉外墙腻子的研制. 化学建材，2005，21（2）：20-21.

[8] 胡志伟等. 建筑腻子的功能、性能及几种典型涂装问题的处理. 现代涂料与涂装，2002，(6)：10-12.

[9] 桑国臣，刘加平，尚建丽. 外墙外保温柔性耐水干粉腻子的研制. 新型建筑材料，2007，(4)：32-34.

[10] 张心亚，王利宁，谢德龙. 建筑涂料最新研究进展. 涂料工业，2013，43（2）：74-79.

[11] 徐峰，周先林. 砂壁状建筑涂料性能特征和仿外墙面砖施工技术. 上海涂料，2010，48（12）：33-36.

[12] 彭菊芳. 建筑内外墙涂料强制性国家标准解读与对策. 上海涂料，2011，49（7）：37-44.

墙面腻子

第一节　内墙腻子

一、内墙腻子的种类

顾名思义，内墙腻子是用于内墙面（包括顶棚）涂装配套的一类涂装配套材料。这类腻子品种不像外墙腻子那么多，对其物理力学性能的要求也不像外墙腻子的要求那样高，但内墙腻子在其易批刮性、腻子膜的细腻性等方面的要求要高于外墙腻子。此外，对同一座建筑物来说，内墙需要涂装的面积比外墙面要大得多，因而内墙腻子的实际使用量也比外墙腻子的量大。

根据建工行业标准《建筑室内用腻子》（JG/T 298—2010）的规定，按其适用特点和根据腻子膜的主要物理力学性能的不同，内墙腻子分为一般型、柔韧型和耐水型三类。

一般型内墙腻子适用于一般室内装饰工程，用符号 Y 表示；柔韧型内墙腻子适用于有一定抗裂要求的室内装饰工程，用符号 R 表示；耐水型内墙腻子适用于要求耐水、高黏结强度的室内装饰工程，用符号 N 表示。表 2-1 中概述这三类内墙腻子的主要品种和性能特征。

表 2-1 中虽然从配制的原理方面也列出了粉状柔韧型内墙腻子，但由于配制这类腻子需要的乳胶粉用量高，致使腻子的成本很高，通常是难于为市场所接受的。表 2-1 中的防霉型内墙腻子膏，是一种功能性内墙腻子，主要用于防霉要求较高的内墙面或配合防霉涂料使用。

表 2-1　内墙腻子的主要品种和性能特征概述

品种		主要材料组分	性能特征和可配套涂料
一般型 （Y 型）	腻子粉	成膜物质为可速溶的微细聚乙烯醇粉末；200～325 目填料；增稠、保水剂（甲基纤维素醚、膨润土等）。填料可以选用重质碳酸钙、石英粉、硅灰石粉或滑石粉，以及经试验证明可利用的地方工业废料（例如粉煤灰、各种尾矿粉等）	腻子粉使用前需加水调拌，腻子膏使用相对方便。两种腻子都要求批刮性能好，批刮时手感滑爽、无黏滞感。腻子膜的物理力学性能应能够满足内墙环境条件要求。有害物质限量必须满足 GB/T 18582—2008 的要求。可与普通内墙乳胶漆或低、中档内墙涂料配套使用
	腻子膏	成膜物质为聚乙烯醇水溶液；200～325 目填料；增稠、保水剂（纤维素醚、膨润土等）；防霉剂等。填料可以选用重质碳酸钙、石英粉、硅灰石粉或滑石粉，以及经试验证明可利用的地方工业废料（例如各种无水化活性的尾矿粉）	
柔韧型 （R 型）	腻子粉	成膜物质为具有柔性的可再分散乳胶粉（如 VAE 乳胶粉）、粉状消泡剂、200～325 目填料、增稠保水剂（甲基纤维素醚）等。填料可以选用重质碳酸钙、石英粉、硅灰石粉或滑石粉，以及经试验证明可利用的地方工业废料（例如煤灰、各种尾矿粉等）	腻子粉和腻子膏具有一般腻子的施工性、批涂性。腻子膜的物理力学性能较好。有害物质限量能够满足 GB/T 18582—2008 的要求。能够遮蔽墙体基层的微细裂缝，可与高档内墙乳胶漆配套使用
	腻子膏	成膜物质为弹性建筑乳液；200～325 目填料；增稠保水剂（纤维素醚）、分散剂、成膜助剂、冻融稳定剂（防冻剂）、防霉剂、木质纤维素等。填料可以选用重质碳酸钙、石英粉、硅灰石粉或滑石粉，以及经试验证明可利用的地方工业废料（例如各种无水化活性的尾矿粉）	
耐水型 （N 型）	腻子粉	成膜物质为可速溶的微细聚乙烯醇粉末；200～325 目填料；活性填料（灰钙粉或工业电石渣粉）或添加适量的白水泥；增稠保水剂（甲基纤维素醚、膨润土等）。填料可以选用重质碳酸钙、石英粉、硅灰石粉或滑石粉，以及经试验证明可利用的地方工业废料（例如各种有水化活性或无水化活性的尾矿粉）	腻子膏施工方便（打开包装即可施工），腻子粉需加水调拌后使用；批刮性好，批刮时手感滑爽、无黏滞感。腻子膜的耐水性好，可用于厨、卫间及其他经常受到水侵蚀的内墙面。有害物质限量必须满足 GB/T 18582—2008 的要求。可与中、高档内墙乳胶漆（涂料）配套使用
	腻子膏	成膜物质为聚乙烯醇缩醛胶或聚合物乳液；200～325 目填料；活性填料（灰钙粉或工业电石渣粉）；增稠剂（甲基纤维素醚、膨润土等）；保水剂（甲基纤维素醚或乙二醇、丙二醇等）。填料可选用重质碳酸钙、石英粉、硅灰石粉或滑石粉，以及经试验证明可利用的地方工业废料（例如各种无水化活性的尾矿粉）	

品种	主要材料组分	性能特征和可配套涂料
防霉型内墙腻子膏	成膜物质为聚合物乳液；高效、低毒防霉剂；200～325目填料；活性填料（灰钙粉或工业电石渣粉）；增稠剂（甲基纤维素醚、膨润土等）；保水剂（甲基纤维素醚或乙二醇、丙二醇等）。填料可选用重质碳酸钙、石英粉、硅灰石粉或滑石粉，以及经试验证明可利用的地方工业废料（例如各种无水化活性的尾矿粉）	施工方便（打开包装即可施工）、施工性好。腻子膜耐水性好，可与防霉乳胶漆配套用于各种霉菌侵蚀的内墙面（例如厨卫间、食品车间、奶制品车间、制烟车间、地下室等）的涂装。有害物质限量必须满足GB/T 18582—2008的要求，可与内墙防霉乳胶漆配套使用或独立使用

二、聚乙烯醇类内墙腻子膏

（一）聚乙烯醇的特性

1. 基本特性

从技术经济综合性能的最佳化考虑，聚乙烯醇是内墙腻子的良好成膜物质。聚乙烯醇简称 PVA（polyvinyl alcohol），是一种水溶性树脂，高醇解度的聚乙烯醇具有适当的黏结性和耐水性，用途非常广泛。例如用之于生产文具胶水、建筑胶水、建筑涂料等。聚乙烯醇类建筑涂料是我国广泛、大量使用的最早的现代建筑涂料（相比较于传统的油漆涂料而言）。

聚乙烯醇具有如下一些基本性能。

（1）聚乙烯醇水溶液具有一定的黏度，该黏度可以通过选择聚乙烯醇的聚合度（聚乙烯醇的聚合度越高，水溶液的黏度越高）或者通过调整聚乙烯醇水溶液的浓度进行调整。聚乙烯醇水溶液具有很好的流动性，其外观呈无色透明或者因含有杂质而呈淡黄色的胶体。

（2）聚乙烯醇水溶液容易受到细菌的侵蚀而发霉变质，因而对于聚乙烯醇类腻子应注意采取防霉、防腐措施；聚乙烯醇水溶液在低温下会因凝胶而呈"果冻状"，失去流动性，但通过加温后能够恢复流动状态，且不影响使用性能和胶膜的性能。通常使用时应考虑防止聚乙烯醇低温凝胶化措施。

（3）聚乙烯醇水溶液具有一定的黏结强度，干燥成膜后，涂膜具有很好的强度并呈无色透明状态。

（4）聚乙烯醇分子中具有大量易反应的羟基，可以通过缩醛化反应提高其储存稳定性、黏结强度和耐水性。

（5）聚乙烯醇薄膜对日光稳定，在受到日光照射的短时间内薄膜的强度不会明显降低。聚乙烯醇薄膜的耐黄变性差，在紫外线的作用下容易发黄。

2. 聚乙烯醇的品种

聚乙烯醇的品种很多，生产建筑涂料或腻子使用的聚乙烯醇有两大类，一类是常温下能够溶解于水的常温水溶性聚乙烯醇，一种是需要加热到90℃以上才能够溶解的聚乙烯醇。这类聚乙烯醇是醇解度为99％的产品，典型的商品型号如1799、1999、2099、2399等。常温水溶性聚乙烯醇是醇解度为88％的产品，典型的商品型号如588、1988、2088、2488等，视其细度，其在水中的溶解速度有很大差异。当为颗粒状时，在常温且需要在不断搅拌的状态下，一般（1～3d）能够完全溶解，水溶液为基本透明的黏性胶体；当加工到一定细度（一般商品加工细度大于120目）时，几分钟甚至不到一分钟就可以完全溶解。

在90℃以上才能溶解的聚乙烯醇，由于已经完全醇解，其所形成的薄膜在常温的水中只能溶胀，不能溶解。这类聚乙烯醇商品通常为絮状或颗粒状。不管外观是什么形态，其溶解都需要在90℃以上的温度下进行。溶解的一个重要工艺条件是溶解温度升高到约80℃时，需要连续搅拌。否则，表面溶解的聚乙烯醇黏结在一起，会给继续溶解造成障碍。

3. 聚乙烯醇商品型号

聚乙烯醇商品一般以四位阿拉伯数字表示型号，前两位为聚合度，后两位为醇解度。例如，1788型聚乙烯醇的聚合度为1700，醇解度为88％；1799型聚乙烯醇的聚合度为1700，醇解度为99％；2699型聚乙烯醇的聚合度为2600，醇解度为99％。聚合度越高，同一浓度水溶液的黏度越大。

4. 聚乙烯醇的溶解

（1）常温水溶性聚乙烯醇的溶解　对于颗粒状常温水溶性聚乙烯醇（通常商品型号为588型、1788型、2088型等产品），其溶解非常简单。在具有搅拌装置的容器中，按计量投入水和聚乙烯醇，开动搅拌机搅拌，直至其溶解成均匀、透明的胶液。

（2）完全醇解聚乙烯醇的溶解　如前述，完全醇解的聚乙烯醇需要加温到90℃以上才能溶解。这类聚乙烯醇的溶解通常在反应釜中进行。因为反应釜能够隔水加热，不会使聚乙烯醇直接受热产生"糊底"现象。其溶解方法如下：首先向反应釜夹层中注入作为传热介质的水，再按计算量向反应釜中注入配方水，升温至60℃左右，开动反应釜搅拌机搅拌，投入聚乙烯醇，在搅拌的状况下继续升温至93～95℃，并保温至聚乙烯醇溶解，通常聚乙烯醇充分溶解需要0.5～1h。

(二)普通型聚乙烯醇内墙腻子膏生产技术

1. 配方

（1）主要组成材料与配方　普通型聚乙烯醇内墙腻子膏以聚乙烯醇水溶液为成膜物质；选用重质碳酸钙、石英粉、硅灰石粉或滑石粉为填料，细度为 200 ～ 325 目；增稠、保水剂选用 60000 ～ 100000mPa·s 的甲基纤维素醚（例如羟丙基甲基纤维素、甲基纤维素等）或乙基纤维素醚（如羟乙基纤维素），此外还可以加入适量的膨润土，有利于提高腻子膏的施工性能。由于聚乙烯醇水溶液易受霉菌的侵蚀而导致腻子发霉变质，因而必须在配方中加入防霉剂。普通型内墙腻子膏参考配方见表 2-2。

表 2-2　普通型内墙腻子膏参考配方

原材料	规格或型号	用量/质量份
7%聚乙烯醇水溶液	1999型、2299型、2499型、2699型	260.0
防霉剂	多菌灵或其他商品防霉剂	0.5
膨润土	钠基	6.0
羟丙基甲基纤维素	黏度型号:60000～100000mPa·s	4.5
重质碳酸钙	200目	450.0
滑石粉或石英粉	325目	150.0
水	市供自来水或可饮用水	129.0

（2）配方述评　普通型内墙腻子对性能的要求不高，表 2-2 中的配方正是根据这一要求，选用聚乙烯醇水溶液为成膜物质，并达到一定用量（以固体聚乙烯醇计大于 2.0%），这样就能够保证腻子膜的物理力学性能指标满足实际使用和产品标准（JG/T 298—2010）的要求。

腻子的批刮性是通过使用羟丙基甲基纤维素和膨润土共同作用实现的。羟丙基甲基纤维素除了能够提高腻子的稠度外，还能够提供良好的保水性，使腻子在批刮后有足够的干燥时间以便于对不平整处进行休整。膨润土的最大优点是提供触变性，也能够显著提高腻子的稠度。通过两者的引入，使腻子具有非常优良的施工性能，这正是内墙腻子所特别需要的。

聚乙烯醇水溶液极易受霉菌的侵蚀，使腻子发霉变质。选用多菌灵作为防霉剂，考虑到腻子的固体含量高，配方中的水分少，因而多菌灵的用量虽然不高，但在腻子产品中已经具有足够的防霉杀菌浓度。

在填料方面，使用两种不同细度的填料，使填料颗粒在粒径上能够相互补充，形成密堆积，这也能够相对减少成膜物质的用量或提高腻子膜的性能。由于腻子中的成膜物质具有一定用量，腻子膜干燥后硬度大，因而腻子膜的打磨性差。这在施工时可以通过灵活地掌握最佳打磨时间进行打磨，不要等待腻子膜干透后打磨，若待完全干透，就难以打磨了。

总之，表 2-2 中的配方，作为普通型腻子，其腻子膜性能和腻子性能都能够达到满意的结果，但成本与目前市场上的腻子相比要高。成本的降低只能在保证不降低性能的前提下进行。像市场上采用预熟化淀粉 18kg、重质碳酸钙 1000kg、羧甲基纤维素 5kg 配方配制的腻子，只能危害消费者，是断断不可取的。

2. 生产程序

腻子膏的生产比较合适的机械是捏合机。生产时，先向捏合机中投入水、聚乙烯醇水溶液和防霉剂，搅拌均匀。再将 4.5kg 羟丙基甲基纤维素和 45kg 左右的重质碳酸钙混合均匀，成为预混合料，以使重质碳酸钙冲淡、隔离羟丙基甲基纤维素。然后再将预混合料投入捏合机中搅拌至羟丙基甲基纤维素溶解（捏合机中物料的黏度显著增大）。最后投入膨润土、重质碳酸钙和石英粉搅拌均匀，并继续搅拌5～10min，即成为成品腻子膏。

3. 质量指标和产品检测

（1）产品执行标准　内墙腻子产品标准执行《建筑室内用腻子》（JG/T 298—2010）标准，该标准对内墙腻子性能的要求分腻子的物理力学性能和腻子的有害物质限量两方面。

（2）出厂检测　产品需经过出厂检验合格才能出厂。根据 JG/T 298—2010 标准要求，产品的出厂检验项目有"容器中状态"、"施工性"、"干燥时间（表干）"、"初期干燥抗裂性"、"柔韧性"等项目；出厂检验报告的格式见表 2-3。

表 2-3　内墙腻子出厂检验报告（格式）

产品名称与类别	（例如"内墙腻子膏"）	报告编号	
生产日期		送样人	
生产车间		送样日期	
检测项目	容器中状态、施工性、干燥时间（表干）、初期干燥抗裂性、柔韧性	检验日期	
检验依据	JG/T 298—2010		

检验项目	技术要求	检验结果
容器中状态	无结块、均匀	
施工性	刮涂无障碍	
表干时间	≤5	
初期干燥抗裂性	无裂纹	
柔韧性	直径 100mm,无裂纹	
检验结论		

批准：　　　　审核：　　　　检验：

（3）形式检验　内墙腻子产品的形式检验项目为 JG/T 298—2010 的全部性能指标，见表 2-4 和第一章中的表 1-7"内墙涂料中有害物质限量"。

表2-4 内墙腻子的产品质量指标

项 目		技术指标[①]		
		一般型(Y)	柔韧型(R)	耐水型(N)
容器中状态		无结块、均匀		
低温储存稳定性[②]		三次循环不变质		
施工性		刮涂无障碍		
干燥时间(表干)/h	单道施工厚度/mm <2	≤2		
	单道施工厚度/mm ≥2	≤5		
初期干燥抗裂性(3h)		无裂纹		
打磨性		手工可打磨		
黏结强度/MPa	标准状态	>0.30	>0.40	>0.50
	浸水后	—	—	>0.30
—		—	直径100mm,无裂纹	

① 在报告中给出 pH 值实测值。
② 液态组分或膏状组分需测试此项目。

(三)耐水型内墙腻子膏生产技术

内墙面有些结构部位经常会受到水的侵蚀，这些地方有厨房、厕浴间等，如果使用普通型腻子，则涂膜系统可能会在使用期间反复受到水的作用而出现鼓胀、起皮等。

耐水型内墙腻子有两种：一种是使用聚合物乳液生产的乳液型耐水腻子；另一种是使用聚乙烯醇缩醛胶作为成膜物质，使用灰钙粉作为活性填料生产耐水型腻子，下面主要介绍聚乙烯醇类耐水型内墙腻子，聚合物乳液型耐水腻子仅在介绍完聚乙烯醇耐水型腻子膏后给出配方，以供参考。

使用聚乙烯醇与灰钙粉配合生产耐水型腻子，应注意的问题就是聚乙烯醇不能以水溶液的形式使用，而是将聚乙烯醇和甲醛缩合生产出聚乙烯醇缩醛胶，再使用聚乙烯醇缩醛胶生产腻子。因为聚乙烯醇水溶液在有灰钙粉存在的系统中会快速增稠，使腻子黏度升高甚至变硬而报废。

由于传统的聚乙烯醇缩醛胶游离甲醛含量很高，现在人们对这种产品非常敏感，因为其对健康和环境的危害已经得到确认。但实际上，采用新技术制备的聚乙烯醇缩醛胶，能够基本上消除游离甲醛（检测结果为 0^+）。根据作者以前多年的研究和实践证明，使用这种新技术生产缩醛胶，没有出现游离甲醛超过标准值的问题。

1. 灰钙粉

（1）基本特性　灰钙粉主要是氢氧化钙和氧化钙以及少量碳酸钙组成的混合物，外观为白色粉末。灰钙粉的活性氧化钙含量≥60%；氢氧化钙含量≥90%。含量越高，质量越好。灰钙粉是一种活性填料。氢氧化钙是强碱，因而灰钙粉是一种强碱性物质，在水中的溶解度有限，但会使水溶液中含有高浓度的钙离子。灰钙粉用于聚乙烯醇类涂料或腻子，能赋予这类涂料（腻子）很强的耐水性和一定的耐洗刷性。我国过去使用的熟石灰，经脱水干燥后和灰钙粉的成分相似。

（2）灰钙粉提高涂料性能的原理　腻子可以看作高 PVC 值、高黏度的涂料，因而二者的很多应用原理是相通的，灰钙粉提高腻子性能的原理亦如此。下面介绍灰钙粉提高涂料性能的原理，其在腻子中的应用可作同样的理解。

灰钙粉能够显著提高涂料的耐水性和耐洗刷性，其原理在于：灰钙粉中的 $Ca(OH)_2$ 能够与空气中的 CO_2 反应，生成 $CaCO_3$，$CaCO_3$ 与涂料的成膜物质一起形成一个错综复杂的网络结构或称为紧密网架防水层。除此之外，灰钙粉应用于聚合物乳液类（包括乳胶粉类和聚乙烯醇类）涂料中的作用还可以从以下两个方面考虑灰钙粉与聚合物乳液的复合机理。

一是灰钙粉类涂料中的灰钙粉有一部分被水溶解，并被进一步离解成 Ca^{2+} 和 OH^-。涂料施工并干燥成膜后，有一部分 Ca^{2+} 处于成膜物质（聚合物）的结构网络中，Ca^{2+} 和空气中的 CO_2 生成 $CaCO_3$ 的反应是在聚合物结构网络中"原位"反应，成为聚合物网络结构的一部分，提高了聚合物网络的自身结构强度和对颜料、填料的黏结性能。研究认为[1]，在聚合物改性水泥材料中，丙烯酸酯共聚乳液可与水泥水化生成的 $Ca(OH)_2$ 发生化学反应，生成以离子键结合的大分子网络交织结构。这种作用机理也会存在于含 VAE 乳液的灰钙粉类涂料中。否则，在很低的 VAE 乳液用量下，如果不加灰钙粉，涂料是不会具有耐洗刷性的。

二是灰钙粉的黏结作用。在灰钙粉类涂料中，还有一部分灰钙粉没有处于聚合物的结构网络中，而是处于颜料（填料）颗粒表面，在和 CO_2 生成 $CaCO_3$ 的反应时也是在有颜料和填料存在下进行的，因为生成的 $CaCO_3$ 有黏结性，所以和聚合物一样会对涂膜中的颜料、填料产生黏结作用，相当于在涂膜中新增加了无机基料。因而，涂膜中的灰钙粉由于和空气中的 CO_2 反应生成 $CaCO_3$，既增强了有机成膜物质的性能，又增加了基料的数量。因而，灰钙粉类乳胶漆实际上是一种有机-无机复合型涂料。

应指出的是，虽然灰钙粉是氧化钙和氢氧化钙的混合物，而在涂料成膜过程中起作用的是氢氧化钙，但由于灰钙粉的研磨细度很高，氧化钙遇到水后很快能够转化为氢氧化钙，因而衡量灰钙粉的技术指标是氢氧化钙含量。

2. 配方

（1）主要组成材料与配方 耐水型内墙腻子膏以聚乙烯醇缩醛胶为成膜物质；可选用重质碳酸钙、石英粉、硅灰石粉或滑石粉为填料，细度为 200～325 目；一般腻子中不使用细度大于 325 目的填料；增稠、保水剂可选用 60000～100000mPa·s 的甲基纤维素醚（例如羟丙基甲基纤维素、甲基纤维素等）或乙基纤维素醚（如羟乙基纤维素）。选用灰钙粉为活性填料，明矾为灰钙粉的增强处理剂。灰钙粉和明矾都具有防霉杀菌作用，因而配方中无须加入防霉剂。耐水型内墙腻子膏参考配方见表 2-5。

表 2-5　耐水型内墙腻子膏参考配方

原材料	规格或型号	用量/质量份
7%聚乙烯醇含量的缩醛胶	（聚乙烯醇为 1799 型、1999 型）	260.0
明矾	食用钾明矾	2.0
羟乙基纤维素	60000～100000mPa·s	4.5
重质碳酸钙	200 目	450.0
滑石粉石英粉	325 目	150.0
水	市供自来水或可饮用水	133.5

（2）配方述评　耐水型内墙腻子对腻子膜的耐水性能有很高要求，表 2-5 中的配方选用聚乙烯醇缩醛胶和灰钙粉复合，能够满足要求。作者曾将这类灰钙粉涂料浸水两个月后涂膜也未出现起泡、脱落等破坏现象。明矾的使用，既能够提高腻子的储存稳定性，又能够增强腻子膜的性能，还能够产生防霉杀菌作用。配方中的羟乙基纤维素在氢氧化钙的强碱性作用下比较稳定。

该耐水型腻子质量较好，甚至可以直接当作仿瓷涂料，表面抛光后涂膜硬度很高，装饰效果的耐用性不比一般低档乳胶漆差。但按照市场情况，该耐水型腻子成本较高。当对腻子性能要求不苛刻时，可将聚乙烯醇缩醛胶的用量适当降低，以降低成本。由于灰钙粉和聚乙烯醇缩醛胶的复合使用，腻子膜的硬度高，打磨性差，因而施工时应在腻子表干后及时打磨。该腻子的另一个缺点是腻子膜呈强碱性，在干燥后打磨所产生的粉尘会对施工人员产生影响。

3. 生产程序

以该腻子膏在捏合机中生产为例介绍生产过程。生产时，先向捏合机中投入水、聚乙烯醇缩醛胶，搅拌均匀。再将 2kg 明矾用 40～50kg 70℃左右的热水溶解，然后缓慢投入捏合机中，搅拌均匀。

将 4.5kg 羟乙基纤维素投入捏合机中，搅拌分散。投入灰钙粉搅拌均匀。投入灰钙粉后，由于分散介质呈碱性，羟乙基纤维素能够自行溶解。

最后投入重质碳酸钙和石英粉搅拌均匀，并继续搅拌 5～10min，即成为成品耐水型内墙腻子膏。

4. 质量指标和产品检测

（1）产品执行标准　耐水型内墙腻子产品标准执行《建筑室内用腻子》（JG/T 298—2010）标准中的 N 型产品指标。

（2）出厂检测　耐水型内墙腻子的产品出厂检测项目和一般型内墙腻子相同，即为"容器中状态"、"施工性"、"干燥时间（表干）"、"初期干燥抗裂性"、"柔韧性"等。

5. 聚合物乳液型耐水腻子配方

表 2-6 中给出以苯乙烯-丙烯酸酯共聚乳液为成膜物质的耐水型内墙腻子配方，供参考。通过适当增加成膜物质的用量以提高腻子的性能，此类腻子也可以用于木质基层；向其中添加适量的阻锈剂，此

类腻子也可以用于钢铁类基层。

表 2-6 耐水型内墙腻子膏参考配方

原材料	规格或型号	功能或作用	用量/质量份
苯丙乳液（苯乙烯-丙烯酸酯共聚乳液）	固体含量不小于（48±1）％的涂料用建筑乳液[①]	黏结腻子中的填料并在基层上形成与基层黏结可靠的腻子膜	120.0
防霉杀菌剂	如德国舒美公司产A20 防霉剂	防霉、杀菌	0.5
分散剂	如美国罗门哈斯公司产"快易"分散剂	填料分散、稳定	3.0
pH 值调节剂	工业级氨水	调节腻子的 pH 值	2.0
成膜助剂	如商品成膜助剂酯醇—12[②]	降低腻子的最低成膜温度	8.0
冻融稳定剂	工业级丙二醇	提高腻子的低温储存稳定性和施工性	5.0
羟乙基纤维素	60000～100000mPa·s	增稠、保水	3.0
重质碳酸钙	200 目	填料、增加体积	600.0
石英粉	325 目		100.0
木质纤维素	如 F-3000 型	提高腻子批涂后的干燥性能和腻子膜的抗裂性能	2.5
水	市供自来水或可饮用水	分散介质	156.0

① 其他性能应满足《建筑涂料用乳液》(GB/T 20623—2006)的要求。
② 也可以使用丙二醇丁醚代替商品成膜助剂。

三、聚乙烯醇类内墙腻子粉

(一)微细聚乙烯醇粉末

1. 基本性能

微细聚乙烯醇粉末也称聚乙烯醇微粉、粉化聚乙烯醇等，是88％醇解度的颗粒状聚乙烯醇的再加工产品。88％醇解度的聚乙烯醇虽然在常温下能够溶解于水，但当为颗粒状或者絮状时，需要很长时

间才能够溶解，在粉状建材中没有实用性，这在前面已有介绍。88%
醇解度的颗粒状聚乙烯醇经过加工成微细粉末后，能够遇水即溶，可
以应用于各种粉状建材产品，包括腻子、砂浆胶黏剂等。

溶解后的聚乙烯醇具有良好的成膜性，其薄膜透明，耐光和有一
定的强度，因而在没有柔性要求的内、外墙腻子中应用，能够得到所
需的一些性能，且在用量不高的情况下其对腻子的施工性、拉伸强
度、黏结强度等的改善效果优于可再分散聚合物粉末（乳胶粉）。

聚乙烯醇的玻璃化温度较高，部分碱化型的为 $60℃$；完全碱化
型的为 $85℃$。因而，不能用于有柔性要求的腻子作为主要提供柔性
的聚合物组分。

由于聚乙烯醇是水溶性的，是以溶液形式在粉状建材产品中产生
作用，这与以水分散体形式产生作用的乳胶粉或聚合物乳液相比，当
聚合物的用量不高时，聚乙烯醇对产品最终黏结性能和拉伸强度的提
高，明显优于乳胶粉；但当二者在粉状建材产品中均具有较高用量
时，就最终所能够达到的产品性能改善作用来说，乳胶粉则明显优于
聚乙烯醇。

2. 微细聚乙烯醇粉末的溶解

对于微细粉末状常温水溶性聚乙烯醇，可以采取两种方法进行溶
解：一是在高速搅拌下将聚乙烯醇粉末细细投入水中，使聚乙烯醇粉
末一与水接触就得到搅拌分散，接着再充分搅拌溶解。如果粉末与水
接触时没有得到分散开，则组成粉末的微细粒子遇水即溶，溶解的胶
体没有得到搅拌稀释，小团、小颗粒表面结成"胶壳"包裹住未溶解
的粉末，再溶解就困难了。二是先将聚乙烯醇和适量粉料混合均匀后
再溶解，但这样得到的水溶液不透明。

实际上，腻子粉作为一种粉状产品，微细聚乙烯醇粉末已经均匀
地混合于填料中，不存在单独溶解的问题。这里单独介绍仅是对于这
类聚乙烯醇溶解常识的说明。

(二)普通型聚乙烯醇内墙腻子粉

1. 配方

（1）主要组成材料与配方　普通型聚乙烯醇内墙腻子粉和上述腻
子膏的组成材料没有本质差别，即是将聚乙烯醇水溶液换成粉末。在
填料方面二者也都一样，但在提供施工性能的增稠保水剂上差别很

大。因为腻子膏的储存稳定性要求使用的是性能较优异的羟丙基甲基纤维素；而腻子粉产品没有储存稳定性要求，因而使用价格较低廉的羧甲基纤维素。

表 2-7 中列出普通型聚乙烯醇内墙腻子粉配方示例（配方1）。

表 2-7　普通型和耐水型内墙腻子粉配方示例

原材料	规格或要求	用量（质量分数）/%	
		普通型（配方1）	耐水型（配方2）
微细聚乙烯醇粉末	1788 型、细度≥120 目	2.5	1.6
白色普通硅酸盐水泥	325 号、425 号	—	30.0
灰钙粉	细度 250 目	—	10.0
重质碳酸钙	细度 200 目	76.4	33.4
轻质碳酸钙	细度 325 目	—	10.0
滑石粉	细度 200 目	15.0	10.0
膨润土	钠基	0.8	1.0
羟丙基甲基纤维素	60000～100000mPa·s		4.0
羧甲基纤维素	高黏度型号	6.0～12.0	—

（2）配方评述　普通型聚乙烯醇内墙腻子粉以聚乙烯醇粉末为成膜物质，腻子膜不耐水；由于腻子粉产品没有储存稳定性问题，因而可使用价格较低廉的羧甲基纤维素，能够满足对增稠和保水的要求。羧甲基纤维素价格比羟丙基甲基纤维素或者甲基纤维素、羟乙基纤维素等低很多。因而，使用羧甲基纤维素能够使腻子粉生产成本显著降低。膨润土的辅助增稠和增加触变性，可以使腻子粉具有良好的施工性。

虽然聚乙烯醇粉末的价格很高，导致腻子粉的高生产成本，但不宜降低，因为那样会使腻子的质量失控。实际中有使用预熟化淀粉代替聚乙烯醇粉末的，那样得到的是劣质产品，绝不可取。

使用表 2-7 中的配方 2 配制的腻子具有良好的性能，在内墙批涂后再经过抛光处理，可以作为仿瓷涂料使用。

2. 生产

腻子粉的生产有两种方法：一种就是将各种原材料直接投入粉料

混合机中，按照混合机的操作要求开动混合机，将各种原材料混合均匀即可。

另一种生产方法是将用量很小的几种原材料和少量填料一起预混合均匀成为预混合料，再将预混合料和大用量的填料一起在粉料混合机中混合均匀。具体地说，就是将微细聚乙烯醇粉末、羧甲基纤维素、膨润土和少量滑石粉一起在预混合机中混合均匀得到预混合料，再将预混合料和其余的滑石粉、重质碳酸钙等投入粉料混合机中混合均匀。

3. 质量指标和产品检测

内墙腻子粉产品的质量标准执行《建筑室内用腻子》（JG/T 298—2010）标准中的 Y 型产品或 N 型产品指标。

产品出厂检测和形式检验均和前述聚乙烯醇类腻子膏相同，此不赘述。

(三)耐水型聚乙烯醇内墙腻子粉

和腻子膏一样，聚乙烯醇类内墙腻子粉也可以分别制成普通型和耐水型两类，但为腻子膜提供耐水性的主要组分不是灰钙粉，而是白水泥，灰钙粉只是起到提高腻子膜早期强度的作用。

1. 白水泥

白水泥是白色硅酸盐水泥的简称，系采用含极少量着色物质（氧化铁、氧化锰、氧化钛和氧化铬等）的原材料，如高纯度的高岭土、石英砂或白垩等，在较高温度（1500～1600℃）下烧制成水泥熟料，在煅烧、研磨和输送时均严格防止着色杂质混入而制得的洁白色的粉末。

除了颜色外，白水泥具有和普通硅酸盐水泥相同的性质，但因对原材料和生产工艺都有特殊要求，因而其价格较贵。

白水泥的价格相比较聚乙烯醇、乳胶粉等来说要低得多，且其耐水性、耐碱性、耐老化性也非常好，强度较高，因而白水泥在腻子粉中使用具有较好的技术经济综合性能。

白水泥在产品中主要提供强度和耐水性。作为一种无机胶凝材料，当其和聚合物树脂复合后，能够显著提高产品的黏结强度等常规的物理力学性能和耐水性。

白水泥按强度等级分级分为 32.5、42.5 和 52.5 三种等级，各强度等级的白水泥在 28d 龄期的抗压强度分别不得低于 32.5MPa、42.5MPa、52.5MPa。

除了强度外，对白水泥的白度、细度和凝结时间也有严格要求：白度应不低于 87；细度为 $80\mu m$ 方孔筛筛余应不超过 10%；凝结时间为初凝应不早于 45min；终凝应不迟于 10h。

生产腻子粉时应直接从白水泥生产厂采购"原产"白水泥，严禁使用市场上的"装饰白水泥"，因为"装饰白水泥"实际上不是水泥，只是灰钙粉和重质碳酸钙的混合物。

2. 配方

（1）主要组成材料与配方　耐水型聚乙烯醇内墙腻子粉的成膜物质为聚乙烯醇和白水泥，能够保证腻子膜具有良好的物理力学性能；使用灰钙粉能够提高腻子膜的早期强度；使用羟丙基甲基纤维素作为增稠保水剂；膨润土为无机型辅助增稠剂；在填料中除了使用重质碳酸钙和滑石粉外，还增加了轻质碳酸钙。表 2-7 中列出耐水型聚乙烯醇内墙腻子粉的配方（配方 2）。

（2）配方评述　耐水型聚乙烯醇内墙腻子粉的成膜物质是聚乙烯醇和白水泥；聚乙烯醇和白水泥能够互相增强性能，这种腻子的黏结强度和腻子膜的拉伸强度都非常好，甚至超过以乳胶粉为聚合物组分的普通型外墙腻子粉（当乳胶粉的添加量不够高时）。当腻子粉组分中没有灰钙粉时，腻子膜的强度产生得慢，添加适量的灰钙粉，能够促进腻子膜的强度增长。该种腻子粉不能使用羧甲基纤维素作为增稠保水剂，因为羧甲基纤维素和白水泥、灰钙粉都会起反应，使腻子粉在调配时变得像豆腐渣一样没有黏聚性，干燥后没有强度，所以这类腻子粉只能使用羟丙基甲基纤维素（或者甲基纤维素、羟乙基纤维素等）作为增稠保水剂。由于白水泥细度不高，导致腻子膜较粗糙，添加适量的轻质碳酸钙可以在某种程度上弥补这一不足，并提高腻子膜的干燥性能。

3. 生产和产品质量指标

耐水型聚乙烯醇内墙腻子粉的生产工艺、生产中的注意事项、产品质量指标和产品的出厂检测等，与前面介绍的普通型腻子粉、耐水型腻子膏等的内容基本相同，此不赘述。

四、柔韧型内墙腻子膏

《建筑室内用腻子》（JG/T 298—2010）标准对产品的分类中有柔韧型腻子品种，虽然从配制原理来说可以配制成腻子粉，但由于乳胶粉的价格高，因而柔韧型内墙腻子粉的实用价值并不大，如果需要柔韧型内墙腻子，还应当采取腻子膏的产品方案。

制备柔韧型内墙腻子膏需要使用其涂膜具有柔韧性的建筑乳液，即通常所谓的弹性建筑乳液。弹性建筑乳液当然可以采用弹性苯丙乳液，但从内墙腻子的使用场合对腻子膜的性能要求，以及从制备成本考虑，使用 VAE 乳液则是最好的选择之一，VAE 乳液既具有柔韧性、成本不高，而且固体含量高。下面介绍这类 VAE 乳液类腻子膏的制备技术。

1. VAE 乳液

VAE 乳液是醋酸乙烯-乙烯共聚乳液的简称。VAE 乳液的特征在于由于乙烯对醋酸乙烯的内增塑作用，克服了醋酸乙烯性能的不足。VAE 乳液用乙烯作为内增塑剂，显著降低了产品的刚性，并使乳液具有较好的低温稳定性，使涂膜具有较好的低温柔韧性。VAE 乳液的耐碱性好，耐水性和耐候性等均优于聚醋酸乙烯乳液。VAE 乳液的应用非常普遍，用途广泛，例如可用于生产内墙乳胶漆、内墙腻子和防水涂料等。表 2-8 中列出北京通州互益化工厂生产的 BJ-707 型 VAE 乳液产品规格及其技术性能指标。

表 2-8　北京通州互益化工厂的 BJ-707 型 VAE 乳液的产品规格及其技术性能指标

项目	指标
外观	白色均匀乳状液
pH 值	4.0～6.0
稀释稳定性	≤5.0%
蒸发剩余物	≥54.5%
黏度(25℃)	500～1000mPa·s
粒径	≤2μm
最低成膜温度	≤0℃

项　目	指　标
残存单体（VAc）	≤1%
乙烯含量	16%±2%

2. 柔韧型内墙腻子膏

表 2-9 中给出以 VAE 乳液为成膜物质的柔韧型内墙腻子膏的配方示例。

表 2-9　柔韧型内墙腻子膏配方示例

原材料	规格或要求	用量/质量份
水	自来水或可饮用水	90.0
A26 型防霉剂		0.5
VAE 乳液	BJ-707 型	180.0
羟丙基甲基纤维素	60000～100000mPa·s	3.0
Orotan "快易" 分散剂		3.5
聚丙烯酸盐类触变型增稠剂	（如 ASE-60 型）	3.0
pH 值调节剂（氨水）	工业级	0.5
重质碳酸钙	细度 200 目	260.0
重质碳酸钙	细度 325 目	360.0
滑石粉	细度 80～160 目	100

配方评述　在有关室内用腻子的标准（JG/T 298—2010）中，柔韧型腻子膜应能够满足"绕直径 100mm 弯折时不产生裂纹"的要求。为了满足该要求，必须采用具有柔韧性能的乳液，且其在腻子的配方组成中应达到一定的数量，否则是难以满足该要求的。表 2-9 中使用最低成膜温度为 0℃ 的 VAE 乳液，其含量达到 18.0%，再辅以使用细度为 80～160 目和 200 目的填料来满足腻子膜主要性能的要求。在腻子膜满足柔韧性的基础上，一般情况下是能够满足"黏结强度大于 0.4MPa"的要求。

由于内墙腻子膜要求细腻以提高涂料的涂装效果，因而表 2-9 中的填料并没有全部使用 200 目细度的填料，而是同时使用了 325 目的填料，且为了提高成膜物质的效果，将三种细度的填料配合使用。

聚丙烯酸盐类触变型增稠剂的添加能够明显提高腻子的施工性能，在乳液类腻子的配方中适当使用这类增稠剂的优势在于，在正常的添加量下其添加不会对腻子的干燥时间产生明显影响。

3. 柔韧型腻子膏制备程序

（1）腻子膏的常见生产设备是捏合机。生产时先向捏合机中投入水和羟乙基纤维素，分散均匀后投入氨水搅拌，直至羟乙基纤维素溶解成均匀透明的胶液。再投入 A26 防霉剂和"快易"分散剂搅拌均匀。

（2）将 ASE-60 增稠剂用两倍于其重量的水稀释后投入捏合机中，搅拌均匀，再投入 VAE 乳液搅拌均匀。

（3）向捏合机中投入重质碳酸钙和滑石粉等填料，并充分搅拌均匀，即得到成品柔性乳胶内墙腻子膏。

第二节 外墙腻子

一、概述

1. 外墙环境对腻子的特征要求

外墙直接处于大气环境中，会受到自然气候的直接影响，因而对涂装于外墙表面材料的性能要求自然非常严格，这主要体现在对腻子膜的物理力学性能的要求。

首先，腻子膜应能够牢固地附着于墙体基层上，并且在经过一定的水侵蚀、冻融循环破坏等情况下不至于脱落，这就要求腻子具有较高的拉伸、黏结强度；其次，外墙腻子的吸水率要低，且吸水后的体积膨胀应尽可能地小，以免会对涂膜产生较大的破坏作用；第三，外墙腻子膜应具有一定的动态抗开裂性，即在基层出现微细裂缝后腻子膜不至于随之开裂，而是能够在裂缝上形成架桥效果。

显而易见，上述这些性能特征都需要通过选择适当的成膜物质和合理的配方来实现。

此外，作为一种能够广泛应用的产品，外墙腻子还需要具有良好的批涂性、可打磨性等所必需的施工性能。

2. 外墙腻子的类型

如第一章表 1-5 所介绍，我国目前专业外墙腻子标准有《外墙柔性腻子》（GB/T 23455—2009）、《建筑外墙用腻子》（JG/T 157—2009）和《外墙外保温柔性耐水腻子》（JG/T 229—2007）等。不同标准对外墙腻子产品的分类如表 2-10 所示。

表 2-10　不同标准对外墙腻子产品的分类

标准	分类	适用范围
《外墙柔性腻子》（GB/T 23455—2009）	按柔性腻子组成的不同分为单组分（D 型）和双组分（S 型）两类；按适用的基面分为Ⅰ型和Ⅱ型两种型号	Ⅰ型适用于水泥砂浆、混凝土、外墙外保温基面；Ⅱ型适用于外墙陶瓷砖基面
《建筑外墙用腻子》（JG/T 157—2009）	按腻子膜柔韧性或动态抗开裂性的不同将腻子分为普通型（P 型）、柔性（R 型）和弹性（T 型）三类	普通型（P 型）建筑外墙腻子适用于普通建筑外墙涂饰工程，不适用于外墙外保温涂饰工程；柔性（R 型）建筑外墙腻子适用于普通外墙、外墙外保温等有抗裂要求的建筑外墙涂饰工程；弹性（T 型）建筑外墙腻子适用于抗裂要求较高的建筑外墙涂饰工程
《外墙外保温柔性耐水腻子》（JG/T 229—2007）	仅有一种柔性腻子产品的指标，即腻子膜绕直径 50mm 的圆棒无裂纹	适用于建筑外墙外保温抹面层找平及防裂用途

3. 外墙腻子的性能指标

（1）腻子产品本身的性能指标　三个关于外墙腻子的标准虽然分别从不同的侧面规定了不同外墙腻子的物理力学性能指标，但对于腻子产品本身的性能指标的规定是基本相同的，如表 2-11 所示。

表 2-11　不同标准规定的腻子产品本身的性能指标

性能项目	指标		
	GB/T 23455—2009	JG/T 157—2009	JG/T 229—2007
容器中状态	—	无结块、均匀	
混合后状态	均匀、无结块	—	

续表

性能项目	指标		
	GB/T 23455—2009	JG/T 157—2009	JG/T 229—2007
施工性	刮涂无障碍、无打卷、涂层平整		
干燥时间（表干）/h	≤4	≤5	≤5
初期干燥抗裂性（6h）	1mm 无裂纹	单道施工厚度≤1.5mm 厚的产品：1mm无裂纹；单道施工厚度＞1.5mm 厚的产品：2mm无裂纹	无裂纹
打磨性	磨耗值≥0.20g	手工可打磨	

（2）《外墙柔性腻子》（GB/T 23455—2009） 对腻子膜的物理力学性能指标的规定如表 2-12 所示。

表 2-12　GB/T 23455—2009 标准对腻子膜物理力学性能指标的规定

序号	项目		技术指标	
			Ⅰ型	Ⅱ型
1	与砂浆的拉伸、黏结强度/MPa	标准状态	≥0.6	—
		碱处理	≥0.3	—
		冻融循环处理	≥0.3	—
2	与陶瓷砖的拉伸、黏结强度/MPa	标准状态	—	≥0.5
		浸水处理	—	≥0.2
		冻融循环处理	—	≥0.2
3	柔韧性	标准状态	直径 50mm，无裂纹	
		冻融循环 5 次	直径 100mm，无裂纹	

（3）《建筑外墙用腻子》JG/T 157—2009 对腻子膜的物理力学性能指标的规定如表 2-13 所示。

表 2-13　JG/T 157—2009 标准对腻子膜物理力学性能指标的规定[①]

项目		技术指标		
		普通型（P）	柔性（R）	弹性（T）
吸水量/(g/10min)		≤2.0		
耐水性（96h）		无异常		
耐碱性（48h）		无异常		
黏结强度/MPa	标准状态	≥0.60		
	冻融循环（5 次）	≥0.40		
腻子膜柔韧性[②]		直径 100mm，无裂纹	直径 50mm，无裂纹	—
动态抗开裂性/mm	基层裂缝	≥0.04，<0.08	≥0.08，<0.3	≥0.3
低温储存稳定性[③]		三次循环不变质		

① 对于复合层腻子，复合制样后的产品性能应符合要求。
② 低柔性及高柔性产品通过腻子膜柔韧性或动态抗开裂性两项之一即可。
③ 液态组分或膏状组分需测试此项指标。

（4）《外墙外保温柔性耐水腻子》（JG/T 229—2007）　标准对对腻子膜各项物理力学性能指标，包括吸水量、耐水性、耐碱性和黏结强度，都与《建筑外墙用腻子》（JG/T 157—2009）规定的指标完全一样；而对腻子膜柔韧性指标的规定也是"直径 50mm，无裂纹"。但是，JG/T 229—2007 标准首次规定了腻子与所用涂料的相容性指标要求和检验方法，其相容性要求如表 2-14 所示。

表 2-14　柔性腻子与涂料层的相容性要求

项目	技术指标
柔性腻子复合上涂料层后的耐水性（96h）	无起泡、无起皱、无开裂、无掉粉、无脱落、无明显变色
柔性腻子复合上涂料层后的耐冻融性（5 次）	无起泡、去起皱、无开裂、无掉粉、无脱落、无明显变色

　　根据作者的经验，表 2-14 中所规定的相容性对于一般水性建筑涂层系统，即腻子和涂料等全部为水性产品的涂装系统，其相容性一般是没有问题的。但是，对于涂装配套系统中同时存在有水性产品和

溶剂型产品的情况，就存在系统不相容的风险。

该标准关于相容性规定的一个遗憾就是相容性问题中没有包括整个涂装系统（例如底漆），由于腻子是批涂于由底漆封闭的基层之上的，当采用溶剂型底漆时同样存在腻子与底漆不相容的问题，例如在第一章第一节中所举的关于溶剂型环氧封闭底漆与内墙腻子不配套的问题也可以看成是涂装系统不相容的问题，如果按表2-14中规定的方法（假设包括底漆涂层）检测，可能就会出现问题，当腻子膜的柔韧性较高时尤其如此。

（5）外墙腻子中的有害物质限量 《建筑用外墙涂料中有害物质限量》（GB 24408—2009）标准中规定了外墙腻子的有害物质限量指标，其限量值已在第一章中介绍（见第一章表1-8"外墙涂料中有害物质限量"）。

4. 外墙腻子产品的适宜形式

从性能、成本等方面综合考虑，普通外墙腻子以粉状产品最为合理。这主要是因为粉状产品既能够充分利用价格低廉的水泥，又能够利用水泥的耐水性、黏结性和耐久性。而相反，当采用膏状产品时，由于不能够使用水泥，则需要使用高添加量的聚合物乳液而会使制备成本很高。

而对于柔韧性或弹性外墙腻子来说，由于只有聚合物树脂才能够为腻子膜提供柔韧性，而外墙腻子对腻子膜的耐水性同时也有很高要求，因而应以双组分腻子更为合理，这样既能够利用水泥的作用，又能够利用聚合物乳液的作用。聚合物乳液的成本要比乳胶粉的低得多。

这里专门谈到外墙腻子产品的适宜形式有必要进一步强调，如第一章第三节中介绍，柔性腻子应以膏状或双组分形态为主，不要采取粉状腻子的技术措施[2]，因为使用乳胶粉生产的柔性腻子，其原材料成本可能达到使用聚合物乳液生产的柔性腻子成本的2~3倍[3]。

二、外墙腻子中几种常用主要原材料简介

1. 乳胶粉

（1）基本特性 乳胶粉是可再分散聚合物粉末的简称，以可以再分散的EVA（乙烯-醋酸乙烯）共聚物粉末为例，是由乙烯-醋酸乙

烯共聚物乳液（EVA 乳液）经喷雾干燥后所形成的一种自由流动的白色粉末。乳胶粉的特征是很容易再次分散于水中而形成稳定的乳液。该类可再分散聚合物粉末除了具有原来乳液原有的优良性能外，由于是一种可以自由流动的粉末，故储存和运输都很方便，并且能够很容易地与其他粉末状材料或颗粒状材料，如水泥、砂、轻质骨料等在工厂以一定的配比于干燥状态下计量混合，得到具有所需要性能的粉状产品，例如粉状高强抗裂灰浆、聚合物改性水泥砂浆和粉状内、外墙腻子等。

（2）乳胶粉的主要种类　目前，用于建筑材料中的乳胶粉已有多种聚合物类，包括丙烯酸酯-苯乙烯共聚物类、VAE 类（乙烯-醋酸乙烯酯共聚物、乙烯-羧酸乙烯酯共聚物、乙烯-月桂酸乙烯酯共聚物等）和橡胶类等。

（3）不同乳胶粉的用途　使用不同种类的乳胶粉可以得到性能偏重于不同方面的聚合物水泥基建筑材料。例如，选用不同品种的VAE 类乳胶粉可以得到不同性能的化学建材。在建筑腻子中应用的乳胶粉主要是 VAE 类。

表 2-15 中列出化学建材中常用乳胶粉的种类及其所形成的聚合物-水泥基建筑材料的特性与应用。其中，最常用于建筑腻子的是VAE 类乳胶粉，当然其他类乳胶粉也可以应用于生产建筑腻子，只是不经济。

表 2-15　聚合物-水泥基复合材料中常用聚合物的种类及其在聚合物水泥基复合材料的应用

乳胶粉种类			能够赋予建筑材料的主要特性及其主要应用
种类	名称	代号	
VAE 类	①乙烯-乙酸乙烯共聚物	VAE	对新拌混合物提供良好的施工性和保水性；对硬化材料提供良好的柔韧性、耐水性、防水性和黏结性等，弥补水泥石中的微观结构缺陷，防止微裂纹的产生或扩展。可应用于内外墙腻子、防水砂浆、瓷砖胶黏剂、柔性胶黏剂、外保温胶黏剂和抹面胶浆、胶粉聚苯颗粒保温浆料中的胶黏剂、自流平地坪砂浆、自流平修补砂浆、防水涂料（Ⅱ型）等
	②乙酸乙烯酯-乙烯共聚物	VAc-E	
	③乙酸乙烯-羧酸乙烯共聚物	VA-VeoVa	
	④氯乙烯-月桂酸乙烯酯-乙烯三元共聚物	VC-V L-E	

续表

乳胶粉种类			能够赋予建筑材料的主要特性及其主要应用
种类	名称	代号	
橡胶类	苯乙烯-丁二烯共聚物	SBR	对新拌混合物提供良好的施工性和保水性；对硬化材料提供极好的低温柔韧性、黏结性等，弥补水泥石中的微观结构缺陷，防止微裂纹的产生或扩展。可以应用于防水涂料、瓷砖胶黏剂、防水砂浆等
	苯乙烯-丙烯酸酯共聚物	St-BA	对新拌混合物提供良好的施工性和保水性；对硬化材料提供非常好的黏结性、柔韧性、耐水性、耐碱性和良好的耐老化性，弥补水泥石中的微观结构缺陷，防止微裂纹的产生或扩展。可以应用于防水涂料（Ⅰ型、Ⅱ型）、装饰性涂料、装饰砂浆、瓷砖勾缝剂、防水砂浆、自流平地坪砂浆、自流平修补砂浆、聚合物水泥灌缝料和注浆料等

（4）主要商品性能举例 德国瓦克公司和我国山西三维集团股份有限公司的各类乳胶粉在我国得到广泛应用，也是性能比较优良的产品。表 2-16 中列出其适用于建筑腻子的乳胶粉（VINNAPAS 5044）的典型性能；表 2-17 中列出山西三维集团股份有限公司的 SWF-04、SWF-05 型乳胶粉的性能。

表 2-16 德国瓦克公司 VINNAPAS 5044 型乳胶粉的性能

序号	项目	指标
1	外观	白色粉末
2	聚合物类型	醋酸乙烯-乙烯酯-乙烯共聚物
3	固体含量	99%±1%
4	灰分（1000℃,30min）	10%±2%
5	表观密度	（490±50）g/L
6	稳定体系	聚乙烯醇
7	颗粒尺寸（400μm 筛筛余）	≤4%
8	再分散后的乳液粒径	1～7μm

序号	项目	指标
9	最低成膜温度	0℃
10	聚合物膜的性质	柔性,不透明

表 2-17　山西三维公司的 SWF-04 型和 SWF-05 型乳胶粉的技术性能

性能项目	技术指标	
	SWF-04 型	SWF-05 型
外观	白色粉末,可自由流动	
不挥发物/%	≥98.0	
堆积密度/(g/L)	400～500	
灰分(1000℃,30min)/%	8～12	
平均粒径/μm	70～100	
pH 值	5～8	
聚合物类型	醋酸乙烯-乙烯酯共聚物	醋酸乙烯-乙烯共聚物

2. 水泥

普通外墙腻子的组成材料分成膜物质、填料、助剂和水,有时根据涂装的要求也加入很少量的颜料。成膜物质中,有机材料使用乳胶粉,无机材料使用白色硅酸盐水泥或普通水泥。上面已经对乳胶粉进行了介绍,下面简要概述水泥的主要性能。

(1) 水泥的基本特性　水泥是建筑工程的最基本结构材料,是一种外观呈灰黑色至灰白色或白色的粉末状物质,属于水硬性胶凝材料。水泥与水混合后经过物理化学过程由可塑性胶体变成坚硬的石状体,并能够将松散状材料胶结成为整体,因而水泥是一种良好的矿物胶凝材料。水泥浆体不但能够在空气中硬化,还能够更好地在水中硬化,并且随着其硬化时间的延长,强度稳定地增长。

水泥的种类很多,每一种又有很多的型号或等级。通常,将水泥分为三大类:第一类是用于普通土木建筑工程的水泥,习惯上称为通用水泥;第二类是具有专门用途的水泥,称为专用水泥;第三类是具有某种性能比较突出的水泥,称为特种水泥。建筑腻子中使用的是通用水泥。

水泥基材料是一种多孔性材料，吸水率大，由于工作性质的需要，拌制水泥时的加水量必然要多于水泥水化所需要的水。水泥凝结硬化后，多余水分从水泥基材料中逸出，便在水泥基材料中留下孔隙，这种孔隙导致材料的强度降低、渗透率提高和耐腐蚀性降低等。聚合物对水泥基材料的改性就是希望能够最大限度地消除水泥石中孔隙和微细裂纹的不利影响。

此外，水泥在加水拌制过程中，因机械搅拌使鲜水泥浆中裹入空气，也会在水泥基材料中留下孔隙；为了某种性能的需要，有时还会有目的地向水泥中引入适量空气而留下孔隙。因而，水泥基材料是结构中含有孔隙的多孔材料。

（2）水泥的储存期　一般水泥的储存期为三个月，三个月后的强度降低 $10\%\sim20\%$，时间越长，强度降低越多，使用存放三个月以上的水泥，必须重新检验其强度后根据检验结果使用。水泥很容易吸收空气中的水分，发生水化作用凝结成块状，从而失去胶结能力。因此水泥在储藏过程中应特别注意防水，防潮。

（3）水灰比与龄期　水泥需要加水拌和或调制才能使用。加入拌和水的数量通常称为用水量，以 kg/m^3 表示；水泥与加入拌和水数量的比称为水灰比，是直接影响水泥基材料强度和各种性能的参数。水灰比越高，强度越低，相对应的各种性能也越差。

水泥基材料从加水拌和并浇注成型后的时间称为龄期，用 d（天）表示。水泥基材料加水拌和、浇注后，失去塑化成型性能的时间称为凝结时间。水泥基材料凝结后，在水的存在下水泥仍会继续进行水化反应而强度持续稳定地增大。因而，水泥基材料在施工后通常必须进行一定时间的保水养护。普通混凝土的早龄期强度很低，随着龄期的延长而逐步提高。水泥基材料的强度一般以 28d 为标准。通常混凝土的设计强度都是指的 28d 抗压强度。水泥基材料的强度在保水养护下强度的增长还与环境温度有关，温度越高，强度增长越快，但可能达到的最高强度越低；反之亦然。水泥基材料在早龄期强度增长很快，一般在 25℃ 时，混凝土的 7d 抗压强度可达到 28d 的 70% 左右。

（4）强度　水泥基材料的压缩强度高，拉伸强度低。根据用途的不同，可以灵活地设计水泥类材料（如混凝土）的压缩强度。但水泥基材料的拉伸强度很低，一般为压缩强度的 $1/5 \sim 1/10$，且脆性极大，断裂韧性很低。聚合物对水泥基材料改性的主要目的就是提高水泥基材料的拉伸强度和断裂韧性。

（5）水泥基材料内部含有大量微细裂纹　水泥基材料会因为塑性收缩、自干燥和内、外表面温差等原因而在结构内部出现微裂纹和宏观裂纹，且这种微裂纹和宏观裂纹几乎是不可避免的。

（6）水泥基材料具有渗透性　由于水泥基材料结构中的多孔性，使得水泥基材料虽然能够承受一定的渗透压力，但对于水来说，水泥基材料是可以渗透的。水泥基材料的强度越低，渗透性越大；内部缺陷（例如微裂纹、气孔等）越多，渗透性越大；水泥基材料越密实，渗透性越小。水泥基材料的渗透性是水泥耐久性的最重要的影响因素。水泥基材料的冻融耐久性会因水的渗透而降低。

（7）水泥基材料中始终含有水分　水泥基材料的多孔性会使处于自然干燥状态的水泥中始终滞留有湿气（水分）。其中水分的多少与其所处的环境湿度有关。环境湿度低，含水量低；反之含水量则高。处于干燥环境中的水泥基材料，在环境湿度增大时，其含水量相应增大。

（8）水泥基材料耐碱但不耐酸　在水泥的水化过程中，在生成水化产物的同时，会生成占水化产物质量计约 20％ 的 $Ca(OH)_2$，使水泥基材料保持在高 pH 值状态（例如混凝土的 pH 值在 13 左右）。因而，水泥基材料是耐碱的，但由于其本身呈碱性，遇到酸特别是无机酸时会产生强烈的反应，因而水泥基材料不耐酸。

（9）水泥基材料的耐老化性　水泥基材料的耐老化性十分优良，在粉状建筑材料中应用的最大特点是能够给产品带来良好的耐老化性。

水泥基材料属于无机材料，几乎不受大气中紫外线照射的影响，其老化机理完全不同于有机聚合物的紫外线降解。由于水泥基材料是一种脆性材料，水泥水化所形成的水泥石中含有大量的毛细孔隙，在施工过程中又会引入大量空气而形成更大的孔隙，因而很容易吸收环境中的水分。水泥基材料在处于吸水饱和状态（通常称之为饱水状态）下受到冰冻时，内部的孔隙和毛细孔内的水结冰膨胀（水转变成冰体积增大约 9%），这将在材料结构内部产生相当大的压力，并作用于孔隙和毛细孔的内壁，在材料内部产生微细裂缝。在气温升高时冰又开始融化。如此反复冻结-融化，内部的微细裂缝会逐渐增长、扩大，材料的强度逐渐降低，表面开始剥落，甚至遭受破坏。因而，通常采用冻融破坏来衡量其耐老化性能，所以水泥基材料的耐久性又称为冻融耐久性或抗冻耐久性。水泥基材料的密实性和内部的孔隙结构（孔径大小与分布等）是确定其耐久性的最重要因素。密实性大和具有均匀分布的、封闭的、直径微细的孔隙会使材料具有更好的耐久性能。如何提高水泥基材料的冻融耐久性，一直是人们致力于研究解决的问题[4]。提高混凝土的抗冻耐久性有很多方法[5]，而使用聚合物对水泥进行改性，使水泥基材料的渗透性降低和韧性提高则是众多方法中非常实用、简单、经济并得到广泛应用的技术，其研究与应用早就得到重视[6]。

（10）通用水泥的主要品种　应用于一般土木建筑工程中的通用水泥主要有硅酸盐水泥、普通硅酸盐水泥、矿渣硅酸盐水泥、火山灰质硅酸盐水泥、粉煤灰硅酸盐水泥和混合硅酸盐水泥等。

硅酸盐水泥、普通硅酸盐水泥、火山灰质硅酸盐水泥、矿渣硅酸盐水泥和粉煤灰硅酸盐水泥是常用的通用水泥，在一般土木建筑工程中通常称为"五大水泥"，此外还有复合硅酸盐水泥，也是常用水泥品种。

3. 粉煤灰

腻子中有些填料除了填充作用外，还能够产生一定的化学反应而改善腻子的性能，这类填料通常称为活性填料，例如粉煤灰、硅灰（硅粉）、某些沸石粉、废电石渣粉等，而尤以粉煤灰更为常用。

（1）粉煤灰在腻子中应用的基本特性　粉煤灰作为活性填料在腻子中应用，具有许多的性能优势：一是粉煤灰的成本很低，目前即使是品级最高的粉煤灰（Ⅰ级），其价格也只是和填料中价格较低的重质碳酸钙相似，这主要是因为粉煤灰虽然有许多特性，但毕竟是用废料回收加工的；二是粉煤灰能够在材料组成中的或水泥水化产生的氢氧化钙的激发作用下发生水化反应，生成一定量的凝胶体，具有凝胶性能，这能够节约一定量的水泥，降低产品的成本；三是粉煤灰强度发展得缓慢，能够对腻子膜的强度和打磨性之间的矛盾起到缓和作用；四是粉煤灰中的颗粒绝大多数是规则的球形玻璃体，表面坚硬，内部是空的，所以粉煤灰通常又被称之为中空玻璃球体，吸水量既低，又能够起到"滚珠轴承"的作用。这既降低腻子粉的调制拌和水的用量（即降低了水灰比），但又使腻子具有良好的施工性。

（2）技术性能　　国家标准《用于水泥和混凝土中的粉煤灰》（GB/T 1596—2005）对Ⅰ级粉煤灰性能的要求如表 2-18 所示。

表 2-18　粉煤灰的质量要求

序号	项　目		Ⅰ级粉煤灰性能指标
1	细度(0.045mm 方孔筛筛余)/%	≤	12
2	需水量比/%	≤	95
3	烧失量/%	≤	5
4	含水量/%	≤	1
5	三氧化硫/%	≤	3

（3）粉煤灰在墙面腻子中的应用　　通常情况下，粉煤灰被作为具有一定水硬活性的矿物填料掺加于腻子中，其作用基本上是作为填料并同时起到对某种功能的改善作用。但是，也有将粉煤灰作为主要原材料进行配制腻子的。表 2-19 是这种应用的一个配方示例[7]。

表 2-19　使用粉煤灰作为主要原材料的配方举例

原材料名称	用量(质量分数)/%	原材料名称	用量(质量分数)/%
商品粉煤灰	70~90	可再分散聚合物粉末	1~3
碱性活性填料①	10~20	甲基羟乙基纤维素	0.2
普通硅酸盐水泥(42.5级)	6~12	消泡剂	0.1
复合激发剂	1~5	防霉剂	0.1

① 能够对粉煤灰起到碱性活性激发作用的最常用的碱性活性填料是灰钙粉。

4. 木质纤维

对于膏状外墙腻子、特别是膏状柔性或弹性外墙腻子来说，木质纤维的应用是非常重要的。木质纤维在这类腻子中可以起到提高腻子的拉伸强度和干燥性能两个作用，而提高干燥性能尤为重要。因为这类腻子膜的透气性差，在干燥过程中表面已经干燥成膜的腻子膜影响腻子膜内部的继续干燥。

（1）基本特性　木质纤维也称功能性工程纤维素，是一种天然纤维，呈化学惰性，无生理毒性。可以在内、外墙腻子、防水涂料、复层涂料和各种轻质建筑涂料中应用，能够起到防裂、触变、增稠等多种作用。该纤维的特性有以下诸多方面。

① 密度低，比表面积大，绝热、隔声、绝缘和透气性能好；②纤维具有很好的柔韧性，混合后形成三维网状结构，增强材料系统的物理机械性能，提高材料系统的稳定性、强度、密实度和均匀性；③木质纤维的 pH 值为中性，不溶于水和溶剂，也不溶于弱酸和碱性溶液，能够提高材料系统的抗腐蚀性；④纤维具有结构黏性，使加工好的浆料（干、湿料）的均匀性保持稳定，减少材料系统的收缩和膨胀；⑤纤维的毛细管效应使材料系统的"干燥"过程更为均匀，并产生透气和保湿性能；⑥在涂料、腻子中使用能够改善涂装性能，提高流平性和降低流挂性，增大遮盖力和湿膜强度，降低涂料的干、湿密度，使涂膜的透气性好，反光柔和并具有绝热、隔声、体积变化均匀，不起壳、不开裂；⑦具有很强的防冻、防热能力，当温度达到150℃能够隔热数天，当温度高达200℃能够隔热数十小时，当温度超过 220℃也能够隔热数小时。

（2）产品典型技术性能　某天然木质纤维的技术性能如表 2-20 所示。

表 2-20　天然木质纤维的技术性能

产品型号	技术性能			
	外观	纤维含量/%	松散密度/(g/dm³)	干燥损失/%
F-3000	灰色纤维	约 80	约 20	约 6
1004-1	灰色纤维	约 85	约 25	约 5
500-1	灰色纤维	—	约 90	—
1000	灰色纤维	约 99.5	约 60	约 5

三、粉状普通型（P型）外墙腻子

1. 配方举例

如前述，普通型外墙腻子对柔性没有要求，在较低的乳胶粉用量情况下即能够满足性能要求，且能够利用水泥，因而最适合制备成粉状产品。表 2-21 中给出以 VAE 类乳胶粉和水泥为胶结料的粉状普通型（P 型）外墙腻子。

表 2-21　普通型（P 型）粉状外墙面腻子配方举例

原材料	规格	用量(质量比)
白水泥或普通水泥	强度等级≥42.5 级	45.0
粉煤灰	等级不低于Ⅱ级	6.5
滑石粉	200 目	4.0
重质碳酸钙	200 目	34.0
石英粉	325 目	4.0
轻质碳酸钙	325 目	3.5
木质纤维	1004-1	1.0
消泡剂	粉状	0.1
羟丙基甲基纤维素	60000~100000mPa·s	0.45~0.60
乳胶粉	VAE 类	2.0

2. 配方评述

普通外墙腻子亦需要具有一定的抗裂性，JG/T 157—2009 的要求是能够遮蔽"≥0.04mm，＜0.08mm"的裂缝。因而，腻子中的聚合物组分不能太低。外墙腻子对黏结强度、耐水性、耐碱性和吸水率等的要求都较高，因而由于对性能的要求较高，除了保证聚合物组分的用量外，水泥的用量也必须处于一定的范围，表 2-21 中水泥的用量达到了 45%。

外墙腻子户外施工，腻子的干燥很快，因而通常情况下保水剂（羟丙基甲基纤维素）的用量不能太低。适量的木纤维能够增强腻子膜的抗裂性能和干燥性能，而且有益于腻子的施工性。

腻子的填料采用滑石粉、重质碳酸钙、石英粉和轻质碳酸钙几种材料混合使用，有利于改善批刮性能并满足打磨性能。

3. 普通型外墙腻子的性能主要影响因素

（1）乳胶粉　乳胶粉作为腻子的主要成膜物质，其用量对腻子的黏结强度具有显著的影响。图 2-1 为腻子中可再分散乳胶粉用量与其黏结强度的关系[8]。从图 2-1 可以看出,随着可再分散乳胶粉用量的增大,黏结强度逐渐增加。当乳胶粉用量较少时,随着乳胶粉用量的增加,黏结强度增加得非常明显。如乳胶粉用量为 2% 时,黏结强度就达到了 0.82MPa。

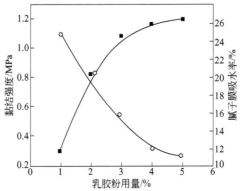

图 2-1 外墙腻子中可再分散乳胶粉用量
对其黏结强度和腻子膜吸水率的影响
■— 黏结强度;○— 吸水率

加入乳胶粉可显著提高腻子与基材的黏结强度,原因在于亲水性乳胶粉与水泥水化产物一起向基体的孔隙及毛细管内渗透,乳胶粉在孔隙及毛细管内成膜并牢牢地吸附在基体表面,从而保证了胶结材料与基体之间良好的黏结强度。但是,当乳胶粉用量超过 4% 时,黏结强度的提高趋势减缓。对腻子黏结强度作出贡献的不仅有可再分散乳胶粉,还有水泥、粉煤灰等无机材料,所以黏结强度随乳胶粉用量的增加并不呈现出线性规律。

另一方面,腻子膜的吸水率是外墙腻子的一项重要性能指标。可再分散乳胶粉对腻子膜的吸水率的影响如图 2-1 所示。由图 2-1 可以看出,当乳胶粉用量低于 4% 时,随着乳胶粉用量的增加,吸水率呈下降趋势,且效果明显。当用量大于 4% 后,吸水率下降得较为缓慢。原因是水泥作为腻子中的黏结物质,未添加可再分散乳胶粉时,体系中存在大量的空隙,当加入可再分散乳胶粉后,再分散后形成的乳液聚合物能在腻子空隙中凝聚成膜,封堵住腻子体系中的空隙,使腻子涂刮干燥后表层形成更为致密的膜，从而能有效地阻止水的渗入，降低吸水量，使其耐水性增强。

当乳胶粉用量达到 4% 以后，可再分散乳胶粉再分散后的聚合物乳液基本能完全填补腻子体系中的空隙，形成完整致密的膜，从而使腻子吸水量下降的趋势随乳胶粉量的增加变得平缓。

通过电子扫描显微镜的研究发现在未添加可再分散乳胶粉的腻子膜中，无机材料黏结得不够完整，存在很多空隙，且空隙大小分布不均匀，因而存在很多黏结缺陷。腻子膜中大量存在的空隙使水容易渗入，从而吸水率较大。而添加了足够量可再分散乳胶粉的腻子膜中，乳胶粉再分散后的乳液聚合物基本能填补腻子体系中的空隙，形成完整的膜，从而能将整个腻子体系中无机材料部分黏结得比较完整，存在的空隙也非常微小，因而能显著提高腻子的黏结强度和降低腻子膜的吸水率。

（2）水泥　水泥及其用量显著影响腻子的耐水、耐碱、吸水等性能和黏结强度。适当提高腻子中的水泥用量能够提高腻子的黏结强度，不同品种水泥及其不同用量下对腻子黏结强度影响的试验结果如图 2-2 所示[8]。

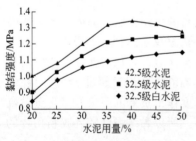

图 2-2　不同品种水泥及其用量对腻子黏结强度的影响

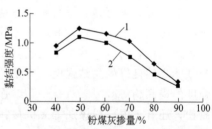

图 2-3　粉煤灰掺加量对腻子黏结强度的影响
1—浸水后黏结强度；2—标准状态黏结强度

（3）粉煤灰　粉煤灰在聚合物水泥基腻子中应用时，对水泥基墙面腻子的黏结强度、施工性和用水量等均有一定影响。图 2-3 中展示出粉煤灰掺加量对腻子黏结强度的影响[9]。从图 2-3 中可以看出，随着粉煤灰掺加量的减少，腻子的黏结强度增大；掺加量在 70% 以下时，强度增大的趋势变得缓慢；而从 50% 减小到 40% 时，强度开始降低。粉煤灰掺加量对腻子的用水量、施工性和颜色等的影响如表2-22 所示。

表 2-22　粉煤灰掺加量对腻子的用水量和施工性等的影响

性能项目	粉煤灰掺加量（质量）/%					
	90	80	70	60	50	40
用水量[①]/mL	19.4	20.4	20.9	21.9	23.4	24.6
施工性	较好	较好	一般	一般	较差	差
颜色	深灰	深灰	灰	灰	浅灰	灰白

①调制 50g 腻子粉的用水量。

表 2-22 的结果说明这样的趋势：随着粉煤灰掺加量的增大，外墙腻子粉的调制用水量减少，腻子粉的施工性变好。其原因是由于粉煤灰中球形玻璃微珠的"滚珠轴承"作用，使腻子体系的流动性提高，调制用水量降低，施工性能改善。由于粉煤灰的颜色为灰白色，因而当其掺加量较大时腻子膜的颜色白度差。

（4）填料细度对黏结强度的影响　前面有关内容中多次提到用于腻子的填料其细度不宜过高，过高时对腻子的黏结强度和腻子膜的物理力学性能不利。图 2-4 中展示出使用石英砂作为腻子的填料时其细度对腻子黏结强度的影响。可以看出随着石英砂细度的增大，腻子的黏结强度降低。这显然是由于同样质量的石英砂其细

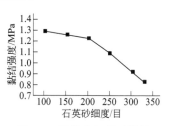

图 2-4　石英砂细度对腻子黏结强度的影响

度越细，比表面积越大，需要用于黏结与包裹的基料的用量越多。在基料量不变的情况下，腻子的 PVC 值相对增大（甚至有可能超过其临界 CPVC 值），从而导致腻子的黏结强度降低。

（5）木质纤维对腻子黏结强度的影响　黏结强度是腻子的重要性能，木质纤维的添加对腻子黏结强度亦会产生一定的影响，如图 2-5 所示。

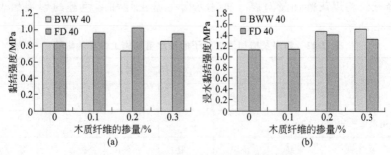

图 2-5　木质纤维对腻子黏结强度的影响

注：BWW 40 和 FD 40 分别为商品木质纤维的型号。(a) 标准状态；(b) 浸水试验后

从图 2-5 可以看出，木质纤维对腻子与水泥砂浆黏结强度有提高的作用，这是由于木质纤维具有良好的纤维增强功能、保水功能和输水功能。木质纤维表观多孔的纤维状结构能够增加腻子膜的强度；保水功能使得湿腻子膜失水更加均匀；输水功能使得腻子膜在表干后能够继续失水干燥，使得腻子的表层和里层的水分分布均匀。腻子自身强度的提高以及腻子中聚合物的充分均匀成膜，提高了腻子与水泥砂浆的黏结强度。

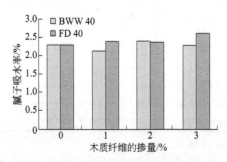

图 2-6　木质纤维对腻子膜吸水率的影响

注：BWW 40 和 FD 40 分别为商品木质纤维的型号。

（6）木质纤维对腻子吸水率的影响　吸水率也是腻子膜的重要性能指标，木质纤维的添加对腻子膜吸水率的影响很小，其影响如图 2-6 所示。在图 2-6 中，木质纤维只有在 3% 的添加量下，其腻子膜的吸水率才比没有添加时高约 0.3%。

四、柔性外墙腻子

1. 柔性腻子消除龟裂纹的原理

柔性外墙腻子和弹性外墙腻子属于同一类型，是其腻子膜都能够产生显著变形的腻子，这类腻子能够遮蔽墙面所出现的微细裂缝。以水泥砂浆、净浆抹面的墙面基层，因为干缩往往在表面出现宽度、深度不等的微细裂纹，这类裂纹也具有"热胀冷缩"和"湿胀干缩"的动态变化性质，若使用普通腻子，则当墙面出现裂缝或裂缝的尺寸发生变化时，腻子膜不能随之产生相应的变形，就可能出现裂缝，并会透射到涂膜上。使用柔性或弹性腻子是解决该种问题的有效方法之一。

使用柔性腻子解决龟裂纹动态变化的原理主要是因为柔性腻子膜能够产生变形而消纳由于砂浆层（或净浆层）收缩施加给腻子膜和涂膜的拉应力，使得腻子膜在厚度方向上的变形量递减[10]，当砂浆层（或净浆层）收缩时，裂纹（缝）变宽，柔性腻子膜与砂浆的结合部分受到拉应力的作用，底层部分被拉长。由于沿腻子膜厚度方向上拉应力本身呈递减趋势，且柔性腻子膜被拉长后受到弹性恢复力的作用，因而在腻子膜厚度方向上柔性腻子膜的变形量递减。当变形不能够通过柔性腻子膜（即变形为柔性腻子膜所遮蔽时），则腻子膜表面的刚性涂膜不开裂；当变形能够通过柔性腻子膜（即柔性腻子膜不能够遮蔽变形）时，则腻子膜表面的刚性涂膜有可能开裂。

2. 柔性腻子的配方

（1）配方设计思路简述　腻子其实也可以看作是黏度较高的涂料，但这种高黏度不是完全靠增稠剂增稠的结果，而是要有比较高的固体含量。因而，腻子配方的设计思路和涂料没有本质的差别。其特殊之处在于：一是要能够将腻子调配成膏状，用刮刀挑起时不至于流挂，即具有很高触变性的高黏度；二是当要求腻子的拉伸强度和断裂伸长率较高时，应使腻子的颜料体积浓度低于或接近于其临界颜料体积浓度。这是柔性腻子有别于普通腻子的重要指标。普通腻子的颜料体积浓度很高，有的在 80% 以上；三是柔性或弹性腻子使用的成膜物质必须是弹性建筑乳液，而不能使用玻璃化温度较高的普通建筑乳液；四是考虑到腻子的批刮性问题，要注意使用保水性增稠剂。理论上说，腻子的配方设计类似于涂料，但由于的腻子的性能要求较低，目前主要还是以经验为主。实际中，应先设计出基本的配方或参考已有的同类配方，经过试配、调整、再试配、再调整而直至得到满意的性能为止。

（2）双组分柔性腻子的基本配方　外墙柔性腻子既需要具有柔

性，对于拉伸强度、黏结强度、耐水性也有较高要求，因而宜使用双组分方法制备，这样能够使用水泥以提高腻子膜的耐水性，同时避免膏状产品不能使用水泥以及粉状产品的乳胶粉价格较高的矛盾。表2-23中列示出双组分柔性外墙腻子的参考配方。

表 2-23　由聚合物乳液和水泥制备的双组分柔性外墙腻子

腻子组分	性能要求或产品规格	用量/质量份
液料组分		
聚合物乳液	VAE 乳液或丙烯酸酯共聚类乳液	50～70
消泡剂	（如 681F 型消泡剂）	0.20
防霉剂	（如 K20 型防霉剂）	0.20
防冻剂（冻融稳定剂）	（工业级丙二醇）	1.0
水	自来水或可饮用水	30～50
粉料组分		
水泥	白水泥或普通硅酸盐水泥，强度级别≥32.5 级	100
重质碳酸钙	200～250 目	50～60
石英砂	180～200 目	50～60
甲基纤维素醚	45000～60000mPa·s	1.0～3.0

（3）配方说明　聚合物组分是决定腻子膜柔性的关键材料。当不能够达到一定用量时，腻子膜的抗裂性指标不可能满足标准要求。

配方中消泡剂的作用很重要，能够防止腻子膜中产生气孔；由于聚合物乳液中加入水，乳液中原来的防霉剂浓度降低，因而需要补充，以保证液料储存不会霉变。纤维素醚加入到粉料中可以减轻液料组分的防霉要求。制备柔性腻子需要使用玻璃化温度较低的聚合物乳液，其最低成膜温度较低，因而液料中不需要添加成膜助剂，但为了保证液料低温存放的稳定性，仍需要使用防冻剂（冻融稳定剂）。

（4）双组分弹性腻子的生产工艺　以表 2-23 中的配方的弹性腻子的生产为例，将生产工艺介绍如下。

① 液料的生产　先按照配方将聚合物乳液加入到搅拌罐中，接着在搅拌罐中的物料处于搅拌的情况下，依次加入消泡剂、防霉剂、

防冻剂和水，搅拌（10～15）min，使之充分均匀，得到液料组分，出料包装。

② 粉料的生产 将水泥、石英砂、重质碳酸钙和甲基纤维素醚分别按照配方计量后，加入到粉料搅拌机中，搅拌均匀，即得到粉料组分，可包装出料。

（5）聚合物乳液对腻子膜性能的影响 聚合物乳液是腻子膜柔韧性的唯一提供材料，在腻子组成中随着其添加量的提高腻子膜柔韧性得到改善是必然趋势。表 2-24 中展示出随着聚合物乳液用量的提高腻子膜的改善情况[3]。从表 2-24 中可以看出，随着聚合物乳液用量的提高，腻子膜柔韧性的改善明显。当聚合物乳液的添加量达到 13.5％时，腻子膜的柔韧性为 45mm，满足 GB/T 23455—2009、JG/T 157—2009 和 JG/T 229—2007 等标准的要求。

表 2-24 聚合物乳液加入量对腻子膜性能的影响

乳液加入量/%		9.0	13.5	18.0	22.5	27.0
乳液的固体成分加入量/%		5.0	7.5	10.0	12.5	15.0
腻子膜柔韧性/mm		100	45	30	10	5
黏结强度 /MPa	标准状态	0.8	0.8	0.9	0.9	0.9
	冻融循环(5 次)	0.6	0.8	1.0	0.7	0.5

表 2-24 中的结果还说明，聚合物乳液除了显著改善腻子膜的柔韧性以外，还会影响腻子膜的黏结强度。在表 2-24 中，随着聚合物乳液添加量的提高，在标准状态下腻子膜的黏结强度随之增大，但增大到一定程度，再继续提高聚合物乳液的添加量，黏结强度不再增大。

另一方面，腻子膜受到冻融循环试验后的黏结强度随聚合物乳液添加量的变化又有不同：先随着聚合物乳液用量的增大而提高，达到最高值后，再继续提高聚合物乳液的添加量，冻融循环后黏结强度不再增大反而降低。其原因在于，弹性聚合物乳液薄膜的耐水性较差，当弹性聚合物乳液在腻子中的用量较高时，导致腻子膜的耐水性变差，从而导致腻子膜的冻融循环后的黏结强度降低。可见，在外墙腻子中也并不是聚合物组分的用量越高越好，而是应当根据对腻子的性能要求采用适宜的用量。

五、弹性腻子的纤维增强材料

上面已经介绍过，柔性腻子和弹性腻子都属于要求其腻子膜都能够产生显著变形的材料，但弹性腻子要求的变形更大。在这种情况下，其配方中往往需要将聚合物树脂的用量在柔性腻子的基础上再增大些，其他材料基本上无须变化。有种例外，就是如果能够添加适量的拉伸强度高、弹性模量低的聚丙烯腈纤维作为增强材料，能够得到更好的结果。

1. 聚丙烯腈纤维的基本特性

聚丙烯腈纤维系以聚丙烯为原料，经特殊的生产工艺及表面处理技术处理得到的一种有机合成纤维，其与基材有较高的握裹力。在腻子中均匀地分散有该类纤维的情况下，当腻子膜中有纤维处出现裂缝时，由于纤维与基材之间的黏结力大于裂缝扩展产生的沿着纤维方向的剪应力时，该剪应力就会传递给纤维，由于纤维的强度和纤维与基材握裹力都很高，足以阻止裂缝的产生或扩展。聚丙烯腈纤维的某些基本性能如表 2-25 所示。

表 2-25 聚丙烯腈纤维的某些基本性能

项目	性能	项目	性能
材料	聚丙烯腈	纤维类型	束状单丝
密度/(g/cm³)	0.91	吸水性	不吸水
熔点/℃	160~172	拉伸强度/MPa	>358
安全性	无毒材料	弹性模量/MPa	>3900
抗酸碱性	很好	拉伸极限/%	>15
导电性	低	纤度	2.08~15D
导热性	低	规格	19mm、9mm、6mm、3mm

2. 聚丙烯腈纤维对腻子抗裂性能的影响

聚丙烯腈（PAN）的分子式为 $(CH_2CHCN)_n$，结构中的极性腈基 CN 具有亲水性，使得聚丙烯腈纤维可以均匀地分散在水性体系中。因而广泛应用于聚合物水泥砂浆、混凝土和腻子等材料的增强抗裂。

聚丙烯腈纤维对外墙腻子的抗裂性能改善效果显著。研究发现不同添加量和不同品种的聚丙烯腈纤维对粉状外墙腻子的改善效果如图2-7所示[11]。图中是以抗裂指数作为衡量腻子的抗开裂性能的。开裂指数的定义是，将裂缝分为大于3mm、2～3mm、1～2mm、0.5～1mm和小于0.5mm 5个等级，定义每一范围裂缝的度量指数分别为3、2、1、0.5和0.25，

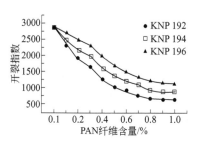

图 2-7　不同纤维添加量对腻子开裂指数的影响

注：KPN 192、KPN 194 和 KPN 196 分别为商品聚丙烯腈纤维的型号。

每一度量指数乘以其相应的裂缝长度，将加和的结果折算为$1m^2$面积的相应数值，即为该试样的开裂指数。从图中可以看出，随着纤维添加量的增加，腻子的开裂指数下降。

六、几种有特殊要求的外墙腻子

拉毛腻子、点补腻子、找平腻子、补洞腻子、分隔缝腻子和瓷砖翻新专用腻子等，都是能够达到某一专有功能的特殊腻子。这些腻子的配制有的是在普通腻子的基础上稍加改进即可，有的可能需要使用专门技术配制。这类腻子虽然用量不大，但有些还是很有使用价值的，在涂装中能够起到重要作用，例如找平腻子、补洞腻子和瓷砖翻新专用腻子。

1. 拉毛腻子

（1）特点　拉毛腻子一般应用于外墙，其涂膜的物理力学性能要求相当于普通外墙涂料。一般是将腻子用普通辊筒滚涂成一定厚度的平面，在其已经初步干燥，但并没有表面干燥前，用拉毛花样辊滚拉出凹凸不平、近程无序而远程有序（即小范围无规律，大范围有规律）的拉毛饰面涂膜。

拉毛腻子界于涂料与腻子之间，能够起到弹性拉毛涂料的作用，但没有弹性拉毛涂膜的弹性，一般其腻子膜尚需配套罩面涂料，形成复合涂层。拉毛涂料的特点类似于复层涂料，但不是靠喷涂而得到斑

点，而是靠拉毛辊筒拉起的呈波纹状尖头的毛疙瘩。这种毛疙瘩在干燥前能借助于湿涂料的表面张力和轻微流动性形成不同的角度，进而产生出悦目的外观。但是，二者之间也存在着一定的差别。例如，复层涂料的斑点表面平坦，拉毛涂料的毛疙瘩则是呈尖头，且毛疙瘩的大小和形状较之复层涂料的斑点更富于变化。拉毛涂料的特征在于丰满和细腻兼而有之，流动和稳重容蓄并存。

拉毛腻子粉中水泥组分会使腻子膜变得粗糙，虽然水泥能够提高腻子膜的性能，但由于滚拉出的腻子膜在耐污染、耐老化和质感等方面仍然达不到独立外墙涂膜性能的要求。因此，拉毛腻子膜需要使用高性能的涂料（例如耐沾污性好的弹性有机硅-聚丙烯酸酯有光乳胶漆）罩面。

（2）配方举例　拉毛腻子一般在外墙面使用，对耐水性、黏结性等物理力学性能都有较高要求，因而宜采用粉状产品以能够使水泥和乳胶粉复合形成有机-无机复合型成膜物质。表 2-26 中列出粉状拉毛腻子的配方。

表 2-26　拉毛腻子粉配方举例

原材料名称	功能与作用	用量（质量）/%
普通硅酸盐水泥或白水泥[1]	无机成膜物质	45.0
VAE 类或聚丙烯酸酯类乳胶粉	有机成膜物质	3.5
200 目重质碳酸钙	填料	29.3
325 目石英粉	填料	15.0
金红石型钛白粉	颜料	5.0
羟丙基甲基纤维素	增稠、保水剂	0.5
低黏度型微细聚乙烯醇粉末	流变性能调节剂	0.3～0.7
粉状消泡剂	抑泡、消泡	0.2

[1] 当使用普通硅酸盐水泥时，其强度等级不应低于 42.5 级；当使用白水泥时，最好使用 525 号白水泥。

（3）配方评述　拉毛腻子配方的特点在于流变性的调整，选择适当黏度型号的羟丙基甲基纤维素，再辅助以低黏度型微细聚乙烯醇粉末，通常可以满足拉毛施工对腻子流变性的要求。此外，由于表面需要罩光，因而腻子膜应该具有很高的强度。这样，高性能的罩面涂料罩在腻子膜表面不会起皮。若使用透明罩光剂罩面，应选用聚丙烯酸酯类乳胶粉；反之，若使用有光乳胶漆罩面，则使用 VAE 类乳胶粉即可，可以降低腻子粉的配制成本。

当使用透明罩光剂罩面时，腻子组成材料中尚需添加适量的金红石型钛白粉，或若添加一些其他具有耐候性、耐光性能的着色颜料；若使用非透明罩光剂罩面，则无需使用钛白粉，但有时可以配合罩面涂料的颜色而加入适量的着色颜料。

2. 补洞腻子和点补腻子

（1）腻子特点　补洞腻子和点补腻子只是在填补凹坑、孔洞的大小不同，本质并没有区别，即都是一次能够填补较大的孔洞，腻子膜干燥后填补的腻子不开裂、收缩小，与被填补基层有良好的黏结力等作用的特殊要求的腻子。

（2）配方举例　腻子的特性要求决定了腻子的材料组分和配方组成。作为参考，表 2-27 中列出粉状补洞腻子和点补腻子的配方。

表 2-27　补洞腻子和点补腻子参考配方举例

原材料名称	功能与作用	用量（质量）/%	
		补洞腻子	点补腻子
P.O 42.5 级普通硅酸盐水泥	无机成膜物质	20.0	32.0
VAE 类乳胶粉	有机成膜物质	2.0	2.5
160 目重质碳酸钙	填料	3.0	8.0
30～60 目石英砂（或重质碳酸钙）	细集料，填充，减缩	60.0	0
80～120 目石英砂（或重质碳酸钙）	细集料，填充	6.6	50.6
高黏度甲基纤维素醚	增稠、保水剂	0.1	0.1
石灰系膨胀剂[①]	膨胀，减缩	7.0	0
硬石膏粉	减缩	0	5.0
NF 或 FDN 类减水剂[②]	增强，减缩	1.2	1.7
消泡剂（Hercules RE 2971 型）	抑泡、消泡	0.1	0.1

① 可使用商品类石灰系膨胀剂，也可以灰钙粉代替，经试验后使用。
② 均为萘系减水剂。

（3）配方评述　由于对补洞腻子和点补腻子的主要要求都是腻子

从施工的湿状态到固化后的干燥状态，体积不能出现明显的收缩，且最好能有稍微膨胀；而应用特点是腻子一次填补体积很大。这与普通腻子的性能反差很大。要满足要求，从配方方面要考虑的措施有：①不能使用细粉料；②腻子施工调配时应尽可能少加水；③利用普通硅酸盐水泥水化反应的原理添加补偿收缩材料；④尽量减少收缩材料（如水泥和细粉料）的用量。

很显然，表 2-27 中的配方充分考虑了这些因素。例如，①使用了 30～60 目石英砂，且在补洞腻子配方中其用量高达 60%；②使用减水剂，能够降低腻子施工时调配加水量，将腻子的干燥收缩减至最小；③添加石灰系膨胀剂等补偿收缩材料；④水泥和细粉料的用量等控制得很低。

3. 找平腻子

（1）腻子特点　这里的找平腻子不是一般腻子的填补孔隙，提供平整表面的概念，也和上面的补洞腻子、点补腻子的局部找平不同，而是对平整度很差的大面积涂装基层进行粗找平，然后还需要进一步按照正常腻子施工工序进行细找平施工。因而，这种腻子的施工厚度仍然很厚，需要腻子在厚膜情况下具有很强的抗收缩、抗开裂能力。

（2）配方举例　这种腻子和普通型墙面腻子相似，仍以粉状产品为宜，是在普通型腻子配方的基础上稍加改进而成的。作为参考，表2-28 中列出粉状找平腻子的配方。

表 2-28　外墙面找平腻子配方举例

原材料名称	规　格	用量/质量份
白水泥或普通水泥	强度等级≥42.5	35.00
粉煤灰	Ⅱ级	3.50
滑石粉	200目	5.00
重质碳酸钙	140目	10.50
石英细砂	80～120目	28.00
石英细砂	60目	15.00
消泡剂	粉状	0.10
羟丙基甲基纤维素	60000～100000mPa·s	0.45～0.60

续表

原材料名称	规 格	用量/质量份
六偏磷酸钠	分散剂	0.25
乳胶粉	VAE 类	3.00

（3）配方评述 表 2-28 中的配方是在前述"表 2-21 普通型（P 型）粉状外墙面腻子配方举例"配方的基础上调整而成的。因为在腻子的批刮性、黏结强度、耐水性、耐碱性等要求上他们都是一样的。比较表 2-28 和表 2-21 可以看出，主要是在降低水泥用量、增大填料粒径和添加分散剂等方面进行了改进。添加分散剂的目的是为了降低腻子调配时的用水量，以降低腻子的干燥收缩。此外，由于水泥的用量显著降低，为了弥补由此产生的黏结强度的降低，将乳胶粉的用量稍微提高。

4. 分隔缝腻子

（1）腻子特点 分隔缝腻子是应用于嵌填墙面的分隔缝的，使分隔缝具有防水、装饰和一定伸缩变形时不出现裂缝的功能腻子。因而要求腻子具有良好的防水、抗渗、抗裂能力和一定的装饰性及延伸率。

（2）配方举例 分隔缝腻子类似于外墙柔性腻子，既需要具有延伸性，对于拉伸黏结强度、耐水性也有较高要求，且要求具有一定的装饰效果，如果制备成粉状产品，则乳胶粉的用量较高，导致成本过高而失去实际使用价值，因而宜制备成双组分产品，这样能够使用水泥以提高腻子膜的耐水性，同时避免膏状产品不能使用水泥的矛盾。表 2-29 中列出分隔缝腻子的参考配方

表 2-29 由聚合物乳液和水泥制备的双组分分隔缝腻子

腻子组分	性能要求或产品规格	用量/质量份
液料组分		
聚合物乳液	聚丙烯酸酯乳液或苯乙烯-聚丙烯酸酯共聚乳液	70.00～80.00
消泡剂	（如 681F 型消泡剂）	0.20
防霉剂	（如 K20 型防霉剂）	0.20
防冻剂（冻融稳定剂）	（工业级丙二醇）	1.00

腻子组分	性能要求或产品规格	用量/质量份
水	自来水或可饮用水	20.00～30.00
粉料组分		
水泥	白水泥或普通硅酸盐水泥,强度级别≥32.5 级	100.00
重质碳酸钙	500 目	20.00～25.00
石炭粉	800 目	20.00～25.00
白炭黑	800 目	2.00～6.00
氧化铁红粉 （或其他着色颜料）		适量
甲基纤维素醚	200000mPa·s	1.0～2.0

（3）配方评述　表 2-29 中配方的分隔缝腻子配方是在前述"表 2-23 由聚合物乳液和水泥制备的双组分柔性外墙腻子"的基础上改进而成的。由于分隔缝腻子表面已不需要涂装涂料而直接暴露于大气环境中，因而需要使用耐候性好的纯丙乳液或苯丙乳液为成膜物质，且其用量需要达到一定程度才能够在腻子膜中形成连续网络，产生延伸性和弹性，并具有致密结构达到良好的抗渗、抗裂效果。

分隔缝腻子膜需要光滑、细密，不能使用粗粒径填料，而只能使用高细度填料。配方中使用的填料以 800 目石英粉为主；氧化铁红粉（或其他着色颜料）能够赋予腻子膜一定的颜色，产生所需要的装饰效果。配方中的白炭黑是密封膏常用的防流挂填料。

5. 瓷砖翻新专用腻子

（1）腻子特点　带釉面的外墙面砖、马赛克等表面光滑，表面黏结困难。使用腻子直接进行批涂找平再进行涂料涂装时，要求腻子具有极强的附着力，并具有良好的批涂性，一次批涂能够达到一定厚度而不会出现初期干燥开裂。为了增强腻子和面砖之间的黏结力，有时在面砖表面先涂刷一道界面剂，然后再批涂腻子。该界面剂是使用与面砖等无机材料的亲和性能好的阳离子乳液配制的，而与通常以阴离子乳液为成膜物质的封闭底漆有本质的区别。

（2）配方举例　由于将原有旧瓷砖凿除需要的劳动强度较高，费时长，且对环境造成不良影响，因而瓷砖翻新专用腻子可以较高价格销售，所以虽然其组成中需要使用乳胶粉量较高，仍然可以采用粉状形式。表 2-30 中列出粉状瓷砖翻新专用腻子的参考配方。

表 2-30　瓷砖翻新专用腻子粉配方举例

原材料名称	功能与作用	用量（质量）/%
P.O 42.5 级或更高强度等级的水泥	无机胶凝物质	60.0
聚丙烯酸酯类乳胶粉	有机黏结材料	4.5～7.5
500 目石英粉	填料	20.0
325 目重质碳酸钙	填料	20.0
60000～100000mPa·s 型号甲基纤维素醚	增稠、流变剂	0.4～0.6
粉状消泡剂	抑泡、消泡	0.1～0.2

（3）配方评述　由于需要和无机的瓷砖表面相容且能够产生很高的黏结力，因而该腻子的水泥用量很高，这虽然带来开裂的危险，但对于黏结力是需要的，且由于乳胶粉达到一定的用量，能够抑制初期干燥开裂，并减缓腻子膜与瓷砖表面的界面应力。在高水泥用量下，所形成的腻子膜与瓷砖具有类似的体积变化性能，使腻子膜在应用中不会受到很大的界面应力。

由于对腻子的黏结力要求高，使用了聚丙烯酸酯类乳胶粉。作者曾经使用类似的配方配制成以聚丙烯酸酯乳液为液料组分的双组分型腻子直接进行瓷砖表面的处理。虽然没有使用阳离子乳液型界面剂，但已经历了长时间的实际工程验证，表面涂料装饰仍然完好，说明该种由普通硅酸盐水泥和聚合物树脂复合的腻子应用于瓷砖面的批涂找平是可靠的。

第三节　墙面腻子应用技术

一、墙面基层种类和施工时的技术条件

1. 墙面基层种类

建筑墙面常见的基层材料有混凝土、水泥砂浆、混合砂浆、石膏板、木质和金属基层等。除木质、石膏和金属基层外，其他基层的一

个共同特点是吸水率高、碱性大。石膏基层的酸碱性虽然接近中性，但吸水率非常大。

内墙施工时的基层所可能遇到的种类较多，例如混凝土、水泥砂浆、混合砂浆、石膏板几种基层都可能遇到。这些基层有的在批涂腻子前需要进行简单的处理即可进行腻子的施工，有的可能需要进行专门的处理，例如石膏板和木质基层。

外墙面施工时遇到的基层种类较少，最常见的是混凝土类和水泥砂浆类基层，且随着外墙外保温技术的广泛应用，建筑外墙涂装所面对的基层可能绝大多数是水泥砂浆类基层，这类墙面相对于以前的墙面，其缺陷、复杂程度也小得多。

2. 施工时基层的技术条件

建工行业标准《建筑涂饰工程施工及验收规程》（JGJ/T 29—2003）规定，在涂装涂料前应对基层进行验收，合格后方可进行涂饰施工；并规定基层质量应符合下列要求：

① 应牢固，不开裂、不掉粉、不起砂、不空鼓、无剥离、无石灰爆裂点和无附着力不良的旧涂层等。基层是否牢固，可以通过敲打和刻划检查。

② 基层应表面平整，立面平直、阴阳角垂直、方正和无缺棱掉角，分隔缝深浅一致且横平竖直。基层抹灰质量的允许偏差应符合表2-31的要求且表面应平而不光。

表 2-31　基层抹灰质量的允许偏差　　　　单位：mm

平整内容	普通级	中级	高级
表面平整	≤5	≤4	≤2
阴阳角垂直	—	≤4	≤2
阴阳角方正	—	≤4	≤2
立面垂直	—	≤5	≤3
分隔缝深浅一致和横平竖直	—	≤3	≤1

③ 基层应清洁，表面无灰尘、无浮浆、无油迹、无锈斑、无霉点、无盐类析出物和无青苔等杂物。是否清洁，可目测检查。

④ 基层应干燥，含水率不得大于10%。基层含水率的要求，根

据经验，抹灰基层养护 14～21d，混凝土基层养护 21～28d，一般能够达到此要求。含水率可用砂浆表面水分测定仪测定，也可用塑料薄膜覆盖法粗略判断。

⑤ 基层的 pH 值不得大于 10。pH 值可用 pH 试纸或 pH 试笔通过湿棉测定，也可直接测定。

3. 环境条件对腻子施工质量的影响及施工注意事项

环境条件一般包括温度、空气相对湿度、降雨、下雪、太阳光的照射和风力等自然环境。腻子施工时的环境条件不但影响施工质量，而且在特殊情况下会造成严重的质量事故。例如，气温太低时施工聚合物乳液类腻子，由于腻子在低温下可能不成膜或不能够良好地成膜，会导致腻子报废或出现腻子膜物理力学性能变差、黏结不良、开裂等病态，因而气温低于 5℃时严禁施工聚合物乳液类腻子，特殊情况下必须施工时应对腻子进行专门处理，例如向腻子中添加成膜助剂和防冻剂等。

空气湿度对不含水泥的腻子（例如聚合物乳液类腻子）的施工影响很大。因为腻子的批涂厚度大，在空气湿度较高时会影响其干燥，在雨天施工时，腻子膜迟迟不能干燥受破坏的可能性更大。

对于含有水泥的腻子粉或双组分腻子，施工环境湿度较高时，由于水泥的凝结硬化，会赋予腻子膜一定的抵抗破坏的物理强度，但也应注意新施工的腻子膜不要受到水的直接冲刷以及冻害等。

外墙腻子还应注意不要在大风天施工，因为风速过大空气流动快，使新施工的腻子膜中的水挥发加快而使之不能正常成膜，例如腻子膜表层的水分已经干燥，而内部含水量还很高不能正常逸散，使腻子膜出现起皱或开裂等。

太阳光的强烈照射会对新批涂腻子膜的质量产生重要影响，这种影响往往出现在夏季，这种季节由于气温较高，太阳光直射到墙面，会使腻子膜的温度显著升高。这时，新批涂的湿腻子膜中的水分会快速地挥发而加速腻子膜干燥和固化，并因此而引发一些腻子膜病态，如起皱、开裂等。因而外墙腻子施工时，在腻子膜未干燥之前，应避免强烈的太阳光直接照射。在夏季特别应避开中午的高温时间施工。若无法避免时，应采取措施遮挡。

二、腻子施工技术要点

1. 对基层进行大致的平整处理

腻子在施工前，基层除了需要符合 JGJ/T 29—2003 标准规定的涂装基本要求外，还应先对基层表面的可见平整度缺陷进行处理，例如用点补腻子填平局部凹坑并用砂纸打磨平整、磨平凸处等，使基层在大面积批涂前处于基本平整状态。

2. 施工前对腻子的处理

腻子施工前的处理非常重要。施工前没有进行预处理，可能造成很多施工质量问题，例如开裂、粉化、起皱、平整度变差等。不同的腻子需要进行不同的处理。

对于膏状腻子，最基本的处理就是在打开包装后，检查腻子有无沉淀、表面结皮等。有沉淀的腻子应采取机械搅拌使之充分均匀；表面有结皮则应除去结皮，然后机械搅拌使之充分均匀。对于需要特殊处理的腻子如在特殊情况下施工需要添加其他材料，则更需要充分搅拌，保证添加新的材料后腻子整体处于均匀状态。这里特殊施工需要额外添加材料的情况大致有：低温施工聚合物乳液类腻子添加成膜助剂和防冻剂；低温施工聚乙烯醇类膏状腻子添加防冻剂；夏季高温施工外墙腻子添加保水剂；使用普通腻子点补凹坑时添加细砂和成膜物质；向泡沫较多的腻子中添加消泡剂等。

对于双组分腻子，其预处理主要是将组成腻子的粉料和液料混合搅拌均匀得到可以施工的膏状腻子。调配前，应检查液料有无沉淀现象并搅拌均匀，然后再和粉料混合。粉料和液料的比例应严格按照要求或配套准确计量。

对于粉状腻子，其预处理主要是将腻子粉加水搅拌均匀得到可以施工的膏状腻子。要注意的一是加水计量应准确；二是搅拌应均匀。由于腻子粉中有需要加水后溶解的材料，因而腻子粉一般在加水搅拌后，应停留 5 min，使之有一定的溶解时间，然后再搅拌，效果较好。

3. 腻子的批涂

（1）批涂操作方法　腻子以批涂方法施工。批涂工具根据施工者的习惯可以是钢质刮刀，也可以是泥刀（也称抹子、钢板等）。批涂方法使用文字不容易叙述得清楚，但通过实际观察可以一目了然。不过真正熟练地掌握尚需实际操作，逐步熟练后即可得心应手。下面以使用抹子施工腻子为例对批涂的操作方法试予说明。

施工时，首先用抹子挑起一团腻子，将抹子面与墙面呈一定角度（例如可呈 $15°\sim30°$ 的倾斜度），向外抹向前方。在抹子的运动过程中，抹子面上的腻子即能够填补于墙面的凹陷处或孔隙中，使墙面得以平整。多余的腻子则滞留于抹子前面继续随着抹子的运动而前移。抹子推到一次批涂的终端，以同样的倾斜角度反向回推，又将腻子推到新的墙面处，抹子面上的腻子又填补于新墙面处的凹陷处或孔隙中，使之得以平整。多余的腻子依然滞留于抹子前面继续随着抹子的运动而前移。如此往复循环，即将腻子大面积地施工到墙面上。

腻子一般需要批涂两道或更多道。应待第一道腻子干燥并用砂纸打磨平整后，再施工第二道腻子。同样的，大面积批涂前，宜先进行局部修补、休整。

在大面施工结束后，还应注意对边角及局部再次进行休整，例如剔除多余的腻子，修补施工缺陷等，保持同一房间或同一面墙的整体平整度。

（2）批涂施工要点　批涂的要点是实、平和光。即腻子与基层结合紧密，黏结牢固，表面平整光滑。批涂腻子时应注意以下一些问题：①当基层的吸水性大时，应采用封闭底漆进行基层封闭，然后再批刮，以免腻子中的水分和胶黏剂过多地被基层吸收，影响腻子的性能；②掌握好批涂时的倾斜度，批涂时用力要均匀，保证腻子膜饱满；③为了避免腻子膜收缩过大，出现开裂，一次批涂不可太厚，根据不同腻子的特点，一次批涂的腻子膜厚度以 0.5mm 左右为宜；④不要过多次地往返批涂，以避免出现卷落或者将腻子中的胶黏剂挤出至表面并封闭表面使腻子膜的干燥较慢；⑤根据涂料的性能和基层状况选择适当的腻子及批涂工具，使用油灰刀填补基层孔洞、缝隙时，食指压紧刀片，用力将腻子压进缺陷内，要填满、压实，并在结束时将四周的腻子收刮干净，消除腻子痕迹。

（3）腻子的打磨　打磨是使用研磨材料对被涂物面进行研磨的过程。打磨对涂膜的平整光滑、附着和基层棱角都有较大影响。要达到打磨的预期目的，必须根据不同工序的质量要求，选择适当的打磨方法和工具。腻子打磨时应注意以下一些问题：①打磨必须在基层或腻子膜干燥后进行，以免黏附砂纸影响操作；②不耐水的基层和腻子膜不能湿磨；③根据被打磨表面的硬度选择砂纸的粗细，当选用的砂纸太粗时会在被打磨面上留下砂痕，影响涂膜的最终装饰效果；④打磨后应清除表面的浮灰，然后才能进行下一道工序；⑤手工打磨应将砂纸（布）包在打磨垫上，往复用力推动垫块，不能只用一两个手指压着砂纸打磨，以免影响打磨的平整度。机械打磨常用电动打磨机打磨，将砂纸（布）夹紧于打磨机的砂轮上，轻轻在基层表面推动，严禁用力按压，以免电机过载受损；⑥检查基层的平整度，在侧面光照下无明显凹凸和批刮痕迹、无粗糙感觉，表面光滑为合格。

腻子膜经过批刮并打磨合格后即可进行下道工序，即涂料的涂装。

三、内墙腻子选用技术要点

腻子的应用技术很简单，因其毕竟只是一种涂装的配套性材料。但也有一些常识性问题，这主要是腻子的选用问题。下面介绍这方面的内容。

腻子的选用主要是依据应用场合要求以及其与涂料的配套性等。从应用场合来说，常见的室内涂装场合有三种，即普通场合和常常受到水侵蚀的场合以及某些特殊场合。

1. 普通室内涂装时腻子的选用

这种情况是室内腻子应用量最大的情况。一般的室内涂料涂装都是这种情况。通常情况下，这类场合对腻子膜的性能没有特殊要求，只要能够满足易于批涂和打磨即可。但由于批涂的工作量大，因而对于批涂性的要求就显得特别重要。选用时应特别注意的是腻子对基层的适应性。当然严格说来任何腻子的选用都有这个问题，而且是选用时应当首先注意的问题。下面将不同基层对腻子的性能要求及其选用列于表 2-32 中。

表 2-32 腻子对于基层的适应性问题及其选用概述

基层种类	性能特征	对腻子的要求	腻子的选用
粗糙性基层	表面平整度较差,有时有凹坑、孔洞等	要求腻子的干燥收缩性小、抗干燥开裂性强	选用具有固体含量高、干燥收缩性小、能够厚涂等特性的腻子,例如粗找平腻子
吸水性强的基层	表面吸水率较高,强度可能较低(如加气混凝土、石膏基材料、硅酸钙板等)	要求腻子具有较好的保水性能	选用具有较强抗基层吸水性和抗失水性的腻子(当腻子中的纤维素醚含量高时这方面的性能得到加强),和封闭底漆结合使用能够取得好的效果
石膏基材料基层	吸水率大,呈弱酸性,可能会和腻子产生反应而不相容	能够与石膏基材料相容,并具有保水性	选用石膏基层专用腻子,并和封闭底漆结合使用
水泥砂浆类基层	一般强度高、碱性强、平整度较好	有较高的黏结强度和细腻性	选用黏结强度大于0.5MPa的优质腻子

2. 易受水侵蚀的场合涂装时腻子的选用

这类场合主要是指浴室、厨卫间等,显然这种情况下一定要选用耐水型腻子,即《建筑室内用腻子》(JG/T 298—2010)中的 N 型腻子。

3. 某些特殊场合涂装时腻子的选用

有些特殊场合需要使用特殊涂料,则应使用与之配套的腻子。例如,防腐涂料的涂装、保温隔热涂料的涂装,都应当选择与之配套的腻子。再例如,当厨房等易发霉的墙面、天花板选用防霉涂料时最好也应选用具有防霉效果的腻子。

当表面涂料为特殊装饰效果时,也应选择与之配套的专用腻子。例如,使用真石漆装饰的电视背景墙,应选黏结强度高的腻子。当然,如墙面基层为水泥砂浆且平整度较好,则最好不使用腻子而直接进行涂料的涂装,因为真石漆属于厚质涂料,不使用腻子装饰效果仍能够达到要求,而使用腻子时选用不好则会降低涂膜的性能。

4. 从腻子与涂料的配套性选用

在第一章第三节中曾简单介绍过内墙腻子与涂料的配套性,但这里的配套性主要是从涂料的档次角度而言的。例如,当墙面采用高档乳胶漆涂装时,应选择黏结强度高、表面细腻的高性能腻子;而当墙面采用普通或低档乳胶漆涂装时,选择一般的腻子即可。

四、外墙腻子应用技术要点

外墙腻子的应用应主要从基层和配套的涂料等方面进行考虑。

1. 从基层情况的不同选用腻子

根据基层情况不同选用腻子，见表 2-33。

表 2-33　根据基层情况不同选用腻子

基层种类	特　征	腻子的选用
旧面砖基层	表面光滑而难于黏结，且如果使用的腻子和旧面砖的相容性不好，即使刚施工时腻子和面砖的黏结强度很高，但经过反复冻融破坏，腻子膜可能产生脱落现象	选用瓷砖专用腻子，这类腻子系水泥和聚合物树脂复合，水泥和面砖同属于无机材料，相容性好，和旧瓷砖面的黏结强度较高，聚合物进一步增强黏结并在微观上弥补水泥石的结构缺陷、增大腻子膜的柔性，使二者的黏结具有冻融耐久性
外墙外保温基层	一般为聚合物改性水泥砂浆基层，整体的平整度高，易于和聚合物改性水泥基腻子黏结，但外墙外保温基层夏季温度高，可能受到的温度冲击大，因而对腻子的要求是柔韧性好，抗裂能力强	应根据外墙外保温对腻子的要求选用腻子。例如,《胶粉聚苯颗粒外墙外保温系统》(JG 158—2004)、《挤塑聚苯板薄抹灰外墙外保温系统应用技术规程》(DB34/T 1949—2014)、《无机保温砂浆墙体保温系统应用技术规程》(DB34/T 1503—2011)等标准都规定腻子膜的柔韧性需要"绕直径 50mm 棒无裂纹"
新水泥砂浆、混凝土基层	强度高、平整、光滑、碱性高	选用一般外墙腻子即可，只要能够满足现行国家标准的要求即可
旧水泥砂浆、混凝土基层	强度低，有时有粉化现象，情况较复杂	除了特殊情况外，一般不应只从腻子本身施工的选用来解决问题，可以采取其他技术措施，如涂刷封闭底漆、施工界面剂等

2. 从与涂料的配套选用腻子

外墙涂料品种较多，对于不同的涂料有最适合于与之配套的腻子品种。例如，普通外墙涂料涂装只要使用一般的外墙腻子即可；弹性涂料（弹性拉毛涂料和平涂弹性涂料）最好选用弹性腻子与之配套；合成树脂乳液砂壁状涂料需要与基层产生较高的黏结强度，现在常有所谓的"真石漆专用腻子"可供选用，而目前许多外墙外保温技术标准则从涂料涂装的要求出发对腻子的技术要求有明确规定以供选择。这些都是从与涂料配套的角度考虑选用腻子的实例。

3. 从涂装的特殊情况选用腻子

这种情况下有两种选择腻子的方式，一种是根据基层情况，例如基层情况较差，则可能首先需要选择点补腻子进行局部修补，继而选择粗找平腻子进行大面积批涂，而后则是依照常规选用腻子；若是基层情况较好，例如外墙外保温的抗裂防护层，其整体平整度好，则直接按照技术要求选择腻子即可；再就是基层情况比较特殊，比如加气混凝土砌块（粉煤灰加气混凝土和砂加气混凝土），这类情况往往不是仅仅依靠腻子能够很好解决的，需要采取其他技术措施（例如墙面使用专用抹灰砂浆抹灰，然后再涂刷封闭底漆等），不能完全依靠腻子。

第二种情况是根据具体的涂装涂料情况，例如对于仿幕墙涂料的涂装，则需要选择系列腻子以满足涂装要求，例如某旧墙面施工仿铝幕墙涂料时使用的系列腻子如表 2-34 所示。再例如，对于合成树脂乳液砂壁状外墙涂料的仿面砖涂装，则需要选择性能符合要求的腻子（例如"在基面上批刮柔性耐水腻子，所选用的腻子为聚合物水泥基产品，易批涂、固化快、与基层黏结强度高于 1MPa"）[12]。

表 2-34　某仿铝板幕墙涂料施工使用的系列腻子

工　序	材料名称	功能特点	原料构成
基层修补	点补腻子	不开裂、收缩小，与基层黏结力大	成膜物质、细砂、膨胀剂等
界面处理	粗找平腻子	填充性好，附着力强，干燥快	成膜物质、细砂、膨胀剂、保水剂等
分格缝处理	分格缝专用腻子	弹性好，主要起到伸缩缝的作用，防止产生裂缝	聚合物树脂、填料、防流挂剂等
二道腻子施工	滑爽腻子	填充、找平腻子缝隙，提供表面滑爽，防水、施工性能好，抗收缩，不开裂	聚合物树脂、填料、附着力促进剂、保水剂等
三道腻子施工	抛光腻子	提供光滑工作面，表面光滑，封闭性好，不开裂，防水性好，耐候性好	聚合物树脂、颜料、流平剂、消泡剂、保水剂、渗透剂等

4. 特殊情况下腻子的选用

许多功能性腻子的应用是在特殊情况下需要的。例如，与建筑反射隔热涂料配套使用的保温腻子；与防霉涂料配套使用的防霉腻子；鉴于外墙防水要求使用、具有防水功能的专用腻子，以及在有瓷砖的旧外墙面直接施工涂料的瓷砖面专用腻子等。

五、拉毛腻子施工技术

第二节在介绍几种有特殊要求的外墙腻子时曾介绍到拉毛腻子，这里相对应的介绍其施工技术。此外，在第四节中还介绍到石膏嵌缝腻子，但由于其施工方法和墙面腻子全然不同，因而放在产品介绍的后面而不在此处介绍。

拉毛腻子的施工是在普通乳胶漆施工的基础上，使用拉毛辊筒拉出毛疙瘩，并根据设计要求决定是否压平、然后进行罩面施工等，这里仅介绍这类腻子的施工工序和操作技术要点，其他项目，例如准备工作、基层处理以及工程施工管理等和建筑涂料大同小异，此不赘述。

1. 基层找平处理

拉毛腻子实际上属于厚质涂膜的一种，批刮腻子只要对明显的凹凸处批刮腻子，进行大致找平，不必像薄质涂料那样严格地要求平整。

2. 拉毛腻子施工

（1）施工工序　拉毛腻子的施工工艺如下：

涂饰封闭底漆（两道）→滚涂平面涂膜（1～2道）→拉毛腻子施工→压平→罩面涂料施工

其中，压平和罩面工序需要根据涂层设计的风格是否要求确定。

（2）操作要点　待首层找平腻子层完全干燥（约需 24h）后，用羊毛辊筒滚涂耐碱封闭底涂料两道，中间间隔时间为 2h。待底涂干燥后，滚涂 1～2 道涂料，要注意涂刷均匀，不要漏涂，但涂后不必再用软纹排笔顺刷；涂层干燥后，再滚涂待拉毛的拉毛腻子。在该道拉毛腻子表干之前，使用特殊的海绵辊筒或者刻有立体花纹的拉毛辊筒进行拉毛（或者滚压出相应的花纹）。拉毛腻子层干燥后，根据要求进行压平或罩光。

（3）注意事项

① 辊筒的滚拉速度和用力都要均匀，这样才能够使毛疙瘩显露均匀，大小一致。滚涂和拉毛操作最好两人配合进行。一人滚涂，一人拉毛。

② 若需要压平则要等待涂层表干后进行。一般使用硬橡胶光面辊筒进行压平，也可以使用金属抹子进行压平。为了防止压平工具上黏附拉毛腻子，操作时可以蘸有机硅油或者 200 号溶剂汽油进行压平。

③ 对于外墙面的拉毛腻子膜，其表面需要施工弹性合成树脂乳液建筑外墙涂料（外墙乳胶漆）进行罩面；对于内墙面的拉毛腻子膜，其表面可以像外墙面一样施工弹性乳胶漆，也可以施工透明罩光剂，施工方法通常都是待涂层实干后采取滚涂或喷涂方法进行罩面涂料的施工。

（4）其他问题 施工环境同一般合成树脂乳液建筑外墙涂料（外墙乳胶漆）的要求相同。

3. 施工质量要求

拉毛腻子目前尚无法定的验收质量标准。但是，国家标准《建筑装饰装修工程质量验收规范》（GB 50210—2001）对美术涂饰工程的质量验收作出质量要求，并分为主控项目和一般项目，因为拉毛腻子也属于一种美术涂饰，所以列于这里作为参考。美术涂饰工程的主控项目如下：

① 美术涂饰的图案、颜色和所用材料的品种必须符合设计要求。检验方法：观察检查、检查设计图案、检查产品合格证书、性能检测报告、进场验收记录及复检报告。

② 美术涂饰工程必须涂饰均匀、黏结牢固，严禁漏涂、起皮、掉粉和透底。检验方法：观察检查。

③ 基层处理质量应达到本规范和工艺标准的要求。检查方法：观察检查；手摸检查，检查隐蔽工程验收记录和施工自检记录。

美术涂饰工程质量验收的一般项目如下：

① 表面洁净，无污染和流坠。

② 花纹分布应均匀，不应有明显接茬。

③ 套色涂饰的图案不得移位，纹理和轮廓应清晰。

一般项目的检查方法：观察检查。

六、腻子应用中的问题和对涂料工程的影响

(一)腻子应用中的问题及其解决方法

1. 腻子膜开裂

腻子膜开裂的现象有几种情况：①腻子批刮干燥后即大面积开裂；②腻子批刮后一段时间没有及时涂装涂料，腻子膜开裂；③批刮同一面墙，有的地方开裂，有的地方不开裂。造成这些开裂的原因不同，应该分别对待。

(1) 出现问题的原因　腻子批刮干燥后即开裂，是因为腻子本身的质量差，这时如果按照行业标准 JG/T 157—2004 检测，其初期干燥抗裂性可能不合格；腻子批刮后一段时间没有及时涂装涂料，腻子膜出现微细裂纹，其原因则是腻子作为一种配套材料，由可再分散聚合物树脂粉末和水泥共同作为基料，若批刮后不能够及时涂装涂料，则由于腻子膜干燥，其中的水泥不能够进一步水化而提高强度，体积因干燥而收缩，基料的黏结力低，不能够克服体积收缩应力。若腻子批刮后及时涂装涂料，涂装的涂料能够进一步向腻子膜中的水泥提供水分促使其继续水化，强度继续增长使腻子膜具有足够的物理力学性能；批刮同一面墙，有的地方开裂，有的地方不开裂，则是腻子批涂得太厚或者批涂得厚薄不均匀所致。

(2) 防治措施　属于第一种情况时，应提高腻子的质量，即提高配方中有机胶结料的用量。腻子中的可再分散聚合物树脂粉末或聚乙烯醇微粉的用量不能太低。腻子膜的初期干燥抗裂性主要靠有机胶结料提供。因为无机胶结料的拉伸黏结强度本来就低，而在批刮后的短时间内水化的时间短，强度不能够迅速增长。此外，填料的细度不能太高，高细度的填料既需要更多的胶结料来黏结，又会造成更大的干燥收缩，这都是引起腻子膜开裂的不利因素。一般情况下不必使用细填料。属于第二种情况时，应在腻子批刮后及时涂装涂料。第三种情况则要求批涂时一道不能够批涂得太厚，并应注意批涂均匀，以保持腻子膜的厚薄均匀。

2. 腻子膜的耐水性差

腻子中因为使用了水泥和石灰，其耐水、耐碱性能都应该很好，但实际中也有腻子膜耐水性不好的情况。例如，有的外墙腻子涂装涂

料后，在遇到雨水侵蚀后涂膜起鼓，经过检查，最后查明是腻子膜的耐水性差。

（1）出现问题的原因　一是配比不当，腻子组成材料中无机胶结料（例如水泥、灰钙粉等）的含量低；二是水泥的质量差，或者使用的是不含熟料的所谓"装饰白水泥"。

（2）防治措施　腻子中水泥的用量不能太低，当使用32.5级的水泥时，配方中的水泥比例不能低于45％；当使用42.5级的水泥时，配方中的水泥比例不能低于30％。市场上的所谓"装饰白水泥"是重质碳酸钙和少量灰钙粉的混合物，使用这样的水泥配制腻子，显然会引起质量问题。

3. 腻子的施工性能差

好的腻子应该有良好的批刮性，刮涂轻松，无黏滞感。施工性能差则有两种现象：一种是腻子的干燥速度快；另一种是腻子批刮时手感太重，发黏。

（1）出现问题的原因　第一种情况是由于保水剂的用量低；第二种情况是腻子中的聚乙烯醇微粉的用量偏高。当配方中没有使用适当的触变性增稠材料时会使情况变得更为严重。

（2）防治或解决措施　腻子干燥过快时应当增加纤维素甲醚类保水剂的用量；太黏滞时应降低聚乙烯醇微粉的用量，若因聚乙烯醇微粉的用量低不能够满足性能要求时，可以使用可再分散聚合物树脂粉末补充。同时，也不能够忽视增稠剂的使用。例如在同样的配方中只要适当使用淀粉醚或膨润土，就能够使原有手感黏滞的腻子的施工性能变好。但是，增稠剂没有保水性能，不能够解决因为保水剂用量低时干燥快的问题。

4. 腻子膜粗糙

虽然腻子表面还需要涂装涂料，但腻子膜也不能够太粗糙，否则会影响涂料的装饰效果或者增加涂料的用量。好的腻子膜仍然需要光洁、平滑、质感细腻。

（1）出现问题的原因　造成腻子膜粗糙问题的原因可能是因为填料的细度太低或者保水剂的使用不当。虽然在前面的有关内容中都提到腻子不需要使用高细度的填料，但同时也不能够使用细度太低的填料，即填料的细度应适当，即一般在250目左右的细度即可。实际上，随着现代外墙涂装技术的提高和要求严格，现在已经对腻子的功能进行细化，仅仅对辅助外墙涂装的普通功能腻子（相对于弹性、抗裂和装饰等功能而言），就分成头道腻子（找平腻子）、滑爽腻子和抛光腻子等。显然，这些腻子的作用与使用目的不同，其组成材料必然不同。仅从填料的细度和品种来说，就存在着重要差别。头道腻子以找平为目的，要能够批刮得厚，因而只要 160 目左右的重质碳酸钙或其他惰性填料即可，有的甚至在头道找平腻子中使用 40 目石英砂（粒径在 0.4～0.5mm），以增加其填充性和提高腻子膜的强度；滑爽腻子则需要使用细度高的填料。抛光腻子则需要使用细度在 600 目以上的石英砂类材料作为填料。

就保水剂的使用来说，不能够使用羧甲基纤维素作为保水剂，羧甲基纤维素虽然也有一定的保水作用，但这类产品的质量不稳定，有些产品的常温水溶性尤其是速溶性差，没有充分溶解的成分留在涂料中，使涂膜变得粗糙。

（2）防治措施　生产腻子时使用的填料细度要适当；不能使用羧甲基纤维素作为保水剂。施工选用腻子时，应根据不同的目的选用不同的腻子，决不要将已经分类为找平腻子的产品应用于面层；应选用质量合格的腻子，对于使用羧甲基纤维素作为保水剂的腻子，因其性能差，应避免使用。

5. 腻子膜脱粉

这里的腻子膜脱粉指的是有些商品房，在销售时只批刮腻子，不再涂装涂料，并要求腻子膜能够在半年左右的时间内不脱粉。这种情况下使用的腻子，因为要求低，成本也低，多数情况下在两个月左右的时间内表面即会干擦脱粉。

（1）出现问题的原因　实际上这类问题不属于技术问题，主要是使用的腻子的质量太差，腻子中的胶结料少，使用大量没有胶结性的重质碳酸钙。实际上，以这种目的使用的腻子，其质量应当更高，而不是像目前这样使用劣质的腻子。因为所批涂的腻子膜既需要在不涂装涂料的情况下经历一定的时间（有的可达一年），又要在其后涂装涂料时成为新涂装涂料的基层。如果使用劣质腻子，在业主装修时可能会不予以铲除而直接涂装涂料，则造成的问题会更多、更严重。

（2）防治措施　使用符合建工行业关于建筑室内用腻子标准中耐

水型腻子的质量要求的产品。如果需要保持腻子较低的成本，则应在优选腻子材料组分的基础上，在合理的限度内降低成本，不能以牺牲质量来求得低价。

6. 腻子膜的打磨性差

一般地说，腻子膜的打磨性和其物理力学性能是一对矛盾，即腻子膜的打磨性好，其物理力学性能就差。例如，通常胶结料用量很少的情况下打磨性很好。但是，通过优化材料组成，能够相对地缓解这种矛盾的性能。

（1）出现问题的原因 施工反应的腻子膜的打磨性差可能是属于腻子组成材料的问题，也可能是属于施工时打磨时间掌握不好的原因。

（2）防治措施 属于腻子组成材料的问题时，应对腻子的配方进行调整。在组成材料中，腻子批刮的一定时间内，水泥、灰钙粉和石膏等无机材料，由于其强度还没有充分增长，比较易于打磨；可再分散聚合物树脂粉末也需要一定的成膜时间才能具有充分的强度，而聚乙烯醇类材料的成膜时间最短，在很短的时间内就能够达到最终强度。因而最容易造成打磨性不良的问题，在高质量的腻子中应当少用或不用聚乙烯醇。属于施工打磨时间掌握不好的，应当在腻子批刮的表干而没有实干的时间段内及时打磨。但具体到不同的腻子其最佳打磨时间又不相同，有的要求批刮后 4~8h 内必须进行打磨，有的商品则称在 48h 内具有良好的打磨性。

7. 腻子的干燥时间过长

腻子在批刮后长时间不能干燥，影响下一道工序的进行，在冬季还会因为长时间得不到干燥而影响腻子膜的抗冻性能，使腻子膜的物理力学性能受到影响。

（1）出现问题的原因 ①腻子配方中的甲基纤维素醚的用量太高；②缓凝剂的用量过大；③施工调拌腻子时的用水量太大。

（2）防治措施 降低腻子中的甲基纤维素醚和缓凝剂的用量；在施工时正确加水调拌。

8. 腻子黏稠

腻子在施工调拌时黏度很高，不易拌制和施工。

（1）出现问题的原因 ①腻子配方中的甲基纤维素醚的用量太

高；②轻质碳酸钙的用量过大；③填料的颗粒太细。

（2）防治措施　降低腻子中的甲基纤维素醚和轻质碳酸钙的用量；或者根本不使用轻质碳酸钙；降低填料的细度。

(二)腻子对涂料工程质量的影响及其解决方法

腻子作为涂料工程的涂装配套材料，其质量对涂料工程会产生重要影响。这里整理一些腻子的质量问题可能对涂料工程质量产生的影响，及其解决或防免的方法列于表 2-35 中。引起表中一些质量问题的原因可能很多，不一定就是腻子的原因，但有可能是腻子的原因，因而这里从腻子质量的角度着眼分析而提出。

表 2-35　腻子的质量问题可能对涂料工程质量产生的影响及解决或防免方法

涂料工程质量问题	可能对涂料产生的影响		解决或防免方法
	腻子的质量问题	产生问题的现象与原因	
涂膜刷纹或接痕	腻子膜吸水（或溶剂）率大	由于腻子膜吸水率大，使涂料失水过快，导致流平不良，涂层出现毛刷或辊筒的痕迹，或在施涂搭接部位接痕明显。涂膜干后，一丝丝高低不平的纹痕依然存在	采用吸水率合格的商品腻子，施工时薄而均匀地满批腻子。腻子干燥后要用砂纸磨平，清除浮粉，再进行涂料施工
涂膜起皮、鼓胀或发霉	腻子膜的防霉性、耐水性不良	乳胶漆涂膜在潮湿、不通风的环境里，涂膜长霉变黑甚至脱落，严重影响外观和使用寿命。即使使用抗菌防霉涂料，当腻子膜的防霉性、耐水性不良时，也会使其防霉性大大受到削弱	墙面、顶棚基层应满刮耐水型腻子或与抗菌防霉涂料配套供应的腻子
涂膜开裂	腻子柔韧性差	涂膜开裂发生在使用期间者居多，随着时间的推移，裂缝条数可能会逐渐增加和变宽。内、外墙面的涂膜都有可能发生开裂，由墙体或抹灰层引发的开裂，与涂膜自身及腻子层开裂，几乎参半。由于腻子膜柔韧性差，特别是房间供暖或使用空调情况下，受墙体热胀冷缩的影响，墙面极易变形，引发腻子开裂	选用柔韧性好，能够适应墙体或砂浆抹灰层温度、干缩变形的并经检验合格的商品腻子。水泥砂浆基层将高弹性抗裂腻子加普通乳胶漆，属优化组合。高弹性抗裂腻子涂层厚达 1.2～1.5mm，解决裂缝的可靠性更高，成本更低

涂料工程质量问题	可能对涂料产生的影响		解决或防免方法
	腻子的质量问题	产生问题的现象与原因	
涂膜鼓泡、剥落	腻子膜的耐水性差	鼓泡、剥落是涂膜失去黏附力,先鼓泡后剥落。剥落有时深入所有的涂层,有时仅是面层。主要原因是腻子遇水膨胀,体积增大,黏结强度降低甚至丧失	根据内、外墙的不同要求,选择优质腻子。腻子层不可过厚;一定要等腻子干燥后再施涂涂料。墙面局部修补宜用商品专用修补腻子
真石漆涂层开裂、脱落、损伤	腻子膜的强度低	真石漆涂层在施工后不久即有涂层成块脱落的情况出现,有时对于涂层脱落周围的未脱落部位,用手敲击可能有"咚咚"的空鼓声;涂层损伤是指涂层明显出现的机械破坏痕迹,涂层不完整。腻子的质量差,强度低,这种情况下用手指擦脱落涂层背面的腻子膜,手指上可能粘有腻子膜的白粉。根据实际真石漆工程质量事故分析的经验积累,发现涂层脱落绝大多数是由于腻子的质量差引起的	使用质量符合要求的高质量腻子,特别是注意使用与真石漆配套的专用腻子
膨胀聚苯板薄抹灰外墙外保温系统中涂料脱落	腻子膜物理力学性能差	某严寒地区膨胀聚苯板薄抹灰外墙外保温系统的多层住宅,在工程竣工使用的第一个采暖期接近结束,春季室外正负温度交替阶段,涂料陆续脱落。脱落发生在膨胀聚苯板接缝处或锚栓处,涂料局部翘边、部分或大面积脱落。脱落部位的腻子表观检查为粉化状态。在春季室外正负温度交替期间,有一段时间,在东侧和南侧涂料脱落部位,负温观察时,腻子中含有冰碴。北侧、西侧部位沿膨胀聚苯板缝出现湿迹,说明膨胀聚苯板中有冰霜,已开始融化,该处涂料脱落。腻子质量差,涂料脱落部位腻子几乎无强度,腻子受冻融破坏后强度丧失殆尽,使涂料产生脱落	正确选择透气性好、质量符合外保温系统技术要求的柔性耐水腻子

第四节　几种建筑腻子新技术

近年来，我国处于经济快速增长与发展时期，建筑涂料行业也得到快速发展，作为涂装配套材料，建筑腻子也得到很多研究，并随之出现一些新技术。这里采撷几朵新英，以管中窥豹，展现建筑涂料大花园的美好风光。

一、保温腻子

1. 保温腻子的定义、作用与应用

（1）定义　顾名思义，保温腻子是具有保温功能的功能性建筑腻子。这类腻子主要应用于内、外墙面，因而也属于功能性墙面腻子。

（2）作用　由于保温腻子的保温功能有限，因而通常不能作为独立的墙面保温材料使用，而仍只是作为涂装配套材料使用，但其在配套应用时有着特殊性和适应性。即，这类腻子只能配合在墙体保温层的平整度较差或有特殊需要时才得以应用（如经处理的加气砌块墙面）。

（3）应用

① 用于保温层平整度较差时的找平　属于这种情况的墙体保温层有取消抗裂防护层的胶粉聚苯颗粒保温浆料保温层、聚苯颗粒-玻化微珠复合型抗裂保温浆料保温层等。

将聚苯颗粒和玻化微珠复合生产出新型复合型抗裂保温浆料而构成保温层。由于该保温材料在保证绝热性能情况下将物理力学性能显著提高，这样就取消了外墙外保温系统中的抗裂防护层。并在系统中引入保温腻子，对保温层表面进行找平，有利于后期外墙涂料的涂装。

由于复合型抗裂保温浆料（胶粉聚苯颗粒保温浆料）中使用了粒径较大的聚苯颗粒（直径≤5mm），因而在施工最后一道用大杠压平时，其表面的平整度距离涂料涂装要求尚有较大差距。在普通的胶粉聚苯颗粒外墙外保温系统中是靠抗裂砂浆将保温层表面找平的。因而，在取消抗裂防护层后，这类外保温系统中也必须先将保温层表面找平后才能进行涂料工序的施工。否则，若直接使用涂料腻子找平，

则一是腻子的用量太大，既增大系统的成本，也给系统的性能带来不利影响。因为腻子属于涂装配套材料，不提倡腻子膜太厚，太厚的腻子膜会影响腻子膜的附着力和涂层系统的物理力学性能。二是普通腻子的保温隔热性能差，并不能够对系统的绝热性能有所贡献，而保温找平腻子既能够涂装一定厚度，而又与复合型保温浆料保温层、胶粉聚苯颗粒保温浆料保温层等表面形成良好的过渡，且提供了更平整、接近涂装要求的基层。

由于保温找平腻子中添加了玻化微珠和玻璃空心微珠等密度低、保温性能好的填料，又适量添加了硅灰等，因而该保温腻子既具有很低的干密度（≤500kg/m³）而具有一定的保温隔热性能，又有良好的抗裂性和黏结强度，成为取消了抗裂防护层的胶粉聚苯颗粒外墙外保温系统、有机-无机复合型外墙外保温系统中具有保温、填平和黏结过渡等功能的构成材料。

② 在特殊需要情况下应用　　例如用于与建筑反射隔热涂料配套属于保温腻子的特殊应用。

一些节能性能较好的墙体砌块（如芯孔插保温板的混凝土空心砌块、加气混凝土砌块等）其结构墙体本身的热阻可能已经能够满足建筑节能设计要求，或者在使用建筑反射隔热涂料（指在夏热冬冷地区）后能够满足节能设计要求，在这类情况下，可以将保温腻子配合建筑反射隔热涂料使用，构成建筑反射隔热涂料－保温腻子系统。这对于降低墙体表面夏季可能达到的最高温度，防止墙体开裂以及减缓梁、柱处的热桥效应和消除露点等都是很好处的。

2. 保温腻子的材料组成

保温腻子以 P. O 42.5 级或更高强度等级的通用水泥为无机胶结料组分，并以磨细矿渣微粉或凝聚硅灰为无机组分的增强材料；添加充足量的乳胶粉作为有机改性聚合物，以保证保温腻子具有足够的黏结强度和抗裂功能；保温腻子中的玻化微珠和粉煤灰玻璃空心微珠相当于保温砂浆中的保温骨料，扩充了保温腻子的体积，使腻子层具有很低的干密度，赋予保温腻子保温性能。此外，保温腻子中还使用了腻子类材料中一些常用的添加剂，如纤维素醚类保水剂，促进物料加水拌和时能够快速分散的分散剂和增强腻子的抗裂性、改善腻子膜的干燥性和初期抗开裂性的木质纤维等。

粉煤灰空心微珠不同于玻化微珠，它是采用一定工艺从粉煤灰中分选出来的一种以硅、铝氧化物空心玻璃球为主要组成物的粉状材料，具有质轻、粒径细微、表面坚硬光滑（呈玻璃质）、强度高、耐高温和隔热性好［热导率为 $0.130\sim0.145W/(m\cdot K)$］等特性，类似于玻化微珠，但强度非常高，且粒径微细（通常在 $45\mu m$ 以下），是保温腻子中玻化微珠的良好颗粒级配材料。

保温腻子中不使用重质碳酸钙、滑石粉等重质填料，否则腻子的干密度和热导率都无法控制在合理的范围内。所需要的微细填料可以由粉煤灰玻璃空心微珠担当。粉煤灰玻璃空心微珠是粒径微细的填料，但其价格较贵，不能大量使用，可以使用性能相似的高等级粉煤灰代替。二者的堆积密度都远远低于重质碳酸钙、滑石粉等重质填料。

在保温腻子中，除了足够量的乳胶粉外，由于保温腻子中的玻化微珠和粉煤灰玻璃空心微珠粒径细微，具有很大的表面积，需要包裹、黏结的成膜物质的量很大，加之需要保持腻子的强度和密度之间的平衡，因而保温腻子中不宜使用 32.5 级及更低强度等级的水泥。

3. 保温腻子的技术性能

以安徽省地方标准《建筑反射隔热涂料应用技术规程》（DB34/T 1505—2011）为例，所规定的保温腻子的技术性能如表 2-36 所示。

表 2-36　保温腻子的技术性能指标

项　目	技术指标
容器中状态	无结块、均匀
施工性	刮涂无障碍
干燥时间（表干）/h　≤	5
初期干燥抗裂性（6h）	无裂纹
打磨性	手工可打磨
耐碱性（48h）	无异常
耐水性（96h）	无异常

续表

项　目		技术指标
黏结强度/MPa ≥	标准状态	0.6
	冻融循环(5 次)	0.4
低温储存稳定性		−5℃冷冻 4h 无变化,刮涂无困难
复合涂料层的耐水性(96h)		无异常
复合涂料层的耐冻融性(5 次)		无异常
热导率/[W/(m·K)] ≤		0.085

表 2-36 中没有干密度指标,根据热导率不高于 $0.085W/(m·K)$ 的规定,其干密度指标应不高于 $450kg/m^3$,如果干密度再高则热导率会超过 $0.085W/(m·K)$ 的限值。

4. 保温腻子配方举例

(1)配方举例　作为参考,表 2-37 中给出用于外墙面的粉状保温腻子的配方。

表 2-37　外墙用粉状保温腻子配方举例

原材料	规格或型号	功能或作用	用量(重量)/%
水泥	强度等级为 42.5 级或更高的通用水泥	无机成膜物质	34.5
硅灰	比表面积 ≥ $15m^2/g$;SiO_2 含量≥93.0	提高强度	3.5
乳胶粉	VINNAPAS® RE 5044 N 型[①] 或 SWF-04 型[②]	有机成膜物质	3.6
粉煤灰空心微珠	粒径 ≤ $80\mu m$;堆积密度 ≤ $500kg/m^3$	功能性填料	8.7
粉煤灰	符合《用于水泥和混凝土中的粉煤灰》(GB/T 1596—2005)中Ⅱ级及以上的性能要求	功能性填料	28.5
玻化微珠	符合《膨胀玻化微珠》(JC/T 1042—2007)中Ⅲ类产品的性能要求且粒径 $100\mu m$ 或更细	保温隔热骨料	17.4

原材料	规格或型号	功能或作用	用量（重量）/%
羟丙基甲基纤维素	200000mPa·s黏度型号产品	增稠、保水	3.0
分散剂	商品的粉状乳胶涂料用阴离子型分散剂或水泥混凝土用减水剂③	减水、分散	适量
木质纤维	长度0.5～1mm	抗裂纤维	0.8

① 德国瓦克公司（Wacker polymer System）产品。
② 山西三维集团股份有限公司产品。
③ 也可以选用诸如六偏磷酸钠或三聚磷酸钠类的通用化工产品。

（2）对举例配方的评述　保温腻子的配方原则是在保证力学性能达到结构安全要求的情况下尽量采取措施降低其干密度，以保证保温效果和物理性能。因此，所使用的保温骨料、填料都只能为低密度材料。表2-37中的配方正是遵循这一原则的实例。在配方中，除了水泥的密度较大外，其他粉料都是低密度材料。

足够量乳胶粉的添加赋予腻子可靠的抗裂性和黏结强度；由于保温腻子质轻，需要有较大的黏聚性和触变性才能产生良好的施工性，因而需要使用200000mPa·s黏度型号的羟丙基甲基纤维素这种高黏度、高触变性的保水剂，且虽然价格高也需要保证其添加量；木质纤维既能够起到抗裂性，也有利于腻子成膜后内部水分继续向外逸散，即有利于腻子膜的干燥。

保温骨料采取将玻化微珠、粉煤灰空心微珠和粉煤灰复合使用的方法，除了使不同的颗粒之间产生良好的级配外，也有利于成本的降低。

表2-37只是一个基本的参考配方，用于实际生产时，尚需要根据对腻子性能的实际要求和具有的原材料情况进行实验调整。但无论如何这里给出的配方至少能够作为实验研究的基础。

5. 保温腻子的性能影响因素

（1）乳胶粉加入量对保温腻子黏结强度的影响　聚合物组分能够显著提高保温腻子的黏结强度，表2-38中展示出在一定配合比下保温腻子中乳胶粉加入量对黏结强度的影响。

表 2-38 保温腻子粉中不同乳胶粉加入量时腻子膜的性能

乳胶粉加入量/%		0	3.0	3.5	4.0	4.5
黏结强度 /MPa	标准状态	0.41	0.65	0.67	0.78	0.91
	冻融循环(5 次)	0.42	0.41	0.42	0.55	0.63

（2）双组分保温腻子中聚合物乳液加入量对保温腻子黏结强度的影响　当粉状保温腻子的成本较高，不能为市场接受时，也可以使用聚合物乳液制备双组分保温腻子。以纯聚合物组分的含量计算，乳胶粉的价格比聚合物乳液的价格高近一倍，因而从降低保温腻子的成本考虑，采用双组分的产品形式是一种很好的方法。在双组分保温腻子中，以聚合物乳液代替保温腻子粉中的乳胶粉，表 2-39 中展示出随着聚合物乳液用量的变化时保温腻子黏结强度的提高。从表 2-39 中可以看出，随着聚合物乳液用量的提高，保温腻子标准状态下的黏结强度逐渐提高；而冻融循环后的黏结强度则是随着聚合物乳液用量的提高先提高，后降低。这可能是由于聚合物组分的耐冻融循环性能差，当其用量高时，对保温腻子性能的影响占主导位置所致。

表 2-39 双组分保温腻子中不同聚合物乳液加入量时腻子膜的性能

聚合物乳液加入量/%		0	6.0	7.0	8.0	9.0
乳液的固体成分加入量[①]/%		0	3.3	3.9	4.4	5.0
黏结强度 /MPa	标准状态	0.39	0.64	0.76	0.87	1.08
	冻融循环(5 次)	0.40	0.49	0.50	0.80	0.66

① 乳液的固体成分系以乳液固体含量为 55% 经计算而得到的。

（3）粉煤灰空心微珠对干密度和热导率的影响　粉煤灰空心微珠是堆积密度很低的材料，一般只有 $400\sim650\text{kg/m}^3$，而其孔隙率却高达 66%，因而在保温腻子中适量使用，能够达到密实度高（更好地填充玻化微珠颗粒间的空隙）而干密度低的目的。表 2-40中给出在保持保温腻子基本配比不变的情况下，粉煤灰空心微珠对干密度的影响；表 2-41 中给出粉煤灰空心微珠对保温腻子热导率的影响[13]。

表 2-40　粉煤灰空心微珠用量对保温腻子干密度的影响

粉煤灰空心微珠加入量/%	10.0	15.0	20.0	25.0
干密度/(kg/m³)	883	840	788	764

表 2-41　粉煤灰空心微珠掺入量与保温腻子热导率关系

粉煤灰空心微珠加入量/%	10.0	15.0	20.0	25.0
热导率/[W/(m·K)]	0.485	0.196	0.158	0.139

从表 2-40 中可以看出，虽然玻化微珠颗粒间的空隙较大，当使用了粉煤灰空心微珠后，其间的空隙被粉煤灰空心微珠填充，干密度应该提高。其实不然，由于粉煤灰空心微珠是取代了密度高的水泥和重质碳酸钙等而填充的，因而其添加量提高时干密度反而降低。

由表 2-41 可见，随着粉煤灰空心微珠掺入量的增加，腻子的热导率降低，也就是腻子的保温性能随着粉煤灰空心微珠掺入量的增加而提高。

（4）玻化微珠对保温腻子性能的影响　虽然玻化微珠密度低，是保温隔热的主体材料，但其使用量不能太大，否则会严重降低材料的强度，且在施工调配时机械搅拌会使玻化微珠大量破碎，因而其在保温腻子中的用量应适当。为了了解其对保温腻子性能的影响，表 2-42 中给出玻化微珠不同用量时保温腻子的干密度和黏结强度。

表 2-42　不同玻化微珠用量时保温腻子的干密度和黏结强度

玻化微珠用量/%		40.0	45.0	50.0	55.0	60.0
干密度/(kg/m³)		1007	942	883	800	714
黏结强度/MPa	标准状态	0.76	0.70	0.66	0.60	0.52
	冻融循环（5次）	0.56	0.55	0.48	40	0.33

随着玻化微珠用量的增大，保温腻子的干密度逐渐降低，但物理性能随之变差，特别是 5 次冻融循环后的黏结强度的下降更为迅速。同时，试验过程中发现，随着玻化微珠用量的增大，保温腻子的黏聚性降低而导致施工性变差。因而，应将玻化微珠、粉煤灰空心微珠、粉煤灰和水泥以及乳胶粉（或者聚合物乳液）协调使用，使之在干密度（主要是反映热导率）、力学强度和施工性之间达到平衡状态，以

满足对保温腻子的的性能要求。

（5）不同型号纤维素醚对保温腻子施工性的影响　纤维素醚作为改善保温腻子施工性能的材料而不可缺少。但是，纤维素醚有很多种型号，从黏度为 500mPa·s 到 400000mPa·s，有十几种。

改善施工性有两个途径，即增大纤维素醚的用量，或者使用更高黏度型号的纤维素醚。前者所带来的不利因素：一是提高保温腻子的配制成本；二是用量太大降低腻子膜的耐水性。因而，应选用更高黏度型号的纤维素醚，例如选用 200000mPa·s 或更高黏度型号的纤维素醚，配合以合适的用量能使保温腻子具有所要求的施工性。

（6）木质纤维对腻子初期抗开裂性的影响　保温腻子属于厚质湿涂材料，每次批涂的厚度可能达到几个毫米，因而其初期抗开裂性非常重要。木质纤维对腻子初期抗开裂性有很好的改善作用。例如，分别将添加木质纤维和没有添加木质纤维的保温腻子批涂于吸水率较高的硅酸钙板基层上，一次批涂厚度达 3mm，批涂后立即放置到 100℃ 干燥箱中，鼓风状态下放置 3min，结果表明没有添加木质纤维的腻子出现了裂纹，添加木质纤维的腻子没有出现裂纹。

裂纹产生的原因是由于腻子层内、外失水速度不同而收缩不均匀。没有添加木质纤维的保温腻子表层失水快，里层水分失水慢，失水多的收缩大，失水少的收缩小，所以产生裂纹；添加了木质纤维的保温腻子保水功能，特别是高温状态下保水功能好，这样腻子层内部的水分散失速度降低，收缩减少；另一方面，由于木质纤维的作用，腻子层表层和里层的水分散失比较均匀，收缩也就很均匀，所以不会开裂。

可见，木质纤维降低了腻子的失水速度，使得腻子层中的失水均匀，保温腻子层收缩均匀，从而赋予腻子良好的初期抗开裂性功能。

二、调温调湿型内墙腻子

调温调湿型内墙腻子属于功能性膏状内墙腻子，系以零 VOC 弹性乳液为成膜物，以硅藻土为主要填料，定型相变储能材料为功能填料，配用负离子抗菌添加剂、抗裂剂、多种助剂，制备而成的。该腻子具有保温隔热、调温控温、吸湿放湿、抗菌防霉、释放负离子、清新空气等多种功能[14]。

1. 原材料选用

（1）基料 由于应用于内墙，从降低腻子 VOC 含量角度考虑，可以选用零 VOC 聚丙烯酸酯类乳液。

（2）功能型填料 这里主要是指具有吸附性能的填料，选用具有高吸附性的硅藻土。硅藻土是含水二氧化硅（或者称为水合二氧化硅），含水的数量不定，化学分子式为 $SiO_2 \cdot nH_2O$，外观为灰色粉末至白色粉末，密度很小，体轻，颗粒又蓬松，折射率相当低，颗粒较粗，颗粒表面多孔，吸附性强，吸油量高，其基本性能如表 2-43 所示，并具有如下一些涂料填料性能。

表 2-43　硅藻土的基本性能

项目名称	性能
密度/(g/cm^3)	约 2
折射率	1.42～1.48
粒径/μm	4～12
吸油量/%	120～180
耐化学药品性	不溶于酸,易溶于碱
耐热性	良好

① 多孔性 硅藻土的体积中有 85% 以上的相互连接的微孔或空隙，亦即硅藻土是以孔隙为主而不是以硅藻为主的。

② 高吸收能力 硅藻土一般可以吸收其自身重量 1.5 倍的液体而仍然呈现干粉的特性。它吸收 2 倍于自身重量的液体后才会变成流动的糊状。

③ 独特的颗粒结构 硅藻土颗粒结构的特征在于它的不规则形状，一般为刺状结构和凹陷的表面。硅藻土平均直径只有 2～5μm，而其表面积要比相同大小颗粒的其他矿物大得多。

④ 非常低的堆积密度 由于硅藻土独特的结构，其颗粒很容易堆积到一起，这些颗粒能承受压缩是因为颗粒之间的接触只限于每个颗粒表面的点，其松散堆积密度为 $0.2kg/m^3$。

（3）定型相变储能材料 相变储能材料也称相变保温隔热材料，是利用材料在发生相变的过程中吸收并储存或放出大量热的原理而制备的节能材料。当相变材料用于隔热时，是通过控制建筑墙面的温度而实现隔热作用的。即降低墙面温度，使结构内外温差较小，从而降低通过墙体的传热量。当相变材料应用于内墙面时，当室外温度升高而热向室内传导时，相变材料遇热熔融，使室温上升缓慢；当室温下降时，熔融的相变材料因发生相变向室内释放热量。

不过，相变储能材料本身的热导率很高，没有保温隔热性能，只是在达到其相变温度时因物相发生变化而吸收或放出潜热。这个过程受很多因素的影响，例如选择相变材料的相变温度、相变过程时间的长短、吸收潜热量的多少等，是个较复杂的过程。其选用需要大量试验来确定，目前最常用的相变储能材料是有机相变储能材料，如聚乙烯二醇、脂肪酸及其衍生物、石蜡等。由于相变储能材料从固体转变成液体后会在重力作用下产生流动，因而只有制成定型材料才能应用于腻子中。通常的定型方法是制成微胶囊[15,16]。

（4）负离子抗菌添加剂　负离子是带有一个或多个负电荷的原子和原子团，如 Br^-、OH^-、SO_4^{2-} 等。空气中的负离子有益于人体健康。例如，能够消除人体内活性氧的副作用、降低人体液的碱性以及净化空气、祛除臭味、促进人体健康等。随着负离子的积极作用逐渐被人们认识，其在建筑涂料中的应用也得到研究，其最重要的成果之一是制成负离子涂料添加剂在涂料以及在腻子中应用。

负离子涂料添加剂是一种新型功能性涂料助剂，由于其自身结构的晶体不对称性，能够形成永久电极，永久电极能够在材料表面形成永久的静电场。水分子一旦接触到能够释放电子（e^-）的该材料后，周围的水分子会立即发生轻微的水解，水分子就会分解成带正电的 H^+ 和带负电的 OH^-。H^+ 能够立即与该材料释放出的电子（e^-）结合而成为氢原子（H）放入空气中。OH^- 与周围的水分子结合成 $H_3O_2^-$ 或 $H_2O \cdot OH^-$，即通常所说的空气负离子。空气负离子形成过程的化学反应如下所示[17]：

$$H_2O + e^- \rightarrow H^+ + OH^-$$

$$H^+ + e^- \rightarrow H$$

$$H_2O + OH^- \rightarrow H_3O_2^- \text{（或 } H_2O \cdot OH^-\text{）}$$

负离子涂料添加剂作为一种涂料助剂，加入到涂料中而使之成为可释放负离子的功能性涂料。通过涂料的涂装而在内墙表面形成涂膜后，可与空气中的水分子接触，并能够按上述原理电离而释放出空气负离子（$H_3O_2^-$）。因而，负离子涂料添加剂因能够持续向空气中发射空气负离子而使涂料具有改善空气质量的种种功能。例如，驱除甲醛、苯和氨等有害气体和异味，产生抗菌、抑菌作用，以及辐射远红外线和抗电磁波辐射等功能。当然，其加入于腻子中当使用正确时也能够发挥同样的效果。

（5）其他材料 除了以上几种功能性材料外，调温调湿型内墙腻子还需要使用一些腻子常用的材料，例如填料、各种助剂（例如木质纤维）。但应指出，由于保温腻子追求的是低密度、高保温性，因而其配方中不需要使用消泡剂，适量直径的气泡留在腻子膜中有利于腻子膜密度的降低，且由于腻子采取批涂施工，腻子膜中出现大直径气孔的可能性小。

2. 调温调湿型内墙腻子配方

调温调湿型内墙腻子是由以上所介绍的各种原材料制备的，其配方见表 2-44。

表 2-44 调温调湿型内墙腻子基本配方

原材料	用量（质量）/%
去离子水	35～40
分散剂	0.3～0.5
润湿剂	0.1～0.2
杀菌剂	0.1～0.2
羟乙基纤维素	0.3～0.6
AMP-95 多功能助剂	0.10～0.20
弹性聚丙烯酸酯乳液	15～20
定型相变储能材料	5～10
硅藻土	25～35
负离子抗菌添加剂	1.0～1.5
木质纤维	0.5～1.0

3. 调温调湿型内墙腻子制备工艺

将羟乙基纤维素加入水中高速分散，加入 AMP-95 多功能助剂，搅拌使之溶解成均匀溶液，然后将溶液加入捏合机中，搅拌状态下加入各种助剂、弹性聚丙烯酸酯乳液，再加入填料，充分搅拌均匀，制成均匀膏状体，即为调温调湿型内墙腻子。

4. 调温调湿型内墙腻子的性能影响因素

（1）成膜物质对腻子性能的影响 弹性建筑乳液的用量是决定腻子膜物理力学性能的关键，其用量对腻子性能的影响见表 2-45。其中，黏结强度、柔韧性、吸湿量都是作为调温调湿型内墙腻子的主要性能指标，是重点研究的对象。

表 2-45 弹性乳液用量对腻子性能的影响

项目		弹性建筑乳液用量（质量）/%			
		10	15	20	25
黏结强度/MPa	标准状态	0.60	0.72	0.86	0.90
	5 次冻融循环后	0.40	0.60	0.80	0.85
柔韧性		—	直径 100mm，无裂纹	直径 40mm，无裂纹	直径 30mm，无裂纹
吸湿量/(g/m²)		136	92	85	80

由表 2-45 可见，随着弹性建筑乳液用量的增加，腻子膜的黏结强度、柔韧性相应提高，吸湿量逐渐下降。当然，除了乳液用量的绝对值影响腻子膜的性能外，更重要的是乳液与填料、特别是功能性填料（硅藻土）的比例，所以一般涂料配方设计中并不使用成膜物质的绝对用量进行研究，而是研究配方设计中更重要的颜料体积浓度（PVC）这个参数。

（2）硅藻土对腻子性能的影响 以硅藻土为主要填料制备的柔性腻子具有保温隔热、调节湿度等特点。但是，由于硅藻土的低密度、高比表面积和高吸油量，随着其用量的增加会显著降低腻子的物理力学性能，因而其用量应不能太高，而是应当使用一些吸油量低的低密度材料互为补充以达到性能、成本的综合平衡。

（3）调温调湿腻子的功能 这种柔性功能性腻子的保温调湿功能是由硅藻土和相变储能材料两种因素决定的。以硅藻土为填料制备的腻子涂层热导率较低，涂层本身具有保温隔热性能；相变储能材料具有相变吸热蓄热、放热功能，能有效地调节环境温度。

三、石膏基内墙腻子粉

1. 石膏

石膏是建筑材料中广泛使用的三大胶凝材料之一。作为胶凝材料使用的石膏有天然硬石膏、煅烧石膏、电厂脱硫石膏和其他工业废渣石膏等。

天然石膏的主要成分是含有两个结晶水的硫酸钙（$CaSO_4 \cdot 2H_2O$），是一种外观呈白色、粉红色、淡黄色或灰色的透明或半透明非金属矿物，也称二水石膏。这种石膏不能产生强度和黏结性。腻子粉中使用的石膏是经过煅烧加工的脱水熟石膏，俗称半水石膏，即含 1/2 结晶水的石膏。这种石膏具有凝结硬化快、强度高等一系列优点。

（1）优点　石胶凝材料的优点有：①强度高、硬度大；②通过不同类型石膏的混合，或者使用助剂（外加剂）可在很大范围之内调节材料的硬化时间；③隔热性好，这对耐火材料、灰浆和纸面石膏板尤为重要；④隔声性好；⑤透气性好；⑥硬化、干燥快；⑦干燥后没有收缩或膨胀；⑧抗化学腐蚀性强，防火性好；⑨材料易得，价格便宜。

（2）缺点　石膏胶凝材料的缺点在于：①在水中的溶解度高，为 2.5g/L，受到轻度潮气的侵蚀就会降低强度和附着力。如果石膏持续处于潮湿的环境，较高的溶解度加上石膏的再结晶所产生的结晶应力，最终将导致石膏体的破坏。因而，石膏基建筑材料一般不能应用于室外。②石膏基产品和水泥不相容。石膏基材料和水泥接触或混合，可能会因生成钙矾石而产生膨胀，导致材料崩溃或水泥灰浆从水泥基层脱落，因此不含添加剂的水泥基灰浆一般不能够施涂于石膏基材料之上。③柔性差，不能够应用于要求材料有柔性的场合。但从实际应用的意义上来说，石膏胶凝材料的这些缺点在应用于腻子时，对腻子膜的性能影响甚微。

（3）性能指标　建筑石膏不预加任何外加剂，密度为 2500～2700kg/m³，松堆积密度为 800～1100kg/m³。GB/T 9776—2008 按 2h 弯曲强度将建筑石膏分为 3.0、2.0、1.6 三个等级；并规定建筑石膏按产品名称、等级和标准号的顺序进行产品标记。例如，等级为 2.0 的天然建筑石膏标记为：建筑石膏 2.0 GB 9776—2008。

① 组成 GB/T 9776—2008 对建筑石膏组成的规定为：建筑石膏组成中 β-半水硫酸钙 [β-$CaSO_4 \cdot (1/2) H_2O$] 的含量（质量分数）应不小于 60.0%。

② 物理力学性能 对建筑石膏物理力学性能的规定如表 2-46 所示。

表 2-46 建筑石膏的物理力学性能要求

等级	细度(0.2mm 方孔筛筛余)/%	凝结时间/min		2h 强度/MPa	
		初凝	终凝	弯曲强度	压缩强度
3.0				≥3.0	≥6.0
2.0	≤10	≥3	≤30	≥2.0	≥4.0
1.6				≥1.6	≥3.0

③ 放射性核素限量 工业副产建筑石膏的放射性核素限量应符合 GB 6566—2010 的要求。

④ 限制成分 工业副产建筑石膏的限制成分氧化钾（K_2O）、氧化钠（Na_2O）、氧化镁（MgO）、五氧化二磷（P_2O_5）和氟（F）的含量由供需双方确定。

（4）石膏缓凝剂 半水石膏凝结硬化很快，其初终凝时间为 6～30min，可操作时间只有 5～10min，因此在大多数情况下石膏胶凝材料必须和缓凝剂配合使用。例如，当不掺加缓凝剂时，使用石膏配制的腻子不能满足施工需要，必须掺加缓凝剂延长凝结时间。

石膏缓凝剂有无机盐类、有机酸类缓凝剂和有机大分子类缓凝剂等。

无机盐类缓凝剂的作用机理在于半水石膏粒子表面形成了不溶性钙盐沉淀薄膜。如焦磷酸钠无机盐类缓凝剂，在溶液中离解出 Na^+ 和 $P_2O_7^{4-}$，溶液中的 Ca^{2+} 迅速与 $P_2O_7^{4-}$ 发生反应，生成不溶性焦磷酸钙 $Ca_2P_2O_7$，并沉淀于半水石膏粒子表面，阻碍半水石膏的进一步溶解，从而降低液相的过饱和度，使凝结硬化过程受阻。

有机酸类缓凝剂的作用机理是一方面有机酸钙沉淀于半水石膏粒

子表面；另一方面有机酸与 Ca^{2+} 形成环状螯合物。如柠檬酸有机酸类缓凝剂，一方面柠檬酸与溶液中的 Ca^{2+} 反应生成柠檬酸钙沉淀于半水石膏粒子表面；另一方面柠檬酸是一种螯合剂，与 Ca^{2+} 络合成六元环状螯合剂，极大地延缓了二水石膏晶胚的形成。

有机大分子类缓凝剂的缓凝机理是其中极性基团吸附于半水石膏粒子表面而延缓二水石膏晶胚的形成和生长。如木质磺酸钙类有机大分子缓凝剂，有机大分子的憎水基团定向吸附于半水石膏粒子表面，阻止了半水石膏的溶解，推迟了溶液达到二水石膏析晶过饱和度所需要的时间，从而延缓了二水石膏成核、析晶和生长。

无机盐类缓凝剂有生石灰、消石灰、碳酸钙、碳酸钠、硼砂、六偏磷酸钠、多聚磷酸钠、碱性磷酸盐和磷酸铵等。其中，按照通常的概念生石灰、消石灰并不是无机盐，但一般也将其分类于无机盐类缓凝剂中。

有机酸类缓凝剂主要是有机酸（如羟基羧酸）及其可溶性盐类、蛋白质类、多元醇类和糖类，例如酒石酸、骨胶、柠檬酸及其盐类（柠檬酸钠、柠檬酸钾）、鞣酸、尿素、已破坏的蛋白质、葡萄糖酸钠、乙醇、造纸厂排放的纸浆废液等。

有机大分子类缓凝剂主要是有机聚合物，例如聚乙烯醇、甲基纤维素醚、骨胶、聚丙烯酸盐等。

此外还有商品缓凝剂，通常采用多种缓凝剂复合制成，以发挥各种单一缓凝剂的优势，并弥补单一缓凝剂使用时性能上的不足，得到使用效果更好的缓凝剂。

2. 石膏基内墙腻子粉

在石膏基内墙腻子粉中，还需要针对石膏基胶凝材料的特性，添加一些必需的添加剂，例如碱度调节剂、减水剂等。

碱度调节剂的主要功能是调整石膏浆体的 pH 值，这是因为有的缓凝剂在微碱性的条件下，可以发挥其最佳的缓凝效果。一般用白水泥来调节石膏浆体的碱度，也可以使用生石灰或者熟石灰，但在腻子中更方便使用的是灰钙粉。

胶凝材料在调配时，添加水的多少对产品的力学性能影响很大。添加的水越多，产品的强度越低。因而有时（例如对腻子的性能要求较高）也使用减水剂以提高腻子的力学性能。这时候，所使用的减水剂主要品种为密胺类高效减水剂（如 Melment-F17G、Melment-F15G）、三聚氰胺系高效减水剂（如 SMF10）和改性聚羧酸盐减水剂（如 Melflux－1641F）等。掺加量一般为 0.2%～1.0%，减水率可达 20%～25%。

3. 配方及其调整

（1）主要组成材料与配方　石膏基内墙腻子粉中主要的胶凝材料（成膜物质）是石膏粉；并以微细聚乙烯醇粉末为有机改性材料。石膏粉可选用普通建筑石膏粉，也可以采用工业副产建筑石膏粉（例如磷石膏粉、烟气脱硫石膏粉等）。后者应针对具体产品的性能进行研究，得到技术－经济性能好的腻子，近年来已有很多这方面的研究[18,19]，实际上使用工业副产建筑石膏粉配制腻子的意义更大。

填料可选用重质碳酸钙、石英粉或滑石粉等，细度为 200～325 目；增稠、保水剂可选用 60000～100000mPa·s 的甲基纤维素醚（例如羟丙基甲基纤维素、甲基纤维素等）或乙基纤维素醚（如羟乙基纤维素）。表 2-47 中列示出石膏基内墙腻子的配方[20]。

表 2-47　石膏基内墙腻子配方举例

原材料名称	用量/质量份	
	配方 1	配方 2
建筑石膏粉	500	650.0
重质碳酸钙（大白粉、老粉）	450	350.0
HF 2000 水溶性胶粉（或聚乙烯醇微粉）	20～30	—
乳胶粉	—	2.5
复合缓凝剂	1.5～3.0	2.5～3.0
十二烷基苯磺酸钠	25～30	—
钠基膨润土	8～15	—
羟乙基纤维素	4.5～6.0	5.5～6.5

（2）配方评述　表 2-47 配方中的石膏基内墙腻子的配方其实质仍是无机-有机复合型材料，作为黏结材料使用的有无机材料和有机材料。配方 1 为与涂料涂装配套的底层腻子，配方 2 为可以直接作为饰面层的面层腻子。一般地说，石膏基腻子中石膏粉的使用量比水泥

基腻子中的水泥要高得多，这是因为石膏的黏结性和力学强度比水泥差，但石膏的优势在于其具有非常好的装饰效果。石膏粉除了能够提供黏结性，使腻子膜具有好的物理力学性能外，还具有更好的透气性。此外，石膏作为胶结料还能够增大腻子膜的体积，且石膏固化后体积不收缩，装饰性好，其用量在配方中以质量计占50%；若要提供腻子膜的装饰效果和进一步提高力学性能，石膏粉的用量还可以提高（可以提高到85%）。该用量已经处于腻子中石膏用量的下限，因而不宜再降低。如果腻子用于面层，应使用白度高、强度高的优质建筑石膏粉。

HF 2000水溶性胶粉是商品有机胶结材料。这类材料一般是聚乙烯醇微粉（或乳胶粉）、纤维素醚和淀粉醚或其他有机胶黏剂的混合物。因而选用时最好是直接将聚乙烯醇微粉（或乳胶粉）和淀粉醚复合使用，这样能够更方便地调整腻子的质量。根据作者的经验，单独使用聚乙烯醇微粉时，其用量占配方用量的1.5%即可得到较好的效果；若使用乳胶粉（这时往往是制备面层腻子），其用量不宜小于2.0%。若进一步增加使用淀粉醚，则可以得到更好的效果。

复合缓凝剂是和建筑石膏粉配套使用的材料，可以直接采购商品缓凝剂，也可以将通常对石膏有缓凝作用的单一缓凝剂复合使用；十二烷基苯磺酸钠是作为分散剂使用的，能够降低腻子粉调制时的用水量。同样，也可以使用建筑涂料中常用的各种商品分散剂。六偏磷酸钠也有良好的分散作用，并同时对石膏有缓凝作用。

如前述，钠基膨润土是无机增稠剂，少量使用能够提高腻子的触变黏度，改善批涂施工性。羟乙基纤维素显著影响腻子的保水性，虽然市场价格高，但用量也不能太低，否则会使腻子的干燥时间短而不能满足施工要求。当用量低时，在春、夏气候干燥季节腻子干燥时间的问题较为突出。

因为配方2是用于面层装饰，代替了涂料，涂层较薄，其装饰效果、物理力学性能和施工性等的要求，使得建筑石膏粉、乳胶粉和羟乙基纤维都具有较高的用量，而由于节省了面层涂料，成本也能够为市场接受。

（3）配方调整　由于石膏粉和添加剂的差异，在制备石膏基腻子粉时可根据原材料的变化或不同对上述基本配方进行少量调整，以达到满足腻子膜的性能和施工性能要求为准。主要调整是根据腻子膜的强度要求和石膏粉的性能调整石膏粉以及有机黏结材料的使用量；根据凝结时间要求调整缓凝剂的添加量，必要时也可以调整缓凝剂的品种以及适当增加一些改性材料；根据施工性能调整羟乙基纤维素的用量。此外，由于配方中没有消泡剂，如果施工时腻子膜中泡孔较多，可以适当地使用一些粉状消泡剂。

四、石膏嵌缝腻子

（一）概述

1. 石膏胶凝材料作为嵌缝腻子胶结料的原理

石膏嵌缝腻子也称为石膏嵌缝料、石膏嵌缝剂等，应当指出，这里的石膏嵌缝腻子主要是指应用于内墙石膏板缝嵌填以及其他作用的材料，由于石膏胶凝材料耐水性差，通常情况下石膏嵌缝腻子不能应用于外墙面各种缝的嵌填。

使用石膏基胶凝材料制备石膏嵌缝腻子可以取得良好的技术和经济效益。这是因为石膏基材料凝结硬化时间短，强度增长速度快；石膏基材料从膏状的拌和料到凝结硬化成硬化体，体积不但不会像水泥那样收缩，甚至会略有增大，而且通过采取一定的技术措施，可以使石膏基材料最终达到所需要的强度要求。这三方面的性能正是石膏嵌缝腻子的应用基础，在作为嵌缝材料的黏结材料所必须具有的性能。非但如此，石膏基胶凝材料还具有成本低、环保性好等特点。因而，石膏胶凝材料是制造嵌缝腻子的良好胶结料。

除了使用普通建筑石膏作为胶凝材料制备嵌缝腻子外，还有关于使用烟气脱硫石膏制备嵌缝腻子的研究，并取得了很好的结果[21,22]。电厂烟气脱硫石膏呈细粉状，其中二水硫酸钙含量可高达 95%，是一种很好的建材资源，可与天然石膏等效。

2. 石膏嵌缝腻子的性能要求

作为一种好的嵌缝腻子，应该能够满足施工应用要求，即具有良好的和易性，黏稠适中、易批嵌；可操作时间长，一次能够批嵌的体积相对大（即能够批嵌的裂缝宽、裂缝深）；此外，嵌缝腻子还应有凝结硬化速度快、强度增长迅速、干燥硬化后不收缩、不会因为开裂而出现裂缝等特点。而作为粉状材料，在使用时还应当易于调制、安全、不腐、储存不霉变。由于石膏基材料加水后在极短的时间内就会凝结硬化，即使加入缓凝剂，也只能有限地延长凝结硬化时间，与作为商品需要的储存时间相差甚远，因而石膏嵌缝腻子只能制成粉状材料，在施工时再加水调和成膏状。

3. 石膏嵌缝腻子的适用范围

石膏嵌缝腻子也称为嵌缝石膏粉、嵌缝石膏和石膏嵌缝腻子等，通常是一种室内装潢装饰的配套材料。石膏嵌缝腻子为粉状，在使用前加水搅拌成可操作的腻子状嵌缝腻子膏。石膏嵌缝腻子适用于建筑墙体板缝填充，例如水泥板、石膏板、顶板和钉孔以及其他需要嵌填部位等的填充和粘接找平等，能够充分嵌填饱满不同厚度的板间缝隙。此外，石膏嵌缝腻子还可以用来修补大的孔洞或填平板材之间的高差。

(二)配方举例和产品性能要求[23]

1. 组成材料

石膏嵌缝腻子由半水石膏粉为主要原材料，加入聚合物增强材料（胶黏剂）和添加剂（例如缓凝剂、保水剂等）配制而成。

制备石膏嵌缝腻子时应选用强度高的建筑石膏。但是，由于嵌缝操作的膜更厚，也不需要再反复批涂，因而保水剂的用量可以减少，但应使用黏度型号高一些的产品，例如使用 200000mPa·s 甚至黏度型号更高的羟丙基甲基纤维素。缓凝剂亦如此，即不需要像墙面腻子那样长的缓凝时间，用量可相对降低。

聚合物树脂增强剂（乳胶粉）是提高嵌缝腻子黏结强度、降低材料内部应力和弹性模量的关键材料，也显著地影响嵌缝腻子成本，其用量根据对材料质量的要求和成本的限制而进行综合平衡。当乳胶粉的用量太低时，嵌缝腻子的黏结强度必然不能够满足要求，特别是受到温度应力时会影响黏结而可能出现裂缝。

为了降低嵌缝腻子干燥过程中的体积变化，配方中还使用少量的惰性填料，一般粒径不宜太细，细度在 160～250 目为宜。

2. 石膏嵌缝腻子参考配方

（1）参考配方　表 2-48 给出石膏嵌缝腻子的参考配方。

表 2-48　石膏嵌缝腻子参考配方举例

原材料名称	用量(质量)/%	
	配方 1	配方 2
石膏粉	60.0～80.0	55.00
熟石灰	—	30.00
重质碳酸钙(200 目)	15.0～35.0	15.00
甲基纤维素醚(保水剂)	0.3	0.40～0.70[2]
可再分散聚合物树脂粉末(乳胶粉)	1.5～3.5	1.0～2.00
木质纤维	—	0～0.50
柠檬酸钠[1]	0.1～0.3	—
酒石酸(或其他缓凝剂)	—	0.02～0.05

[1] 为石膏缓凝剂,也可以使用其他商品石膏缓凝剂。
[2] 可以使用拜尔公司的 Walocel MKX 20000 PF 20 型商品。

（2）配方分析与调整　表 2-48 中嵌缝腻子的组成均以石膏为主要材料，其用量占 60％以上；乳胶粉的用量相对来说也很高。当对嵌缝腻子的黏结强度要求高时，可以采用更高用量的乳胶粉和石膏粉（反之亦然），并以重质碳酸钙进行配方平衡。

嵌缝腻子需要具有较好的触变性才能填补较宽的缝隙。因而，保水剂甲基纤维素醚的选用以较高型号产品为好，一般应使用 200000mPa·s 或更高的产品，但用量通常不宜太高。

3. 产品质量要求

嵌缝腻子目前尚无国家或行业标准，表 2-49 中给出某商品石膏填缝料（腻子）的企业标准及其性能。

表 2-49　某石膏填缝料（腻子）的企业标准及其性能

检测项目	标准指标
初凝时间	≥1h
终凝时间	≤8h
弯曲强度/MPa	≥2.5
压缩强度/MPa	≥4.0
裂纹试验	通过

(三)石膏嵌缝腻子的施工方法

1. 环境条件与基层要求

(1)施工温度 石膏嵌缝腻子施工时的环境温度应在 5～40℃之间。

(2)基层要求 各种板材应固定牢固,拼缝处理的部位没有灰尘、污垢及其他疏松的材料等。

2. 石膏嵌缝腻子的调和与备料

(1)石膏嵌缝腻子的调和 石膏嵌缝腻子一般为粉料,施工前应先调和。调和时,在调料桶中倒入适量的清水,将粉状石膏嵌缝腻子倒入水中并搅拌充分。石膏嵌缝腻子与水之间的重量比控制在(3～4):1 左右,主要参考搅拌后的效果,用料刀提起搅拌好的浆料呈膏状、易挑起、不流淌为宜。

(2)石膏嵌缝腻子的使用时间 石膏嵌缝腻子为粉料,加水调和成膏状后,应在一定的时间内使用完。一般地,与产品随行的说明书中对调和后的有效使用期限会有明确说明(例如有的说明书规定加水后的使用时间包括搅拌时间为 45～60min)。应参考说明书,在规定的时间内将调和的石膏嵌缝腻子膏使用完。

3. 施工使用方法

下面介绍使用石膏嵌缝腻子施工石膏板接缝的方法。

(1)施工前先进行板缝的表面处理,除去浮灰、疏松物及各种不利于黏结的物质。然后用泥刀将调和好的石膏嵌缝腻子膏抹在楔形边缘接缝处。确定接缝纸带的位置,再用泥刀将接缝纸带在上端粘牢。

(2)然后用泥刀自上向下挤出多余的石膏嵌缝腻子膏,使纸带牢牢地与石膏板粘牢,将纸带的中心线与板缝对齐。用泥刀将石膏嵌缝腻子膏薄薄地涂抹在接缝纸带表面,将接缝纸带完全涂满。用批刀刮掉多余的接缝膏。凝固后如需要可用细砂纸进行打磨平整。

(3)用泥刀抹上薄薄的第二层石膏嵌缝腻子膏,两边分别宽出第一层约 50mm,干燥后再用细砂纸打磨平整。

(4)在阴角的两边均匀地抹上石膏嵌缝腻子膏。对折接缝纸带后贴到阴角内,使它紧紧地嵌入石膏嵌缝腻子膏。同平面接缝一样用泥刀自上向下挤出多余的嵌缝腻子膏。粘牢纸带并薄薄地抹上一层接缝膏。干燥后并用细砂纸打磨平整。然后,涂上一层薄薄的嵌缝腻子膏，两边分别宽出上一层50mm。干燥后用细砂纸打磨平整。

（5）在阳角的两边均匀地抹上嵌缝腻子膏。将护角纸带对折后，金属条向内压在阳角上，同平面接缝一样用泥刀自上向下挤出多余的接缝膏，粘牢护角条并薄薄地抹上一层嵌缝腻子膏，干燥后用细砂纸打磨平整，使它嵌入接缝膏中。然后，涂上一层薄薄的嵌缝腻子膏，两边分别宽出上一层50mm，干燥后再用细砂纸打磨平整。

（6）施工注意事项　使用前，石膏嵌缝腻子必须存放在清洁、干燥、封闭的场所内，以防受潮和受雨雪导致湿度过大等的影响，并保证在产品的保质期内使用；接缝部位必须正确使用配套接缝系统产品。此外，在进行接缝施工前必须保证接缝部位的石膏板已牢固安装。

五、阳离子乳液型瓷砖、马赛克墙面腻子

上一节中已经介绍了由聚丙烯酸酯乳胶粉和水泥复合制备的粉状腻子。实际应用中还有一种性能更为优异的瓷砖、马赛克旧墙面翻新涂装的腻子，即阳离子乳液型瓷砖、马赛克墙面腻子，这种腻子与瓷砖、马赛克等无机墙面基层的亲和性强，黏结强度更高。

1. 阳离子型丙烯酸酯乳液的定义与特征

用于生产建筑涂料、腻子的聚丙烯酸酯、聚乙酸乙烯酯乳液和VAE乳液等一般为阴离子型乳液，即乳液中的聚合物微粒所带的电荷为负电荷。顾名思义，乳液中的聚合物微粒所带的电荷为正电荷的乳液为阳离子型乳液。阳离子型乳液具有较小的表面张力，粒径更小，对水泥质基层的渗透性非常强。同时，相对于表面为负电荷（－）的水泥、石灰质基层，带正电荷的阳离子（＋）型乳液与基层具有更好的亲和力，微细的粒径也更容易渗透到基层中。表2-50中比较了阳离子型乳液和阴离子型乳液的微粒粒径和表面张力，从中可以看出阳离子型乳液的主要性能特征[24]。

表 2-50　两类乳液的性能特征比较

乳液种类	微粒粒径/μm	表面张力/(dy/cm)
阴离子型丙烯酸酯乳液	0.1～0.2	54
阴离子型苯丙乳液	0.2～0.3	54
阳离子型丙烯酸酯乳液	0.05	44

2. 阳离子型丙烯酸酯乳液的性能

阳离子型丙烯酸酯乳液的性能如表 2-51 所示，表中同时列出溶剂型环氧树脂和阴离子型丙烯酸酯乳液的相应性能，以资比较。

表 2-51　阳离子型聚丙烯酸酯乳液和其他涂料基料的涂膜性能比较

性　能　项　目		阳离子型聚丙烯酸酯乳液	溶剂型环氧树脂	阴离子型聚丙烯酸酯乳液
标准状态黏结力	石棉板基层	◎	◎	◎
	瓦基层	◎	○	◎
耐温变性	砂浆板	◎	◎	◎
耐水性	石棉板基层	◎	◎	◎
	瓦基层	◎	○	◎
耐冻融性	石棉板基层	◎	◎	◎
	瓦基层	◎	○	◎
耐碱性(泛碱程度)	红墙砖基层	轻微	轻微	严重
耐盐析性(盐析程度)	砂浆板基层	轻微	轻微	严重

注：将试板分成 25 格，经试验后 23 格以上完好◎；20～22 格完好为○。

3. 阳离子型聚丙烯酸酯乳液外墙面封闭底漆

如前述，阳离子型聚丙烯酸酯乳液作为封闭底漆用于墙面，因其离子粒径细和异性电荷间的亲和力，在渗透性和黏结强度方面比之阴离子型聚丙烯酸酯乳液都更具有性能上的优势。目前供应该类产品的有安徽马鞍山九和化工科技有限公司、美国国民淀粉化学公司、日本昭和高分子株式会社等。

4. 阳离子型聚丙烯酸酯乳液瓷砖、马赛克墙面专用腻子

前面已经介绍，用于旧墙面瓷砖、马赛克表面的腻子一般是由聚合物乳液（如聚丙烯酸酯乳液）或乳胶粉和硅酸盐水泥为主要材料配制的，其实质上是一种改性硅酸盐水泥砂浆。由于硅酸盐水泥砂浆和基层通常都呈碱性，为阴离子型，因此阴离子型乳液因与硅酸盐水泥砂浆基层和硅酸盐集料之间的同性电荷的相斥性，与硅酸盐基层或硅

酸盐集料的结合性能差［如图 2-8（a）所示］[25]，在宏观上则体现出
腻子的黏结强度低。与之相反，阳离子型聚丙烯酸酯乳液由于其粒子
的电荷性与硅酸盐水泥砂浆基层和硅酸盐集料之间的异性电荷的相吸
性，而具有较强的亲和力，并体现出较强的黏结性能，如图 2-8（b）
所示。

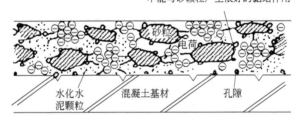

(a) 阴离子型聚丙烯酸酯乳液

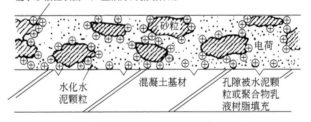

(b) 阳离子型聚丙烯酸酯乳液

图 2-8 阳离子型聚丙烯酸酯乳液和阴离子型聚丙烯酸酯乳液
与硅酸盐水泥颗粒和集料颗粒的表面黏结作用情况

使用阳离子型聚丙烯酸酯乳液配制的腻子对砂浆、石板、环氧树
脂和木材等不同基层的黏结强度和对基层的黏结性能如表 2-52 所示，
表中同时列出用苯乙烯-丁二烯（SBR）乳胶和阴离子型聚丙烯酸酯
乳液配制的腻子的相应性能，以资比较。可以看出，阳离子型聚丙烯
酸酯乳液腻子不仅对不同基层均具有最高的黏结强度，而且对不同基
层的附着性也最好（即凝聚破坏为 100％）。

表 2-52 不同类型的腻子的黏结强度和破坏状态

性 能 项 目		阳离子型聚丙烯酸酯乳液腻子	SBR 胶乳腻子	阴离子型聚丙烯酸酯乳液腻子
黏结强度/MPa	砂浆基层	1.12	0.84	0.56
	石板基层	1.05	0.99	0.63
	环氧树脂基层	1.56	0.98	0.75
	陶瓷、瓷砖基层	0.95	0.44	0.40
	木材基层	1.02	0.46	0.59
破坏状态	砂浆基层	◎	○	×
	石板基层	◎	◎	○
	环氧树脂基层	◎	○	○
	陶瓷、瓷砖基层	◎	○	○
	木材基层	△	×	×

注:腻子的凝聚破坏 100%用◎、97%～75%用○、74%～50%用△、50%以下用×来表示。

5. 阳离子乳液型瓷砖、马赛克墙面腻子配方举例

(1) 配方 由于水泥和瓷砖、马赛克等同属于无机材料,具有很好的黏结亲和力,水泥又具有很高的强度和良好的耐久性且价格低廉,为了利用水泥,阳离子乳液型瓷砖、马赛克墙面腻子仍以制备成双组分产品为宜。其配方举例见表 2-53。

表 2-53 阳离子乳液型瓷砖、马赛克墙面腻子配方

腻子组分	生产厂商或产品规格	用量/质量份
液料组分		
阳离子型聚丙烯酸乳液	固体含量(40±1)%;黏度 50～500mPa·s;pH 值 3～5	30.0～60.0
重质碳酸钙	100 目	20.0～60.0
硅灰石粉	250 目	10.0～20.0
石英粉	120 目	20.0～50.0
保水剂	甲基纤维素醚	3.5～6.0

续表

腻子组分	生产厂商或产品规格	用量/质量份
防缩剂	乙二醇与无机载体混合物	1.0~2.5
防冻剂(冻融稳定剂)	工业级丙二醇	1.0~1.5
防霉剂	合成树脂乳液涂料用商品防霉剂	0.20
水	自来水或可饮用水	15.0~25.0
粉料组分		
白水泥	425 号	35.0~75.0

（2）腻子制备

① 甲组分　在水中依次放入聚合物乳液、保水剂、防冻剂、防缩剂等，搅拌均匀后，再依次加入重质碳酸钙、硅灰石粉、石英粉，高速分散，使之充分均匀。

② 乙组分　只要称量配方量的 425 号白水泥作为粉料分包装即可。

使用前将甲乙组分按比例配好，搅拌均匀即得到所需的瓷砖腻子。

（3）阳离子乳液型瓷砖、马赛克墙面腻子性能影响因素[26]

① 白水泥用量对腻子性能的影响　白水泥在其中主要起无机黏结剂的作用，其用量对瓷砖腻子的性能有很大影响。用量适当，其与瓷砖面的黏结强度能够达到最大，但加入过量会造硬化后坚硬，打磨困难。同时，白水泥用量过多，施工后易开裂，特别是在夏季施工时，此现象更加明显。

② 乳液的用量对腻子性能的影响　成膜物质为阳离子型聚丙烯酸酯乳液，由于瓷砖面呈阴离子特性，腻子与瓷砖面之间有很好的电荷结合，从而形成牢固的结合层，产生良好的黏结作用。乳液的一个重要作用是使腻子与瓷砖面之间形成黏结层，其用量在成品腻子中占15%~20%较合适。

③ 填料的选择对腻子性能的影响　填料的粒径配合对腻子的性能有一定影响，如细粒径粉料用量过高，腻子易开裂；粗粒径粉料用量过高，腻子不细腻，也影响与瓷砖表面的黏结。要取得好的性能，

应注意粉料粒径的搭配。

④ 防缩剂对腻子性能的影响　防缩剂主要是二元醇与无机载体的混合物，它的加入一定程度上能够减少水泥凝胶体系的收缩。其添加量一般在 $1\%\sim5\%$。

参 考 文 献

[1] 李应权等. 低聚灰比高弹性聚合物水泥防水涂料的研究. 新型建筑材料，2002，29（9）：47-49.

[2] 石玉梅，马捷，袁扬. 外墙腻子与动态抗开裂性. 现代涂料与涂装，2005，8（4）：22-24.

[3] 薛黎明，谢绍东. 外墙柔性腻子的研制. 新型建筑材料，2007，36（9）：67-69.

[4] 徐峰. 对混凝土抗冻性问题的几点认识. 混凝土与水泥制品，1989，（5）：15-16.

[5] 徐峰，王琳，储健. 提高混凝土耐久性的原理与实践. 混凝土，2001，（9）：21-24.

[6] 徐峰. 乳液改性砂浆和混凝土. 化学建材，1989，（5）：36-38.

[7] 王超，陆文雄，赵美丽等. 新型干粉外墙腻子的研制. 化学建材，2005，21（2）：20-21.

[8] 裴勇兵，张心亚，谢德龙等. 可再分散乳胶粉型耐水腻子的制备及耐水机理. 涂料工业，2008，38（12）：49-52.

[9] 谢德龙，张心亚，裴勇兵等. 水泥基腻子面漆二合一内墙涂料的制备. 涂料工业，2009，39（2）：41-45.

[10] 夏正斌，张燕红，涂伟萍. 单组分水泥基聚合物胶粉改性耐水腻子的研制. 新型建筑材料，2003，30（9）：3-6.

[11] 方军良，陆文雄，徐彩宣. 用粉煤灰制取建筑用干粉外墙腻子. 新型建筑材料，2003，30（3）：15-17.

[12] 胡志伟等. 建筑腻子的功能、性能及几种典型涂装问题的处理. 现代涂料与涂装，2002，（6）：10-12.

[13] 谭亮，丘宗平，徐玲等. 聚丙烯腈增强纤维对腻子性能的影响. 现代涂料与涂装，2005，8（1）：28-31.

[14] 徐峰，周先林. 砂壁状建筑涂料性能特征和仿外墙面砖施工技术. 上海涂料，2003，48（12）：22-25.

[15] 王谷峰，张永兴，陈长锋. 涂料工业，2012，42（3）：52-54.

[16] 刘成楼，唐国军. 调温调湿抗菌净味柔性内墙腻子的研制. 上海涂料，2012，50（2）：9-13.

[17] 蒋晓曙，周世界，陆雷等. 石蜡-密胺树脂微胶囊相变材料制备与性能研究. 新型建筑材料，2013，30（5）37-41.

[18] 崔锦锋，马永强，郭红军等. 相变储能调温内墙涂料的研制. 涂料工业，2012，42（3）：1-4.

[19] 吴英君等. 纳米型多功能空气净化素在建筑涂料中的应用. 第二届中国建筑涂料产业发展战略与合作论坛论文集. 全国化学建材协调组建筑涂料专家组汇编. 2001, 10.

[20] 王洪镇, 常春隆. 新型石膏刮墙腻子粉生产技术. 化学建材, 2006, 22 (2): 9.

[21] 彭家惠, 吴莉, 张建新. 磷石膏基建筑腻子的配制与性能研究. 新型建筑材料, 2002, 29 (1): 25-27.

[22] 杜勇, 彭家惠, 江丽珍等. 建筑磷石膏腻子的配制及性能. 新型建筑材料, 2011, 38 (7): 48-50.

[23] 周建中, 冯菊莲, 赵金平等. 烟气脱硫石膏嵌缝腻子的研制. 新型建筑材料, 2010, 37 (1): 17-19.

[24] 徐峰, 朱晓波, 邹侯招. 实用建筑涂料技术. 北京: 化学工业出版社, 2003, 10.

[25] 贾根林. 阳离子性基层封闭底漆及中层填辅料性能研究. 第二届中国建筑涂料产业发展战略与合作论坛论文集. 全国化学建材协调组建筑涂料专家组汇编. 2002, 10.

[26] 袁锐锋, 朱学军, 张连霞等. 外墙瓷砖翻修用腻子. 涂料工业, 2003, 33 (2): 25-26.

第三章

木器和金属基层用腻子

第一节　概述

一、木器腻子的配方设计

腻子是涂料施工的配套材料，其功能是填补不平整的物件、工件表面，适用于有凹陷的工件表面作局部填补，也有是全部表面都刮涂一层。

腻子的组成中无论使用什么成膜物质，其配方组成中颜料体积浓度 PVC 值均较高，因此要使用大量的填充料来加厚涂层，而少量成膜物质在腻子中起胶黏剂的作用，把填料黏合在一起制成膏状物，可一次刮涂厚度达 $500\mu m$ 的湿膜。为显色，在腻子配方中加入少量的着色颜料，但其用量比一般底漆为低。腻子所用成膜物质中含有溶剂，施工后这些溶剂要先挥发到大气中去，这就需要认真考虑腻子湿膜底层的溶剂如何尽快挥发。否则如果腻子表干过快，表面已经成膜就会把这些溶剂封闭在底层，造成腻子干不透的弊病。要解决此问题可采取以下措施，即填料应选用细度较粗的，例如 200 目滑石粉或粗粒径的重质碳酸钙，在刮涂腻子时，粗滑石粉的针状结构在涂层内受刮涂时外力的作用形成拨棒作用，随着刮刀的移动，拨出了无数微孔，腻子底部的溶剂便可从空隙中挥发出来，同时空气也可以从这些空隙进入腻子底部，使腻子的底、面能一起干透。目前也有选用无溶剂的成膜物质，在固化成膜过程中，液态成膜物质交联成固态涂膜（例如不饱和聚酯树脂）。

腻子中填充料的主体是重质碳酸钙，适当地加一些锌钡白（立德粉)，以增加黏性，防止腻子膜松散，加入轻质碳酸钙易于提高打磨性，使腻子层变硬变脆，打磨起来爽快。其他的填料品种也很多，使用前应进行试验，掌握其特性。腻子配方中颜料体积浓度 PVC 值应控制在 75%～80%。

二、木质基层涂装的特征及腻子的作用

木质基层涂装和上一章建筑物墙面的涂装差别较大，如涂装基层的差别、所用涂料种类的差别、涂装方法和环境条件的不同等。这些差别也对腻子有不同的要求，深入了解其特征和这些差别更有助于腻子的生产和应用。

1. 木质基层涂装腻子的特征

(1) 涂装涂料的种类　与墙面涂料以水性为主的格局不同，木器涂料以溶剂型涂料为主，木器涂装时所涉及的绝大多数是溶剂型涂料。目前水性木器漆还只是木器涂料品种的补充。由于木器涂装中以溶剂型涂料为主，就带来了有关与水性涂料涂装技术不同的问题，例如劳动保护、防火安全等。

(2) 涂装基层处理　木器涂装的基层处理种类和方法最为复杂和多样，有很多是完全不同于墙面涂装的，例如木器涂装时可能要进行诸如漂白、修整树脂囊、去木毛、去单宁等，是墙面涂装时根本涉及不到的。

(3) 涂膜结构　有些木器涂膜的结构也是完全不同于墙面涂膜的，这也是造成木器涂装差别的原因。例如，很多木质器具有天然美丽的木质纹理，是人们追求自然美时的首要选择，因而涂装时要将这种美丽的木纹显露出来，这种情况下只使用木材着色剂(例如水性着色剂、油性着色剂、酒精性着色剂、不起毛刺着色剂以及颜料着色剂和染料着色剂等)对木器进行着色，然后再进行清漆罩光。

(4) 涂装物件形状　木器涂装时多涉及复杂的形状(例如建筑涂装中常见的门窗)，这种特定情况就要求使用刷涂方法为主，使用的涂装工具则是以刷毛较硬的漆刷为主。木器涂装中虽然也使用喷涂方法涂装，但基本上不使用滚涂涂装方法。

(5) 涂装环境条件　木器涂装往往在室内进行，涂装环境条件比之墙面涂装要好，而且在特殊情况下有时还可以人工地创造或者改善

施工环境，例如升高或者降低涂装的环境温度，对涂装环境进行封闭处理以防灰尘对湿涂膜的污染和防止大风对湿涂膜的不利影响等。

（6）其他　木器涂装所要求的涂膜效果有很多完全不同于墙面。木器涂膜往往要求细腻、光亮（也有个别要求无光涂膜）。像墙面使用的复层涂料、砂壁状涂料等质地粗犷、质感性强的涂料在目前的木器涂装中极少使用。木器涂装的另一个特征还在于美术涂装，即当木材的颜色或纹理不好时，采用色漆进行涂装，将底材完全遮盖住。为了涂膜的美观性，常常采用特殊的涂装方法，能够得到逼真的人造木纹。在建筑涂装中，应用于木器涂装的色漆常常称为溶剂型混色涂料。

2. 腻子在木器涂装中的作用

同墙面腻子一样，木器腻子亦可以看作颜料体积浓度（PVC）值较高的涂料，能够一次批刮较厚而不开裂。在木器涂装中，腻子的主要作用是填孔，辅助作用是填平，弥补底材的缺陷，改善涂装质量。填平就是填补不平整的物件表面，即物件表面满批腻子；弥补底材缺陷则是填补物件表面的局部凹陷缺陷，即局部批刮腻子。

3. 木器腻子的特征

木器腻子的特征体现在其对木材基层和其表面涂料的适应性等方面。

一是对木器的附着力。由于木器可能是移动的，甚至会受到震动，因而要求腻子对木材有更高的附着力。

二是木材中有些溶于水的物质（例如单宁）可能会被腻子中的水分溶解出来，并透析到表面影响涂料的黏结。水还会使木材溶胀，以及使木材中的铁件生锈等，在这些情况下使用水性腻子都会影响后工序涂料的涂装。

三是木器腻子和表面涂料的配合。由于木器涂料是以溶剂型涂料为主的，而水性腻子与溶剂型涂料的结合有特殊要求，这就对木器腻子提出特殊要求，例如要求腻子的强度高、对溶剂的吸收性小等。

通过以上的分析可以看出木器腻子的特征在于以溶剂型产品为主，强度高、吸收性小，对溶剂型涂料的适应性强等。但是，由于水性腻子具有良好的环保性和较低的成本，目前已经得到很多研究和应用，并且成为腻子的发展方向。

三、木器腻子的分类及种类

木器腻子也称为木用腻子。根据分类方法的不同可以有多种多样的木器腻子。例如，根据腻子的作用分为嵌补腻子和填孔腻子；根据成膜物质的不同分为硝基腻子、醇酸腻子和油性腻子等；根据腻子膜的种类分为混色腻子和透明腻子等，如表 3-1 所示。

表 3-1　木器腻子的分类、种类及其特征

分类方法	种类	特征概述
根据腻子作用分类	嵌补腻子、填孔腻子	嵌补腻子干燥收缩性小，能够填补基层较大的缝隙、缺陷和钉眼等；填孔腻子稠度不高，容易刮涂，能够填充木材表面的管孔等
根据成膜物质不同分类	硝基腻子、醇酸腻子、不饱和聚酯腻子、环氧腻子、油性腻子[1]、UV 腻子[2]、过氯乙烯腻子、橡胶腻子、水性腻子和猪血灰腻子等	这种分类方法得到的腻子品种很多，各种腻子因其成膜物质特性的不同而能够呈现不同的性能特征。例如，醇酸腻子附着力好、涂层坚硬；硝基腻子干燥快、易打磨；油性腻子坚韧、易打磨；环氧腻子和不饱和聚酯腻子机械强度高、涂层坚硬、干燥快、基本无溶剂污染；橡胶腻子具有良好的柔韧性等
根据腻子膜种类分类	混色腻子和透明腻子	混色腻子能够遮盖基层的颜色缺陷，使基层呈现均一的颜色而提高涂料的遮盖性；透明腻子不具有遮盖基层的功能而显现基层的纹理，使涂层系统呈现基层原有的自然纹理和质地美感
根据分散介质种类分类	溶剂型腻子、水性腻子和油性腻子[1]	溶剂型腻子的性能优异，涂装的温度、湿度范围宽，与涂料的配套性好，品种多、缺点是对环境和健康影响大，成本高，消耗溶剂；水性腻子环保性好、不消耗溶剂，成本低，但腻子膜的性能下降，对木材基层的适应性差，可能会溶解基层中的水溶性物质

[1] 由天然干性油和颜、填料调和而成的油性腻子（如桐油腻子）。
[2] 紫外光固化腻子。

四、金属构件涂装用腻子的性能要求和种类

1. 基本作用

在机械产品涂装中，涂装物件的材质多为铸铁、铸钢，少量是钣金件，由于受冲压、铸造工艺的限制，表面平整度不能够满足涂料的

要求，需要借助腻子以满足产品外观的装饰性要求。

金属构件涂装用腻子也是用来消除面漆涂装前较小的表面缺陷的。金属涂装用腻子一般用在底漆上面，涂刮多道，形成较厚（以mm 计）的腻子膜，然后打磨平整，为涂料的涂装提供一个良好的基层。

2. 使用原则

腻子的应用虽然可使工件表面的缺陷得到改善，提高了平整度，但也带来一些缺点：一是增加涂装施工的道数和程序，腻子本身刮涂常需 2～4 道，多消耗工时和材料；二是金属涂装用腻子的使用会大幅度降低整套涂膜体系的机械强度。例如，原来未配套腻子的涂膜的柔韧性可通过 1mm 试验。但批刮了腻子后涂膜系统作弯曲试验时柔韧性会降低到 50～100mm。有时因腻子批刮得太厚，还会引起涂膜的开裂等病态，并因此而会影响到整个体系的综合性能，如耐候性、防腐蚀性等。因此，通常在涂装设计中，金属构件涂装用腻子的使用原则是能不用腻子尽量不用或少用，尽量刮涂得薄一些；尽量使用性能较好的腻子品种，最好是研究提高腻子膜的物理力学性能。

3. 组成与种类

金属构件涂装用腻子由成膜物质、大量的填料、少量颜料等组成，固体分达到 80%，颜料体积浓度（PVC 值）约为 75%～80%。成膜物质决定腻子的综合性能。颜料中着色颜料含量很少，低于一般底漆，填料占绝大部分，影响腻子的机械强度和打磨性能。一般使用粒径 200 目的颜料。成膜物质中所含溶剂的挥发性能影响腻子的干透性能。

金属构件涂装用腻子按其腻子膜的干燥方式分类有自干和烘干两种类型；按用途分类分为通用腻子、头道腻子、二道腻子和填坑腻子等；按成膜物质品种分类有醇酸型、硝基型、过氯乙烯型、环氧型和不饱和聚酯型五类。

4. 金属构件涂装用腻子的性能要求

机械产品用腻子应具备以下性能：

① 黏稠度合适，易刮涂，便于施工；

② 自干、快干，干透性好；

③ 填坑用腻子触变性好，收缩率低；

④ 填充性能好，表面细腻；

⑤ 打磨性能好，不发生卷边和黏砂纸；

⑥ 腻子膜有良好的机械强度，柔韧性好，不易开裂；

⑦ 与底面漆配套，有良好的防护性能；

⑧ 有害物质限量满足《室内装饰装修材料　内墙涂料中有害物质限量》（GB 18582—2008）或其他相关标准的要求。

五、汽车涂装和修补用原子灰的种类及其性能特征

1. 定义与组成

汽车涂装和修补用原子灰是一种不饱和聚酯树脂类腻子，通常商品名称以"原子灰"称之，属于复配型产品，由腻子和固化剂组成，腻子一般由不饱和聚酯树脂、颜（填）料、促进剂（如环烷酸钴、二甲基苯胺）、触变剂（如气相二氧化硅、有机膨润土）和其他助剂等经过混合、研磨而成；固化剂由有机过氧化物（如过氧化环己酮、过氧化甲乙酮等）和颜料等组成。腻子和固化剂分开包装，使用前混合均匀。

2. 种类

根据腻子膜性能的不同，不饱和聚酯树脂腻子有两大类：一类是实色腻子；另一类是透明腻子。实色腻子即原子灰，又称高级快干腻子，在我国一直由汽车涂料厂或专业厂家研制、生产，并主要应用于车辆、轮船、机车、表盘和精密机床等涂料涂装前的填平。

此外，近年来还研发了一些主要体现在环保性能方面的新型产品。例如，以新型含水不饱和聚酯树脂为主要成膜物质，以去离子水代替常规苯乙烯的水性不饱和聚酯腻子；以改性不饱和树脂作主要成膜物质，以能与水进行水化反应的无机粉料作腻子的辅助成膜物质，并以水作腻子的主固化剂，以过硫酸盐（过硫酸钾、过硫酸钠、过硫酸铵）作辅助引发剂的水固化不饱和聚酯腻子等。

3. 性能特征

原子灰具有如下一些主要性能特征和不足。

（1）与金属的粘接力强　原子灰与金属的附着力能够达到1级或更好。

（2）快干性能好　原子灰表面干燥时间和完全固化时间都很短。

（3）批刮性能好　原子灰在批刮作业时，滑爽自如、不粘刀、无障碍、易成型、不卷边。

（4）打磨性能好　原子灰形成的腻子膜使用干砂纸打磨时，易起灰，砂纸上不粘灰或少有粘灰，或用水砂纸易磨平。

（5）良好柔韧性和耐冲击性　不饱和树脂的优异物理力学性能赋予原子灰良好的柔韧性及耐冲击性。

（6）能够厚批　原子灰能够一次批刮得很厚而不会出现干燥收缩开裂。

（7）原子灰的缺点是容易产生产品贮存期短、气干性差（即原子灰固化膜表面发黏）以及腻子膜局部可能会出现裂纹等。

4. 原子灰应用中存在的主要问题

原子灰具有黏附力强、能厚涂、填平性良好、易打磨、表面粗糙度低、快速固化、固化后涂层致密坚硬及无大量有机溶剂挥发等优点而被广泛应用于大中型客车车身及相关附件表面凹坑处的填充找平，深受汽车、机械、电气、高档家具制造等行业用户的欢迎。

目前，国产原子灰质量上常常存在一些问题，主要反映在打磨性能和快干性能方面。快干性能差是指原子灰的干燥时间过快或过慢，给批刮操作带来不便，造成浪费太多，或会延长工期时，影响涂装进度。不易打磨，主要表现在用砂纸难以打磨平整，且易粘砂纸。据悉，全国每年进口原子灰 4 亿桶以上[1]，主要来自日本及马来西亚。尽管他们产品价格比国内产品高 2～4 倍，但仍在市场上占有主导地位。这主要由于他们的产品快干性能、打磨性能及批刮性能好。因而，为了提高国产原子灰在市场上的竞争能力，应重视提高原子灰快干性、易打磨性及批刮性的研究。

第二节　木器腻子

一、硝基透明腻子

1. 主要原材料选用说明

用硝化棉为主要成膜物质制得的涂料或腻子称为硝基涂料或硝基腻子。硝基透明腻子一般由硝化棉溶液、短油度豆油醇酸树脂、硬脂酸锌、填料和增稠触变剂等组成。

（1）硝化棉简介 硝化棉也称硝酸纤维素，是纤维素与硝酸作用而生成的纤维素酯。硝化棉一般按硝酸度（N含量）分类。在生产涂料、腻子时，其溶解性与黏度也是重要的指标。一般高黏度硝化棉具有良好的力学性能及弹性，低黏度硝化棉的涂膜硬度高。用作涂料、腻子的硝化棉含氮量在11.0%～12.2%之间，含乙醇30%左右，含水约5%。硝化棉的外观为白色絮状物，在水中不溶解，不溶胀，很容易溶解于酮、酯类溶剂中。

用硝化棉制得的涂料涂膜坚硬、光亮，并具有一定的抗潮及耐化学腐蚀性。但硝化棉性脆、附着力差、不耐紫外光，很少单独使用，往往需要加入一些其他树脂进行改性，或者用于改性其他树脂。在建筑涂料中硝化棉更主要的还是后一用途。例如，用于丙烯酸木器底漆及腻子的改性，同样可以提高涂层（膜）的干性和打磨性等。一般地说，当硝化棉和其他树脂复合使用时，可以取得如下效果。

①增加附着力；②增加成膜物质的含量，但不会显著增大涂料的黏度；③增加涂膜的光泽；④增强耐久性；⑤提高某些特殊性能，例如耐水性、耐化学腐蚀性、耐热性、耐酸性、碱性等。

硝基透明腻子使用的硝化棉一般选用（1/2）s的硝化棉或几种规格的硝化棉搭配使用，使用前预先溶解成30%的二甲苯溶液。

（2）增塑剂 硝基透明腻子目前大部分采用的增塑剂是邻苯二甲酸盐，如邻苯二甲酸二丁酯（DBP）、邻苯二甲酸二辛酯（DOP）。随着环保标准的提高，此类增塑剂逐渐被限制应用。可以采用环氧大豆油等环保型增塑剂代替。

（3）填料 透明腻子亦需要使用少量填料以增加填充性，一般选用滑石粉，可以选择800目或更粗的产品，有良好的填充性和透明度。滑石粉的含水量要控制，最好在0.2%以下。

（4）有机膨润土 有机膨润土是一种流变增稠剂，外观浅黄色为粉状物质，微观上是附聚的黏土薄片堆。黏土薄片两面都附聚有大量的有机长链化合物，经分散并活化后，相邻薄片边缘上的羟基靠水分子连接，从而形成触变性的网络结构，宏观上则呈凝胶状态。如果没有水分子，则不能形成凝胶结构。

有机膨润土在使用时最好先制成凝胶，在涂料或腻子的生产过程中在颜、填料投料阶段将凝胶投入。有机膨润土的预凝胶原理如图3-1所示。即先在剪切力的作用下使溶剂或树脂溶液进入毛细孔隙中而将附聚的薄片堆润湿［图3-1（a）］，使附聚的薄片堆解聚［图3-1（b）］，这时体系的黏度显著增大。在剪切条件下加入活化剂，使薄片间的距离加大［图3-1（c）］。继续剪切把薄片充分分散，即得到活化的触变结构［图3-1（d）］，即膨润土凝胶。

有机膨润土的预凝胶工艺是先在剪切力的作用下使溶剂或树脂溶液进入毛细孔隙中而将附聚的薄片堆润湿，使附聚的薄片堆解聚，这时体系的黏度显著增大。在剪切条件下加入活化剂，使薄片间的距离加大。继续剪切把薄片充分分散，即得到活化的触变结构，即膨润土凝胶。预凝胶工艺中加活化剂的作用是解离并分散膨润土薄片，以及把水带入憎水性有机溶剂中，以确保膨润土网络的氢键结合强度。

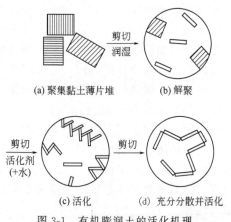

(a) 聚集黏土薄片堆　　　　(b) 解聚

(c) 活化　　　　(d) 充分分散并活化

图 3-1　有机膨润土的活化机理

最常用的活化剂是低分子量的醇类，例如甲醇或乙醇。应当和水配合使用，即把5％的水加到95％的甲醇或乙醇中。醇的分子量越高（如丙醇或丁醇），活化效果越差。

低分子量的酮，尤其是丙酮，也可以作活化剂，但其气味较大，闪点较低。如果要使用低气味、高闪点的活化剂，可以使用丙烯碳酸酯，其闪点为242℃，气味很小。

活化剂的用量要适当，若用量不足，则即使施加剪切，也不能把薄片全部分开，而只能有部分薄片解离，凝胶强度不足。若用量过大，多余的活化剂就会迁移到薄片边缘，干扰氢键，削弱凝胶力。一般地说，不同的活化剂其用量也不相同，一般使用95％活化剂和5％水的混合物进行活化。几种活化剂的用量（以膨润土重量计）为：甲醇-水（95：5）33％；乙醇-水（95：5）50％；丙烯碳酸酯-水（95：5）33％；丙酮-水（95：5）60％。

加入5％的水能够得到最好的活化效果，使凝胶的黏度显著增大。为了方便使用，有些有机膨润土流变剂已不需要制成预凝胶而在研磨阶段直接加入，例如台湾德谦公司的 ED 防沉剂，德国 SUD-chemie AG 公司的 TIXOGEL 系列产品等。

2. 配方及其调整

（1）配方 见表 3-2。

表 3-2 硝基透明腻子配方及生产工艺

原料及规格	组分或功能作用	用量（质量分数）/％
硝化棉（1/2s）	成膜物质	32
醋酸丁酯	溶剂	8
丁醇	溶剂	8
二甲苯	溶剂	2
醇酸树脂（60％）	改性树脂（辅助成膜物质）	15
R422 松香树脂溶液（50％）	改性树脂（辅助成膜物质）	10
邻苯二甲酸二锌酯（DOP）	增塑剂	1
有机膨润土	流变增稠剂	1
硬脂酸锌（PLB）	助剂（改善打磨性能）	2
滑石粉（1250 目）	填料	21

（2）配方调整 硝化棉和醇酸树脂是主要的成膜物质。其比例决定了腻子的技术指标和施工性能。硝化棉和醇酸树脂（按固含量比）的比例为 1：（0.8～1）较为合适。加入 R422 松香树脂是为了降低腻子的黏度，提高腻子的固体含量，同时改善腻子的刮涂性能。硝化棉用量大，硬度好；硝化棉用量小，硬度低。但硝化棉用量过小，上层底漆施工后容易"咬底"。加入滑石粉能够提高腻子的填充性，但会

影响腻子的透明度，应根据腻子的用途和对透明度的要求决定添加量。

增塑剂的作用是为了调节腻子膜的柔韧性，过多或过少都会影响腻子膜的性能。

加入硬脂酸锌的目的仅仅是为了改善打磨性，最好选用酸值较低的硬脂酸锌产品，好的硬脂酸锌应该能够溶解于二甲苯中。添加量要根据不同的配方试验确定，过多会严重影响腻子膜的性能，如附着力、透明度、储存稳定性等。

有机膨润土的加入既可以防止滑石粉的沉降，也可以提高腻子的刮涂性，防止物料沉降和提高贮存稳定性，其加入量为配方量的1%～1.5%。

（3）技术难点　配方关键是硝化棉与其他树脂的比例，固含比率是硝化棉∶树脂＝1∶（0.8～1），比例过低则腻子膜的硬度不够，耐干热性不好；过高则腻子的刮涂性不好，容易卷边。加入马来酸酐树脂可以降低黏度，改善施工性能，但是加入过量会影响腻子膜的黄变性、贮存稳定性和耐干热性，因此加入量要合适。

3. 生产工艺

（1）生产前，首先预制 R422 松香树脂溶液。方法是将二甲苯和 R422 松香树脂按照 1∶1 质量比称料，将二甲苯投入分散缸中，在搅拌状况下再投入 R422 松香树脂，搅拌 15～20min，使其溶解完全，200 目过滤后得到 R422 松香树脂溶液，备用。

（2）向捏合机中投入醋酸丁酯、丁醇和二甲苯，使溶剂在搅拌状况下再投入硝化棉搅拌至其完全溶解，成为硝化棉溶液。

（3）在捏合机搅拌机搅拌的状况下，依次投入醇酸树脂、R422 松香树脂溶液和增塑剂 DOP 搅拌均匀。

（4）在捏合机搅拌机搅拌的状况下，慢慢投入硬脂酸锌（PLB），分散均匀；再慢慢投入滑石粉，分散均匀；高速搅拌 10～15min，温度控制在 50℃ 以下，至细度合格，振动筛 40 目筛网过滤出料，包装。

4. 技术性能指标

硝基透明腻子主要技术性能指标见表 3-3。

表 3-3 硝基透明腻子性能指标

项目	性能指标	项目	性能指标
外观	乳状半透明黏稠液体	实干时间/h	≤1
细度/μm	≤100	刮涂性	易刮涂
固体含量/%	60	有机挥发物含量	符合 GB 18581—2009 要求
表干时间/min	≤10	重金属含量	符合 GB 18581—2009 要求

5. 生产与施工注意事项

（1）生产注意事项 硝基腻子在生产过程中，最好采用夹套缸生产，物料温度控制在 50℃以下，否则，贮存过程中容易变黄、发黑、锈桶。投料时，应边分散边投入后续物料，否则容易引起颗粒。

（2）腻子施工时的注意事项 硝基腻子一般采用刮涂施工，不可一次性厚涂。干后打磨时一定要将木径上的腻子打磨干净，以免喷涂底漆特别是 PU（聚氨酯）底漆时咬底。

二、醇酸腻子

醇酸腻子是我国开发应用较早、用途广泛的一种溶剂型腻子，有透明醇酸腻子和混色醇酸腻子等产品，可以应用于木质、金属等材质的涂装，并可以与多种涂料配套形成涂层系统构造。

1. 醇酸树脂

（1）类别与特性 醇酸树脂是由多元醇（如丙三醇）和多元酸（如脱水蓖麻油酸）或酸酐以及植物油或植物油脂肪酸互相反应而合成的。醇酸树脂是一种最广泛使用的涂料基料，其干性、附着力、光泽、硬度、保光性等均比较好，既可以作为基料单独制成清漆、磁漆、底漆和腻子等，又可以和其他涂料基料合用而改善它们的性能，也可以在合成时加入其他成分而制得经改性的醇酸树脂，如丙烯酸改性醇酸树脂、聚氨酯改性醇酸树脂等。

醇酸树脂按性能的不同分为干性油醇酸树脂和不干性油醇酸树脂。用不饱和脂肪酸改性制成的醇酸树脂，其涂膜在常温下可以通过与氧反应而成膜。不干性油醇酸树脂在空气中不能自行聚合，需要与其他种类的材料混合使用。醇酸树脂按含油或含苯二甲酸酐的多少，可以分为短油度、中油度和长油度三种醇酸树脂（油度是指树脂中油脂的重量百分数)。

(2) 醇酸树脂的改性 在醇酸树脂的制造过程中再加入除脂肪酸、多元醇和多元酸以外的其他一些改性成分而得到新的醇酸树脂,其综合性能会得到显著改善。例如,加入松香与松香酯可以改善涂装性能,加速涂膜的干燥,增强涂膜的附着力,提高涂膜的硬度;加入酚醛树脂能够增加涂膜的硬度,提高耐水、耐碱、耐溶剂和耐化学药品等性能。

(3) 商品性能举例 表 3-4 列出广东省江门制漆公司生产的短油度和长油度醇酸树脂的技术性能。

表 3-4 两种商品醇酸树脂的技术性能

项 目	技 术 性 能	
	PJ11-70M	PJ11-70E
产品类别	蓖麻油改性醇酸树脂	脂肪酸改性醇酸树脂
外观	淡黄黏稠液体	
色泽(Fe-Co)/号 ≤	3	5
固体含量/%	70±1	
油度/%	40	32
酸值/(mgKOH/g) ≤	10	12
羟值/(mg KOH/g)	100±10	
黏度(格氏,25℃)/s	30～50	100±10
溶剂	二甲苯	甲苯/二甲苯
溶剂稀释性	与芳香烃、酯类、酮类、醚酯类溶剂相溶性好。在脂肪烃类溶剂中溶解度有限	可用甲苯、二甲苯、乙酸丁(乙)酯、丙酮和 CAC 等溶剂稀释,在脂肪烃类溶剂中溶解度有限
适用范围	高丰满度、高硬度和高亮度清漆、色漆等	PU 底漆、腻子等

醇酸树脂是一种能够常温干燥的氧化聚合型树脂,其涂膜的干燥时间很短,但是完全干燥所需要的时间却很长。因而,醇酸类涂料的配方中常常加有催干剂,以促进涂膜的完全干燥。

但是，使用催干剂虽然有很多优点，也有一些不利因素，如材料品种多，成本相对提高，涂料储存过程中容易结皮等。为此，制备腻子通常采用复合辅助成膜物质增加涂料的干燥性来取代催干剂。例如，选用干燥性好的松香树脂和硝化棉等作为辅助成膜物质。这样既有助于提高腻子膜的干燥性，也有助于提高腻子膜的其他物理力学性能。

松香树脂可选用 R422 型，系失水苹果酸改性松香树脂，该树脂具有良好的附着力、黏结性、干燥性和硬度；硝化棉可选用 1/2s 型产品，具有较好的溶解性、耐水性和力学性能，且干燥性非常好，涂膜硬度高，能够增加腻子膜的干燥性和打磨性能。

2. 填料

醇酸腻子选用细度为 200 目滑石粉、重质碳酸钙作为体质颜料，并配合以适量的轻质碳酸钙、锌钡白和硬脂酸锌（MR-B 型）以提高腻子膜的打磨性，使腻子膜变硬变脆，消除打磨时的黏滞性。

3. 醇酸腻子配方

用于木质基层的醇酸腻子参考配方见表 3-5。

表 3-5　醇酸木器腻子参考配方

原材料名称	用量/质量份
脂肪酸改性醇酸树脂	15～20
50% R422 树脂-二甲苯溶液	3～6
硝化棉（乙酸丁酯溶液）	2～6
重质碳酸钙	50
轻质碳酸钙	8
滑石粉	10
硬脂酸锌	6
混合溶剂①	1～5

① 混合溶剂由二甲苯、乙酸乙酯和乙酸丁酯组成。

4. 醇酸腻子生产过程

醇酸腻子的生产一般采用能够搅拌比较稠厚物料的捏合机进行物料的搅拌混合。其生产工艺流程如下：

① 将 R422 松香树脂预粉碎并过 30 目筛。

② 向捏合机中加入乙酸丁酯溶剂，再投入硝化棉，搅拌至溶解；接着加入二甲苯溶剂，搅拌均匀后投入预粉碎的 R422 松香树脂，并搅拌至溶解；投入醇酸树脂搅拌均匀。

③ 向捏合机中投入重质碳酸钙、轻质碳酸钙、硬脂酸锌和滑石粉等搅拌均匀。将所得腻子混合料通过三辊研磨机或其他研磨机械研磨两遍。采用三辊研磨机研磨时，第一遍快速进料粗磨，第二遍慢速进料细磨，使腻子的细度小于 $50\mu m$。

④ 用混合溶剂调整腻子的稠度在 $9 \sim 12cm$，即得到成品醇酸腻子。

5. 技术性能指标

醇酸腻子主要技术性能指标见表 3-6。此外，化工行业标准《各色醇酸腻子》（HG/T 3352—2003）也规定了醇酸腻子技术性能指标（见下一节表 3-18）。

表 3-6　醇酸腻子技术性能指标

项目	性能指标
腻子外观	稠厚的膏状物，易于搅拌均匀，无硬块
刮涂性	易刮涂
腻子稠度/cm	9~11
可打磨时间/h	≤4
腻子膜外观	打磨后无缺陷

三、不饱和聚酯（UPE）透明腻子

不饱和聚酯（UPE）腻子分为两种：一种为实色腻子；另一种为透明腻子。实色腻子又叫原子灰，历来由车用涂料厂或专业厂家研制并生产，木用涂料厂只生产 UPE 透明腻子。

1. 主要原材料选用说明

市售的不饱和聚酯树脂因吸氧单体的不同分为丙烯基醚类和双环戊二烯类两类。前者表干性能好，易打磨，硬度略差；后者表干性能略差，但硬度较前者高。两者都可以用于生产不饱和聚酯透明腻子。

苯乙烯主要作活性稀释剂，既可以降低黏度，又可以参与最后交联形成腻子膜。阻聚剂主要提高产品生产和贮存稳定性，延缓或防止胶化。防沉剂主要选用气相 SiO_2，防沉稳定性较好。苯乙烯使用前要进行含水量测试，以保持腻子的贮存稳定性。滑石粉一般选用 400 目或 800 目。

对于不饱和聚酯树脂类涂料或腻子来说，由于使用钴催干剂会产生绿化现象。因而，不饱和聚酯（UPE）透明腻子中需要使用防绿化剂。防绿化剂一般是化学组成为不含硫化物的离子活性物，是一种具有良好润湿效果的离子活性剂。防绿化剂有防止绿化的作用，对白色有特别明显的效果，同时对于透明或白色的不饱和聚酯涂料、腻子还有增加光泽及流平的作用；对于许多底材（如木材）有良好的润湿作用。

2. 不饱和聚酯（UPE）透明腻子参考配方

（1）配方　不饱和聚酯透明腻子的配方见表 3-7。

表 3-7　不饱和聚酯透明腻子配方及生产工艺

原料及规格	比例（质量分数）/%
气干型不饱和聚酯树脂(70%)	38.0
防绿化剂	0.6
苯乙烯	10.0
阻聚剂(对苯二酚,10%醋酸乙酯溶液)	0.1
蓝水(6%异辛酸钴)	0.6
分散剂	0.5
防沉剂(M-5,SiO_2)	2.2
滑石粉(800目)	45.0
硬脂酸锌 PLB	3.0

（2）配方调整　树脂的表干性能决定腻子的打磨性。硬脂酸锌的加入也会改善腻子膜的打磨性。滑石粉的增加可以改善打磨性，但过多影响透明腻子的透明度。与透明底漆不同，腻子的滑石粉可以选择较粗的，如 400 目或 800 目。

（3）技术难点　UPE 透明腻子的贮存稳定性主要取决于树脂和

苯乙烯的稳定性。因此，在生产不饱和聚酯透明腻子的时候添加阻聚剂（如对苯二酚或与其他复配）改善其贮存稳定性。

3. 生产工艺

不饱和聚酯透明腻子的生产工艺过程如下。

（1）生产工艺　按顺序向捏合机中加入气干型 UPE 树脂、防绿化剂、苯乙烯、阻聚剂溶液、蓝水、分散剂和防沉剂等，中速搅拌分散均匀后，再投入滑石粉和硬脂酸锌，高速分散 10～15min，检测细度，40 目滤网过滤出料，得到成品不饱和聚酯透明腻子。

（2）生产过程注意的问题　生产不饱和聚酯透明腻子最好采用捏合机生产，避免物料温度过高。使用高速分散机时，最好使用夹套缸，用 7℃ 或 12℃ 的水循环冷却，注意监控物料温度不超过 50℃，否则会严重影响产品的贮存稳定性。苯乙烯的光学稳定性较差，生产不饱和聚酯透明腻子时应该避免光线直射。

4. 技术性能指标

不饱和聚酯透明腻子的技术指标见表 3-8。

表 3-8　不饱和聚酯透明腻子性能指标

项目	性能指标	项目	性能指标
原腻子外观	搅拌均匀,无硬块	刮涂性	易刮涂
腻子膜外观	打磨后无缺陷	可打磨时间/h	≤4
黏度/mPa·s	20000～50000		

四、紫外光辐射固化透明腻子（UV 腻子）

紫外光辐射固化腻子一般只有透明腻子，大多作为填孔腻子使用。一般使用于中纤板、木皮填孔或找平，以保证 UV 底漆的施工质量。

1. 主要原材料选用说明

（1）预聚物　预聚物是 UV 腻子的主要成膜物质，预聚物树脂中含有 C═C 不饱和双键并具有低分子量。预聚物主要有不饱和聚酯和丙烯酸化的或甲基丙烯酸化的树脂，如环氧丙烯酸酯、丙烯酸化聚丙烯酸酯等。固化速率快是这类树脂的特点，缺点是固化膜脆性大、柔韧性差。当应用时（如生产腻子）亦可加或不加活性稀释剂参与成膜时的聚合反应。

UV腻子可选用的预聚物有环氧丙烯酸酯、聚氨酯丙烯酸酯、聚酯丙烯酸酯、聚醚丙烯酸酯等。丙烯酸单体主要有单官能度丙烯酸单体、双官能度丙烯酸单体、多官能度丙烯酸单体。官能度高，反应速率快、腻子膜硬度高、不好打磨，腻子膜较脆；官能度低，反应速率慢、腻子膜硬度软、易打磨、腻子膜韧性好。

就UV腻子最常用的成膜物质环氧丙烯酸酯树脂来说，实验结果表明[2]，当腻子各组分配比确定时，光固化速率与环氧丙烯酸酯树脂的分子量和分子内不饱和烯基的数量有关。在光引发剂用量和光源确定的情况下，产生自由基的速度是一定的，分子量高的环氧丙烯酸酯树脂的光固化速率较快，分子量小的环氧丙烯酸酯树脂的光固化速率较慢。

实验还发现，腻子中环氧丙烯酸酯树脂的总量一定，多种环氧丙烯酸酯树脂配合使用时，随其比例的变化，腻子的打磨性、柔韧性、耐冲击性均无明显的变化。

（2）活性稀释剂 活性稀释剂亦称单体，因预聚物树脂的黏度较大，需要使用活性稀释剂来调节黏度，改善施工性能。

活性稀释剂可分为单官能度活性稀释剂和多官能度活性稀释剂。单官能度活性稀释剂主要起稀释功能，如丙烯酸丁酯、丙烯酸羟乙酯等。多官能度活性稀释剂包括二官能度、三官能度、四官能度和五官能度等。

活性稀释剂在反应前起溶剂作用，经聚合后成为腻子膜的组分。因此，正确选择活性稀释剂也是确保腻子质量的重要因素。常用活性稀释剂为多官能丙烯酸酯单体，例如三羟甲基丙烷三丙烯酸酯（TMPTA）、季戊四醇三丙烯酸酯（PETA）、新戊二醇二丙烯酸酯（NPGDA）等。此类产品中活性官能团较多，固化反应快、稀释效果好，但交联密度大、膜层易脆裂、附着力不好。

选用一元醇丙烯酸酯活性稀释剂，腻子的光固化速率慢，腻子膜的硬度小，但柔韧性较好；选用二元醇丙烯酸酯活性稀释剂，腻子的光固化速率明显提高，腻子膜的柔韧性、打磨性都较好，但硬度较小；选用三元醇丙烯酸酯活性稀释剂，腻子的光固化速率进一步提高，腻子膜硬度明显提高，但柔韧性和打磨性都很差。实验结果表明，采用二元醇丙烯酸酯和三元醇丙烯酸酯活性稀释剂配合使用，并调整各多元醇丙烯酸酯的配比，可以得到光固化速率快、腻子膜性能好的腻子。多元醇丙烯酸酯活性稀释剂用量一定时，TMPTA 的用量过高，腻子的光固化速度快，腻子膜的收缩度大、硬度高，但腻子膜的硬度太高、附着力差、难打磨，其最佳配比为 TMPTA：NPGDA：TEGDA＝4：3：3 左右。

（3）光引发剂　光引发剂也称光敏剂，是光固化腻子的重要组成部分，是决定腻子固化程度和固化速率的主要因素。光引发剂能够吸收紫外光，经过化学变化可以产生能够引发聚合能力的活性中间体。光引发剂在腻子中的浓度较低，但对辐射固化腻子的灵敏度起决定性作用。光引发剂主要分为自由基光引发剂和阳离子光引发剂两类。丙烯酸酯腻子体系中只能使用自由基光引发剂。在自由基光引发剂中，主要有两种类型。单分子分解型光引发剂，引发剂受光激发后，引发剂分子发生分解，引发聚合反应；双分子反应型光引发剂，通过夺氧反应，形成自由基，引发聚合反应。

UV 腻子可选用的光引发剂主要是自由基光引发剂：分解型自由基光引发剂（如汽巴的 1173）和夺氧型自由基光引发剂（如二苯甲酮）。一般选用两种光引发剂的组合并和活性胺类光敏剂搭配使用。几种光引发剂的特性和使用注意事项见表 3-9。

表 3-9　几种光引发剂的特性和使用注意事项

光引发剂	特性和使用注意事项
二苯甲酮	通过提氢反应形成自由基而引发聚合，受氧的阻聚作用较大，单独使用几乎无效，与叔胺并用可以阻止氧的干扰，而且表面固化性能优于本体的透过固化性能
2,2-二甲氧基-2-苯基乙酰苯酮	热稳定性好，受紫外光照射产生的甲基自由基体积小，迁移能力强，光引发能力强，受氧的阻聚作用较小，是易于获得的性能较好的光引发剂
2-羟基-2-甲基-1-苯基丙酮-1	热稳定性很好，受紫外光照射产生的氢自由基体积小，迁移能力比甲基自由基强，因此光引发能力也更强，是一种很好的光引发剂

（4）其他助剂　UV 使用的常用涂料助剂一般为无溶剂助剂，消

泡剂如 BYK-057 型，分散剂如 BYK161 型等。

（5）填料　填料选用 800 目滑石粉，滑石粉主要是为了提高腻子膜的填充性，由于 UV 的施工固体含量极高，可达到 100%，所以对粉料的透明度要求较高。

2. 配方

UV 透明腻子的配方见表 3-10。

表 3-10　UV 透明腻子的配方

原料及规格	组分与功能作用	比例（质量分数）/%
环氧丙烯酸树脂	预聚物，主要成膜物质	75
双官能团丙烯酸单体	活性稀释剂，调节黏度、改善施工性	2.3
消泡剂	助剂	0.2
分散剂	助剂	0.5
滑石粉 800 目	填料，提高填充性	20
光敏剂	自由基光引发剂，引发聚合反应	2

3. 生产工艺

UV 透明腻子的生产工艺过程如下：

① 按顺序向捏合机中加入双官能团丙烯酸单体、环氧丙烯酸树脂，中速搅拌分散后，再投入消泡剂、分散剂，中速搅拌均匀。

② 投入滑石粉，高速搅拌分散至细度合格（≤70μm）；再投入光敏剂，30 目滤网过滤出料，得到 UV 透明腻子。

4. UV 透明腻子性能指标

见表 3-11。

表 3-11　UV 透明腻子性能指标

项目	性能指标	项目	性能指标
腻子容器中状态	搅拌均匀无硬块	固化速率（一支汞灯，80W/cm）/(m/min)	5~20
细度/μm	≤70		
旋转黏度/mPa·s	7000~15000	腻子膜外观	平整

五、水性木器腻子

1. 综述

水性腻子以水为分散介质，避免了溶剂型腻子中溶剂对环境和人员的不良影响，并能够节省能源，因而近年来已成为木器腻子的一个重要品种，得到很多研究，并且成为腻子发展的方向。

我国的水性木器腻子的发展起步很早，最早的填孔腻子（水色）就是一种广义上的水性腻子。这种腻子应用量很大，但应用范围有限。

到了上世纪末，人们开始研究现代意义上的水性木器腻子。由于受到当时原材料的约束，使用的成膜物质为聚乙酸乙烯乳液，改善腻子批刮性的材料则是羧甲基纤维素，这种腻子在今天看起来其性能不好，但在当时的产品水平看，还是在一定程度上能够满足某些场合或目的的应用，虽然其限制性很大。

近年来，随着木器漆应用的不断增多，与木器漆配套时水性木器腻子有着独特的优势，因而一些为了满足特殊功能要求的新型水性木器腻子得到研究、开发。例如[3]，在樱桃木、胡桃木这些导管较深的木材上进行全封闭涂装时，由于水性木器漆的固体含量相对较低，需要多道底漆才能填平，从而延长了生产时间，增加了涂装成本。同时，对于少许板材本身的缺陷，使用传统的原子灰或水性补土处理时，会因为含有较高的粉料而导致漆膜发白或干燥太快而不好施工。因此，这就迫切需要有透明性好、固体含量相对较高的水性透明腻子进行处理。

近年来新材料的发展很快，就制备水性木器腻子的原材料来说，主要原材料（成膜物质、助剂等）已经发生本质的变化。例如，现在可以应用于制备水性木器腻子的合成树脂乳液技术已非 30 年前可以想象。现在的聚丙烯酸酯乳液固体含量高、乳液粒径细微（能够达到 $0.1\mu m$ 以下）、稳定性高，这就给配制水性木器腻子带来极大的便利，并能使所配制的腻子具有所需要的物理力学性能。而现在的各种高性能的纤维素醚质量稳定，更使水性木器腻子具有极优良的批刮性能。现在的粉体预处理技术也使得制备腻子用填料具有更优异的性能。因而，水性木器腻子已经或正在成为木器腻子的一种重要类别，并不断扩大着应用比例和市场份额。

2. 水性木器腻子的原材料

（1）对水性木器腻子的性能要求　水性木器腻子的作用是填充底材的孔隙和其他缺陷。而对于所谓"开放式"的木材涂装，由于需要显现底材本身的孔隙，不能使用不透明腻子。

原材料的选用是和对水性木器腻子的性能要求紧密相连的。表3-12 给出对水性木器腻子的一些基本要求。

表 3-12　水性木器腻子的性能要求

性能项目	主要影响因素	原材料选用和配方注意事项
较低的最低成膜温度（MFT）	聚合物乳液的玻璃化温度（T_g）和腻子配方中的成膜助剂及其用量	选择玻璃化温度（T_g）适当的聚合物乳液；选择高效成膜助剂
低 VOC 含量（特别是低甲醛含量）	最低成膜温度（MFT），"清洁"添加剂，原料	选择玻璃化温度（T_g）适当的聚合物乳液以降低成膜助剂用量；选择"无醛"防霉剂；控制挥发物含量高的助剂的使用
对木材的脱色性低	最高 pH 值不超过 8	使用性能可靠的 pH 值调节剂（例如 AMP-95）
透明性好，有增强木材颜色的作用①	粒径，稳定化系统	选择粒径细微、透明度高的聚丙烯酸酯乳液和高细度的滑石粉等透明度好的填料并控制用量
良好的施工性（包括打磨性）	稳定化系统，添加剂，腻子配方	选择增稠效果好、触变性好的甲基纤维素醚并控制用量
对木材纤维的溶胀性小	高固体含量	选择粒径细微、固体含量高的聚丙烯酸酯乳液并适量添加透明度好的超细滑石粉
对木材基层的附着力良好	成膜物质，腻子配方	选择粒径细微、附着力强的聚丙烯酸酯乳液

① 指透明腻子。

（2）成膜物质　早期配制水性木器腻子一般使用聚乙酸乙烯乳液，现在则主要使用聚丙烯酸乳液。聚丙烯酸乳液包括纯聚丙烯酸酯乳液和各种丙烯酸酯共聚乳液，是很常用的水性木器漆、腻子、底漆的成膜物质，主要有纯丙、苯丙乳液等。表 3-13 中列出应用于木器涂料的两种商品丙烯酸乳液的性能。

表 3-13　两种应用于木器涂料的商品丙烯酸乳液性能介绍

商品名称	技术性能	应用及特性	生产厂商
NACRYLIC 6408	聚合物：丙烯酸酯树脂；电荷性质：阴离子；外观：乳白色乳液；固体含量：45%±1%；黏度：<1000mPa·s；pH值：7.0～9.0；玻璃化温度：52℃；最低成膜温度：50℃	产品粒径细，与木器、金属、水泥砂浆等具有良好的附着力，并具有快干、涂膜坚硬耐磨以及良好的耐水性、耐化学药品性和耐沾污性等性能，适用于木器涂料、地板涂料、高耐候外用涂料、封闭底漆和高光泽金属涂料等	美国国民淀粉化学公司（National Starch & Chemical Ltd)
XG－2006 水性木器漆乳液	聚合物：丙烯酸酯和其他单体的共聚合树脂；电荷性质：阴离子；外观：乳白色乳液；固体含量：47%±1%；黏度：1000～2000mPa·s；pH值：7.0～9.0；玻璃化温度：60℃；最低成膜温度：35℃	涂膜硬度高，表面平整、无缺陷、丰满、光滑，且抗划伤、不返黏，对木质底材的润湿性好，渗透性和附着力强等	河北衡水新光化工有限公司

（3）填料　水性木器腻子使用的填料种类和第二章中介绍的墙面腻子没有区别，例如重质碳酸钙、轻质碳酸钙、滑石粉，并可添加少量的立德粉等。但是，水性木器腻子不宜选用细度较大的填料。除了使用少量 200 目的填料外，主要填料的细度应在 325 目以上。

（4）助剂　水性木器腻中助剂的选用，就一些通用型助剂（分散剂、消泡剂、防霉剂、防冻剂等）来说，和第二章中介绍的内墙腻子相同。但有些特殊的助剂则和内墙腻子不同。例如，为了防止木器中可能存在的铁件生锈而加入防锈剂（通常可选择亚硝酸钠），鉴于 VOC 含量限制可选用 AMP-95 多功能助剂作为 pH 值调节剂。

3. 水性木器腻子配方举例及制备程序

（1）透明水性木器腻子举例　表 3-14 给出以丙烯酸乳液为成膜物质的水性木器腻子的参考配方。

表 3-14　水性木器透明腻子参考配方

序号	原 材 料	生产厂商	用量(质量分数)/%
1	NeoCrylXK62(丙烯酸乳液)	AVECIA 公司	50.0
2	SN-5027(分散剂)	德国科宁(Cognis)公司	0.5
3	Hydropalat 3024(湿润剂)	德国科宁(Cognis)公司	0.1
4	Nopco NXZ(消泡剂)	德国科宁(Cognis)公司	0.15
5	轻质碳酸钙(800 目)	市售	10.0
6	滑石粉(1250 目)	市售	10.0
7	Filmer C40(成膜助剂)	德国科宁(Cognis)公司	1.5
8	Nopco NXZ(消泡剂)	德国科宁(Cognis)公司	0.15
9	SN-636(10%,增稠剂)①	德国科宁(Cognis)公司	15.0
10	Thicklevelling 632(增稠剂)	德国科宁(Cognis)公司	0.2
11	Perenol1097A(助打磨剂)	德国科宁(Cognis)公司	2.0
12	水		10.4

① SN-636 预凝胶:SN-636 与水按 1:9 比例稀释,调整 pH 值为 8,然后添加。

（2）透明水性木器腻子配制程序　称量（2）组分，在转速为 400r/min 搅拌条件下依次加入（1）～（6），高速搅拌 30min；将转速再调整至 400r/min，依次加入（7）～（11），在 400r/min 转速下搅拌 30min 得到成品透明水性木器腻子。

（3）混色水性木器腻子配方举例　表 3-15 中给出混色水性木器腻子参考配方。

表 3-15　混色水性木器腻子参考配方

原材料	规格或型号	功能或作用	用量/质量份
苯丙乳液(苯乙烯-丙烯酸酯共聚乳液)	固体含量不小于(48±1)%；玻璃化温度(T_g)不低于 25℃	黏结腻子中的填料并在基层上形成与基层黏结可靠的腻子膜	320.0
防霉杀菌剂	如德国舒美公司产 A20 防霉剂	防霉、杀菌	0.5

原材料	规格或型号	功能或作用	用量/质量份
分散剂	如美国罗门哈斯公司产"快易"分散剂	填料分散、稳定	4.0
pH 值调节剂	AMP-95 多功能助剂	调节腻子的 pH 值	1.0
成膜助剂	如商品成膜助剂酯醇-12	降低腻子的最低成膜温度	23.0
冻融稳定剂	工业级丙二醇	提高腻子的低温储存稳定性和施工性	5.0
羟乙基纤维素	60000 ～ 100000 mPa·s	增稠、保水	2.5
重质碳酸钙	325 目	填料、增加体积	400.0
轻质碳酸钙	325 目		50
滑石粉	400 目		120.0
阻锈剂	亚硝酸钠	防止铁件生锈	6.0
水	市供自来水	分散介质	68.0

（4）混色水性木器腻子制备程序　称量水和防霉杀菌剂投入捏合机，搅拌均匀后投入羟乙基纤维素搅拌分散均匀后投入 AMP-95 多功能助剂搅拌至其充分溶解。接着投入分散剂、成膜助剂、冻融稳定剂和阻锈剂等，搅拌均匀后，投入苯丙乳液搅拌均匀，最后投入重质碳酸钙、轻质碳酸钙和滑石粉搅拌均匀，再继续搅拌或通过三辊研磨机粗研磨两遍，振动筛 40 目筛网过滤出料，包装。

六、猪血灰腻子

1. 猪血灰腻子的配方和制备工艺[4]

猪血灰腻子一般作为嵌补腻子使用。在 20 世纪 90 年代初，我国家具制造业刚起步的时候，使用非常广泛，主要用于贴纸家具贴纸之前的底材处理或实色底漆的底材处理。附着力好、干燥快、易打磨、成本低。

随着技术的进步，木质底材的质量得到了较大的提高。猪血灰腻子的用量越来越少。但是，在古迹修复等工程中，仍然会使用到。

（1）猪血灰腻子的配方（质量份）为：新鲜猪血 100；生石灰（氧化钙）2~3；滑石粉 100~150。

（2）猪血灰腻子的制备工艺为：用 100 目滤网过滤除去新鲜猪血中的杂质，然后将生石灰加入水中，水尽量少，搅拌，熟化，用 100 目滤网过滤除去杂质；再将熟化后的生石灰（CaO）溶液，边搅边加入滤过的猪血中，待猪血由鲜红变为咖啡色，停止加入石灰水，备用。

在腻子使用前，将滑石粉加入上述用生石灰处理好的猪血中，边加入边手工搅拌，至黏度合适为止，并进一步搅拌使腻子充分熟化后即可批刮。

2. 配方调整

（1）原料选择　猪血必须是新鲜猪血，采集回来应立即处理，否则腐败变质不能使用。填料一般需用 400~800 目的滑石粉。氧化钙必须现场加水配置使用，石灰（CaO）转化为石灰水 [$Ca(OH)_2$] 溶液。放置时间过长，有效的石灰水 [$Ca(OH)_2$] 溶液会与空气中的 CO_2 发生反应，变成无用的石灰水 [$CaCO_3$ 溶液]。[$Ca(OH)_2$] 溶液在制备时浓度要尽量高，因此处理生石灰（CaO）时水量要适当。

（2）指标调整　如果作为嵌补腻子使用，需要多加滑石粉等填料，做得稠厚一些；如果作为填孔腻子使用，填料可适当少加，做得稀薄一些，便于刮涂施工。

（3）技术难点　猪血的熟化是腻子质量的关键。猪血和石灰水的比例是技术关键点。石灰水比例高，则腻子硬度高；石灰水比例低，则腻子硬度低。好的猪血腻子，加入滑石粉后，应该是青绿色的。太绿，说明加入的石灰水太多，硬度高难打磨，容易离层；色太浅，说明加入的石灰水少，则硬度不够。

七、木器腻子应用技术

木器表面不管是涂装透明清漆还是涂装混色涂料，在涂装涂料前首先都应把木材表面的虫洞、裂缝、疤痂、木榫等用腻子填平。板材家具的鬃眼，应用填平腻子填平。

1. 腻子对木材表面的填平作用和现场调配腻子的种类

（1）腻子对木材表面的填平作用　常用的木材，树种不同，加工方法不一，会有许多缺陷，如年轮、疤瘌、节子、虫洞、裂缝，还有局部凹陷、钉眼、榫孔等。这些缺陷多属于局部性缺陷。如不处理，不论涂饰色漆还是透明清漆，漆膜不可能平整完好，还会使许多涂料顺着这些缺陷流失，造成浪费。

涂饰色漆时，除局部缺陷外，往往还有一些很小但大片的不平，如木材年轮造成刨花板和纤维板表面不平，故此常用一种较稀的腻子填平。用腻子填平局部缺陷，不仅可以使木材表面光整，杜绝了涂料流失的渠道，还可以使涂膜平整完好。

（2）现场调配腻子的种类　木材涂装过程中，除一些是使用油漆厂制造的商品腻子外，还有一些是涂装工根据涂饰的具体情况自行调配的。

如上述，常用腻子的种类有水性腻子、油性腻子、胶性腻子、猪血灰腻子、虫胶腻子、硝基腻子、醇酸腻子、聚酯腻子和紫外光固化腻子等。

调配腻子的主要成分，除黏结剂外，还有填料（体质颜料）和颜料。用少量着色颜料，是为了涂饰透明漆时与周围色调相适应。为填平木材表面孔洞，有时在腻子中还加入少量木粉或细锯末[5]。

2. 现场调配腻子的调配方法

（1）水性腻子调配方法　水性腻子用专用腻子胶水、重质碳酸钙、水和适量颜料调制成膏状。此种腻子的调配配方（按质量分数计算）为：腻子专用胶水 600g 加重质碳酸钙 400～600g，再根据需要加适量着色颜料。这种腻子调配简便，使用方便，但干燥较慢，附着力差，干后收缩较大，故只适用于一般木材制品使用。

（2）胶料腻子调配方法　胶料腻子比水性腻子性能略好一些，常用胶料有 6％的骨胶水溶液、聚醋酸乙烯醋乳液等，它可以用于中级涂装木材制品。

（3）虫胶腻子的调配　虫胶腻子用虫胶漆、重质碳酸钙、着色颜料等调配成糊状。虫胶（漆片）与酒精的比例为 1：6，如果虫胶所占比例大，腻子嵌补后硬度较大，不易打磨，但不易脱落。反之，虫胶所占比例小，腻子干燥后硬度小，容易打磨，也容易脱落。虫胶腻子的配方（按质量分数计算）为：重质碳酸钙 75%，虫胶清漆 24.2%，颜料粉 0.8%，应按颜色深浅的要求来掺和颜料，腻子的颜色应比样板色浅一些。

虫胶腻子在使用过程中，由于酒精不断挥发，腻子逐渐变稠，这时可加些酒精，反复调匀至适当黏度再用。

虫胶腻子干燥快，不易塌陷，但强度较低，一般可用于孔的初步嵌补。

（4）油性腻子的调配　油性腻子在体质颜料中多使用煅烧熟石膏，黏结剂为熟桐油，有的可直接用各种清漆（酯胶清漆、酚醛清漆或醇酸调和清漆等），还有厚漆（有的也称铅油）。由于使用溶剂漆，一般用溶剂汽油稀释。在调配油性腻子时，常放入适量清水，使石膏吸水后不仅发热且发胀变硬。调配油性腻子的配方较多，全国没有统一的要求，但均要求以填平补齐为标准，达到适当硬度不塌渗。表3-16 列举了部分配方。

表 3-16　油性腻子配方

原材料	质量分数/%			
	配方 1	配方 2	配方 3	配方 4
煅熟石膏	50	75	55	60
熟桐油	15	—	11	22
油性清漆	—	6	—	—
厚漆	25	—	22	—
着色颜料	—	4	—	—
汽油	10	14	12	9
水	适量	1	适量	9

调配油性腻子时，首先用 80~100 目筛网，将煅烧熟石膏粉过滤。放在托盘上，将过滤的石膏粉留出 1/5。这时将石膏粉用调腻子铲刀在石膏粉中间分散一个坑，然后将熟桐油与汽油、厚漆等混合均匀，倒入石膏坑内，并充分搅拌均匀。将水和留下的石膏逐渐加入搅拌均匀的腻子中，边加入边搅拌，石膏吸水后发热发硬，再适当加入汽油和着色颜料，直至腻子调至柔和。水不可加入过多，温度高时可

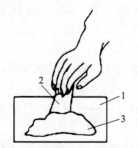

图 3-2　调配桐油腻子示意图
1—托盘；2—铲刀；3—调制的腻子

多加一些，否则影响腻子质量，见图3-2调配桐油腻子示意图。

　　油性腻子附着力好，但干燥慢。在使用中功能比较广泛，稠厚的油性腻子多用于透明或不透明涂装时对局部缺陷的填平。比较稠厚可用于透明涂装制品填管孔，多采用刮涂法。较稀的油性腻子用于不透明油漆涂饰全面填平。较稀的油性腻子，在调配时可适当多加一些汽油和水。

　　（5）硝基腻子调配方法　硝基清漆∶硝基清漆稀释剂＝1∶3，重质碳酸钙需经120目筛网过滤后与混合清漆调配均匀，调配配方（按质量分数计算）为：用重质碳酸钙85份，混合清漆15份。此种腻子干燥快、硬度大，一般在小的缺陷局部使用，且多用于硝基漆涂层中木材着色后。

　　（6）透明腻子调配方法　调配配方（按质量分数计算）为：120目细度的细玻璃粉50％，松香10％，松节油40％。调配时先用松节油将松香溶化，如难溶可加水浴60℃左右，全部溶解后，在黏稠的松香溶液中加入过滤好的细玻璃粉，用以涂饰在涂完封闭底漆后较小的缺陷。

3. 腻子的刮涂

　　常用刮涂腻子工具有油铲、层压板制刮板和弹性钢板刮板。

　　刮涂腻子是一项繁琐复杂的工序。木器家具制成后，对表面涂饰光彩美丽的涂层，涂漆前必须对木材表面的缺陷进行细致修补。刮涂腻子所用的刮具，如铲刀（油铲）、牛角刮翘在市场上可以买到。根据木器家具就具体情况，有的刮具还须涂装工自己制作，以满足被刮涂制品质量的具体要求。

　　首先依据被涂装制品的质量要求、制品的造型、具体表面缺陷程度、使用什么腻子、刮哪道腻子来选用刮具。

　　按照涂装工艺要求，补刮木器家具缺陷，如缺损的棱、角或表面小坑，具体刮涂手法和选用刮具见图3-3。

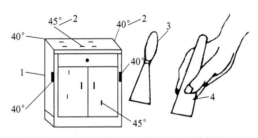

图 3-3 刮涂腻子的工具和方法示意图
1—被刮涂家具；2—刮具倾斜角；3—刮具油铲；4—刮具握法

一般补刮腻子，应以被补腻子坑大小、深浅确定，被补腻子坑大又深可分为两次或多次补刮，每次补刮厚度约为 1.5mm。猪血灰腻子和胶料腻子的干燥温度为 28℃±3℃，时间为 8～10h。刮补坑时刮具与被刮涂制品表面倾斜度约 45°。对于棱角缺陷的补刮，刮具与制品倾斜度在 40°左右。满刮涂腻子时，一般厚度为 0.5～1mm，刮具与被刮涂制品表面倾斜度 40°～45°。对主要补刮制品表面的鬃眼和砂纸痕的较稀腻子，刮具与制品表面倾斜度为 45°～55°。刮涂时对于表面多余的腻子，应及时清除干净。

每道腻子彻底干后，根据腻子刮补粗细不一，用处不同，都要用 1 号砂纸或砂布干磨，中涂腻子和细腻子用 1 号或 0 号砂纸或砂布干磨，打磨时不管是表面涂饰透明漆还是不透明漆，均要按顺木纹方向打磨，不可横竖乱磨。

腻子透底干透后，不论是嵌补腻子还是满刮腻子，手工打磨或机械打磨均要选择适宜的磨料，顺木纹方向往反摩擦，直至打磨平滑。

手工打磨的基本方法是将砂纸或砂布叠成双折，大拇指和食指按紧砂纸一边，另一边由小拇指与无名指紧握，中间两个手指紧压砂纸，砂纸在手中不可松动，顺木纹方向反复摩擦，见图 3-4。

打磨大平面粗糙腻子，为了减轻劳动强度，达到平整，可以使用垫具。垫具就是木块或硬橡胶块，使用垫具打磨就是将砂纸折叠裹在垫块上，用手紧握垫块砂纸往返平磨，见图 3-5。

涂刮的腻子彻底干燥，每打磨一遍后，均要用羊毛刷子刷涂稀漆一道。木材制品表面涂饰透明漆，涂饰的稀漆可涂硝基清漆：硝基漆稀释剂＝2：8。木材制品表面涂饰色漆，在打磨完的腻子表面去掉浮灰后，可涂酚醛稀底漆。酚醛稀底漆：稀释剂（二甲苯、溶剂汽油、松节油）＝3：7，三种溶剂选用一种即可。涂刷稀漆前要除净打磨腻子的浮灰或尘土。硝基稀清漆干燥25℃±2℃、2h，酚醛稀底漆干燥25℃±2℃、4～6h，稀漆干后方可进行下道工序。

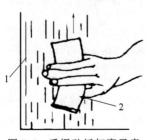

图 3-4　手握砂纸打磨示意

1—木材平板；2—手握砂纸打磨

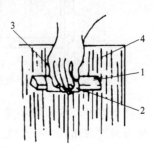

图 3-5　用垫具打磨示意图

1—垫具；2—裹垫具砂纸；3—手握
垫具打磨；4—被打磨木材表面

八、木器涂装大漆时腻子的批刮

使用大漆涂装木器前，木器制品表面若有缺陷，需用大漆腻子批刮至制品表面平整光滑。大漆腻子也称生漆灰、土漆灰、生漆腻子等，简称漆灰。

填充木器制品表面拉缝、裂伤、孔洞、疤痕、凹穴应使用糊木粉料。配方（以质量分数计）为：生漆60％、糯米糊40％，再加入适量的木粉（锯末细粉）和切碎的苎麻配成稠厚膏状，填入缺陷部位，干固后削去多余部分。

粗灰调配配方（以质量％计）为：生漆40％、糯米糊20％、粗砖瓦灰40％，然后调拌成稠厚膏状即为粗漆灰。

其中的砖瓦灰是指将旧砖瓦粉碎，然后过筛除去粗大颗粒得到的细粉，常有粗灰、中灰和细灰之分。粗灰筛网目数约80孔/in（1in＝2.54cm），粒度约0.18mm；中灰筛网目数约120孔/in，粒度约0.12mm；细灰粉碎后，经几次水漂洗，最后沉淀粒度约在0.03mm以下。

中漆灰调配配方（以质量分数计）为：生漆40％，糯米糊5％，细砖瓦灰 25％，细黄土粉 30％，再加适量清水调拌成稠厚膏状即为中漆灰。

细漆灰调配配方（以质量分数计）为：生漆 45％，黄土细粉 55％，将黄土细粉先用质量分数 10％的生漆搅拌均匀，然后再将余下的 35％的生漆掺入搅拌过的黄土细粉中，彻底搅拌均匀，再加入适量清水，调成稠厚膏状即为细漆灰。

漆灰的另一种调配配方（以质量分数计），为：生漆（广漆）40％，煅烧熟石膏粉 56％，水 4％；混合调拌而成稠厚膏状。调配时，先取 40％的广漆（或生漆）置于油灰板（或土漆桶盖）上，再取 50％左右的熟石膏粉盖于广漆上，然后用牛角刮翘划出一个盛水洞，加适量清水充分调匀，调至达到使用要求为止，调制的漆灰，应稠度适中，细腻黏糊，刮批顺手。若遇漆灰呈豆腐渣状，刮批卷缩、脱落、不黏，证明漆头太轻，稍加生漆和熟石膏粉及糯米糊（米汤）重新调制即可。填补大洞或疤痕时，漆灰需配硬一点，全面批刮时，漆灰宜稀一点；空气干燥时，适当多加清水，空气潮湿时，可少加点水。用土漆腻子在潮湿环境中施工干硬快，反之则慢。

漆灰还有一种调配配方（以质量分数计），即广漆：熟石膏粉＝7∶3，调配时加适量的清水，调拌至适当的硬度即可。调配漆灰时，应注意水不宜加得过多，水加多了漆灰在短时间内结硬报废（因熟石膏粉见水即硬），应边用边调，一次不能调得太多，以免影响干燥性能。

涂装大漆时一般填补腻子的程序为：①填补大洞和缺陷；②表面全面刮批一层；③修补不足之处。刮批漆灰宜用牛角刮刀，大面积刮批可用 3～4in（10～13.3cm）的油灰刀进行。油灰刀用后应立即擦洗干净，否则油灰刀受大漆影响会发黑，过久不易擦除。

嵌补时应注意以下几点：

① 嵌补大洞、裂缝时，可在拌好的腻子中加入少许熟石膏粉重新拌匀，增加腻子硬度。避免洞大难干和干后收缩凹陷。

② 批刮腻子时，只批刮一两个来回，不能多刮，防止多刮后腻子面上挤出油来封住表面，造成"外干内不硬"的毛病。

③ 裂缝深度较大和对穿的大洞，反面应先用木条或木板顶实，然后用牛角刮翘尖将腻子填满填实，达到"底实四边黏结"，以防干

后收缩、开裂、脱落。

④ 大面积批刮，要批满刮到，不生"青天孔"，同时四周残余腻子要收刮干净。

⑤ 对形状复杂的物件和棱角线脚，要用特制的橡皮刮板批刮，同时要刮净剔清。

⑥ 物面有高低不平时，以高为准，同时要顺木纹批刮。批刮生漆腻子一般木器家具以三道为准。头道嵌补腻子，调配要硬一些；二道全批满刮要平整光洁；三道是对有缺陷的要补刮找嵌，以达到平滑光洁，完整统一。

对要求不同的漆面，有时也可用油灰（即石膏油腻子）进行批补。油灰是由熟石膏粉、熟桐油、松香水和清水调制而成的，配比（质量）为石膏粉：熟桐油：松香水：水＝16：5：1：（4～6），再加入熟桐油和松香水总质量1%～2%的催干剂。

用油灰批补，必须充分干燥（约隔2～3天），用1号砂纸或320号水砂纸打磨平整光滑后才可涂刷广漆，否则会造成难干或永久不干以及发黑难以补救。兑稀腻子时应加漆料或油料为主，不能过量加水，防止腻子日久粉化脱落。不管漆灰还是油灰，调好后要在2～3h内用完，同时要求批刮后在1～2天内全部干燥。

第三节　机械产品用腻子

一、醇酸腻子和硝基腻子

醇酸腻子和硝基腻子都是用途广泛的一类腻子，除了在金属基层上使用外，也可以应用于木器涂料的涂装。因而，在上一节的木器涂料用腻子中已经介绍了木器涂料涂装用醇酸腻子和硝基透明腻子。下面介绍用于金属基层涂装的醇酸腻子和硝基腻子。

1. 醇酸腻子

（1）组成与性能特点　C07-5各色醇酸腻子和C07-6灰醇酸腻子等产品是我国开发应用较早、应用很广泛、应用技术成熟、并取得良好使用效果的一类腻子。

① C07-5各色醇酸腻子　这类腻子由醇酸树脂、锌钡白、碳酸钙

和催干剂等组成，具有良好的附着力、易涂刮以及涂层坚硬等特点。

② C07-6 灰醇酸腻子　这类腻子由酚醛改性醇酸树脂、锌钡白、体质颜料、催干剂等组成，具有涂刮性较好、打磨性好以及具有耐硝基漆性能等特点。

（2）配方　用于金属基层涂装的醇酸腻子配方举例见表 3-17。

表 3-17　醇酸腻子配方举例

原材料	组分或功能作用	用量(质量)/%
54％油度亚麻油醇酸树脂(50％)	成膜物质	21.80
锌钡白(立德粉)	颜料,增加黏性,提高打磨性	6.50
重质碳酸钙	填料	48.30
轻质碳酸钙	填料	7.60
滑石粉	填料	14.30
炭黑色浆(6:1)	颜料	0.39
环烷酸铅溶液(10％)	催干剂	0.50
环烷酸钴溶液(4％)	催干剂	0.05
环烷酸锌溶液(3％)	催干剂	0.02
环烷酸锰溶液(3％)	催干剂	0.03
200 号油漆溶剂油	溶剂	0.60
合计		100.00
腻子 PVC 值		73.50

（3）生产过程　生产过程很简单。即首先向捏合机中投入醇酸树脂，再投入 200 号油漆溶剂油、环烷酸铅溶液、环烷酸钴溶液、环烷酸锌溶液和环烷酸锰溶液搅拌均匀后，投入炭黑色浆搅拌均匀。接着，投入锌钡白、重质碳酸钙、轻质碳酸钙和滑石粉高速搅拌 10～15min，30 目滤网过滤出料，得到醇酸腻子。

（4）技术性能指标　化工行业标准《各色醇酸腻子》（HG/T 3352—2003）对主要用于填平金属和木制品表面的醇酸腻子的技术要求如表 3-18 所示。

表 3-18 各色醇酸腻子的技术要求

项　目	指　标
腻子外观	无结皮和搅拌不开的硬块
腻子膜颜色及外观	各色,色调不定,腻子膜应平整,无明显粗粒,无裂纹
稠度/cm	9~13
干燥时间(实干)/h　≤	18
刮涂性	易刮涂,不卷边
柔韧性/mm　≤	100
打磨性(加 200g 砝码,400号水砂纸打磨 100 次)	易打磨成均匀平滑表面,无明显白点,不粘砂纸

2. 硝基腻子

（1）组成与性能特点　硝基腻子适用于金属基层和木质基层，Q07-5 各色硝基腻子等产品是我国开发应用早、应用技术成熟的一类腻子。这类腻子由硝化棉、醇酸树脂、增塑剂、锌钡白等着色颜料、体质颜料和溶剂等组成，具有干燥快、易打磨、附着力强，并能够与硝基漆配套等特点。

（2）配方　用于金属基层涂装的硝基腻子配方举例见表 3-19

表 3-19 硝基腻子配方举例

原材料	组分或功能作用	用量(质量)/%
5s 硝酸纤维素(70%)	成膜物质	9.60
松香甘油酯	改性,辅助成膜物质	4.80
苯二甲酸二丁酯	增塑剂	1.44
蓖麻油	增塑剂	1.92
氧化锌	填料,改善打磨性,增加附着力	9.98
炭黑	着色颜料	0.02
滑石粉	填料	24.00
硫酸钡	填料	22.80
乙酸丁酯	溶剂	13.44

续表

原材料	组分或功能作用	用量(质量)/%
乙酸乙酯	溶剂	8.16
丁醇	溶剂	3.84
合计		100.00

（3）生产过程　硝基腻子生产时，首先预制硝化棉溶液。即向质量比例为30%的乙酸丁酯溶剂中加入絮状硝化棉搅拌至其溶解完全，得到硝化棉溶液，待用。

生产时，向捏合机中按顺序投入蓖麻油、松香甘油酯、苯二甲酸二丁酯、乙酸丁酯、乙酸乙酯和丁醇等液体原材料，搅拌均匀后再投入硝化棉溶液，搅拌均匀。

再在捏合机中物料处于搅拌状况下投入氧化锌、炭黑、滑石粉、硫酸钡等粉料，高速搅拌10～15min，30目滤网过滤出料，得到硝基腻子。

（4）生产注意事项　炭黑在正常条件下投料难于分散成单个颗粒，这样在腻子批刮时可能会出现黑色"细丝"或"条纹"。因而，为了便于炭黑的分散，可以预先制成炭黑色浆。在硝基腻子生产时和液体原材料一起投料；或者将所得腻子混合料通过三辊研磨机或其他研磨机械研磨两遍。采用三辊研磨机研磨时，第一遍快速进料粗磨，第二遍慢速进料细磨，使腻子的细度小于30μm。

（5）技术性能指标　《各色硝基腻子》（HG/T 3356—2003）对主要用于填平金属和木制品表面的硝基腻子的技术要求如表3-20所示。

表3-20　各色硝基腻子的技术要求

项　目		指　标
腻子膜颜色及外观		各色，色调不定，腻子膜应平整，无明显粗粒，无裂纹
固体含量/%	≥	60
干燥时间/h	≤	3
刮涂性		易刮涂，不卷边

项　目	指　标
柔韧性/mm ≤	100
耐热性（湿膜干燥 3h 后，再在 65～70℃烘 6h）	无可见裂纹
打磨性（加 200g 砝码，300 号水砂纸打磨 100 次）	打磨后应平整，无明显颗粒或其他杂质

二、环氧酯腻子

1. 原材料选用

（1）环氧树脂　环氧树脂是分子结构中含有两个或两个以上环氧基团且能交联的一类合成树脂。环氧基团是由一个氧原子和两个碳原子组成的环，即—C—C—，具有高度的活泼性，使环氧树脂能够与多种类型的固化剂产生交联反应形成三维网状结构的高聚物。

环氧树脂的性能与分子量有重要关系：低分子量环氧树脂其硬度高、脆性大，冲击强度不高；线型环氧树脂附着力强，抗水性差，多用于挥发型涂料；中分子量环氧树脂硬度、柔韧性适中。

用于腻子成膜物质的环氧树脂可选用低黏度的双酚 A 型、双酚 F 型和脂肪族环氧树脂等。双酚 A 型环氧树脂、双酚 F 型环氧树脂与加成固化剂交联固化后的涂膜含羟基少，有效交联密度大，防腐蚀性介质渗透能力强，耐水及耐化学物品性能优异，但户外耐曝晒性差。选用氢化双酚 A 型环氧树脂作基料，黏度低并能够改进涂膜的耐候性。

（2）固化剂　环氧树脂靠固化剂交联固化。固化剂品种很多，常用的是各种胺类（例如脂肪胺、脂环胺）和树脂类固化剂。按固化剂固化环氧树脂的机理，可分为与环氧树脂的环氧基反应固化的固化剂、与环氧基反应的固化剂和与环氧树脂的羟基反应的固化剂三大类。最后一类主要是一些能和环氧树脂起反应的树脂，例如含羟甲基或烷氧基的酚醛树脂、三聚氰胺树脂和多异氰酸酯等。

表 3-21 中列出 593、T31、651 等几种常用的商品固化剂的特性[6]。

表 3-21 几种常用商品固化剂的特性

固化剂	性能特征
593 固化剂	是二亚乙基三胺和环氧丙烷丁基醚加成反应的产物,能够在室温下和环氧树脂起固化反应,能赋予树脂较好的柔韧性、挠曲性和冲击强度
T31 固化剂	主要成分是曼尼斯加成多元胺,是无毒等级的固化剂,能在低温条件下固化双酚 A 型环氧树脂,可在湿度 80% 和水下应用,固化收缩率小
651 固化剂	聚酰胺类固化剂,可使固化产物具有较高弹性、黏结力和耐水性,施工性较好,配料比例宽,毒性小,基本无挥发物,能够在潮湿的金属和混凝土表面施工;但固化速度较慢
810 固化剂	改性胺类固化剂,在水下、潮湿、低温(0℃)干燥等条件下,均能够固化环氧树脂,也可以在带水的表面涂装,有良好的浸润性
酮亚胺固化剂	该类固化剂能够配制成潮湿条件下和水下固化的涂料
NX-2040 固化剂	是一种不含苯酚、多用途取代酚醛胺环氧树脂的固化剂,既具有一般酚醛胺的低温、潮湿快速固化特性,又有一般低分子聚酰胺固化剂的长操作期,优异的柔韧性和较宽的树脂混合比

(3) 固化促进剂　固化促进剂的主要功能是促进反应固化型涂料的固化反应,缩短固化时间或者在低温固化时不影响固化性能,是环氧树脂应用的辅助添加剂。固化促进剂的选用原则:一是要具有明显的催化固化效果;二是与体系的相容性好;三是对固化体系不会产生不利影响以及应具有好的化学稳定性和价廉、易得等。常用的固化促进剂为有机胺类,例如叔胺、甲基二乙醇胺和氨基苯酚等,如 DMP-30、HY960 叔胺加速剂、OP-8658/DP-300 涂膜干燥、固化促进剂。

(4) 溶剂　在环氧腻子中使用溶剂主要是为了调节腻子的稠度。环氧树脂可以溶解于酮类、酯类、醚醇类和氯化烃类溶剂中,不溶于芳烃类和醇类溶剂。环氧腻子采用由溶剂和稀释剂组成的混合溶剂。使用混合溶剂能够降低成本,改善腻子膜性能和施工性能,并提高溶剂的溶解力。

配制环氧腻子时不要使用酯类和酮类溶剂,因为酯类和酮类溶剂会和胺类固化剂发生反应,降低固化效果。

(5) 填料　填料主要是针对填充性、打磨性的需求进行选择。环氧腻子常用的填料有氧化锌、沉淀硫酸钡、滑石粉、轻质碳酸钙和重质碳酸钙等，有时为了考虑快干性，还可添加少量石膏粉。

2. 环氧腻子配方和生产工艺

（1）配方　表 3-22 中列出环氧腻子配方举例。

表 3-22　环氧腻子的配方参考举例

原材料	组分或功能	用量(质量)/%
腻子组分(甲组分)		
E-44 液体环氧树脂①	成膜物质	100.0
正丁醇	溶剂	10.0
二甲苯	溶剂	31.0
重质碳酸钙	填料	170.5
沉淀硫酸钡	填料	80.0
滑石粉	填料	56.5
氧化锌	填料,改善打磨性,增加附着力	63.0
硬脂酸锌	改善打磨性助剂	2.0
固化剂组分(乙组分)		
Versamid® 115 固化剂②	固化剂	37.0

① 环氧当量为 212～244。
② 德国汉高公司的环氧树脂专用固化剂的商品名称。

（2）生产工艺　环氧腻子的生产工艺过程为：按顺序向捏合机中加入正丁醇、二甲苯和环氧树脂，中速搅拌均匀后，再按顺序投入沉淀硫酸钡、氧化锌、重质碳酸钙、滑石粉和硬脂酸锌，高速分散10～15min，检测细度，30 目滤网过滤出料，得到环氧腻子的甲组分。将甲组分和乙组分（固化剂）按质量比配合包装，并在使用说明书中详细说明其配合比。

3. 技术性能指标

化工行业标准《各色环氧酯腻子》（HG/T 3354—2003）规定的技术要求如表 3-23 所示。

表 3-23　环氧酯腻子技术指标要求

项目		指标	
		Ⅰ型（烘干型）	Ⅱ型（自干型）
腻子外观（容器中状态）		无结皮和搅拌不开的硬块	
腻子膜颜色及外观		各色，色调不定，腻子膜应平整，无明显粗粒，无裂纹	
稠度/cm		10～12	
干燥时间/h　≤	自干	—	24
	烘干（105±2）℃	1	—
涂刮性		易刮涂，不卷边	
柔韧性/mm　≤		50	
耐冲击性/cm		15	—
打磨性（加 200g 砝码，用 400 号或 320 号水砂纸打磨 100 次）		易打磨成平滑无光表面，不粘水砂纸	
耐硝基漆性		漆膜不膨胀，不起皱，不渗色	

三、过氯乙烯腻子

1. 原材料选用

（1）过氯乙烯树脂　过氯乙烯是聚氯乙烯进一步氯化的产物，是乙烯类涂料用基料中的一种，具有优良的耐化学腐蚀性和耐候性，过氯乙烯涂料属于挥发型热塑性涂料。过氯乙烯腻子与涂料具有相同的固化成膜机理。

涂料用过氯乙烯树脂的含氯量一般为 $61\% \sim 65\%$，常温下可制成各种黏度的溶液。过氯乙烯树脂视其聚合度的不同而分为高黏度和低黏度两类。树脂的黏度越高，涂膜的耐久性、耐化学腐蚀越好，硬度越大，但附着力和树脂的可溶性降低。制造涂料一般使用低黏度型号的过氯乙烯树脂，以使制得的涂料具有适当的固体含量。

过氯乙烯树脂视其外观的不同又分为固体树脂和溶解于氯苯溶剂中的树脂溶液。固体过氯乙烯树脂在由乙酸丁酯 35%，丙酮 35%，甲苯 30% 组成的混合溶剂中，室温下 2h 内能够完全溶解。

（2）改性材料　配制涂料和腻子时很少单独使用过氯乙烯树脂，

常添加树脂进行改性,如加醇酸树脂等其他树脂来改进光泽和附着力;加邻苯二甲酸二丁酯等增塑剂以改进柔韧性;加脂肪酸钡盐等以改进对光和热的稳定性等。

(3) 溶剂 过氯乙烯腻子使用混合溶剂,例如将丙酮、环己酮、醋酸丁酯和二甲苯、甲苯等混合使用。

2. 过氯乙烯腻子配方举例

过氯乙烯腻子是我国开发应用较早的金属机械涂装用腻子,并形成不同用途的系列产品。我国以前使用的过氯乙烯腻子有G07-3各色过氯乙烯腻子、G07-6过氯乙烯头道腻子、G07-7过氯乙烯二道腻子和G07-5各色过氯乙烯腻子等,这些腻子都具有较固定的配方和生产工艺,生产与应用技术成熟。表3-24中列出我国以前使用的G07-3过氯乙烯腻子和G07-5过氯乙烯腻子的参考配方。

表 3-24 过氯乙烯腻子配方举例

原材料	组分或功能作用	用量(质量)/%	
		G07-3 过氯乙烯腻子	G07-5 过氯乙烯腻子
过氯乙烯树脂	成膜物质	7.0	4.5
亚麻油醇酸树脂(50%)	改性树脂(辅助成膜物质)	3.5	—
季戊四醇醇酸树脂		—	4.0
210 酚醛树脂(50%)		4.8	—
亚定油	增塑剂	—	3.8
氧化锌	填料,改善打磨性、增加附着力	12.0	5.0
滑石粉	填料	14.7	5.8
重晶石粉	填料	40.0	38.0
重质碳酸钙	填料	—	26.0
溶剂型炭黑色浆	颜料	0.2	—
低碳酸钡	填料	0.2	0.2
乙酸丁酯	溶剂	3.6	6.0
丙酮	溶剂	4.0	—

原材料	组分或功能作用	用量(质量)/%	
		G07-3 过氯乙烯腻子	G07-5 过氯乙烯腻子
环己酮	溶剂	—	0.5
甲苯	溶剂	10.0	6.2
合计		100.0	100.0

3. 过氯乙烯腻子生产工艺

过氯乙烯腻子的生产工艺过程如下：

生产前，应先预制 210 酚醛树脂溶液，方法是先将 210 酚醛树脂预粉碎并过 30 目筛，再将该 210 酚醛树脂颗粒加入到质量比例为 50% 的二甲苯溶剂中。树脂加入到二甲苯的过程中，溶剂应处于搅拌状态，以防 210 酚醛树脂颗粒溶解结团。210 酚醛树脂加完后继续搅拌至其溶解完全，得到 210 酚醛树脂溶液，待用。

按顺序向捏合机中加入乙酸丁酯、丙酮、环己酮、甲苯和过氯乙烯树脂，中速搅拌，使之充分溶解，再投入亚定油、亚麻油醇酸树脂、季戊四醇醇酸树脂、210 酚醛树脂溶液和炭黑色浆等搅拌均匀。

按顺序投入重质碳酸钙、氧化锌、重晶石粉、滑石粉、碳酸钡等，高速搅拌均匀后，将物料通过三辊研磨机粗磨一遍，强制赶尽气泡，并使树脂溶液与填料充分润湿。检测细度，40 目滤网过滤出料，得到过氯乙烯腻子。

4. 过氯乙烯腻子技术性能指标

化工行业标准《各色过氯乙烯腻子》（HG/T 3357—2003）对主要用于填平已涂有醇酸底漆或过氯乙烯底漆的各种车辆、机床等钢铁和木质表面的过氯乙烯腻子的技术性能要求如表 3-25 所示。

表 3-25　各色过氯乙烯腻子技术指标要求

项　目	指　标
腻子外观(容器中状态)	无机械杂质和搅拌不开的硬块

项　目	指　标
腻子膜颜色及外观	各色,色调不定,腻子膜应平整,无明显粗粒,无裂纹
固体含量/% ≥	70
稠度/cm	10～12
干燥时间(实干)/h ≤	3
涂刮性	易刮涂,不卷边
柔韧性/mm ≤	100
耐油性(浸入 HJ-20 号机械油中24h)	不透油
耐热性(湿膜自干 3h 后,再在60～70℃下烘 6h)	无裂纹
打磨性(加 200g 砝码,用 400 号或 320 号水砂纸打磨 100 次)	易打磨成平滑无光表面,不粘水砂纸

5. 使用中空玻璃微珠改进二道腻子的打磨性[7]

(1) 机床用过氯乙烯腻子的性能要求　机床用过氯乙烯腻子分头道腻子和二道腻子,根据不同用途对二者的性能要求是不相同的。对头道腻子的要求较低,只要具有较好的填坑性并确保同防锈底漆具有较好的附着力即可,对打磨性不作严格要求。

由于现代化流水线作业的迫切需要,对于二道腻子的要求越来越高。一方面要求二道腻子的成本较低,附着力好,长时间使用不会脱落;另一方面要求涂刮二道腻子之后一定要快速干燥,并在2～3h后能够正常打磨,打磨之后产生的灰分干爽、不粘砂纸;同时要求二道腻子与头道腻子及面漆之间的配套性要好,施工后不鼓包,不起泡,反复刮涂也不卷皮,利于将底材处理平整。

(2) 使用中空玻璃微珠改进二道腻子的打磨性　中空玻璃微珠能够显著提高腻子的打磨性。中空玻璃微珠是一种中间空心、密闭、微小的玻璃球体,粒径的分布范围为 $10～100\mu m$,密度为 $0.14g/cm^3$。由于具有密度小、相对体积大的特点,将其作为填料填充到腻子里,就会使产品达到轻质、超微孔的疏松效果,同时能在一定程度上产生防沉降性能，使刮涂后的漆膜在 2～3h 内维持较低的收缩性，防止腻子膜固化后过于致密，确保腻子具有易打磨性。

此外，中空玻璃微珠用量较少就可以提高打磨性，从而可以大大减少其他填料的用量，进一步确保腻子的易刮涂性和不龟裂性，充分保持腻子的易流动性。这样制造的腻子外观细腻，稳定性好。

中空玻璃微珠对过氯乙烯二道腻子打磨性的影响如表 3-26 所示。

表 3-26　中空玻璃微珠含量对二道腻子打磨性、配套性的影响

玻璃微珠添加量/%	打磨性/级[①]	打磨后与面漆的配套性	打磨难易程度
3.0	5	涂刷面漆后，板面存在较多的小气泡	极易打磨，打磨后板面有微小的凹坑
2.5	4	局部有微小气泡	容易打磨，打磨后掉粉适中
2.0	3	涂刷面漆后无气泡，面漆表面光滑	以合适的力度即可将接茬处、突出处及整个面板打磨平整
1.5	2	板面光滑，无气泡	用力打磨，仅能勉强打磨平整较薄的接茬处；突出部分难以打磨平整
0	1	板面光滑，无气泡	腻子几乎难以打磨平整

① 刮涂(25℃)2h 后打磨性等级；5 为最好打磨，1 为最难打磨。

从表 3-26 可见，玻璃微珠用量增大，打磨性提高，但配套后涂刷面漆易产生气泡，虽然放置一段时间，气泡能相对减少，但当用量超过 2.5% 以后，无法消除板面气泡，故玻璃微珠的用量为 2% 左右时，腻子的综合性能较好。

四、不饱和聚酯腻子

不饱和聚酯类腻子通常商品名称以"原子灰"称之，更多的应用于车辆涂装。但在机床、机械构件涂装中不饱和聚酯腻子也有较多应用，并制定了国家标准《机床涂装用不饱和聚酯腻子》(GB/T 7455—2007)。

不饱和聚酯腻子主要放在下一节中介绍，这里介绍适用于机床涂装用不饱和聚酯腻子的配方、生产工艺和技术要求。

1. 不饱和聚酯腻子的配方

不饱和聚酯腻子的配方见表 3-27[8,9]。

表 3-27　制备不饱和聚酯树脂腻子配方举例

原材料	组分或功能作用	用量(质量)/%
腻子组分(甲组分)		
不饱和聚酯树脂	成膜物质	25.0～40.0
不饱和聚酯专用阻聚剂	助剂	适量
环烷酸钴溶液	固化促进剂	0.2～1.0
石蜡溶液	隔绝腻子膜表面与氧气的接触	0.03～0.06
N,N-二甲基苯胺	固化促进剂	0.02～0.06
氧化锌	填料,改善打磨性、增加附着力	4.0～1.0
滑石粉	填料	15.0～35.0
重晶石粉	填料	15.0～25.0
重质碳酸钙	填料	25～45.0
固化剂组分(乙组分)		
过氧化环己酮	固化剂	49.0
邻苯二甲酸二丁酯	增塑剂	49.0
铬黄或铁红颜料	颜料	2.0

2. 不饱和聚酯腻子的制备

将不饱和聚酯、促进剂和阻聚剂加入捏合机中捏合均匀,再加入各种填料然后通过三辊机研磨 1～2 道,最后出料装桶,即得到腻子组分。

将过氧化环己酮,邻苯二甲酸二丁酯和着色剂加入混合机中搅匀,然后由装罐机装入塑料软管中,即得到腻子的固化剂组分。

3. 不饱和聚酯腻子的性能调整

(1) 固化时间　固化时间主要取决于促进剂和固化剂的用量,一般固化剂用量控制在 2%～4%,因而固化时间主要取决于促进剂用量。促进剂用量不足,固化时间明显延长,但促进剂用量太多,易使腻子干后发脆,促进剂用量调整在 2%～5%,可使固化时间控制在 0.5～2.0h,腻子干后不发脆。填料的种类和用量对固化时间也有影响,如添加钛白粉、氧化镁粉等可使固化时间延长,但若用量太多,则不易固化。轻质碳酸钙对固化时间基本无影响，而滑石粉、立德粉等则可加速固化。因此，填料的选择和用量也很重要。另外，阻聚剂的用量不能太多，否则也将影响固化时间。

（2）触变性能和刮涂性能　为使腻子具有良好的刮涂性，腻子应具有良好的触变性，可添加适量的超细二氧化硅（白炭黑）或有机膨润土。

（3）打磨性能　打磨性能是不饱和聚酯腻子的重要性能指标。除了成膜物质的用量外，打磨性能主要与填料的种类和用量有关，当仅用滑石粉、轻质碳酸钙时，腻子膜很坚硬，打磨困难。添加适量的立德粉或氧化锌，腻子膜不仅易打磨（干磨、湿磨皆可），而且不影响腻子的附着力。

此外，在下一节中还有关于使用添加热塑性高聚物的方法来提高打磨性的介绍。

（4）表面发黏问题　不饱和聚酯腻子固化后，有时还存在表面发黏现象，难以打磨，这是由于氧的阻聚造成的，添加少量石蜡，可有效地防止这种现象，这是由于随着固化的进行，石蜡逐渐渗出并在涂层表面富集，起到隔绝氧气的作用。

（5）保存期　不饱和聚酯腻子的保存期一般不低于六个月，不饱和聚酯树脂中已加有阻聚剂，但配制腻子时，添加促进剂、填料等会使储存期缩短。为此，加入适量阻聚剂（如对苯二酚），用以吸收因促进剂、填料等而引入的自由基。相对于固化剂来说，阻聚剂的用量极少，一旦遇到固化剂会很快分解，一般不会影响固化时间。但加入过多，将使分解时间延长进而影响固化时间，因此，其加入量应取决于原料的实际情况，保存时间的长短可通过加热试验确定。

固化剂同样要求有六个月以上的保存期，一般填料、颜料、光、热等都可使固化剂加速分解，配制时应避免在固化剂中使用填料，慎用颜料，保存时应避免光和热。

4. 机床涂装用不饱和聚酯腻子技术性能要求

国家标准《机床涂装用不饱和聚酯腻子》（GB/T 7455—2007）规定了该类腻子的技术要求，见表 3-28。

表 3-28　机床涂装用不饱和聚酯腻子的技术要求

项　目	指　标
在容器中状态	主剂(腻子组分):表面无结皮,搅拌时应色泽一致,无杂质硬物,无沉底和搅不开的硬块; 固化剂:有一定黏度不致流淌,色泽均匀一致,不分层,不结块
混合性	应该容易均匀混合
适用期	混合均匀后
涂刮性	易刮涂,不卷边
干燥时间	(25 ± 1)℃,在 4h 以内
腻子膜外观	表面平整,收缩小,孔、纹路、气泡不明显,无肉眼可见裂纹
打磨性	可以打磨
耐冲击性	$3.92N \cdot m(\approx 40kgf \cdot cm)$
对上下涂层的配套性	与标准样板相比,无明显差异,并应有良好的结合力
储存稳定性	根据地区要求选择使用,储存有效期应不低于半年
稠度(指腻子组分)/cm	$11\sim13$

第四节　汽车修补腻子和原子灰

一、汽车修补腻子的主要种类

1. 汽车修补腻子的主要特点

腻子在汽车修补业内又被细分为"填眼灰"、"原子灰"等,其作用是为了填平由于各种原因造成的待涂装表面和待修补表面的机械凹陷,提高其平整度,是汽车修补必不可少的一类辅料。一般在底漆涂装并干透后都要刮涂腻子。

汽车修补腻子通常需要具备以下特点:

① 自干、快干、具有一定的黏性和黏聚性;

② 填充性好,表面细腻;

③ 施工性好,易于水砂纸打磨;

④ 耐硝基性好。

2. 主要种类

汽车修补腻子有油性腻子、硝基腻子、醇酸腻子、环氧酯腻子和聚酯腻子等，如表 3-29 所示。

表 3-29 车辆腻子和汽车修补腻子的主要种类

类别	品种与主要产品	施工性和配套性	用途
油性腻子	酯胶腻子、酚醛腻子等，如 T06-5 酯胶腻子、F06-8 酚醛腻子；F07-1 铁红色酚醛腻子；F07-2 灰色酚醛腻子等	施工性好，可与各种醇酸漆配套	主要应用于卡车和农用车等低档车辆
硝基腻子	如 Q06-4 硝基腻子；Q07-5 白硝基腻子；Q07-6 灰硝基腻子；Q07-7 黄硝基腻子等	施工性好，但不能厚刮涂，快干，可与各种硝基漆、醇酸漆配套	主要应用于卡车、农用车和轿车
醇酸腻子	如 C06-1 铁红醇酸腻子；C07-5 各色醇酸腻子；C07-6 灰醇酸腻子	施工性好，可与各种醇酸漆、丙烯酸漆配套	主要应用于一般车辆
环氧酯腻子	如 H07-5 灰色环氧酯腻子；H06-2 各色环氧酯腻子；H06-4 环氧富锌腻子、H06-8 环氧聚酰胺腻子；H07-8 各色环氧醇酸腻子等	施工性好，但难打磨，H06-4 环氧富锌腻子、H06-8 环氧聚酰胺腻子需要在 10℃ 以上施工；可与各种丙烯酸漆、醇酸漆配套	主要应用于卡车、客车和轿车
过氯乙烯腻子	如 G07-3 各色过氯乙烯腻子；G07-5 过氯乙烯腻子等	施工性好，但每道刮涂的厚度较薄，可与各种过氯乙烯底涂、醇酸底涂、环氧脂配套	主要应用于一般车辆
不饱和聚酯腻子	如 Z07-1 聚酯腻子	刮涂性好，双组分，适用期 20min；可与各种丙烯酸漆、醇酸漆、聚氨酯漆等配套	主要应用于卡车、客车和轿车
原子灰	如 UP-920 原子灰	刮涂性好，双组分，适用期 20～40min；可与各种丙烯酸漆、醇酸漆、聚氨酯漆等配套	主要应用于客车、轿车等各种车辆

二、硝基汽车修补腻子

1. 性能特征

硝基腻子在汽车修补行业中也称硝酸纤维素腻子，很早以前就用于汽车修补中。直到今天各专业厂家，包括有的外国名牌汽车修补涂料公司仍然使用硝基腻子产品。硝基腻子具有价廉、快干、与各类中间涂料配套性能良好等特点，如果配方设计合理，还具有优良的打磨性，与上、下层涂料之间较好的附着力等。基于诸多方面的因素使其至今仍然受到一些客户的青睐。

硝基腻子的组成与硝基纤维素面漆类似，由硝基纤维素、醇酸树脂、增韧剂、颜料以及助剂所组成。可使用醇酸树脂和增韧剂以调整腻子的刚柔性，起平衡力学性能的作用。腻子中填料的应用尤为重要，它应该在保证腻子打磨性优良的同时，给予腻子补强，使它具有一定的内聚强度。这样在整个涂层受到外界剥离应力时，既不允许在腻子与漆膜之间的界面处发生层间剥离，更不允许出现腻子内聚破坏。填料中具有针状结构的滑石粉可有效增加腻子的内聚强度，硬脂酸锌则能够赋予腻子优良的打磨性能。

2. 配方

应用于汽车修补行业中的硝基腻子，其典型配方举例见表 3-30。

表 3-30　汽车修补用硝基腻子典型配方举例

原料及规格	组分或功能作用	用量（质量分数）/%
35％硝化棉（1/2s）溶液	成膜物质	19.3
乙酸丁酯	溶剂	2.7
丁醇	溶剂	0.5
环己酮	溶剂	0.5
二甲苯	溶剂	3.0
醇酸树脂（70％）	改性树脂（辅助成膜物质）	9.5
硅油（1％）	消泡剂	0.2
滑石粉（800 目）	填料	26.5
重晶石粉	填料	17.1
超细轻质碳酸钙	填料	3.7

续表

原料及规格	组分或功能作用	用量(质量分数)/%
锐钛型钛白粉	颜料	3.0
氧化铁黄	颜料	0.5
炭黑	颜料	适量(少量)
有机膨润土预凝胶(8%)	流变增稠剂	8.0
二甲苯	溶剂	2.5
乙酸丁酯	溶剂	3.0

3. 生产工艺

(1) 硝基腻子生产时,应首先预制硝化棉溶液。即向质量比例为35%的乙酸丁酯溶剂中加入硝化棉搅拌至其溶解完全,得到硝化棉溶液,待用。

(2) 生产时,将醇酸树脂(70%)、乙酸丁酯、丁醇、环己酮、二甲苯、硅油等投入到捏合机中,搅拌均匀。

(3) 在捏合机中物料处于搅拌状态下慢慢投入滑石粉、重晶石粉、超细轻质碳酸钙、锐钛型钛白粉、氧化铁黄、炭黑,再高速分散至少 30s。

(4) 将料浆通过三辊研磨机上研磨至细度≤30μm。

(5) 在搅拌下慢慢加入有机膨润土预凝胶(8%)和硝化棉溶液(35%),搅拌均匀。

(6) 用二甲苯和乙酸丁酯调整黏度。

4. 技术性能指标

表 3-31 中所列是较早时期对 Q07-5 各色硝基腻子、Q07-6 灰硝基腻子和 Q07-7 黄硝基腻子性能指标的规定,和上一节中介绍的(见表 3-20)《各色硝基腻子》(HG/T 3356—2003)规定的相近。

表 3-31 早期国产硝基腻子性能指标

性能		指标
颜色外观(腻子的容器中状态)		无粗粒、均匀
不挥发分/%	≥	65
干燥时间/h	≤	3

性　能	指　标
柔韧性/mm　　　　　　　　　　≤	100
耐热性(65～70℃,6h)	无可见裂纹
打磨性	采用200号水砂纸打磨,不粘漆、平整
刮涂性	刮涂性能好,不起卷、不卷边
性能与用途	干燥速度快,易打磨,供填平孔隙用
施工与配套	可与各类硝基底漆、中间涂料配套

目前市面上流行的修补用填眼灰的标准则要简单些，但更实用。如南方某修补涂料厂所生产的填眼灰标准如下：

外观：均匀、无颗粒；

刮涂性：滑爽、不起皮、不卷边；

黏度（涂-4#杯，23℃）/min：31（产品用乙酸丁酯1∶1兑稀后测试）；

细度：≤35μm。

三、单组分环氧腻子

用于汽车修补的环氧型腻子既有双组分环氧树脂型，也有单组分酯型，双组分环氧树脂采用的固化剂为多元胺类。

H07-6环氧腻子为双组分型，又名669环氧腻子。其基本性能如下：

外观：均匀膏状物、无颗粒；

柔韧性：50mm；

打磨性：易打磨，不卷边；

表干：≤4；

耐硝基性：不咬底，不渗色；

实干：≤18。

单组分环氧酯腻子用得不多，主要是这类腻子的干燥速度，尤其是实干速度太慢，几乎达不到汽车修配厂生产周期的要求。它的刮涂性能特别好，易于施工，但打磨性稍差，易粘砂纸。这也与其干燥性能欠佳有关。单组分环氧酯腻子的牌号常见的有 H07-5，所用主树脂是脱水蓖麻油酸环氧酯。单组分环氧酯腻子的典型配方见表 3-32。

表 3-32 汽车修补用单组分环氧酯腻子（传统 H07-5 型）配方

原材料	组分或功能	用量（质量）/%
脱水蓖麻油酸环氧酯	成膜物质	15.0
氧化锌粉	填料,改善打磨性,增加附着力	12.0
重晶石粉	填料	30.0
重质碳酸钙	填料	23.0
沉淀硫酸钡	填料	6.0
滑石粉	填料	5.0
硬脂酸锌	改善打磨性助剂	4.0
双戊烯	溶剂	3.0
环烷酸铅溶液(10%)	催干剂	1.0
环烷酸锰溶液(3%)	催干剂	1.0

四、原子灰特征和生产技术概述

1. 概述

汽车制造过程中由于模具的缺陷、焊接精度和转运过程中的人为磕碰，钣金件上会存在一些坑、包、波浪等缺陷，为了增加涂装后的整车平整性，需使用腻子来弥补这些钣金件上的缺陷。另外，对于事故车来说，为了恢复整车的外观效果，仅靠钣金修整远远达不到原厂车的漆面涂装效果，也需要用刮涂腻子的方法来消除事故造成的不平整。

另一方面，随着人类文明的进步，汽车工业也以同样的速度发展，汽车数量的增加也日益增加对汽车修补的需要。汽车修补业的革新，导致了不饱和聚酯腻子的问世。

不饱和聚酯腻子在汽车涂装和汽车修补行业中俗称原子灰，自20 世纪 80 年代传入我国后，得到了较快发展，早期完全是进口产品，进口产品使用效果好，但价格高。为了尽快使该原子灰国产化，当时我国许多单位纷纷开展研制工作。开始是进口原料在国内制造，继而又出现了国产原料生产的同类产品。

2. 主要原材料

（1）不饱和聚酯树脂　汽车修补原子灰用不饱和聚酯树脂是由多元醇、多元酸、不饱和多元酸等经酯化反应而得的。原子灰中所用的不饱和聚酯树脂与一般不饱和聚酯树脂有所不同。绝大多数的不饱和聚酯树脂中都加有特种改性剂，如环戊二烯、双环戊二烯或烯丙基醚类化合物等，主要用来克服不饱和聚酯树脂类型材料惯有的"厌氧性"，另外也能提高腻子的施工性能、耐介质性能等。原子灰用不饱和聚酯树脂应具有以下特性：

① 常温干燥，有良好的气干性，且干燥速度快；

② 对底材，特别是对金属底材有良好的附着力；

③ 对面漆有良好的附着力；

④ 贮存稳定性好，在不进行配制，不加促进剂的条件下，贮存有效期相当长；

⑤ 不影响面漆与中间涂料的层间附着力；

⑥ 硬度高，易打磨，刮涂施工方便。

（2）引发剂和促进剂　不饱和聚酯树脂的固化剂通常又称引发剂，引发剂只有在促进剂的协同下才能发挥作用，要形成不饱和聚酯树脂构成腻子的常温快速固化体系，促进剂的作用是相当重要的。

汽车修补原子灰均采用低温引发剂，如过氧化环己酮、过氧化甲乙酮等。过氧化甲乙酮为液态，而过氧化环己酮为固态。目前市面上多采用过氧化环己酮。酮类过氧化物引发温度虽然较低，但在室温下引发不饱和聚酯树脂固化，尚需添加金属皂类促进剂。常用的促进剂有环烷酸钴、合成脂肪酸钴等。这里需要特别提示的是，酮类过氧化物与金属皂促进剂切不可直接混合，使用前才能分别混入树脂浆料中。否则会发生危险。引发剂用量一般为树脂量的 $2\% \sim 4\%$，促进剂的用量为树脂的 $1\% \sim 2\%$。

（3）活性稀释剂　在原子灰中一般还要采用活性稀释剂。活性稀释剂的作用有两个：一是降低原子灰的黏度；二是充当树脂的交联剂。常用活性稀释剂有苯乙烯、环戊二烯以及（甲基）丙烯酸酯类等。苯乙烯价格低廉、活性高，与大多数不饱和聚酯树脂的混溶性良好，成品性能尚好，但其挥发性较高，有一定刺激性气味。环戊二烯气味不大，成品的性能也好，但价格稍高。

苯乙烯作为最常用的交联剂，它有以下优点：

① 苯乙烯为一低黏度液体，与不饱和聚酯树脂有很好的相容性。

② 与不饱和聚酯共聚时，能形成组分均匀的共聚物。

③ 苯乙烯原料易得，价格低廉。其加入量为 $10 \sim 15g/100g$ 树脂。

苯乙烯在原子灰中应有适当的添加量，否则会给产品带来不良影响。如增加苯乙烯的加入量会使腻子收缩率增大、黏附力降低，导致涂层开裂脱落。苯乙烯的另一个缺点是蒸气压高、沸点低、挥发严重，这也是引起腻子贮存过程中聚合的一个重要因素。因为液态的苯乙烯与树脂混合物中常加入一定量的阻聚剂，通常情况下，液体苯乙烯不易发生聚合，但当苯乙烯转化为气态，并再由气体凝结为液体时，情况就发生了根本变化，因二次凝结的苯乙烯中已不含有阻聚剂，因而极易发生分子间聚合，这一现象可以用乙烯类单体的回流聚合反应过程来解释。从自聚腻子的报废情况来看，也确实证明了这一现象的发生。解决这一问题有两个途径：

① 降低苯乙烯的加入量，可明显提高腻子的贮存稳定性。

② 使用少量惰性溶剂作为稀释剂，既可以减少苯乙烯的蒸发量，又可降低固化物的内聚强度，提高打磨性能。

（4）触变剂　为了防止原子灰在垂直表面上施工时出现流挂现象，常在其配方中添加触变剂。触变剂的作用在于：当其加入腻子中后，在外力作用下，腻子具有一定的流动性，当外力移去以后，立即恢复成高黏度、难流动状态。因而，触变剂能够使原子灰显得更加细腻、滑爽，刮涂性能好，不流挂。常用的触变剂有有机膨润土、气相白炭黑、聚氯乙烯粉等。气相白炭黑和有机膨润土用得较多。

（5）颜料、填料　固体填料的加入可降低不饱和聚酯固化过程中的放热峰，降低腻子和被涂物之间的热应力。这样也就调节了腻子固化过程中的收缩率。不同填料与收缩率的关系见表 3-33。

表 3-33　不同填料及其用量与原子灰的收缩率关系

填料种类	碳酸钙				陶土				硅酸钙			云母粉		
填料加入量/%	7	6	5	4	6.3	5.4	5.2	4.8	7.5	6.8	6.0	7.0	6.8	6.5
原子灰收缩率/%	10	30	45	58	10	20	30	40	10	15	20	10	20	28

原子灰中采用的颜料、填料有钛白粉、炭黑、氧化铁红、氧化铁黄、碳酸钙、滑石粉、硫酸钡、硬脂酸锌等。如前所述，针状结构的滑石粉具有一定的补强作用，应将其与其他填料配合使用。硬脂酸锌具有改善腻子打磨性能的作用。

（6）阻聚剂　原子灰的制造过程中，为了保证产品的贮存期，常加入微量的阻聚剂。虽然阻聚剂的加入量很小，但对产品贮存稳定性的影响却很大。但加入量太少时，会使产品稳定性差，贮存期短，造成早期凝胶而报废；加入量过大时，会使产品固化速率慢、施工时间长，甚至还会出现不固化现象。因此，合适的加入量能使阻聚具有以下两种功能：

① 使树脂或由树脂制成的腻子有较长的贮存期；

② 在各种使用条件下对树脂的交联固化产生的影响最小。

所采用的阻聚剂多为取代酚类，如氢醌、氢醌单甲醚、氢醌二甲醚、氢醌二乙醚、246 等。阻聚剂一般加到主树脂浆中。

（7）封闭剂　不饱和聚酯树脂采用苯乙烯作稀释剂、交联剂时，一般都有"厌氧性"。改用其他丙烯酸酯类化合物稍好一些，但无法根本解决厌氧问题。简单而价廉的办法是在其配方中加入某种封闭剂，以隔断空气中的氧进入腻子材料。最常用的封闭剂是石蜡。将石蜡与苯乙烯预先调成糊状物，再加到主树脂糊中。石蜡用量为 0.01%～0.03%时即可将腻子的表干时间由原来的 2h 减少到只要 30min。此时腻子的打磨性尚可。

3. 性能调整

（1）采用复合促进剂　为了进一步加快原子灰的固化速度，缩短施工周期，可采取复合促进剂的办法。芳香族胺类可进一步加速金属皂类对酮类过氧化物的促进作用，可在产品配方中采用金属皂加芳香族胺类复合促进系统。某一商品原子灰的配方就是如此，其原料组成大体如下。

甲组分（腻子组分）：不饱和聚酯树脂、苯乙烯、甲基丙烯酸羟乙酯、二甲基苯胺、氢醌、苯甲酸、环烷酸钴、滑石粉、钛白粉等。

乙组分（固化剂组分）：过氧化环己酮、永固黄等。

这里就采用了金属皂（环烷酸钴）＋芳香族胺类（二甲基苯胺）的复合促进剂系统，故它的固化速度比一般原子灰快，而且它的附着力强、易打磨、光洁平整、耐油、耐硝基以及冲击强度高等，综合性能比较突出。

（2）改善打磨性　腻子的气干性直接影响打磨性，气干性不好，不易打磨。固化后的腻子内部结构越疏松，打磨性越好。为此，采取以下措施提高腻子的打磨性：

① 选择一定粒径、密度和硬度的填料，并适当提高填料比例；

② 添加热塑性高聚物，如聚乙酸乙烯酯、聚苯乙烯、聚甲基丙烯酸酯等，使其形成"海岛结构"，如图 3-6。

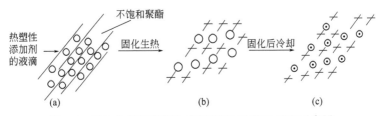

图 3-6　添加热塑性高聚物提高原子灰打磨性原理示意图

（a）一种材料混合的状态；（b）"海相"固化，"岛相"膨胀；（c）"岛相"收缩产生空洞

添加的热塑性高聚物与不饱和聚酯在界面处因热胀冷缩而能够形成"海岛结构"，并产生微孔而易于打磨。

4. 国产原子灰与日本产原子灰的性能比较

目前，我国原子灰生成与应用技术已经达到国外先进水平。表 3-34 中列出国产原子灰与日本产原子灰的性能比较。

表 3-34　国产原子灰与日本同类产品性能比较

性能	日本 JIS K 5655	国产原子灰	日本产腻子
外观（容器中状）	搅拌时无硬块	机械杂质和搅不开的硬块	无机械杂质和搅不开的硬块
混合性	易混合均匀	—	—

性能	日本 JIS K 5655	国产原子灰	日本产腻子
适用期	<5h(20℃±1℃)	20min	8min
刮涂性	易刮涂	易刮涂	易刮涂
干燥时间/h	<5(20℃±1℃)	2	1.5
涂层外观	与标准板比较，颜色色差小，无裂纹、气泡	刮涂后表面平整，干后无裂纹、气泡	刮涂后表面平整，干后无裂纹、气泡
打磨性（400号砂纸）	易打磨	易打磨成无光泽、平滑的表面，不粘水砂纸	易打磨成无光泽、平滑的表面，不粘水砂纸
冲击性/cm	50	10	15
柔韧性/mm	—	50	50
稠度/cm	—	10.5	11
耐油性①	—	不透油	不透油
耐热性②	—	明显变色	明显变色

① 30 号机油，浸泡 24h。

② 120℃±2℃，4h。

　　为了尽可能减少涂料制造和涂装时对环境污染所带来的公害，原子灰也早已开始了水性化，国产水性原子灰已经进入修补涂料市场。无疑水性原子灰气味小、无刺激性，施工性能好。但也应该注意到采用水性原子灰时一定要干透后才能罩二道浆或面漆，如果上层配套涂料采用的是聚氨酯类，则尤其应该注意，以免原子灰中未能完全逸散出去的水分与 NCO 发生反应，轻者形成"瘪子"，严重时造成漆膜起泡。

五、提高原子灰快干性与稳定性的措施

1. 腻子组分不稳定性分析[10]

　　原子灰由腻子组分和固化剂组成。腻子组分常简称腻子。首先，在腻子制备过程中，存在着力化学不稳定性。由于腻子中固体粉料约占 70%，不饱和聚酯是高分子化合物。在混合时，阻力极大，少数不饱和聚酯分子能发生机械裂解，产生大分子自由基引发交联溶剂进行聚合反应，使腻子稳定性变差。其次，腻子在储存过程中，存在热

化学不稳定性。由于气干型不饱和聚酯分子中含有双键、叔氢、烯丙基氢等活性基团，这些活性基团可在热和腻子中某些活性物质的引发下发生聚合反应，使腻子稳定性变差。包装罐生产是否清洁、密封及贮存的环境温度和时间对热化学不稳定性影响很大。最后，原子灰体系还存在物理不稳定性，即沉降稳定性。下面介绍从腻子的力化学不稳定性和热化学不稳定性研究提高原子灰的快干性与稳定性。

2. 原材料和配方

腻子组分和固化剂组分的主要原材料和配方见表 3-35。

表 3-35　研究中使用的原子灰的原材料和配方

原材料	规格	用量(质量)/%
腻子组分		
气干型不饱和聚酯树脂	工业品	28～30
异辛酸钴	≥10%①	适量
环烷酸铜	约8%	适量
N,N-二甲基苯胺	工业品	适量
苯乙烯	分析纯	1～3
对苯二酚	分析纯	适量
滑石粉	医用级, $d_孔 = 35\mu m$	51～53
沉淀硫酸钡	工业品	10～14
高岭土	工业品	2～5
钛白粉	$d_孔 = 45\mu m$	0.5～2
玻璃微珠	0.2～1.0	工业品
固化剂组分		
过氧化环己酮	有效物含量50%	70～80
邻苯二甲酸二辛酯	工业优等品	15～20
气相二氧化硅	工业品	5～10
永固黄	工业一级品	1～3

① 异辛酸钴中的钴(Co)含量。

3. 搅拌速度和搅拌时间对原子灰表干性能的影响

搅拌速度快则剪切力大，易发生力化学反应和产生较多的摩擦热，摩擦热促进热化学反应的发生。搅拌时间短难以混匀，搅拌时间长则发生力化学反应和热化学反应的时间长，对腻子稳定性不利。搅拌速度和搅拌时间对原子灰表干时间的影响见表 3-36。

表 3-36　搅拌速度和搅拌时间对原子灰表干时间[①] 的影响

搅拌速度/档	搅拌时间/min	腻子温度的升高[①]/℃	表干时间[②]/min
3	5	5.5	16
3	10	6.5	15
3	30	8	14
4	5	9	14
4	10	10	14
4	30	11	13
5	5	11	13
5	10	11.5	13
5	30	12.5	12
6	5	15	10
6	10	16	10
6	30	20	8

① 腻子升高的温度为搅拌结束时的温度减去室温。
② 腻子中未加对苯二酚。

4. 促进剂复配对腻子快干性和稳定性的影响

由于过氧化环己酮中同时含有 H—O—O—R 和 R—O—O—R，异辛酸钴和环烷酸铜是氢过氧化物的促进剂，二甲基苯胺是过氧化物的促进剂，同时二甲基苯胺还是异辛酸钴的加速剂。研究此三种促进剂复配对腻子快干性和稳定性的影响发现，二甲基苯胺对表干时间、实干时间和储存时间影响都很小，环烷酸铜对表干时间、实干时间和储存时间有一定影响；异辛酸钴对表干时间、实干时间和储存时间有显著影响。三者的最佳配合比（以质量分数计）为：异辛酸钴 0.77；环烷酸铜 2.25；二甲基苯胺 0.67。

5. 阻聚剂与促进剂体系复配对腻子快干性和稳定性的影响

最常用的阻聚剂是对苯二酚，对苯二酚与促进剂体系复配对腻子快干性和稳定性的影响见表 3-37。

表 3-37　对苯二酚与促进剂体系复配对腻子快干性和稳定性的影响

对苯二酚[①]/‰	促进剂总量[②]/%	表干时间/min	实干时间/min	60℃稳定性/d
0.60	0.87	22	69	7
0.70	0.87	24	73	8
0.60	0.80	27	75	7
0.70	0.80	29	79	8
0.80	0.80	30	81	10
0.90	0.80	32	83	11

① 占气干型不饱和聚酯树脂质量分数。
② 促进剂体系中三种促进剂的配比（以质量分数计）为：异辛酸钴 0.77；环烷酸铜 2.25；二甲基苯胺 0.67。

由表 3-37 可见，阻聚剂对腻子稳定性的影响大于对腻子快干性的影响，综合考虑腻子的快干性和腻子的稳定性，选对苯二酚用量为 0.080%，促进剂体系用量为 0.80% 为宜。

六、汽车涂装中常用腻子的刮涂方法

根据汽车修补、改色和翻新涂装中常用腻子的种类，腻子可分为原子灰、麻眼灰和其他腻子三种[11]。

1. 原子灰的刮涂方法

在汽车修补、改色和翻新涂装中，大多数采用原子灰。原子灰刮涂质量的优劣，对涂装的平滑度有很大影响。

（1）平面刮涂法　在刮涂平整物面（如轿车的发动机罩盖，豪华客车的车门、后货仓门、两侧仓门等）时，可使用相对较大的铜片刮板或不锈钢钢片刮板，先将调和好的原子灰迅速满刮于物面上，每面刮满后，立即将灰面来回收刮平整。收刮灰面时，每处只能轻轻收刮1~2 个来回，不能来回收刮次数过多或用力过重，否则易产生卷层或脱层。每面刮涂平整后，应及时将四周边棱上的残灰清理干净，以防干后影响磨平。

对豪华客车的车门、仓门外部等平滑度较好的物面，可待一面满刮后（全面刮），立即改用特制的长铝板刮板或长胶合板刮板，将灰面用力均匀地收刮平整（上下来回刮），收刮时两手的用力应均匀一致，避免出现灰层一边厚一边薄现象。每面的刮涂时间应控制在 3～4min 之内，最长不得超过 5min，以防灰层固化造成卷层或脱落。这种刮涂法主要适于技术较熟练的漆工，对于不太熟练的人，最好使用铜片或不锈钢钢片刮板分段刮涂，以防造成返工或浪费原料。

（2）弧形物面刮涂法　弧形物面（如轿车的一些边面、轮罩部位、弧形车门；客车的前、后围上部，四角及保险杠；货车驾驶室的带弧形的部位）可采用钢刮板（或铜刮板）刮涂，也可采用钢刮板与橡胶刮板结合刮涂。

采用钢刮板刮涂时，第一道原子灰可沿弧形物面的长向刮涂，第二道原子灰应顺着弧形物面的横向刮涂，这样交替刮涂至达到质量要求的平滑度。沿长向刮涂时，对 50～60cm 长的物面，要一次刮到头，中间不要停留，以免留下搭接；刮涂长度在 100cm 以上的物面时，可分段刮涂，搭接部位尽量不要太明显。横向刮涂时，应从弧形物面的一边横刮到另一边，这样一刀压一刀地刮涂。对于大型客车后围两侧的弧形部位，即椭圆形部位，由于弧度较大，可从上向下从弧度的两边向中间刮涂。

采用钢刮板与橡胶刮板相结合时，第一道原子灰最好用钢（或铜）刮板刮涂，因为橡胶刮板的弹性太大，不易将底灰铺平。待第一道原子灰干燥并打磨平整后，再用橡胶刮板刮涂第二道和第三道，这样易使刮涂质量达到优良。

（3）异形物面刮涂法　异形物面（如前、后灯框部位，客车的前面罩件等）则必须使用橡胶刮板刮涂，而且要用 25～35mm 的小橡胶刮板刮涂。刮涂时根据物面的形状随时调整用力，即不平部位时用力轻，平整部位时用力重，保证刮后的涂层厚度一致。

用橡胶刮板刮平后，要及时用灰刀或钢刮板将表面与边缘的残渣清理干净，以防干后影响磨光。原子灰通常要刮涂 2～3 道（每道灰层的厚度以 0.5～1.0mm 为宜），对于基层平滑度较差的部位，有时需刮涂 3～4 道或 5～6 道才能将缺陷充分刮平。

2. 麻眼灰的刮涂方法

刮麻眼灰也叫"找麻眼"，主要用于面漆前涂层表面的针孔、麻眼、砂痕等小缺陷的填平。刮麻眼灰是一项非常细致的工作，并直接影响面漆的外观质量。一般的汽车通常刮一次即可，中高档轿车和客车，一般要进行两次，对于高档豪华轿车和客车，甚至要刮3～4次才能使面漆前涂层达到质量要求。

(1) 普通汽车麻眼灰刮涂法　普通汽车一般在面漆前的涂层如中涂漆或第一道面漆干燥水磨后进行一次找麻眼，以消除水磨后漆膜表面的缺陷，为喷涂面漆做好准备。

刮麻眼灰时，应使用小号刮板或灰刀，每次挑少许麻眼灰，在麻眼部位迅速涂刮1～2个来回（麻眼灰多为硝基类快干腻子，在一个地方刮涂次数过多易产生干燥结渣），并立即收净四周的残渣。在刮涂过程中，应保持刀面的清洁，刀面上粘有灰渣时，要及时清理干净，以防影响刮涂质量和速度。

刮涂中灰面出现干结时，可用香蕉水溶化后充分调和均匀，以防干皮混入灰中影响刮涂质量。

驾驶室的主要饰面是车门外部、前风挡下部、车门后部及上顶的四周，这些部位要顺光线反复找净麻眼，其他部位将明显的麻眼刮净即可。客车的前围面、车门外部、两侧大板面与后围的两角面应作为重点刮涂。

(2) 中档汽车麻眼灰刮涂法　中档汽车麻眼灰通常分2～3次刮涂，第一次可待中涂漆干燥后，先全面将漆膜表面顺光线找平刮净并收净残渣，干燥1～2h后，全面水磨平滑，擦干水迹并彻底晾干后，再进行第二次找麻眼。在第二次找麻眼时，由于表面经水磨后比较光滑，应边刮边用手检查物面，遇有挡手感的细小毛病时，要随手刮平，刮涂时应把重点放在车的主要饰面。再进行一次麻眼部位的细水磨（局部水磨），擦干水迹并彻底晾干，然后进行第三次找麻眼，这次的重点应放在各主要饰面，要顺光线从左到右、从上到下反复将各种细小毛病找净刮光。

(3) 高档豪华汽车麻眼灰刮涂法　高档豪华汽车通常在最末道面漆喷涂之前，进行3～4次或4～5次的麻眼找平，才能达到质量要求的平滑度。

① 高档轿车麻眼灰刮涂法　对于高档轿车改色涂装前的麻眼灰刮涂，由于原装漆的基层较平滑，可在原装漆水磨合格擦干后，先全面细找一次麻眼，之后在第一道新涂装的面漆表面（高档轿车的面漆通常喷涂 2～3 道）进行第二次麻眼灰找平，水磨擦干后进行第三次找平，在操作中要一次比一次细致。第三次水磨后，喷涂第二道面漆，漆膜干后进行第四次麻眼灰找平，干透水磨后，再进行第五次更细致的找平，经反复检查后再喷涂最末道面漆。

对于全面翻新的高档轿车，通常需要喷涂两道中涂漆，每喷涂一道中涂漆要找两次麻眼，即中涂漆干后找一次麻眼，全面水磨后再找一次麻眼。这样，喷二道中涂漆就可进行四次麻眼找平，再经过一道面漆两次麻眼找平，即可达到质量要求的平滑度。

② 高档豪华客车麻眼灰刮涂法　对于高档豪华客车的麻眼灰刮涂通常可分四次进行，即中涂漆干后全面找刮一次，水磨后细找一次，第一道面漆后再细找一次，水磨后更细致地找一次。如喷涂金属漆（铝粉漆、珠光漆等），可在灰色中涂漆干后找一次，水磨后细找一次，待金属漆色浆喷好干后找一次，水磨后再细找一次，然后喷涂金属色浆，即可用清漆罩光。

3. 其他腻子的刮涂方法

其他腻子主要指水性腻子和油基（酯胶、酚醛、醇酸）腻子两种。

（1）水性腻子刮涂法　水性腻子主要用于普通大中型客车翻新涂装前的基层刮平，或修补时新更换的部件，如仓门、保险杠等表面的刮平。由于普通客车的基材平滑度较差，加上客车的面积大，涂刮部位多，使用原子灰涂装成本太高；另外普通客车大多使用醇酸磁漆、氨基醇酸烘干漆等一般漆种涂装，造价较低，故较适合用水性腻子刮平，以降低涂装成本。

水性腻子通常分三次刮涂，第一次和第二次为全面满刮，第三次为局部刮平（收光刮平）。水性腻子的刮涂性较好，可在一个部位来回多次刮涂至平整而不会卷边。

水性腻子在刮涂第一道时，可用铜刮板或不锈钢刮板刮涂。刮涂时，先将调和好的腻子满刮于物面上，刮涂厚度视基层的情况而定，基层平滑度差时刮涂 1～2mm 为宜，平滑度好时刮涂 0.5～1.0mm

即可。每面满刮后，再来回轻刮几个来回，以消除满刮时留下的接痕，并将四周边缘收刮干净，然后烘干或自干 24h 以上。

对较大的物面，可待满刮后，先用刮板将刮棱轻轻收刮至基本平整，再改用特长胶合板刮板或铝刮板，从上至下将表面轻刮平整，收净边棱残渣。对前、后风挡的立柱等弧形物面，可用橡胶刮板细刮平整。第二道水性腻子应刮得薄些，一般刮涂厚度以 0.5～1.0mm 为宜。在刮涂第二道水性腻子之前，先用铜刮板或不锈钢刮板将表面的刮涂接棱清理平整，然后根据物面情况再全面满刮 0.5～1.0mm。一般来说，只要第一道水性腻子刮后的平整度好，第二次应尽量刮得薄些，涂得过厚遇剧烈振动腻子易开裂。

第三道水性腻子也叫"收光"腻子，在第二道水性腻子干燥并打磨平整，用压缩空气将磨灰吹光后进行刮涂。刮涂时，要选用较细的水性腻子（麻眼专用），并遵循先上后下、先左后右、先里后外、先难后易的操作顺序，依次将各面上的麻眼等不平之处细刮平整。

每面刮涂后应再进行一次全面检查，以防漏刮。

（2）油基腻子刮涂法　油基腻子的性能较水性腻子优良，价格又比原子灰低很多，所以一般作为中高档客车、货车、面包车和普通中档轿车翻新及修补的底灰。由于各种油基腻子的刮涂性与干燥性的差异，其刮涂方法也有所不同。

① 酯胶腻子刮涂法　酯胶腻子的质地细密，刮涂性好，可在同一个地方反复多次刮涂而不会产生卷层，但每次的涂层不宜过厚，通常以 0.5mm 为宜，故对基层平滑度较差的汽车，往往要经过 3～4 次或 4～5 次才能达到质量要求。

刮涂时，可用不锈钢刮板或铜刮板，将腻子先满刮于物面，每面刮满后，再轻而均匀地将表面收刮平整，不要留下接痕，以防干后形成硬棱，给磨光增加难度。每个部位收刮平整后，立即收净边面的残渣。对基层平滑度较差的部位，可每次连续刮涂 2～3 道，每道刮涂的厚度以 0.3mm 为宜，不可涂得过厚，以防慢干影响施工进度。

对于异形物面，可用小橡胶刮板反复细心地刮涂平整。头道腻子干燥后，用刮板或灰刀将表面上的刮棱、毛刺等清理平整，用粗砂布略加磨光，即可刮涂后道腻子，依次将各部位反复刮平即可。

② 酚醛腻子刮涂法　酚醛腻子包括自配的酚醛腻子和桐油石膏

腻子，由于质地比酯胶腻子粗，刮涂性比酯胶腻子差，但比酯胶腻子干燥快，所以每道可一次性刮 1.0～1.5mm，但每个部位满刮平整后，要立即将表面细收平整，收刮时用力应轻而均匀，以防卷层或产生大麻眼。

由于酚醛腻子质地较粗，只能用于第一道和第二道腻子的刮涂，不适于细腻子或麻眼腻子的刮涂。

③ 醇酸腻子刮涂法　醇酸腻子的刮涂性不如酯胶腻子和酚醛腻子，如在一个地方来回刮涂次数过多，易出现卷层或大麻眼，故只能用于小件表面的刮平，或普通客、货车旧层表面的局部刮平。可用小橡胶刮板，每处刮涂 1～2 个来回即可，每个部位刮平后，及时用灰刀清净残渣。刮涂客车或货车旧层的局部时，用钢刮板先将缺陷填实，再将表面收刮平整即可。

七、原子灰在汽车涂装中的应用技术

1. 原子灰在汽车涂装中的施工工艺[12]

对于汽车涂装来说，原子灰的刮涂一般为 2～3 道，如钣金件的缺陷较大可采用 3～4 道的刮涂工艺。具体施工工艺为：

底材处理→原子灰调配→刮涂头道原子灰→原子灰固化、打磨头道原子灰→刮涂二道原子灰→原子灰固化→打磨二道原子灰→找补原子灰针孔（收光）→喷涂中涂漆或底漆→专用填眼灰找补针孔。

（1）底材的处理与要求　一般来说，原子灰均在涂完底漆的表面上刮涂，对刮涂原子灰的表面要求无水、无油、无粉尘等污物。为了增加原子灰与底漆间的附着力，还需用 320 号左右的砂纸打磨底漆，使漆面粗糙以增加附着力。

（2）原子灰的调配　根据原子灰厂家提供的腻子与固化剂的比例调配，腻子与固化剂的比例一般控制在 100:（1.5～3.5）。由于原子灰的胶凝时间较短，因而应按刮涂部位的面积适量取用，然后再按比例加入固化剂，用腻子刀或腻子刮板将腻子与固化剂调匀。调匀后的原子灰应尽量在胶凝时间内使用，避免因原子灰胶凝而浪费。原子灰的胶凝时间可根据施工现场的实际情况要求，由原子灰生产厂家来调整，一般为 7～10min。

（3）原子灰的刮涂　用腻子刮刀或刮板将原子灰刮涂至钣金件上

凹凸不平的部位，刮涂时应用力将原子灰压实，尽量一次刮涂到位，避免反复刮涂造成原子灰卷边，刮涂完成后应马上用腻子刀将其他部位污染的原子灰刮掉，以减少完全固化后打磨的工作量，此工序需注意原子灰开始胶凝后应废弃重新调配。

原子灰的刮涂量不宜太厚，一般一遍不能超过 1.5mm，否则在后序工艺中可能会出现起包、开裂等缺陷，对于深度较大的凹坑需进行 2～3 道原子灰的刮涂。

（4）原子灰的固化　原子灰的固化方法有自然固化和烘干固化两种。自然固化适用于汽车修理厂或生产周期较长的汽车厂，烘干固化适用于生产周期快的汽车厂。自然固化即刮涂完原子灰后自然晾干，一般 2～3h 原子灰即完全固化。烘干固化是在 120℃左右烘干室中烘干 10min，原子灰就可以完全固化。

（5）原子灰的打磨　原子灰完全固化后即进行打磨，打磨有干打磨和湿打磨两种方式。干打磨适用于原子灰刮涂较厚、面积较大的情况或者生产周期较快的场合，干打磨用的砂纸可以为 0 号砂布。也可使用偏心打磨机，320 号的打磨砂碟打磨。

湿打磨时先将水砂纸在水中浸泡 10～30min，将打磨部位浸湿后再进行打磨。这两种打磨方式打磨时均应注意：

① 打磨方向尽量一致，禁止使用超过规定标号的砂纸，以免出现较大的磨痕影响后序施工。

② 打磨前先检查原子灰是否完全固化，简单的判定方法为打磨时原子灰是否粘砂纸，粘砂纸表示原子灰没有完全固化，不粘砂纸即说明原子灰已完全固化。

③ 在手工打磨时对于平面部位应使用打磨垫板，以保证原子灰打磨得平整光滑。

④ 打磨原子灰时不应磨漏底材上的电泳漆或防锈漆。

判定原子灰打磨合格的标准是：原子灰边缘平滑、棱线清晰；整块原子灰打磨平整无凹凸不平；其他部位无原子灰渣等缺陷。

（6）2～3 道原子灰的刮涂　2～3 道原子灰的刮涂主要是刮涂第一道原子灰未完全填起的凹坑，如钣金缺陷较小只刮涂第一道原子灰即可，可省去 2～3 道原子灰。刮涂 2～3 道原子灰时首先应将前道打磨粉尘清理干净，然后刮涂。

（7）原子灰针孔的找补（收光和找眼）　由于原子灰自身固化时释放出少量气体，所以不可避免地会出现针孔，用于收光和找眼的原子灰为细度小的原子灰，也可以为硝基腻子、专用填眼灰等。

为了便于发现原子灰涂膜上的针孔，此工序一般在喷涂完中涂漆后进行。在刮涂收光灰或填眼灰时应注意刮涂得不能太厚，盖住针孔即可，刮涂用的刮板应为较柔软的刮板（一般为橡胶刮板），刮涂时应用力以完全遮盖住针孔，后序打磨时应注意避免出现在打磨后重新漏出针孔的问题。

2. 原子灰施工中常见问题与解决方法

原子灰在汽车涂装的施工过程中常出现的问题有开裂、起包、烘干后起泡、漆后出现针孔、扁子、砂纸纹等缺陷。这些涂膜病态产生的原因、处理方法和预防措施等见表 3-38。

表 3-38　原子灰施工常见涂膜病态的原因、处理方法和预防措施

涂膜病态		产生原因	处理方法	预防措施
名称	现象描述			
开裂	指原子灰在喷涂油漆后或烘干后出现裂缝的现象，较严重的裂缝一直会到达底材	①腻子与固化剂的比例调配不合适；②原子灰的耐热性能差；③一道原子灰刮涂得太厚	用腻子刀将开裂的原子灰清除干净后重新刮涂并打磨	①严格按照工艺要求的比例进行调配。一般腻子：固化剂为 100：（1.5～3.5）；②在选用原子灰时要根据生产线的实际情况，选用适合于生产线的产品，尤其是在整车涂装生产线上，原子灰的耐高温性能要与涂料的烘干温度匹配；③刮涂原子灰时要严格按工艺要求的厚度刮涂，每一道的刮涂厚度不应超过1.5mm，如果是较大的钣金缺陷应先由钣金工修复后再刮涂原子灰，尽量做到薄刮涂
起包	原子灰自然固化或烘干固化后出现腻子层与底材局部剥离现象	①底材未处理干净；②头道原子灰未干透即刮涂二道原子灰；③原子灰调配时固化剂未搅拌均匀；④原子灰耐高温性差（使用高温固化型涂料时）	用腻子刀将开裂的原子灰清除干净，然后按照正确的操作方法重新刮涂与打磨	①刮涂原子灰前检查底材是否存在油污等不洁物；②待头道原子灰完全固化后刮涂二道原子灰；③提高操作工的技能与责任心，保证腻子与固化剂混合均匀后再施工；④检查原子灰的耐高温性

续表

涂膜病态		产生原因	处理方法	预防措施
名称	现象描述			
烘干后原子灰起泡	烘干后,原子灰表层为泡状突起但并未与底材剥离,只是在腻子中间出现鼓包	①原子灰与所使用的涂料不匹配,原子灰的耐溶剂性差;②二道原子灰的腻子与固化剂的调配比例不合适;③固化剂过期或变质;④二道原子灰刮涂后未完全固化即喷涂涂料并烘干	将起泡的原子灰用腻子刀清除干净(此时一定要清理到未起泡的部位或直至底材)后重新刮涂并打磨,然后再对漆面进行修补	①在选用原子灰前一定要与面漆做匹配性试验和耐高温试验,选择适合涂装生产线的原子灰;②调配原子灰时要严格按照使用说明或相关工艺文件操作;③严禁使用发生胀袋现象或超过保质期的固化剂;④各道原子灰之间的刮涂要充分保证每道原子灰完全固化后再进行下一步操作
痱子针孔	指在涂料涂装后刮涂原子灰部位出现的一些小孔,只出现一些极小鼓包的为痱子,出现如针扎后的小孔的为针孔	①原子灰打磨后填眼灰未刮涂到位,或刮涂填眼灰时操作方法不正确,未完全遮盖住原子灰上的针孔;②打磨填眼灰时将填眼灰打磨掉了,原来原子灰上的针孔等又重新显现;③原子灰未完全固化即进行涂料涂装并烘干;④刮涂原子灰部位未喷涂中涂或中涂漆在面漆前打磨时又被完全打磨掉了;⑤使用的填眼灰较粗糙,不能遮盖住原子灰上的针孔	对出现针孔或痱子的涂膜部位用600~1000号水砂纸清除干净,然后对原子灰部位重新刮涂填眼灰,填眼灰打磨平整后再喷涂一遍封闭修补底漆,最后再进行油漆的修补	①在涂料喷涂前由专人检查刮涂原子灰部位是否存在针孔,如有,应在涂料喷涂前将之完全封闭;②在打磨填眼灰时注意不要将填眼灰全部打磨掉而露出原子灰层;③原子灰打磨平整、达到工艺要求后再刮涂填眼灰;④在打磨中涂料时不要露出原子灰层;⑤提高操作工的技能,刮涂原子灰时要压实避免出现反复刮涂现象,尽量减少原子灰的针孔;⑥在刮涂填眼灰时应用力压实,刮涂不应过厚;⑦选用与原子灰匹配性好的填眼灰

　　表3-38中介绍了原子灰在施工过程中容易出现的问题。由于原子灰从刮涂到打磨均为手工操作,操作工的责任心与技能直接影响到原子灰刮涂后的质量,因此应不断地对操作工进行培训以提高其技能和责任心。还应设专人对原子灰刮涂与打磨质量进行抽查以避免漆后原子灰出现质量问题。

八、客车用原子灰常见缺陷原因分析[13]

大中型客车车身及相关附件表面广泛应用原子灰进行凹坑填充找平，但在实际使用过程中，由于各种原因造成开裂、起泡、脱落等缺陷经常出现，不同原因造成缺陷的外在表现形式及出现时间上不同。下面介绍根据缺陷外在形态及发生时间的不同，查找缺陷产生原因及其预防措施。

1. 涂装生产过程中发生的缺陷

（1）原子灰带着底漆直接从底材上起泡脱落，且一般是局部脱落，脱落后的车身表面存在明显的油污、锈蚀等污物。

这种缺陷产生的原因是：前处理质量不佳，锈蚀、油污等污物未处理干净。此种缺陷一般发生在用手工进行前处理的情况下，整车磷化或电泳不会出现此种形态的缺陷。

（2）原子灰带着底漆直接从底材上脱落，或带着底漆分层脱落（即车身表面和腻子表面都分别残留有底漆），底漆表面有明显的被"咬起"溶解的痕迹，脱落后的车身表面无油污、锈蚀等污物。

这种缺陷产生的原因是：底漆固化剂调配比例不当或底漆未彻底干燥，其次是底漆与原子灰不配套（即底漆的耐溶剂性较差，因为原子灰中的苯乙烯溶解力较强）。

（3）原子灰呈近似圆形的块状局部脱落，脱落的腻子块颜色偏黄或偏白。

这种缺陷产生的原因是：原子灰调配比例不当，固化剂加入过多或过少。

（4）原子灰从底漆表面呈局部脱落，脱落后底漆表面完整，原子灰颜色也正常。

这种缺陷产生的原因是：底漆过度烘烤造成漆膜表面硬度过大、过于光滑，导致原子灰附着力差。

（5）原子灰开裂（开裂缝隙长度不大）用铲刀铲刮可导致局部脱落。

这种缺陷产生的原因是：原子灰烘烤工艺不当，尤其是低温原子灰进行高温烘烤时更易发生，原子灰本身配方问题（原子灰本身收缩性太大，内应力释放不均匀），原子灰刮涂过厚，导致应力过大。

（6）原子灰带着底漆从底材上脱落，脱落的底材表面比较洁净，底漆没有被"咬起"的痕迹，腻子的颜色也比较正常。

这种缺陷产生的原因是：此种缺陷一般发生在不明底材或过于光滑致密的底材表面。

2. 使用一段时间后发生的涂层缺陷

在涂装生产过程中原子灰出现缺陷的时间较短，原因比较好分析，且经过对缺陷部位进行相应的打磨、铲除，重新刮灰、喷漆即可修补缺陷，不会造成什么损失；而车辆如果是在售出后行驶一段时间后发生缺陷，其原因就不易查找，会给车辆生产厂家带来较大的经济损失和负面影响。

下面就车辆使用一段时间后原子灰发生开裂、起泡脱落的常见缺陷进行分析。

（1）焊缝处的原子灰呈线状开裂（即沿着焊缝方向开裂），且一般呈断续状。

这种缺陷产生的原因是：焊缝强度不够，尤其是一些采取断续焊形式焊接的部位。此种缺陷以路况差的地区发生较多。

（2）车辆行驶几个月到一年后刮涂原子灰的部位多处开裂，呈大面积脱落状态，有些是原子灰从底漆上脱落，有些是原子灰带着底漆从底材上脱落。

这种缺陷产生的原因是：底漆或原子灰本身质量存在问题。此类缺陷的原因不易判定，但通过排除法基本可以确认。正常的原子灰在3~5 年一般不会出现问题，有些甚至会保持更长时间。

（3）车身局部受外力撞击、磕碰后脱落。

这种缺陷产生的原因是：腻子层受外力后出现的局部损伤，严格来说此种问题不能归咎于涂装缺陷。

3. 防治措施及处理方法

对不同原因造成的原子灰开裂、起泡脱落产生的缺陷，需要采取相应的措施进行预防控制，下面介绍一些常用的控制方法：

（1）控制前处理质量。应严格按照滤纸擦拭法检查被涂面表面的清洁度。

（2）控制底漆施工比例及烘烤工艺。

（3）控制原子灰施工调配比例。严格按照厂家提供的比例进行调配施工；每批产品可按照不同比例制作样板放在现场供员工参考。

（4）原子灰调配过程中，不可掺入天那水类溶剂调稀原子灰，应采用厂家提供的配套溶剂进行调稀操作。

（5）控制原子灰烘烤工艺。

（6）对于不明材质底材或特别光滑致密的底材，应先进行工艺试验，选定最优的工艺方法。

（7）对于新选用的底漆或原子灰，应做配套性试验。

（8）加强焊缝处的焊接强度，或在一些容易开裂的焊缝部位用钣金补腻或纤维原子灰进行刮涂处理，以提高强度。

（9）认真填写随车检验卡，详细记录所用物料的生产厂家、生产批号等原始信息，以备出现问题后进行原因查找分析。

（10）对于已经出现的开裂、起泡脱落缺陷，需将缺陷部位彻底铲除，且应尽量扩大铲除面积，然后重新刮灰，打磨喷漆。

九、不饱和聚酯腻子与水性环氧底漆的层间附着力[14]

铁道车辆涂装体系通常包括底漆、腻子、中涂和面漆四个涂层，而涂层最厚的腻子层与底漆层之间的附着力往往决定整个涂层体系的质量。下面介绍关于底漆干燥条件、腻子层厚度和配套性等因素对水性环氧底漆与不饱和聚酯腻子层间附着力影响的研究。

1. 试验概况

（1）样板喷砂　取尺寸为 $150cm \times 100cm \times 0.3cm$ 的铝合金样板，以手动刮板式喷砂设备对样板进行喷砂处理，喷砂后样板表面无砂粒、灰尘，粗糙度满足 $6 \sim 12 \mu m$，清洁度达到 Sa0.5 级。

（2）水性环氧底漆的喷涂　按比例调配水性环氧底漆主剂与固化剂，用配套稀释剂调整至规定黏度，熟化 20min 后，以高压无气喷涂机喷涂，喷涂压力 $0.4 \sim 0.7MPa$；采用"湿碰湿"喷涂两道的施工工艺，两道之间闪干 15min，保持施工现场风速为 $0.35 \sim 0.50m/s$。

（3）不饱和聚酯腻子的刮涂　按比例调配不饱和聚酯腻子组分主剂和固化剂，在 20min 内完成腻子施工。为验证水性环氧底漆与不饱和聚酯腻子层间附着力的影响因素，选取不同干燥条件下同种水性环氧底漆样板，腻子干膜厚度为 $390 \sim 450 \mu m$；选取相同干燥条件下同种水性环氧底漆样板分别刮涂不同厚度的腻子层；选取相同干燥条件下不同的配套体系，腻子干膜厚度为 $390\sim450\mu m$。

2. 不饱和聚酯腻子与水性环氧底漆层间附着力的影响因素

（1）底漆干燥条件对层间附着力的影响 样板喷涂干膜厚度为 $55\sim65\mu m$ 的水性环氧底漆，在不同条件下干燥 24h 后，刮涂厚度为 $390\sim450\mu m$ 的腻子层。样板（a）自然干燥 24h，样板（b）60℃烘干 2h 后自然干燥 22h，样板（c）60℃烘干 4h 后自然干燥 20h，通过 3mm 漆膜划格器检测，结果见图 3-7。

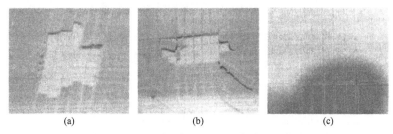

图 3-7 底漆干燥条件对层间附着力的影响

三块样板的总干燥时间都是 24h，但由于烘干时间的不同，样板（a）划格区域全部脱落，样板（b）脱落 60%，样板（c）附着力达到 1 级。水性环氧底漆的成膜是在水分蒸发的过程中，固化剂与环氧树脂微粒的表面进行接触，发生固化交联反应，然后固化剂分子向环氧树脂微粒内部扩散，发生进一步的交联固化反应。在毛细管压力作用下，伴随水分的蒸发，致使环氧树脂微粒相互接近形成紧密堆积的结构，凝结固化成均一的漆膜。[15]

当干燥时间较短时，水分未能充分挥发，残余的水分和固化剂分子则处在环氧树脂分散相粒子的间隙处，交联密度低，不能形成连续、致密的漆膜。刮涂腻子后，进一步影响水分的挥发，以及腻子中强溶剂苯乙烯的作用，使漆膜溶胀变软，从而影响层间附着力。

（2）腻子层厚度对层间附着力的影响 样板喷涂干膜厚度为 $55\sim65\mu m$ 的水性环氧底漆，60℃烘干 2h 后自然干燥 22h，分别刮涂不同厚度的腻子层。样板（a）腻子层干膜厚度为 $490\sim550\mu m$，样板（b）腻子层干膜厚度为 $390\sim450\mu m$，样板（c）腻子层干膜厚度为 $290\sim350\mu m$，腻子层干燥后通过 3mm 漆膜划格器检测，结果见

图 3-8。

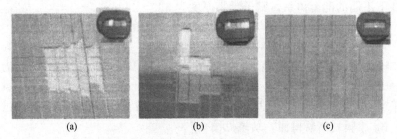

图 3-8　腻子层厚度对层间附着力的影响

三块样板的底漆厚度和干燥条件相同，由于腻子层厚度的不同，样板（a）划格区域全部脱落，样板（b）脱落 60.4％，样板（c）附着力达到 1 级。苯乙烯是不饱和聚酯腻子最主要的交联剂，苯乙烯的含量随着腻子厚度的增加而提高，当底漆未完全干燥时，一定量的苯乙烯导致环氧底漆变软、回黏，从而降低了层间附着力。

（3）配套性对层间附着力的影响　样板喷涂干膜厚度为 55～65μm 不同品牌的水性环氧底漆，60℃烘干 2h 后自然干燥 22h，选择与底漆配套的腻子，刮涂厚度为 390～450μm，腻子层干燥后通过 3mm 漆膜划格器检测，结果见图 3-9。

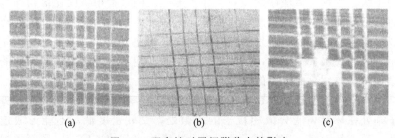

图 3-9　配套性对层间附着力的影响

三块样板具有相同的底漆厚度、底漆干燥条件和腻子层厚度，但三种不同品牌的底漆和腻子配套体系附着力有较大差别，样板（a）层间附着力为 0 级，样板（b）层间附着力为 1 级，样板（c）划格区域脱落 28％。为保证腻子层与底漆层的附着力，腻子层要对底漆层有一定的溶解力，形成互溶层，但当底漆干燥不良或溶解力过大时就会影响层间附着力，如图 3-10 所示。

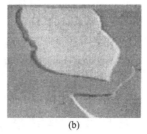

(a)　　　　　　　　　　(b)

图 3-10　腻子膜大面积脱落

3. 水性环氧底漆与不饱和聚酯腻子层间附着力机理分析

底漆、腻子、中涂和面漆四个涂层中，腻子层是厚度最大的一层，通过拉拔试验证明由于腻子层的厚度大、内聚力差使其在整个涂装体系中附着力最薄弱。

样板（a）涂层体系包括底漆、腻子、中间层、面漆、金属漆和清漆，样板（b）涂层体系包括底漆中间层、面漆、金属漆和清漆。样板（a）的涂层破坏 20％为腻子层内聚力破坏，80％为腻子层与底漆层间破坏，拉拔力 3.24MPa；样板（b）的涂层破坏 70％为金属漆与清漆层间破坏，30％为清漆与面漆层间破坏，拉拔力为 4.57MPa。当有腻子层存在时，涂层体系的整体层间附着力下降，所以底漆层与腻子层间的附着力的好坏将影响整个涂层体系质量。

在底层漆膜上施涂两种或不同种涂料时，在涂层施涂或干燥时底层漆膜发生软化、隆起等现象称为咬底。咬底会导致上层漆膜膨胀、移位、发皱、鼓起，甚至使涂层失去附着力，出现脱离的现象。水性环氧底漆层和不饱和聚酯腻子层间的咬底现象最主要的影响因素有底漆干燥条件、腻子层厚度和配套性。

水性环氧涂料的固化交联及其成膜过程是一个扩散控制的过程，主要包含四个过程：首先是环氧涂料体系中水分的蒸发，然后是活性固化剂粒子的聚结，进而是以固化剂为活性中心的扩散，最后是固化剂与环氧树脂的交联反应。

水性环氧底漆体系中，固化剂溶解在水中，固化剂伴随水分的挥发从水相中通过扩散才能进入环氧树脂颗粒中，并与环氧乳液中的环氧树脂粒子发生固化交联。苯乙烯作为不饱和聚酯腻子中重要的交联剂，其含量随着腻子层厚度增加而提高。当水分挥发不完全，水性环氧底漆漆膜交联密度低时，腻子中交联反应的强放热性加剧了苯乙烯对底漆层的溶解性，出现咬底现象。同一品牌的水性环氧底漆的干燥条件、不饱和聚酯腻子中苯乙烯含量以及其对底漆层的溶解力都应在合理的范围内，保证配套性良好。

第五节　其他腻子制备与应用技术

一、氯丁胶嵌缝腻子

1. 性能特点

这里介绍的氯丁胶腻子和本书介绍的以刮涂施工为主要施工方法的腻子不同[16]，是一种嵌缝腻子。而这种嵌缝腻子和普通建筑用嵌缝腻子又有不同，普通建筑嵌缝腻子主要用于混凝土、水泥砂浆、石膏板等墙体、屋面和防水构造等缝隙的嵌填，而这里介绍的橡胶嵌缝腻子主要用于木材、金属等材料的嵌缝。

橡胶腻子根据施工后的固化情况分固化型和不固化性两种。不固化腻子可塑性较高。能适应由于热胀冷缩而产生的移动。固化型腻子则强度较高，适用于移动较小的场合。腻子的性能有如下特点。

（1）较大的收缩适应性　它能被拉伸至原长度的一倍或二倍而不断裂，且外力消除后能收缩或恢复。此种腻子比较适合用于热胀冷缩显著的场合。例如建筑物、道路、沟道、隧道、船体、门窗的嵌缝。

（2）良好的黏合性　易与金属、木材、混凝土等不同材料的黏合或黏着。提高密封效果，而且施工简便。它既是嵌缝材料又是防水防漏的密封材料。选择适当的原材料和采用适当的施工操作可使腻子具有良好的内聚力。能在经受外力的拉伸、收缩、蠕动、振动等破坏后，仍能保持高性能，也能抗日晒、雨淋和冷热温差变化的破坏，耐用期限较长。

2. 应用范围

氯丁胶腻子常用于木船的防水嵌缝，具有耐水、耐油、黏着力高等优点，使用时施工简便。可用于代替落后的油灰、麻捻等嵌缝材料，施工嵌缝功效大大提高。

氯丁胶嵌缝腻子常温硫化后具有弹性，与木板黏着牢固，板材热胀冷缩时，它也能发生相应变化，它不会像干涸的油灰、麻捻那样开裂，也不会因裂缝而漏水。

此外，氯丁胶嵌缝腻子也用于钢－木门窗的嵌缝。

3. 氯丁胶嵌缝腻子配方与制备

制备腻子使用的橡胶既可以用干胶，也可以用低分子的缩态胶，如氯丁胶、聚硫胶、硅橡胶、聚氨酯橡胶、氯磺化聚乙烯等。氯丁胶、氯磺化聚乙烯因黏性好、耐老化、价格低廉，常用于制作腻子。如果用干胶，则应将它充分塑炼，提高其可塑性。同时还应填充大量的软化剂油类。

（1）底胶浆的制备

① 底胶浆配方如下（质量比）：通用型氯丁胶100，氯化橡胶10，氧化铅20，氧化镁20，氧化锌2，沉淀溶白炭黑10，促进剂M 1，硫黄1，防老剂D 2，磷酸二甲酚酯5，松香苯酚甲醛树脂50。

② 底胶浆制备程序为：按上述配方称料后先制成混炼胶，然后再将制成的混炼胶溶解于二甲苯中，配制成20%的溶液。

③ 胶料混炼：用开炼机混炼，辊温须保持在30~45℃，将氯丁胶包在辊筒上薄通10~15次，包辊后投入氯化橡胶，混炼均匀后加入磷酸二甲酚酯，再加入其他配合剂（但松香和叔丁基酚醛树脂除外），混炼后压成胶片（约1.5~2.0mm），再切成小胶条。将它与松香、叔丁酚醛树脂一起投入打浆机的溶剂桶中，与溶剂苯混合搅拌，至完全溶解后，即可供应用。

（2）腻子胶料配方和制备

① 腻子胶料配方如下（质量份）：氯丁胶（通用型）100，陶土100，钛白粉30，白油膏30，黑油膏10，锌钡白20，沉淀溶白炭黑10，防老剂D 1，氧化锌15，氧化镁15，促进剂NA-22适量，石蜡2，松香6，固体隆树脂6，邻苯二甲酸二丁酯30，6101型环氧树脂5。

② 氯丁胶混炼工艺为：用开炼机混炼，温度宜低，不应超过45℃，先在0.5~1mm的辊距下薄通20次，放宽辊距至4mm轧炼，依次加入油膏、陶土、锌钡白、白炭黑、钛白粉、石蜡、松香、古马

隆树脂，再加入氧化镁、邻苯二甲酸二丁酯、环氧树脂，促进剂NA-22。

混炼均匀后再薄通数次，放宽辊距至 $6 \sim 8mm$ 厚度下片，至可应用，应用时腻子胶须制成小条状。

上述腻子胶料配方中的钛白粉价格很高，且无必要，可以使用沉淀硫酸钡代之。

4. 施工操作工艺

为了增强氯丁胶嵌缝腻子的黏着效果，保证嵌填质量，须对板缝进行处理。

① 对木质板缝的处理　木质板缝应保持适当的干湿度，腻子的黏着力较好，尤其是旧的板缝，则应清除缝隙内的油灰、麻和灰土。并用压缩空气进行高压喷吹清除。

② 对金属板缝处理　施工前须将油污或铁锈等污垢清除尽。再用汽油或苯、丙酮等进行清洗后方可涂刷底胶浆。

氯丁胶腻子的施工分为刷涂底胶、嵌塞腻子两个步骤。

首先在洁净的板缝处涂刷底胶两次，第一次胶浆不宜太厚，层干后再涂第二次。

嵌塞氯丁胶嵌缝腻子时，可预先将腻子在 $60 \sim 70℃$ 下烘软再制成细长条状，塞进板缝中，然后用木棒塞压数次至完全胶合，若腻子胶一次塞嵌未能高出板面高度，仍可重叠塞嵌，使腻子高出板面 $2 \sim 3mm$ （不能低于板面）。然后用电烙铁把高出板面的腻子铲平或铲除掉，铲下的腻子胶仍可回收重复使用。

二、粉末涂料配套腻子的使用[17]

在喷涂高装饰粉末涂料前，对于一般工件表面的夹缝、焊缝、气孔、凹陷或损伤等缺陷需要填刮腻子以填补其表面的不平整，恢复其原有的形状，为粉末涂料的喷涂作业工序提供平整、光滑的表面。较为常用的粉末涂装是导电腻子。

1. 粉末涂料配套腻子的特点

腻子的质量及施工方法将直接影响粉末涂料的附着力和喷涂效果。由于粉末涂料喷涂的特殊性，腻子应具有施工简便、附着力强、硬度高，干燥快、不收缩开裂、易打磨等特点。现在一般使用双组分固化型不饱和聚酯腻子（原子灰），此类腻子刮涂性、打磨性和干燥性均好，腻子膜机械强度高。

2. 粉末涂料施工对腻子的技术要求

对高温原子灰的一般性技术要求为：不容许有明显的臭味和毒性，在一般的操作过程中对人体不应产生刺激、发痒等症状，施工性能好，刮涂后不流淌。对粉末涂料施工用腻子的技术性能指标要求见表 3-39。

表 3-39　对粉末涂料施工用腻子的技术性能指标要求

项　目	指　标
容器中的状态	细腻,无沉淀,无橘皮
可操作的时间/min	8～10
腻子膜外观	颜色均匀,无明显粗粒和孔眼,干后无裂痕
自然干燥时间	25℃,30min 可以打磨
耐高温性	烘烤 1h 不开裂,不起泡,不脱落
配套性	与底漆、中途漆附着力良好,不咬底
稠度/cm	8～12
耐冲击性/cm　　　≥	20
刮涂性	固化前可反复涂刮,不流淌,不收缩
柔韧性/mm　　　≤	80
打磨性(360 号水砂纸)	易打磨,不粘砂纸
剪切强度/MPa　　　≥	5
储存期(25℃以下,避光)	6 个半月

3. 粉末涂料用腻子施工技术与控制

（1）粉末涂料配套腻子的施工工艺为：

对于待涂装的工件进行表面预处理→干燥→涂刮腻子→打磨→干燥→喷涂。

（2）粉末涂料用腻子施工技术

① 对待涂装工件表面进行预处理　表面预处理是对工件表面经

过除油、除锈、磷化或者化学氧化、阳极氧化等处理，工件表面应清洁、干燥，不能有油污、锈蚀、酸、碱、盐及水分等。

为增强腻子层与底漆之间的附着力，往往在底漆表面用砂纸进行打磨，以获得粗糙表面，从而增大接触面积增强附着力。干打磨时，出明显砂纸痕迹即可。用干毛巾擦去打磨灰即可刮涂，打磨操作中不得有露底现象。

② 调配腻子　按产品使用说明书推荐的比例（腻子与固化剂比例以质量计一般为 100∶2），加入固化剂，充分搅拌混合，调至颜色呈均匀程度。

③ 刮涂腻子　刮涂为手工操作，所用工具为刮刀。刮涂操作顺序应先上后下，先左后右，先平面后棱角，刮涂后及时将不应刮涂腻子的部位擦净，以免干结后不易清理。

腻子要刮得结实，不能漏刮，腻子层不能有气泡。

腻子一次刮涂不能过厚，以免造成腻子膜干后开裂。必须在前一道腻子表干后再刮涂后一道腻子。

④ 打磨　打磨时，先用粗砂纸用于腻子层的磨平，再用细砂纸将腻子打磨光滑。使用无尘打磨机打磨时，省时，工作效率高，环保，无水操作且界面处理效果好。

（3）粉末涂料用腻子施工注意事项

① 腻子在储运过程中可能会产生沉淀，使用前必须搅拌均匀。

② 腻子和固化剂的配料比例必须准确，混合必须均匀。

③ 腻子在未表干前，不能水磨，此时还在反应放热，如急于打磨，会造成热胀冷缩龟裂。在空气湿度较大情况下，腻子的干燥时间会延长。

④ 不应在未经处理的镀锌板上直接使用腻子。腻子直接刮涂在钢板、铝材、不锈钢上附着力好；而在镀锌板材上附着力不良，其原因是镀锌层与腻子相互反应产生金属盐，产生锈蚀、涂层剥落等缺陷，镀锌板材需经过特殊处理或者采用专用腻子才能消除上述不匹配问题。

⑤ 选用的腻子要与整个涂装体系配套。

⑥ 腻子除了为调整稠度可以添加配套的稀释剂外，不能任意添加其他填料。

⑦ 刮涂前应将被涂物表面清理干净，清除灰尘、水分、油污以及其他污物。刮涂前如发现原涂底漆漆膜脱落或出现锈蚀时，应重新进行表面处理，并重涂底漆后才能刮涂腻子。

⑧ 要根据被涂物的表面形状与刮涂要求，正确地选用刮刀。

4. 粉末涂料用腻子施工常见的缺陷及预防措施

表 3-40 中列出粉末涂料用腻子在施工中可能遇到的开裂、脱落、起泡和刮痕出现的原因和预防措施。

表 3-40　粉末涂料用腻子施工常见的缺陷及预防措施

常见缺陷	产生原因	改进方法
开裂	一次刮涂过厚；腻子层没有刮涂严实；腻子层收缩大	每次刮涂时不能超过允许的厚度，仔细刮涂；选择收缩比小的腻子
脱落	腻子与粉末涂料类型不配套；底材表面有油污；腻子的填料组分过多；腻子润湿性能差	选择配套的粉末涂料专用的腻子；清洁底材的油污；选用合适的腻子；添加适当的稀释剂
起泡	腻子层刮涂不严实，残留气泡；腻子中含有水分，或者没有干透	规范刮涂操作，刮涂时不使腻子膜中残留空气
刮痕	腻子太稠，刮涂太厚；打磨不仔细，或者打磨工具选用不当；腻子打磨性能差，腻子层刮涂得太厚	一道腻子的厚度要控制；选择适当的打磨工具或打磨机具，仔细打磨

三、环氧导电腻子及其应用技术

1. 导电腻子的作用

环氧导电腻子的体积电阻较小，具有防静电功能，因而主要应用于防静电及其他有电性能要求的工业产品的凹坑、裂纹和焊缝等缺陷的填平与修饰使用，以满足电性能面漆前底材表面的平整、细滑要求。

举例来说，以金属防腐蚀为目的的静电喷塑为例，在实施静电喷涂前，使用导电腻子进行预处理能够得到很好的结果。

金属构件防腐蚀方法主要有电镀、喷漆和喷塑等，各种涂料以及不同喷涂方法所形成的涂膜性能各异。但塑料涂层与油漆涂层以及金属镀层相比，涂膜结构致密，且涂层一般较厚，所以对各种介质的屏蔽作用较好，这是喷塑件寿命较长的原因。

金属表面喷塑在工艺上具有品种多、效率高、成本低、操作简便、无环境污染等特点；在产品性能上具有防腐、装饰、电气绝缘、使用寿命长等优点。喷塑的喷涂质量主要取决于喷涂前处理的好坏。静电喷塑不打底漆，因此对其基材表面质量要求较高。但是，喷塑工件，往往表面不但凹凸不平，而且划伤、碰伤严重。对这些工件，在喷塑前必须刮导电腻子填补不平处以保证工件的装饰性与防护性。

2. 环氧导电腻子的制备技术

环氧导电腻子一般为双组分固化型产品，由成膜物质（例如 E-20 环氧树脂）、颜料、导电填料、功能性助剂和溶剂组成腻子组分，并和固化剂组分配合而构成导电腻子。这些材料中只有导电填料是有别于其他腻子的功能组分，其他材料组分和以上介绍的各种环氧腻子并无本质区别。因而，下面主要介绍导电填料。

（1）导电填料　导电填料分为金属类、碳类、金属氧化物类和复合类四种（相类似的称谓是金属系、碳系、金属氧化物系，其意义是一样的），如表 3-41 所示。

表 3-41　常用导电填料及特性

类别	填料名称	电阻率/Ω·cm	基本特性
金属类	银粉	$1.6×10^{-6}$	化学稳定性好，防腐蚀性强，导电性最好，价格昂贵，只能在军事领域等特殊场合应用
	铜类	$1.7×10^{-6}$	导电性好，成本低，但容易氧化。导电性能不稳定，一般需要化学处理才能得到稳定的导电性能
	镍粉	$1.0×10^{-3}$	导电性一般，价格适中，化学稳定性好，耐腐蚀性强，铁磁性优良
	铝粉	$2.7×10^{-6}$	导电性好，价格低，但易氧化。导电性能不稳定，耐化学腐蚀性差
碳类	炭黑、石墨	$1×10^{-2}$	价格便宜，密度小，耐腐蚀性强，但导电性差。一般只适用于抗静电领域
金属氧化物类	氧化锡①、氧化锌、氧化钛	电阻率随金属氧化物品种的不同而在较大范围内变化	密度较小，在空气中稳定性较好，可制备透明涂料以及制备浅色、白色抗静电涂料
复合类	导电云母粉、导电玻璃纤维和导电钛白粉等	电阻率随镀覆金属的不同而在较大范围内变化	密度小，价格适中，导电性好，颜色可调，原料来源丰富

① 纯的金属氧化物（例如氧化锡、二氧化钛等）是绝缘体，只有当他们的组成偏离了化学比、产生晶格缺陷和进行掺杂时才能够成为半导体。

　　复合类导电填料可以分为复合粉和复合纤维。在导电涂料中采用复合填料能够降低涂料成本，提高涂料性能。国际标准化组织对复合粉末的定义（ISO 3252）是：每一颗粒都由两种或多种不同材料组成的粉末，并且其粒度必须达到（通常是大于）$0.5\mu m$ 足以显示出各种宏观性质。金属包覆型复合粉是将金属镀覆在每个芯核颗粒上形成的复合粉末，它兼具有镀层金属和芯核的优良性能。根据芯核物质的不同，金属包覆型复合粉大致可以分为金属-金属、金属-非金属、金属-陶瓷三类，如玻璃珠、铜粉和云母粉外包覆银粉以及炭黑外包覆镍粉等。此外，也有以金属氧化物为外壳，硅或硅化物、TiO_2 等为内壳的复合导电微粉。

　　复合纤维有多种，如尼龙、玻璃丝、碳纤维包覆金属或金属氧化物等。将聚丙烯腈纤维包覆 Cu、Ni；将 Ni 镀于 Cu 的外部，可以保持内部铜层不被氧化，使其具有稳定的导电性。采用化学镀的方法在玻璃纤维表面沉积金属镀层，制得镀覆金属的导电玻璃纤维，可以用于防静电涂料的复合型导电填料。

　　（2）环氧导电腻子基本配方　　环氧导电腻子的参考配方举例见表 3-42。

表 3-42　环氧导电腻子基本参考配方举例

原材料名称		组分或功能作用	用量/质量份
腻子组分	E-20 环氧树脂	成膜物质	35～45
	分散剂	助剂	0.5～1.0
	混合溶剂	溶剂	40～50
	复合导电填料	功能性填料	8～12
	消泡剂	助剂	0.3～0.5
	氧化锌粉	填料、改善打磨性、增加附着力	0.3～0.5
	硬脂酸锌	改善打磨性助剂	0.3～0.5
	有机膨润土预凝胶①	触变剂，提高腻子的触变性	适量
固化剂组分	聚酰胺类固化剂	固化剂	55～60
	混合溶剂	溶剂	40～45

①也可以采用聚氯乙烯粉或气相二氧化硅。

（3）环氧导电腻子的制备工艺　　环氧导电腻子的制备是分别制备腻子组分和固化剂组分，再按比例配合即可。

环氧导电腻子组分的制备工艺为：将 E-51 环氧树脂、分散剂和部分溶剂等加入捏合机中搅拌均匀，然后再投入氧化锌粉和硬脂酸锌充分搅拌分散均匀，成为混合料浆。将混合料浆在研磨设备中研磨至细度在 $30\mu m$ 以下，然后再加入复合导电填料继续分散 30min，最后加入剩余溶剂和助剂（有机膨润土预凝胶、消泡剂等）等搅拌均匀，即得到环氧导电腻子。

环氧导电腻子固化剂组分的制备工艺为：将聚酰胺类固化剂和混合溶剂投入到搅拌罐中搅拌混合均匀，即成为固化剂组分。然后，由装罐机装入塑料软管中，即得到腻子的固化剂组分。

将腻子组分和固化剂按质量比配合包装，并在使用说明书中详细说明其配合比。

3. 环氧导电腻子的性能要求和特征

应用于金属表面的环氧导电腻子应具有良好的附着力、硬度和高温抗裂性好等特征，并应具有良好的焊接性、抗静电性，而且应常温干燥迅速，耐高温烘烤，打磨性、涂刮性优异。环氧导电腻子的技术性能指标如表 3-43 所示。

表 3-43　环氧导电腻子的技术性能指标

项目	技术指标
容器中状态	无橘皮、无结块、无明显颗粒的黏稠膏状体
不挥发份（120℃/1h）/% ≥	60
腻子膜颜色及外观	灰色、平整，干后无裂纹
干燥（实干，25℃） ≤	2
稠度/cm	8～11
凝胶时间（适用期）/min ≤	8
附着力/（kgf/cm²） ≥	50
柔韧性/mm ≤	100
冲击强度/kgf·cm ≥	15
打磨性（20 次）	易打磨，不粘砂纸

续表

项目	技术指标
耐高温烘烤性(220℃±5℃)0.5h	涂刮1mm厚,不开裂、不鼓泡
耐冷热循环,1周期	无变化
介电常数/Ω^{-1}	$10^{-12} \sim 10^{-6}$

注:1kgf=9.80665N。

4. 环氧导电腻子的施工略述

(1) 将环氧导电腻子与固化剂按比例调和均匀（使色泽一致），并必须在凝胶时间内用完，否则增稠成胶报废。

(2) 刮涂腻子前，须先打磨底材。如需要的腻子膜较厚，应分多次薄刮涂以达到设计要求厚度。涂刮时应彻底刮平，挤出渗入的气泡。

(3) 如导电腻子需要稀释，应使用专用稀释剂进行稀释，严禁用"天那水"等稀释剂来调稀腻子，否则会出现"鼓泡"、"脱皮"、附着力严重下降等问题。

(4) 气温较低及湿度较高时，固化时间会延长。

参 考 文 献

[1] 李德东. 提高原子灰综合性能的研究. 表面技术, 2010, 39 (3)：97-99.

[2] 刘福生, 魏曙光, 杨雅琴. 紫外光固化腻子的研究. 涂料工业, 2000, (3)：16-19.

[3] 伍忠岳, 叶荣森, 罗生平等. 高固含高透明水性腻子的配方设计及应用. 中国涂料, 2007, 22 (2)：31-32.

[4] 刘登良主编. 涂料工艺. 第4版. 北京：化学工业出版社, 2009.

[5] 周新模, 王秉义, 田佩秋编著. 木器油漆工. 北京：化学工业出版社, 2009.

[6] 郭铭, 张锋, 许永辉. 几种典型固化剂对环氧腻子性能的影响. 中国涂料, 2002, (5) 27-28.

[7] 原兵发, 满万继, 张小宁等. 机床用过氯乙烯二道腻子的改进. 现代涂料与涂装, 2006, (9)：49-50.

[8] 马林泉. GL-93不饱和聚酯腻子的研制. 热固性树脂, 1994, (3)：30-32.

[9] 周学良主编. 涂料. 北京：化学工业出版社, 2002.

[10] 程秀莲, 霸书红. 原子灰快干性与稳定性研究. 电镀与精饰, 2011, 33 (6)：25-27.

[11] 姚明. 汽车涂装中常用腻子的刮涂方法. 汽车维修, 2004, (5)：51-53.

[12] 季燕雄, 柴雪如, 李宁等. 原子灰在汽车涂装中的应用. 现代涂料与涂装, 2009, (5)：57-60.

[13] 王健，闫武娟. 客车用原子灰常见缺陷原因分析. 客车技术与研究，2010，(3)：41-42.

[14] 陈旭，赵民. 水性环氧底漆与不饱和聚酯腻子层间附着力的影响因素及机理分析. 现代涂料与涂装，2012，(11)：25-28.

[15] 倪维良，王留方，朱亚君，等. 乳化型水性固化剂的固化行为与成膜机理探讨. 涂料工业，2012，42 (2)：30-35.

[16] 黄永炎. 氯丁胶腻子和氯磺化聚乙烯腻子的研制与应用. 制品与工艺，2001，(1)：20-22.

[17] 赵怡丽，张华东. 粉末涂料配套腻子的使用说明. 中国涂料，2006，21 (9)：51-52.

第四章

新型高装饰性建筑涂料

第一节 概述

一、高装饰性建筑涂料的主要种类与特征

高装饰性建筑涂料是相对于通常的平面薄涂层类涂料而言的，这类涂料通常具有独特的或者装饰质感极为丰满的涂膜效果；且大多数需要特殊施工方法以及需要多道施工才能够得到合乎要求的涂膜。目前应用的高装饰性建筑涂料品种很多，如砂壁状涂料、复层涂料、多彩涂料、仿石涂料、拉毛涂料、仿幕墙涂料等则是这类涂料中的常见品种。表4-1中概述了高装饰性建筑涂料的种类与性能特征。

表 4-1 高装饰性建筑涂料品种概述

种类	性能特征
合成树脂乳液砂壁状涂料	涂膜外观具有像堆叠一层砂粒一样的石材质感涂膜饰面效果，由于涂膜酷似天然岩石，因而也称真石漆，由基料和粒径与颜色相同或不同的彩砂颗粒制成，其主要特征是涂膜质朴粗犷、质感丰满、装饰效果极具个性和富于变化等，但耐污染性差。涂料既可以通过喷涂施工，也可以批涂施工
复层涂料	也称浮雕涂料、凹凸涂层涂料和喷塑涂料等，涂膜质感丰满，富于变化，可以通过调整涂膜斑点的大小、形状和颜色，以及通过花纹的配合等方法得到不同装饰风格的涂膜。主涂料只能采用喷涂施工。主涂料根据基料的不同，有聚合物水泥类、硅酸盐类、合成树脂乳液类和反应固化型合成树脂乳液类四种。其中合成树脂乳液类复层涂料具有好的性价比，是应用的主要品种

种类	性能特征
拉毛涂料	拉毛涂料是先用普通辊筒滚涂成一定厚度的平面涂料,然后再用海绵状拉毛花样辊滚拉出凹凸不平、近程无序而远程有序(即小范围无规律、大范围有规律)、呈波纹状尖头的毛疙瘩的饰面涂膜。拉毛涂膜类似于复层涂料,但毛疙瘩呈尖头,而复层涂料的斑点表面平坦,且毛疙瘩的大小和形状较之复层涂料的斑点更富于变化。拉毛涂膜兼有丰满和细腻的风格
仿幕墙涂料	仿幕墙涂料也称合成树脂仿铝板幕墙装饰系统、仿金属漆等,系通过一定的施工方法装饰出类似于铝塑板装饰效果的涂膜饰面。通常是在外墙抹灰面上做出分隔缝,用配套腻子批刮、打磨、抛光,然后喷涂高性能罩面涂料(如溶剂型氟树脂涂料)而得到的类似于铝板装饰效果的涂膜饰面,涂膜可制成有金属光泽的饰面,也可以制成非金属光泽的亚光饰面,均具有特殊的装饰效果且富丽华贵
仿花岗岩涂料	是从砂壁状涂料发展的一种新型高装饰涂料,由基料、微细砂和产生花岗石花纹的色料(类似于真石漆中的"岩片"),通过喷涂、压光而得到的涂膜酷似花岗石,可以达到以假乱真的程度而产生高装饰效果
多彩花纹内墙涂料	分散相是色彩为两种或多种黏度很高的硝酸纤维素色漆,呈0.5～3.5mm粒径的颗粒分散于高黏度甲基纤维素水溶液中,分散相界面稳定,互不相容。通过一次喷涂得到酷似壁纸的多彩花纹涂膜。涂膜花纹可变幻无穷,质感丰满,装饰效果极好
多彩花纹内墙涂料	分散相是色彩为两种或多种黏度很高的聚乙酸乙烯乳胶漆(或其他类型的乳胶漆),呈小颗粒分散于聚乙烯醇水溶液中,分散相界面稳定,互不相容。通过一次喷涂即可得到多彩涂膜。涂膜花纹质感丰满
云彩涂料(梦幻涂料)	云彩涂料主要使用珠光颜料,有的涂料采用进口高档珠光颜料,可使涂膜在不同角度或不同光线下呈现变幻的色彩,因此也称幻彩涂料、梦幻涂料等,通过手工装饰而得到一定图案的涂膜,可使涂膜产生云彩或各种预先设计的图案等装饰
仿丝绸涂料	丝绸涂料的颜料也是珠光颜料,涂膜特征是在墙面涂装底漆(乳胶漆)后,在涂膜未表干时立即喷涂丝绸涂料。由于底漆未干,喷涂的丝绸涂料斑点以变化的深度深陷于底漆的湿涂膜中,加之涂膜中珠光颜料的闪光作用,使涂膜像绸布而产生非常好的装饰效果
底漆、纤维质感涂料	这种涂料中不含粉状填料而仅由纤维构成,基料能够形成透明涂膜,因而涂膜能够清晰显现纤维,具有毯子的效果,因而也称"仿壁毯涂料"、"好涂壁"、"思壁彩"等,以抹涂方法施工。由于不同纤维的搭配,使涂膜产生质感、美感,且花纹图案丰富和具有独特的立体感以及吸声透气等

种类	性能特征
丝网印花涂料、罩光剂	丝网印花涂料类似于仿丝绸涂料,但不是通过喷涂施工,而是通过丝网印刷。类似于印花涂膜,但因为涂料中的珠光颜料产生的闪光效果而产生高装饰效果。虽具有一定的装饰效果,但图案的变化少,呆板,不如仿丝绸涂料的装饰效果

表 4-2 中概述了不同高装饰性建筑涂料的涂料或涂膜构成与涂层配套实例。

表 4-2　不同高装饰性建筑涂料的涂料或涂膜构成与涂层配套实例

种类	涂料或涂膜构成	涂层配套实例
合成树脂乳液砂壁状涂料	封闭底漆、砂壁状涂料和罩面涂料(罩光剂)等	①水性封闭底漆层+砂壁状涂料涂层;②水性封闭底漆层+砂壁状涂料涂层+水性罩光层;③溶剂型封闭底漆涂层+砂壁状涂层+溶剂型罩光层
复层涂料	封闭底漆、主涂料、罩面涂料和/或罩光剂等	①封闭底漆层+主涂料(涂膜呈一种颜色,斑点不压平)涂层+罩面层;②封闭底漆层+主涂料(涂膜呈一种颜色且斑点压平)涂层+罩面层;③封闭底漆层+主涂料(涂膜呈两种或多种颜色)涂层+罩光层
拉毛涂料	封闭底漆、拉毛主涂料、罩光剂	①封闭底漆层+普通拉毛主涂料(毛疙瘩呈尖头)涂层;②封闭底漆层+弹性拉毛主涂料涂层+罩光层;③封闭底漆层+弹性拉毛主涂料(毛疙瘩稍压平)涂层
仿幕墙涂料	多道腻子、防裂增强层、抛光腻子层、滑爽腻子层、中涂层、面层等	①防裂增强层+(抛光腻子+滑爽腻子)层+封闭底漆层+中涂层+高性能、高金属光泽面涂层;②防裂增强层+腻子层+封闭底漆+中涂层+高性能面涂层
仿花岗岩涂料	封闭底漆、仿花岗岩涂料和罩光剂等	①封闭底漆层+仿花岗岩涂料涂层;②封闭底漆层+仿花岗岩涂料涂层+罩光层(水性)
多彩花纹内墙涂料	底漆、水包油型多彩花纹涂料	底漆(为白色乳胶漆)层+水包油型多彩花纹涂料涂层
	底漆、水包水型多彩涂料、罩光剂	底漆(乳胶漆)层+水包水型多彩涂料+罩光剂(水性)涂层

种类	涂料或涂膜构成	涂层配套实例
云彩涂料（梦幻涂料）	底漆、云彩涂料	底漆（乳胶漆）层＋云彩涂料（云彩涂料主要通过手工涂装出特殊装饰涂膜效果）涂层
仿丝绸涂料	底漆、丝绸涂料	底漆（乳胶漆）层＋丝绸涂料（主要通过喷涂得到效果）涂层
纤维质感涂料	底漆、纤维质感涂料	封闭底漆层＋纤维质感涂层
丝网印花涂料	底漆、丝网印花涂料、罩光剂	①底漆（乳胶漆）层＋丝网印花涂料涂膜；②底漆（乳胶漆）层＋丝网印花涂料涂膜＋罩光涂层

除表 4-1、表 4-2 中所概述的高装饰性涂料外，还有仿瓷涂料和金属质感涂料，都有特殊的装饰效果。但由于仿瓷涂料通常使用大量的填料、其颜料体积浓度（PVC 值）高达 80%，涂膜的物理力学性能较差；金属质感涂料主要作为仿幕墙涂料和复层涂料的配套涂层，很少单独使用，因而这两种涂料都未列入高装饰性建筑涂料中。

二、高装饰性建筑涂料的应用状况

在表 4-1 概述的 10 种高装饰性建筑涂料中，其应用情况因为其装饰效果、涂膜理化性能、适用场合和对环保与健康的影响等性能的不同而存在很大悬殊。

1. 长期应用并得到发展的高装饰性建筑涂料

砂壁状涂料、复层涂料和拉毛涂料都属于这种情况，砂壁状涂料和复层涂料尤其如此。这两种涂料在我国开始应用的时间较早，大概是在 20 世纪 70 年代，至今已有 40 多年的使用经历，而且在这 40 多年的时间内未有冷落期，持续不断地被应用，受欢迎，但复层涂料近几年应用不多。这两种涂料的共同特性是可以适用于室内和室外墙面，适用范围很宽；其次是涂膜的饰面风格粗犷、质感性强，并能够使涂膜效果在粗犷和细腻之间得到调整，例如砂壁状涂料砂粒大小的调整和颜色的不同搭配，以及涂膜面层是否罩光所产生的效果变化等；复层涂料斑点、纹理和颜色的调整与搭配以及涂膜面层是否罩光所产生的效果变化等，都能使涂膜装饰效果产生大范围的变化。通常，具有一定规模的生产商提供的涂膜色卡品种可能达 30～50 种之多，并且具有内墙应用和外墙应用之分别。

拉毛涂料早期采用水泥基材料滚拉，近年来改用合成树脂乳液涂料，装饰效果更好，并进而以弹性乳胶漆为主。近年来在外墙面得到大量应用。尤其是具有弹性功能的拉毛涂料应用量更大，应用更广泛。

使用范围广是这类涂料长期应用并不断发展的重要原因。例如，砂壁状涂料广泛应用于外墙，但在内墙面的高档装饰中适当应用能够起到画龙点睛的装饰效果（如用作电视机背景墙的小面积涂装、应用于假山的环境衬托涂装和应用于欧式装饰构件的涂装等）；再例如复层涂料既广泛应用于外墙，也广泛应用于室内大厅、走廊和影剧院等墙面的涂装。

随着应用要求的提高和建筑涂料技术的发展，这些涂料的性能随之得到提高。例如，砂壁状涂料基料的高耐水性的进步改善了涂膜受到水侵蚀而变白的缺陷；使用硅丙乳液作为高耐沾污罩光剂解决涂膜耐污染性差的问题和涂膜向更高装饰效果方面的发展等；使用金属光泽涂料对复层涂料进行罩面使涂膜的装饰效果产生根本性变化；拉毛涂料由普通乳胶漆向弹性乳胶漆的转变，使得涂膜既能够遮蔽基层出现的微细裂缝，又具有质感性强的装饰效果。

2. 涂膜装饰效果乖时，失去应用

表 4-1 中的仿丝绸涂料、纤维质感涂料、丝网印花涂料和云彩涂料都属于这种情况。这些涂料的装饰效果确实各具特色，在初现于市场时都很受欢迎，有一定的应用。

这几种涂料中，除丝网印花涂料呆板外，其他几种涂料的装饰效果还是很好的。但应用的时间不长、应用的数量也不大，并且随着时间的推移，人们逐渐对其失去使用热情，现在几近销声匿迹。除了在文献中了解外，人们对它们已经很陌生。分析其原因，这些涂料的装饰效果、涂膜理化性能都很突出，对环境和健康也没有不良影响，没有得到继续应用的原因只可能归咎于装饰效果的乖时。

3. 环保性不好或装饰效果档次低而淘汰

水包油多彩花纹内墙涂料是这种情况的典型。该种涂料在我国的应用在 20 世纪 90 年代初，在初现于市场时，曾在全国范围内大量、广泛应用，风靡一时。水包油多彩花纹内墙涂料因为环保性不好而受

到淘汰。该涂料以硝酸纤维素基涂料为分散相，其中使用大量二甲苯、乙二醇丁醚等毒性大的溶剂，在施工后很长时间内，甚至在涂膜装饰效果已经显著降低的时间段内，涂膜仍会散发有毒成分，而且只能应用于室内，因而遭到淘汰是必然的。

在认识到水包油多彩涂料的环境危害性后，又开始研制水包水型产品，但因为受到当时原材料情况的限制，所研制、生产的产品未能接近于水包油类涂膜，虽然在多彩涂料风靡时得到一定的应用，但终未能取得水包油产品的风光，最后因为装饰效果档次低而淘汰。

但是，近年来由于人们对水包水多彩涂料的重新认识和弹性建筑乳液的出现，出现了对水包水多彩涂料研究的新热情，并得到非常好的研究结果。新型水包水多彩涂料不但能够应用于内墙，也能够应用于外墙，而且应用范围很广泛。

4. 近年来新发展的高装饰性涂料

仿幕墙涂料、仿面砖涂料和仿花岗岩涂料都是近年来新发展的高装饰性涂料。铝板和铝塑板装饰幕墙富丽华贵，但因价格昂贵而限制了应用。仿幕墙涂料是用涂料通过一定的施工方法涂装出类似于铝塑板装饰效果的涂膜饰面。施工时，先在外墙抹灰面上做出分隔缝，用配套腻子进行多道批刮、打磨、抛光，然后喷涂溶剂型氟树脂面涂。仿幕墙涂料是近年来涂料与涂装技术的重大进展。这类涂料仅适用于外墙装饰。除了需要多种配套腻子、先进的施工工具（如高压无气喷涂机械、吊篮等配套施工机具）外，还需要纯熟的施工技术以及严格的施工管理，是建筑涂料、涂装技术进步的最好体现。该种涂料在一段时间内很受欢迎，得到大量应用。但由于外墙外保温工程的出现，显著影响了他的使用。

根据面涂的不同，仿铝板、仿幕墙装饰涂膜分为三种，即氟树脂幕墙、聚氨酯幕墙和硅树脂幕墙，建工行业标准 JG/T 205—2007《合成树脂幕墙》规定了它们的技术质量指标。

仿花岗岩涂料是在砂壁状涂料的基础上发展起来的。首先，该涂料将砂壁状涂料中的砂粒粒径改变成120～160 目、近乎于粉状的细砂；其次，使用特殊的破乳技术，将以高弹性乳液为基料的彩色涂料破乳，得到类似于花岗岩纹理的彩色"色料"，该"色料"极像砂壁状涂料中的"岩片"。在施工时，先喷涂，再采用仿瓷涂料那样的施工方法将涂膜表面进行压平，得到几可乱真的仿花岗岩涂膜。这种涂料适用于内、外墙面的涂装。这类涂料出现不久，应用量还不大。

三、高装饰性建筑涂料的发展

建筑涂料一直处于不断发展与提高的过程中，高装饰建筑涂料亦如此。高装饰涂料的发展与提高体现于两个方面：一是新型产品的出现，如上面的仿幕墙涂料和仿花岗岩涂料；二是原有高装饰性涂料的发展提高。表4-3概述我国近年来高装饰性建筑涂料发展提高的状况。

表 4-3　我国近年来高装饰性建筑涂料发展提高状况概述

涂料类别	适用技术标准	涂料发展提高状况描述		
		生产技术	施工技术	实际效果
砂壁状涂料	建工行业标准《合成树脂乳液砂壁状建筑涂料》(JG/T 24—2000)	①引入高耐水性丙烯酸酯类乳液作为基料；②引入硅丙乳液进行涂膜罩面；③引入"岩片"作为装饰性成分；④开发粉状砂壁状涂料	①改善施工方法，通过多道喷涂，能够得到装饰效果酷似大理石饰面的涂膜；②发展抹涂施工技术；③开发仿面砖施工技术	①使涂膜的耐水性、耐污染性有显著改善；②涂膜的装饰效果提高；③抹涂施工扩大涂料应用；④仿面砖施工的涂膜酷似面砖
复层涂料	国家标准《复层建筑涂料》(GB/T 9779—2005)和《外墙外保温用环保型硅丙乳液复层涂料》(JG/T 206—2007)	①引入金属铝粉颜料；②开发粉状复层涂料；③开发弹性复层涂料		①金属光泽涂料罩面，使涂膜装饰效果显著提高；②增多涂料品种，扩大应用范围；③使涂膜具有遮蔽基层微细裂缝和防水抗渗功能
拉毛涂料	参照执行《复层建筑涂料》(GB/T 9779—2005)或《弹性建筑涂料》(JG/T 172—2005)	①使用弹性乳液作涂料基料；②引入高效消泡剂和涂料流变剂	①开发新型拉毛滚涂辊筒；②增加拉毛涂膜的花色品种，提高实际应用性能	①涂膜具有弹性，能够遮蔽基层微细裂缝，提高防水抗渗性；②新型拉毛滚涂辊筒的开发和涂料流变剂的引入，都能使涂膜的装饰效果显著提高；③涂料滚涂不飞溅；④涂膜中气泡缺陷更少

涂料类别	适用技术标准	涂料发展提高状况描述		
		生产技术	施工技术	实际效果
仿幕墙涂料	建工行业标准《合成树脂幕墙》（JG/T 205—2007）	①开发高性能溶剂型金属光泽的耐久性涂料；②开发与涂料配套的系列化腻子、勾缝剂等涂装配套材料	①开发先进的施工工具（如高压无气喷涂机械、吊篮等）；②开发先进的施工技术；③引入涂膜抗裂概念和体系	①得到全新的新型装饰涂膜，提高外墙涂料工程的档次；②得到高耐久性涂料工程；③提高建筑涂料在建筑装饰材料中的竞争性能和提升建筑涂料的施工技术水平
仿花岗岩涂料	参照执行建工行业标准《合成树脂乳液砂壁状建筑涂料》（JG/T 24—2000）	①开发制备类似于花岗岩纹理的彩色"色料"技术；②研制新型涂料生产技术	开发涂料新型施工技术，首创喷涂与抹涂结合的涂料涂装技术	得到全新的新型装饰涂膜，增加涂料的花色品种，提高涂料在装饰材料中的竞争力，扩大涂料的应用

四、发展与展望

目前，建筑节能已成为我国的基本国策，为此对提高建筑围护结构的保温隔热性能给予高度重视，成为法定要求。建筑涂料的涂装基层由坚固牢靠的水泥基材料（水泥砂浆、灰浆等）改变为保温隔热材料面层上的一层薄质聚合物水泥基材料，并且对饰面涂料的种类与性能提出了新的要求。这必然会显著影响建筑涂料的使用，外墙用高装饰性建筑涂料的发展也将受其影响。

首先，有的外墙外保温系统的强制性标准（例如广泛应用于夏热冬冷气候区的 JG 158—2004）《胶粉聚苯颗粒外墙外保温系统》规定：连续性复层建筑涂料主涂层的断裂伸长率必须≥100%；平涂用涂料的断裂伸长率必须≥150%。这样，具有弹性性能的拉毛涂料和复层涂料都将会得到更多应用，并在大量应用中得到新的发展和提高。

其次，溶剂型仿幕墙涂料的应用将显著减少，其发展也将受到很大限制。因其与广泛应用于严寒和寒冷气候区的膨胀聚苯板薄抹灰外墙外保温系统不相容；和胶粉聚苯颗粒外墙外保温系统的相容性也不好。工程中因为没有考虑这方面的问题，已经出现过质量事故。而且这类涂料应用于胶粉聚苯颗粒外墙外保温系统的饰面层时，其抗裂性指标也不能满足要求。因而，由于该类涂膜在有的外保温系统中应用有问题，加之施工技术的复杂性，其应用减少成为必然。

第三，仿花岗岩涂料或其改进型涂膜、新型水包水多彩涂料、仿面砖施工的砂壁状涂料在工程中的应用将逐步增多。

第四，建筑涂料本来就是一种以装饰为主要功能的建筑材料，提高其装饰性能也是人们的必然追求，在这种追求过程中将导致高装饰性建筑涂料的不断发展与提高。过去的发展历程已经证明了这一点，今后仍将会循着这一途径前进。

应用是发展的前提，得到大量的应用必然会在应用过程中得到提高或产生新的品种，这将是外墙用高装饰性涂料发展的基础，而内用高装饰性建筑涂料的可能发展将是多功能化，尤其是有利于健康方面的功能化，例如调节湿度、释放负离子、耐污防霉等。

第二节　水包水多彩涂料

一、发展概况综述

我国多彩涂料的发展当追溯到 20 世纪 80 年代末，当时上海有企业从日本引进硝化棉类水包油多彩内墙涂料生产技术。该多彩涂料通过一次性喷涂，可同时呈现多种色彩而且相互交织、重叠的花纹，在当时装饰材料品种少、档次低的状况下受到极大欢迎，并在高档内墙装修中得到应用，随后在普通内墙装修中也得到广泛应用。在生产技术方面，国内许多研究、生产单位也相继研制成功相似技术，并逐步推广、普及。

该涂料风行几年后，因其使用大量溶剂造成的危害日益凸现，逐渐为人们所认识而渐趋衰减并最终销声匿迹。针对水包油多彩内墙涂料的环境危害问题，国内研究机构研究开发出水包水多彩涂料，但由于人们所持有对水包油多彩涂料的认识、其本身装饰效果差等而很难为市场接受，不久随着乳胶漆的广泛推广应用、仿树脂幕墙涂料、高性能溶剂型外墙涂料等新产品、新技术的出现和流行，多彩涂料逐渐淡出涂料市场。

近年来，随着房地产市场的不断升温，巨大量的建筑应用市场推动建筑涂料应用量的剧增。另一方面，由于外墙外保温系统技术的广泛应用，其面层粘贴面砖或装饰性石材所受到的种种安全障碍，以及仿树脂幕墙涂料、高性能溶剂型外墙涂料受到的极大限制，能一次喷涂形成类似装饰石材效果的仿花岗岩涂料、仿大理石涂料等开始在外墙外保温系统中得到应用。这类涂料实际上就是水包水多彩涂料技术，或者在涂料的生产中采用了水包水多彩涂料技术。而且这类技术一经出现，就受到重视，发展很快。

近年来出现的新型多彩涂料技术和 20 世纪 80 年代末 90 年代初流行的多彩涂料有着本质的不同：20 世纪末的硝化棉水包油类、水包水类多彩涂料都以内墙应用为主，而水包水类产品装饰效果很差，且生产技术单一。新型水性多彩涂料以外墙应用为主，装饰效果非常好，生产技术也多样化。从涂膜性能来说，装饰效果方面主要是模仿大理石、花岗岩等天然石材，且涂膜风格多样化；而其物理力学性能也有不同，例如普通型、弹性型等。

除了生产技术外，应用技术也受到重视和研究。例如，新型水包水多彩涂料的施工方法根据需要既可以采取喷涂，也可以采取批涂并压光（或不压光）；可以施工在乳胶漆涂膜表面，也可以施工于砂壁状涂膜表面，有的产品还可以掺之于砂壁状涂料中一同施工，这些不同的施工方法得到的涂膜装饰效果也各不相同，实现了涂膜装饰风格的多样化。

二、水包水多彩涂料的制备原理与涂料特征

1. 多彩涂料的组成及分类

（1）组成　多彩涂料通常由分散介质和分散相组成，分散介质也称分散相。其中，分散介质的组成以成膜物质为主，几乎不含颜料，黏度较低，成膜后呈透明状态；分散相的主要成分和一般水性涂料相似，颜料（包括填料）浓度较高，黏度较高。分散相是在多彩涂的制备过程中，在搅拌作用下形成大小、形状各不相同的"彩色颗粒"被分散到分散介质中。根据预先的涂膜设计按比例将不同颜色的"彩色颗粒"混合后即形成多彩涂料。也可以一次性将不同颜色的分散相分

散到分散介质中形成多彩涂料，如图 4-1 所示。

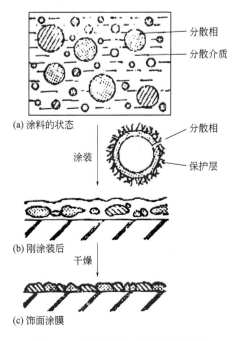

图 4-1　多彩涂料构成原理示意图

（2）分类　根据分散介质和分散相的不同，多彩涂料可以分为水包油型（O/W）、油包水型（W/O）、油包油型（O/O）和水包水型（W/W）四类，如表 4-4 所示，但至今为止用于建筑涂料的只有水包油型（O/W）和水包水型（W/W）两类。

表 4-4　多彩涂料的种类与构成

多彩涂料种类	构成与特性描述
水包油型（O/W）	分散介质为水相，系合成树脂乳液、甲基纤维素水溶液等；分散相为油相，成膜物质为硝基纤维素、改性醇酸树脂等，加入颜（填）料及助剂，含较多有机溶剂
油包水型（W/O）	分散介质为油相，为耐碱性的氯乙烯树脂漆、丙烯酸树脂漆等；分散相为水相，由高黏度的各种合成树脂漆制成

多彩涂料种类	构成与特性描述
油包油型（O/O）	分散介质和分散相均为油相，但溶剂互不相溶，主要适用于金属的涂装，存在溶剂型涂料不安全、不环保的缺点
水包水型（W/W）（即水性多彩涂料）	分散介质为水相，系合成树脂乳液、保护胶体和助剂等；分散相也为水相，其构成类同于合成树脂乳液类建筑涂料。主要应用于建筑物内、外墙面的涂装，环保性和装饰效果好

2. 水性多彩涂料的制备原理

水性多彩涂料是由分散介质包裹着水性乳胶涂料（即分散相）小"颗粒"所形成的多相悬浮体系。一般认为，要实现"水包水"的多相悬浮体系，就必须把水性乳胶涂料分散于保护胶水溶液中，在分散相涂料（"彩色小颗粒"）的表面形成一层不溶于水的柔性膜，这层柔性膜除了能够阻止膜内液体涂料组分与膜外的保护胶液组分互相扩散外，还要防止"彩色小颗粒"之间发生聚集。施工后，湿膜中的分散相"彩色小颗粒"起初仍被保护，且在水相中呈悬浮状态，随着保护胶涂膜中水分的挥发，分散相的"彩色小颗粒"相互堆砌、融合，最终形成多彩花纹涂膜。

3. 水性多彩涂料的优势

（1）相比砂壁状涂料的优势 与砂壁状涂料相比，水性多彩涂料的颜色稳定性较好。水性多彩涂料能够根据涂膜样板的要求生产出稳定、符合要求的产品，而真石漆的颜色完全依赖于天然彩砂的颜色。不同区域的天然彩砂、甚至同一个矿源不同的深度开采加工的彩砂都存在颜色差异。对于较大工程，真石漆需求量较大时，往往因时间的延续导致彩砂不同批次之间颜色差异较大，而影响涂膜的装饰效果。

（2）相比天然装饰石材的优势 与天然装饰石材相比，水性多彩涂料自重轻，更加安全。特别是对于外墙外保温墙面，采用石材装饰施工难度加大，安全措施的费用大。水性多彩涂料仿花岗石效果的外墙装饰可以不受外保温方式的限制，施工简易，更适用于外墙外保温系统。

（3）更加环保节能 水性多彩涂料环保、无毒、易施工，可以模仿天然花岗石装饰效果，能够减轻天然石材开矿、加工、运输、安装过程所耗费自然资源和对环境的破坏。

（4）创意和适应性强 设计与施工不受限制，可根据建筑本身的设计灵活地体现建筑物的线条与层次感。可适应任何不规则建筑墙面，可装饰任何弯曲、细边等部分，容易实现建筑造型设计。

（5）易于控制批次色差，便于后期翻新修补，可大面积施工应用，比天然花岗岩更加容易控制批次之间的色差，后期翻新修补方便。

（6）施工周期短　施工周期短，使用专业喷枪，一次成型，可大大节省施工时间，缩短工期。

4. 水性多彩涂料的不足

（1）装饰效果　相比较于花岗石饰面石材，水性多彩涂料目前尚无法达到花岗石高贵、富丽和华美的装饰效果。

（2）耐久性　耐久性包括两个方面：一是涂膜的物理力学性能随着时间而劣变进而使涂膜装饰效果降低；二是涂膜的色彩变化，即涂膜褪色、变色而降低装饰效果。

（3）耐污染性无法与装饰石材相比，不具备自清洁功能。

三、水性多彩涂料生产技术

1. 水性多彩涂料与水包油多彩涂料生产技术的异同

水性多彩涂料与水包油多彩涂料都是由分散相和分散介质组成的。但由于水包油多彩涂料中分散相和分散介质由不同性质的材料组成，因而其不同相之间的界面更为稳定。而在水性多彩涂料中，分散相和分散介质都是水性的，其界面的稳定性相对差些。由于这种特性，制备水包油多彩涂料时，是将不同颜色的分散相制备后，按比例一起投入分散介质中分散、搅拌造粒后直接构成多彩涂料。

水性多彩涂料则不同，它是先制备不同颜色的分散相（"彩色颗粒"），再制备分散介质，然后将不同颜色的分散相（"彩色颗粒"）分散于分散介质中才能得到多彩涂料。

2. 水性多彩涂料的原材料选用

（1）按照乳胶漆的要求进行原材料选择　根据制备水性多彩涂料的应用场合（内用或外用）的不同，可按照内墙或弹性外墙乳胶漆的原材料进行选用。但还有几种属于水性多彩涂料的专用材料，是乳胶漆不使用的。这些原材料包括凝聚剂、保护胶体等。

（2）凝聚剂　可以选择硫酸铝硫酸钾铝（明矾）作为凝聚剂，他们都能使建筑乳液凝聚。分散相的制备原理是将黏度较高的乳胶漆颗粒表层的聚合物乳液破乳而产生凝聚，颗粒表层的聚合物乳液凝聚后就具有一定的强度，而由于颗粒中除了聚合物乳液外，还含有羟乙基纤维素胶体和颜料、助剂等，因而聚合物乳液凝聚而产生的强度既不足以使颗粒变得很坚硬，又能够保持颗粒的形状。

当"彩色颗粒"制备后，应采取措施除去与"彩色颗粒"、接触的凝聚剂，以防止其向"彩色颗粒"内部渗透使颗粒内的聚合物乳液继续破乳凝聚，导致"彩色颗粒"变得坚硬而失去装饰性能。

（3）保护胶　或称保护胶体，通常采用聚乙烯醇水溶液。1788型聚乙烯醇的防冻性较好，但薄膜的耐水性差，1799型聚乙烯醇薄膜的耐水性好些，但防冻性差，可以根据内、外用的不同进行选用，或者在保护胶体溶液的配方中予以解决。

3. 水性多彩涂料配方举例

表 4-5 中列示出制备水性多彩涂料的基本参考配方。

表 4-5　制备水性多彩涂料的基本配方

涂料组分	制备配方				在涂料中的用量/%
		原材料	用量（质量）/%	在分散相中的用量/%	
"分散相"	预制涂料浆	弹性聚丙烯酸酯乳液	30.0	87.8	65.0
		膨润土增黏剂	2.5～4.5		
		2%羟乙基纤维素溶液	30.0		
		丙二醇	6.0		
		钛白粉	8.0～20		
		彩色浆[①]	适量		
		水	10.0		
		阴离子型分散剂（如 731A 型分散剂）	0.6		
		乳胶漆用防霉剂（如 K20 型）	0.2		
		消泡剂（如 681F 型）	0.2		
		成膜助剂（如 Texanol 酯醇）	1.0		
	凝聚剂溶液	水	95.0	12.2	
		硫酸铝	5.0		

涂料组分	制备配方		在涂料中的用量/%
"分散介质"	水	18.0	35.0
	乳胶漆用防霉剂（K20 型）	0.1	
	聚乙烯醇水溶液	23.0	
	氨水（或 AMP-95 多功能助剂）	0.2	
	丙二醇	1.2	
	阴离子型分散剂（如"快易"分散剂）	1.5	
	聚丙烯酸酯乳液	50.0	
	Texanol 酯醇	3.0	
	增稠剂	3.0	
	681F 型消泡剂	0.2	

① 根据调色需要使用一种或多种颜色的彩色色浆，用量根据涂膜效果需要酌量添加。

4. 水性多彩涂料基本制备程序

（1）水性多彩涂料用彩色颗粒（分散相）的制备　按照表 4-5 所示的配方和普通乳胶漆的制备工艺，制备出彩色或者白色涂料。由于这样制备的涂料并不具备最终使用目的，为了有别于一般涂料而将其称为"预制涂料浆"。

按照配方称取水和硫酸铝投入搅拌缸中，搅拌至硫酸铝溶解，得到"凝聚剂溶液"。

使"预制涂料浆"处于低速搅拌的情况下加入"凝聚剂溶液"。"凝聚剂"加完后，根据需要的颗粒大小调整搅拌速度继续搅拌，直至达到需要的颗粒大小，即得到"彩色颗粒"。

然后，对所得到的"彩色颗粒"进行进一步的处理，成为可以用于制备水性多彩涂料的"彩色分散颗粒"，留置待用。

以同样的方法可以制备多种不同颜色、不同大小的"彩色分散颗粒"，或者不同颜色、相同大小的"彩色分散颗粒"，以及相同颜色、不同大小的"彩色分散颗粒"等。

（2）分散介质的制备　分散介质由保护胶体、成膜物质和助剂组成。选择 1788 型或 1799 型聚乙烯醇水溶液作为保护胶体。颗粒状的

1788 型聚乙烯醇水溶液能够常温溶解，但溶解速度较慢，常温溶解需要 24h 以上的时间。如果加温到 60℃，约 1h 即可溶解，溶解后备用。1799 型聚乙烯醇则需要加热到 95℃ 以上进行溶解。

根据水性多彩涂料的使用场合，确定分散介质的品种。例如，若用于外墙，则分散介质应以涂膜物理力学性能良好的聚丙烯酸酯乳液为成膜物质；如果同时要求涂膜具有一定的延伸性能，则可以使用弹性建筑乳液，或者使用耐沾污性能好的硅丙乳液等；如果用于内墙，则可以使用玻璃化温度低的聚丙烯酸酯乳液和适量的聚乙烯醇溶液。

分散介质的组分通常除了成膜物质外，还应酌量使用成膜助剂、冻融稳定剂、消泡剂、防霉剂、增稠剂等。分散介质中通常不能使用大量的颜料和填料，以保证涂膜具有透明性。若需要无光泽的涂膜，分散介质中还可以使用适量的消光剂。

分散介质的制备为物理混合过程，按照一定顺序将各种原材料称量后混合均匀即可。

（3）水性多彩涂料的制备　根据色卡要求，按照预先确定的"彩色颗粒"的种类和用量，将各种"彩色颗粒"在低速搅拌下分散于分散介质中，即得到水性多彩涂料。

关于上述"对所得到的'彩色颗粒'进行进一步的处理"，这有物理处理和化学处理两种方法。物理处理方法是滤除与"彩色颗粒"混在一起的液体，再用清水洗涤数次以彻底清洗掉凝聚剂成分，防止其继续向"彩色颗粒"中渗透，使"彩色颗粒"的内部在存放的过程中继续凝聚而变硬。

化学处理方法是制备"彩色颗粒"后，向溶液中加入能够和硫酸铝反应的化学物质，使硫酸铝与其反应生成不会对聚合物乳液产生凝聚作用的物质。例如，当掺入氯化钡（$BaCl_2$）时，硫酸根离子（SO_4^{2-}）就会和氯化钡在水中离解出来的钡离子（Ba^{2+}）反应，产生白色的硫酸钡（$BaSO_4$）晶体沉淀。反应式如下：

硫酸铝在水中离解：$Al_2(SO_4)_3 \longrightarrow 2Al^{3+} + 3SO_4^{2-}$

氯化钡在水中离解：$BaCl_2 \longrightarrow Ba^{2+} + 2Cl^-$

硫酸根离子和钡离子反应：$Ba^{2+} + SO_4^{2-} \longrightarrow BaSO_4 \downarrow$

另一方面，当制备"彩色颗粒"采用的是弹性建筑乳液时，这种乳液凝聚后并不会使"彩色颗粒"变得太坚硬而有一定的柔软性，且如果"彩色颗粒"形状不大，也可以不去除硫酸铝，使颗粒最后彻底凝聚。尤其是制备一种需要抹涂施工且需要压光施工工序的仿花岗岩涂料时，则必须要使"彩色颗粒"彻底凝聚。

水性多彩时涂料的制备程序如图 4-2 所示。

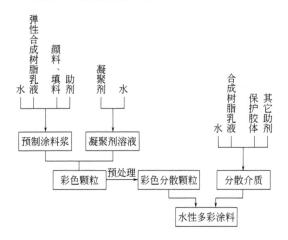

图 4-2　水性多彩涂料制备程序

5. 制备水性多彩涂料用色浆的制备

制备水性多彩涂料时色浆的用量很大，当生产量达到一定规模时，为降低生产成本可以生产色浆以避免使用商品色浆带来的成本增加。表 4-6 中给出制备水性多彩涂料用色浆的配方。

表 4-6　制备水性多彩涂料用色浆的基本配方

原材料	用量(质量)/%					
	白色浆	红色浆	黄色浆	蓝色浆	绿色浆	黑色浆
水	44.6	44.6	44.6	63.5	63.5	66.9
K20 型罐内防霉剂	0.2	0.2	0.2	0.3	0.3	0.4
六偏磷酸钠	0.5	0.5	0.5	1.0	1.0	1.5
731A 型分散剂	0.5	0.5	0.5	1.0	1.0	2.0
X-405 润湿剂	1.0	1.0	1.0	2.0	2.0	3.0
钛白粉	50.0	—	—	—	—	—

原材料	用量(质量)/%					
	白色浆	红色浆	黄色浆	蓝色浆	绿色浆	黑色浆
纤维素醚类增稠剂	2.5	2.5	2.5	1.5	1.5	1.0
氨水	0.2	0.2	0.2	0.2	0.2	0.2
氧化铁红	—	50.0	—	—	—	—
氧化铁黄	—	—	50.0	—	—	—
酞菁蓝	—	—	—	30.0	—	—
酞菁绿	—	—	—	—	30.0	—
炭黑	—	—	—	—	—	25.0
681F 型消泡剂	0.5	0.5	0.5	0.5	0.5	0.5

制备色浆时需要研磨以控制色浆的细度。一般地说，色浆细度应不大于 $10\mu m$，使色浆具有良好的着色能力和扩展性能。

四、水性多彩涂料配套体系用有机-无机复合型罩光剂

水性多彩涂料在应用时由于需要具有良好的耐污染性，有时也鉴于装饰效果的考虑，需要使用罩光剂进行表面罩光，以提高耐污染性和装饰效果。溶剂型罩光剂具有很好的耐污染性，但透气性差，且会产生大量的溶剂挥发，对环境污染大。

以聚合物乳液为主要成分的水性罩光剂由于产生高温回黏，耐污染性不好。有机-无机复合型罩光剂在一定程度上能够减轻涂膜的高温回黏现象，提高耐污染性。因而，可以采用这类罩光剂。下面介绍这类罩光剂的制备技术。

1. 原材料选用

（1）硅溶胶　有机-无机复合型罩光剂有别于普通聚合物乳液类罩光剂的原因在于其使用了硅溶胶。硅溶胶是硅酸的多分子聚合物的胶体溶液，是含有一定浓度的、颗粒粒径为纳米级无定形二氧化硅的水溶胶分散体。硅溶胶是外观呈乳白色，透明、半透明或微乳液体，浓度高时呈胶状。硅溶胶的分子式为 H_2SiO_3，也可以写成 $SiO_2 \cdot H_2O$（即是以 SiO_2 为基本单位在水中的分散体）。硅溶胶的 pH 值可以为 $2\sim4$ 或 $9\sim11$，黏度较小，一般小于 $5mPa \cdot s$。特殊情况下，

黏度可在 $1\sim155$mPa·s 之间。硅溶胶胶团颗粒细微，粒径范围一般在 $5\sim40$nm，比表面积为 $20\sim800$m^2/g；这与一般粒径为 $0.1\sim10\mu$m 的乳液相比其颗粒要小得多。

硅溶胶是无机二氧化硅的水溶胶，因而是一种无毒、无环境危害的产品。硅溶胶种类很多，根据化学成分可以分为改性钠型、铵型和超纯型等；根据 pH 值的不同可以分为酸性、中性和碱性等；根据所带电荷的不同可以分为阴离子型、阳离子型和去离子型等。

硅溶胶用于涂料的一个突出优点是其具有一旦成膜就不会再溶解的特性，因而使用硅溶胶作基料生产的涂料通常具有很好的耐水性。适合于生产涂料的硅溶胶产品的性能指标如表 4-7 所示。

表 4-7　硅溶胶的规格及技术性能

项目	指 标	
	JNF-25	JNF-28
二氧化硅含量/%	$24.0\sim25.0$	$27.0\sim28.0$
黏度/Pa·s	7.0×10^{-3}	7.0×10^{-3}
密度/(g/cm^3)	$1.15\sim1.17$	$1.18\sim1.21$

硅溶胶作为涂料基料使用时具有如下特点：

① 因颗粒细微，析胶时 SiO_2 具有较高的活性，黏结包裹涂料中的粉状颗粒，与某些无机盐类、金属氧化物生成新的硅酸盐无机高分子化合物，硬化成膜。细微的颗粒对基层渗透力强，可通过毛细管作用渗入到基材的内部，并与基层混凝土中的 $Ca(OH)_2$ 生成硅酸钙 $(CaSiO_3)$，使涂料具有较强的黏结力。

② 硅溶胶中 Na_2O 含量低，因而涂膜具有较好的耐水性。

③ 硅溶胶和某些有机高分子聚合物混溶能硬化成膜。这种涂膜保持了无机涂料具有的硬度；又具有一定的柔性，保持了有机涂料快干、易刷性，兼具无机涂料和有机涂料的优点。

（2）其他材料　可按照乳胶漆的原材料选用原则选择制备有机-无机复合型罩光剂需要使用的其他材料组分。

2. 配方

有机-无机复合型罩光剂基础配方见表 4-8。

表 4-8　有机-无机复合型罩光剂配方

原材料	功能或作用	用量(质量分数)/%
聚丙烯酸酯乳液(固体含量≥48.0%)	有机成膜物质,提供黏结性、耐候性、柔韧性和疏水性	40.0
成膜助剂	降低成膜温度,促进成膜完整	1.6
AMP-95 多功能	缓冲剂,调整 pH 值并缓冲 pH 值	1.5~2.5
硅溶胶(固体含量≥28.0%)	无机成膜物质,提供黏结性、耐候性和耐污染性	12.0
润湿剂	降低表面张力,改善罩光剂在涂层表面的铺展性	0.6~0.8
消泡剂	消泡,改善涂膜状态	0.1~0.2
丙二醇	冻融稳定剂,提高罩光剂的低温成膜性、抗冻性和流平性	1.5
防霉剂	杀菌、防霉、防腐	0.1~0.15
硅烷偶联剂(KH-560)	提高聚丙烯酸酯乳液和硅溶胶的相容性,在硅溶胶和聚丙烯酸酯乳液之间形成了硅烷"弹性桥",既改善两者之间的复合程度,也形成了传递应力的界面层、延长罩光剂的储存稳定性	0.1~0.3
水	分散介质	补足 100% 配方量

3. 制备工艺

有机-无机复合型罩光剂的制备很简单,是先将水和助剂放在一起搅拌混合均匀,用 AMP-95 调节 pH 值在 8.5~10.0 之间,再在搅拌状态下缓慢投入硅溶胶,搅拌均匀后即得到成品。

pH 值对硅溶胶的稳定性会产生重要影响,进而影响罩光剂的稳定性。处于 pH 值为 7 的中性状态的硅溶胶会迅速凝胶,硅溶胶的 pH 值为 7 和大于 12 时最不稳定。当罩光剂体系的 pH 值>7 时,硅溶胶中 SiO_2 胶体颗粒表面全部带负电,胶体因静电排斥而稳定;当 pH 值<3 时,SiO_2 胶体颗粒表面全部带正电荷,胶体亦会因静电排斥而稳定。在 3<pH 值<7 的情况下,胶体易凝聚而破坏。因此,当硅溶胶和合成树脂乳液复合时需要保证体系的 pH 值呈弱碱性,即使体系的 pH 值在 8.5~10.0 之间。

因此，在生产罩光剂时，应将罩光剂体系的 pH 值控制在 8.5～10.0 的范围内以保持罩光剂的稳定性。

五、水性多彩涂料技术性能要求

化工行业标准《水性多彩建筑涂料》（HG/T 4343—2012）将水性多彩建筑涂料分为内用和外用两类，其技术要求分别如表 4-9 和表 4-10 所示。除了表 4-9 和表 4-10 所示涂料和涂膜性能要求外，内用水性多彩建筑涂料中有害物质限量还应符合《室内装饰装修材料　内墙涂料中有害物质限量》（GB 18582—2008）的要求，外用水性多彩建筑涂料中有害物质限量则应符合《建筑用外墙涂料中有害物质限量》（GB 24408—2009）的要求。

表 4-9　内用水性多彩建筑涂料技术要求

项　目		指　标	
		弹性	非弹性
容器中状态		正常	
热储存稳定性		通过	
低温稳定性		不变质	
干燥时间（表干）/h ≤		4	
复合涂层	涂膜外观	涂膜外观正常，与商定的标样相比，颜色、花纹等无明显差异	
	耐碱性（24h）	无异常	
	耐水性（48h）	无异常	
	耐洗刷性/次 ≥	1000	
	遮盖裂缝能力（标准状态）/mm ≥	0.3	—

表 4-10　外用水性多彩建筑涂料技术要求

项　目	指　标	
	弹性	非弹性
容器中状态	正常	
热储存稳定性	通过	

续表

项　目	指　标	
	弹性	非弹性
低温稳定性	不变质	
干燥时间(表干)/h ≤	4	
复合涂层 涂膜外观	涂膜外观正常,与商定的标样相比,颜色、花纹等无明显差异	
耐碱性(48h)	无异常	
耐水性(96h)	无异常	
耐洗刷性/次 ≥	2000	
遮盖裂缝能力(标准状态)/mm ≥	0.5	—
耐酸雨性(48h)	无异常	
耐湿冷热循环性(5次)	无异常	
耐沾污性/级 ≤	2	
耐人工气候老化	1000h 不起泡、不剥落、无裂纹、无粉化、无明显变色、无明显失光	

六、水性多彩涂料应用技术

1. 水性多彩涂料的涂装体系[1]

　　水性多彩涂料涂层系统由①封闭底漆涂层;②腻子层;③底涂层;④水性多彩涂料涂层(主涂层)和⑤罩光涂层等组成,如表 4-11 所示;几种涂层配套系统实例如表 4-12 所示。

表 4-11　水性多彩涂料涂层系统涂层构造及其材料选用

涂层构造	功能作用	材料选用
封闭底漆涂层	对涂装基面产生抗碱封闭和加固作用	耐碱封闭底漆
腻子层	找平,提供符合要求的涂装基层,或产生抗开裂作用	耐水腻子、柔性或弹性腻子等
底涂层	为水性多彩涂膜提供所需要的背景,增强涂层系统的装饰和保护作用	弹性乳胶漆、真石漆、柔性真石漆

续表

涂层构造	功能作用	材料选用
水性多彩涂料涂层	主涂层，产生装饰效果	水性多彩涂料
罩光涂层	增强装饰效果、提高耐污染性和耐候性	丙烯酸酯罩光剂、硅丙罩光剂、氟树脂改性聚丙烯酸酯罩光剂等

表 4-12　几种水性多彩涂料涂层配套系统实例

涂层配套系统	适用范围和特殊描述
①封闭底漆＋②底涂料涂层（普通外墙乳胶漆或弹性外墙乳胶漆）＋③水性多彩涂料＋④罩光剂	该配套体系所得到的涂膜效果类似于传统的水包水多彩涂料，具有多彩花纹装饰，适合于普通内、外墙面装饰
①封闭底漆＋②砂壁状建筑涂料＋③水性多彩涂料＋④罩光剂	该涂料配套体系是将水性多彩涂料喷涂在砂壁状建筑涂料涂层上，所得到的涂膜质感丰满，酷似大理石或花岗石效果。适用于外墙装饰和内墙特殊部位的装饰，例如电视背景墙、特殊部位的梁、柱等
①封闭底漆＋②（细质砂壁状建筑涂料＋水性多彩涂料）＋③罩光剂	该配套体系是将水性多彩涂料按照一定比例掺加于砂粒径很细（80～120 目）的砂壁状建筑涂料中进行喷涂，所得到的涂膜也具有质感丰满，酷似花岗石的效果，同样适用于外墙装饰和内墙特殊部位的装饰

2. 水性多彩涂料施工工艺流程

水性多彩涂料施工工艺流程为：墙面基层处理（批刮一遍抗裂砂浆同时复合耐碱玻纤网布）→滚涂封闭底漆→批刮耐水腻子 2～3 道→施工底涂层→弹线、分格、贴胶带→喷涂水性多彩涂料→施工罩光涂层。

3. 水性多彩涂料施工实施细则

（1）基层处理

① 对于施工基层为经过验收的外墙外保温系统的抗裂防护层的平整基层，只要进行表面检查，若无明显缺陷，无须进行处理即可直接施工。

② 对于旧墙面按表 4-13 进行基层检查、基层清理和基层缺陷修补等工序。

表 4-13　基层处理工序

工序名称	主要内容
基层检查	检查基层的状况时,应注意:①检查基层的表面有无裂缝、麻面、气孔、脱壳、分离等缺陷;②检查基层表面有无粉化、硬化不良、浮浆以及有无隔离剂、油类物质等;③检查基层的含水率与碱性状况
基层清理	对基层表面进行清理主要是清理去除表面附着物和不符合要求的疏松部分、粉化层、旧涂层、油迹、隔离剂、密封材料沾染物、锈迹、霉斑等缺陷
基层缺陷修补	对基层进行检查、清理后,对所发现的各种缺陷应根据具体的基层情况和缺陷种类,采取相应措施进行修补

③ 对于旧面砖基层,若面砖黏结牢固,可不凿除旧面砖,只需凿除个别黏结不牢固的面砖并对凿除处进行修补、修整即可。在涂料施工前可直接满涂瓷砖面专用界面处理剂,干燥后再使用旧瓷砖翻新专用腻子满批并打磨平整。

对于大部分黏结已经不牢固的旧面砖基层,需要凿除旧面砖,并在凿除后用防水砂浆满批并修整平整。

（2）刮涂抗裂砂浆复合耐碱玻纤网布　清理基层后按使用要求配制抗裂砂浆并批刮之。抗裂砂浆批刮总厚度控制在 2.5～3mm,分两道批刮。第一道批刮后及时铺敷耐碱玻纤网布。铺敷时将裁剪好的耐碱玻纤网布铺贴在第一层抗裂砂浆上,并将弯曲的一面朝里,沿水平方向绷直铺平,用抹刀边缘抹压铺展固定,将耐碱玻纤网布压入底层抗裂砂浆中。然后由中间向上下、左右方向将面层抗裂砂浆抹平整,确保网格布黏结牢固、表面平整,砂浆涂抹均匀。耐碱玻纤网布搭接宽度左右不小于 100mm,上下不小于 80mm。不得使耐碱玻纤网布皱褶、空鼓、翘边,不应干茬搭接。

耐碱玻纤网布铺贴完、经检查合格后方可抹第二道抗裂砂浆,并将耐碱玻纤网布包覆于抗裂砂浆之中,抗裂砂浆面层的平整度和垂直度应满足施工标准要求。

（3）施工操作要点

① 施工封闭底漆　封闭底漆为透明型,采用辊筒滚涂 2 道即可,2 道之间的间隔时间不小于 2h。

② 施工底涂料　底涂料一般为彩色乳胶漆。其颜色已预先根据

涂膜样板与水性多彩涂料配套。底涂料的施工应至少在封闭剂施工4h后进行。施工时先用辊筒满蘸乳胶漆滚涂，紧接着再用排笔跟着顺涂一道。底涂料的施工道数以能够完全遮盖基层为准，若一道不能完全遮盖，则需要施涂两道更多道。

③ 喷涂水性多彩涂料　喷涂前先检查涂料，发现有分层现象应采用棍棒手工搅拌均匀。杜绝采取机械搅拌，以防搅碎或破坏涂料中的彩色颗粒。

喷涂时选用的喷嘴应为 1～3mm，一般不宜再大。喷涂压力调整在 0.3～0.6MPa。喷枪口与墙面的距离以 30～40cm 为宜。开喷不要过猛，喷涂时喷嘴轴心线应与墙面垂直，喷枪应平行于墙面移动，移动速度连续一致，见图 4-3。由于中间涂料密，两边涂料稀疏，因此每行需有 1/3 的重复，且在转折方向时不应出现锐角走向。喷枪中无料时要及时关闭阀门。涂层接茬必须留在分割缝处。喷涂一般一道成活，发现漏喷或局部未盖底，尽量在涂层干燥前补喷。涂层厚度为2～3mm。

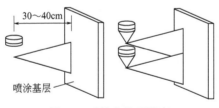

图 4-3　喷枪与墙面距离

④ 滚涂罩光剂　采用高耐沾污型罩光剂罩光后既能够增加涂膜的装饰效果，又能够增加涂膜的耐污染性。一般采用滚涂施工方法施工罩光剂，两道成活之间的间隔时间不小于 2h。

⑤ 涂膜的保养固化　涂料经过最后一道施工工序后，要经过一定时间的保养固化，保养固化时间视不同的涂料或气候条件而有所差别，一般夏季应不少于 1 个星期，冬季不少于 2 个星期。

（4）水性多彩涂料工程施工需要的材料与设备

① 施工需要的材料　见表 4-14。

表 4-14　水性多彩涂料工程施工需要的材料

材料	技术要求
封闭底漆	主要技术指标见建工行业标准《建筑内外墙用底漆》(JG/T 210—2007)
底涂料	主要技术指标见国家标准《合成树脂乳液外墙建筑涂料》(GB/T 9755—2014)中的相关要求
水性多彩涂料	主要技术指标见化工行业标准《水性多彩建筑涂料》(HG/T 4343—2012)中的相关要求
砂壁状建筑涂料	主要技术指标见行业标准《合成树脂乳液砂壁状建筑涂料》JG/T 24—2000 中的相关要求
罩光剂	主要技术指标见国家标准《合成树脂乳液外墙建筑涂料》GB/T 9755—2014 中的相关要求(对比率项目除外)

② 施工需要的机具与设备　施工需要的机具与设备有毛刷、排笔、盛料桶、天平、磅秤等刷涂及计量工具；羊毛辊筒、配套专用辊筒及匀料板等滚涂工具；无气喷涂设备、空气压缩机、手持喷枪、各种规格口径的喷嘴、高压胶管等喷涂机具等。

③ 施工管理　具体施工和管理的人员安排见表 4-15。

表 4-15　具体施工及管理人员安排

工种	人数/人	工作内容
现场施工负责人	1	对施工整个过程进行全面管理
现场安全负责		对施工整个过程进行全面安全管理工作
现场技术负责人	1	编制施工方案,对工程所用材料进行规划,进行质量检查,验收工作
现场质量负责人		对施工整个过程进行全面质量管理和验收工作
油漆工	5~8	基层处理,吊垂直、套方,分层施工有机-无机复合型保温材料和无机抗裂保温找平腻子工作
普工	1~3	所用材料的运输、杂务等

④ 质量控制要点

a. 基层处理　基层墙体垂直、平整度应达到结构工程质量要求。墙面清洗干净,无浮土、无油渍,空鼓及松动、风化部分剔掉,界面均匀，粘接牢靠。

b. 封闭底漆施工　辊涂施工 2 道，不得有漏涂现象。

c. 底涂料施工　施工 2 道，不得有漏涂现象。

d. 砂壁状建筑涂料喷涂　喷涂均匀，无漏喷现象，喷涂厚度满足设计要求，涂层接茬须留在分割缝处。

e. 水性多彩涂料喷涂　喷涂均匀，无漏喷现象，喷涂效果与样板一致，涂层接茬须留在分割缝处。

f. 罩光剂施工　辊涂施工 2 道，不得有漏涂现象，涂层表面光泽基本均匀。

⑤ 质量验收　质量验收符合建工行业标准 JGJ/T 29—2003《建筑涂饰工程施工及验收规范》规定的施工质量要求，如表 4-16 所示。

表 4-16　水性多彩涂料的施工质量要求

项　次	项　目	要　求
1	漏涂、透底	不允许
2	反锈、掉粉、起皮	不允许
3	反白	不允许
4	五金、玻璃等	洁净

⑥ 安全措施

a. 成立以项目经理为安全第一负责人的安全领导小组，制订安全生产责任制，做到层层管理、层层落实，管理人员轮流值班上岗。

b. 进入现场前，对工人进行安全技术交底和安全培训工作。对施工机械、吊篮等操作进行培训，专职安全员作好安全检查工作。

c. 使用机具设备和手动工具，要符合安全用电规章制度及《施工现场临时用电安全技术规范》（JGJ 46—2005）。

d. 进入施工现场并在施工时，加强劳动防护，要戴好安全帽，系好安全带，施工现场严禁吸烟，严禁酒后施工。

e. 搭设、拆除脚手架，应持证上岗，严禁在脚手架上堆放杂物，做到工完场清。

f. 吊篮施工限定人员数量，防止过载，不是吊篮组装和升降操作人员，不准私自操作。

⑦ 环保措施

a. 加强环境保护宣传、教育，增加施工人员的环保意识和自觉性。

b. 施工现场周围有围护设施，凡进入施工现场的人员必须遵守安全生产、环保施工纪律。

c. 各类物资，材料堆放整齐，废弃物要及时清运，按指定地点堆放，注重区域卫生。

d. 施工现场必须工完场清，设专人洒水、打扫，不能扬尘污染环境。

e. 有噪声的电动工具应在规定的作业时间内施工，防止噪声污染、扰民。

f. 爱护和保护好施工成品，坚决制止乱砸、乱割、乱喷、乱画、乱抓的五乱现象。

七、水性多彩涂料生产与应用中的问题

1. "凝聚剂"品种及用量的选择[2]

（1）"凝聚剂"品种的选择　如前述，水性多彩涂料是使用不同颜色且呈现柔软状态的"彩色颗粒"调配的。因而，制备出具有要求性能的"彩色颗粒"是非常重要的。

"彩色颗粒"是先调制出以聚合物乳液为成膜物质的"预制涂料浆"，再使用"凝聚剂"对"预制涂料浆"进行破乳。能够对乳液产生凝聚作用的材料非常多，如常见的氯盐、硫酸盐等。特别是硫酸盐，破乳作用非常显著，如常见的明矾（硫酸钾和硫酸钠的复盐）、硫酸铝等。选择硫酸铝作为"凝聚剂"的优点是容易溶解，溶液稳定。

（2）"凝聚剂"用量的选择　"凝聚剂"应有适当的用量，若用量太大，会使"预制涂料浆"凝聚成大块，不能够形成颗粒；反之，若用量太小，达不到所需要的破乳效果。当选择硫酸铝时，"凝聚剂"的用量为"预制涂料浆"的 8%～20%（以 5%水溶液计）。

2. 流变增稠剂黏度对制备"彩色颗粒"的影响

"预制涂料浆"在加入凝聚剂后之所以能够形成柔软的"彩色颗粒"而不会形成硬的凝聚物，一个重要的原因是因为"预制涂料浆"

中加入流变增稠剂。

流变增稠剂为易溶于水的羟乙基纤维素。羟乙基纤维素产品具有一系列的黏度型号。不同型号的产品具有性能截然不同的胶体溶液。黏度低于 1000mPa·s 的羟乙基纤维素，其水溶液呈现极好的流动性；高黏度羟乙基纤维素水溶液几乎无流动性。同样，不同黏度的羟乙基纤维素胶液加入"预制涂料浆"中能够制备的"彩色颗粒"的大小、形状都会不同。也就是说，羟乙基纤维素的黏度会对制备"彩色颗粒"产生很大影响。试验结果如表 4-17 所示[3]。

表 4-17　羟乙基纤维素黏度对"彩色颗粒"的影响

羟乙基纤维素黏度/mPa·s	500	1000	10000	30000
"彩色颗粒"大小/mm	0.5~1.5	1~2	1.5~3	2~5
"彩色颗粒"流平性	流动性明显，颗粒成膜后稍有凸出感	有流动性，颗粒成膜后有凸出感	流动性很小，颗粒成膜后凸出明显	无流动性，颗粒成膜后质感强

3. 颜料对形成彩色颗粒的影响

由于制备水性多彩涂料需要同时使用几种颜料，而不同颜料相同质量下的体积差异很大，这就需要根据临界颜料体积浓度（CPVC）选择颜料的合理用量。临界颜料体积浓度高的颜料可以多加一些，临界颜料体积浓度低的颜料则不能加入过多，否则聚合物就不能将颜料粒子间的空隙完全充满，这些未被填充的空隙就潜藏在涂膜中，使涂膜的物性急剧下降。表现在彩色颗粒上就是容易破碎，并逐渐粉化。这就需要针对每一种颜料，确定其最佳用量。颜料种类对形成彩色颗粒的影响如表 4-18 和表 4-19 所示。

表 4-18　颜料种类对形成彩色颗粒的影响

颜料种类	氧化铁红	氧化铁黄	甲苯胺红
用量/%	15	15	15
彩色颗粒质量	不易破碎	易破碎	颜色易渗出

表 4-19　氧化铁黄用量对形成彩色颗粒的影响

铁黄在颜料组分中的用量/%	15	8	2
彩色颗粒质量	易破碎	稍有破碎	较稳定

4. 膨润土增黏剂的用量对形成彩色颗粒的影响

为了更好地提高彩色颗粒的强度和在施工前的黏聚性，需要在"预制涂料浆"中也加入少量膨润土。表 4-20 为"预制涂料浆"中膨润土增黏剂对形成彩色颗粒的影响。

表 4-20　"预制涂料浆"中膨润土增黏剂的用量对形成彩色颗粒的影响

膨润土在"预制涂料浆"中的含量/%	1mol 水溶液的浓度	水性多彩涂料的质量状态
0	—	彩色颗粒较小，边界不清楚，有连接，流动性较好，黏度变化较慢
2	10.0	彩色颗粒较大，分层；彩色颗粒下沉，上层不透明
2	2.5	彩色颗粒较小，但边界较清楚，不易分层和变稠
8	2.5	所形成彩色颗粒很碎，且与分散介质颜色相混

表 4-20 中的结果说明，"预制涂料浆"中膨润土增黏剂虽然加入量很小，但对形成彩色颗粒的影响却很大。膨润土增黏剂的加入能提高彩色颗粒的大小和彩色颗粒边界的清晰度。膨润土增黏剂的浓度也会影响形成彩色颗粒及涂料的状态：在膨润土增黏剂用量相同的情况下，溶液越浓越利于形成较大的彩色颗粒，但加入量过多也会影响彩色颗粒的稳定性和对颜料的包裹。

八、水性多彩涂料的性能影响因素[4]

1. 多彩颗粒渗色，分散相颗粒胶连成团，不再呈分散状态

（1）问题现象描述　多彩颗粒的渗色造成分散相中颜料越过保护膜进入到分散介质中，分散介质变混浊，施工后不同颜色颗粒之间边缘不再清晰，底色颜色改变，多彩装饰效果受到影响。分散相颗粒不稳定，自身有相互粘连的趋势，贮存一段时间后聚结成团，颗粒相互分离互不相溶的状态发生改变。

（2）问题原因分析　造成这种现象的原因一般在于颗粒保护膜太

柔软，强度不够，或者保护膜的制备方法不合适，颜料易于从保护膜中渗出。

（3）防治措施 为了使一定形状与大小的彩色颗粒在涂料体系中保持长期稳定，达到不粘连、不破碎、不混色，保护胶的种类和凝胶溶液的浓度对多彩涂料的稳定性很重要，必须选用与涂料体系相匹配的保护胶种类及浓度。在相同的剪切速率下，当凝胶浓度低时，形成的彩色颗粒比较小，也比较软；反之，当凝胶浓度较高时，形成的彩色颗粒比较大，也比较硬，贮存稳定性更好。但凝胶浓度若太高，颗粒表面过硬，喷涂成膜明显凹凸不平，手感粗糙。应该选择适宜的凝胶浓度，以克服渗色与混浊现象。

2. 多彩颗粒浮层或沉底

（1）问题现象描述 多彩颗粒沉底现象是指多彩颗粒全部或部分沉到包装容器的底部，涂料表层是清水或胶液；多彩颗粒浮层现象是指多彩颗粒全部或部分漂浮聚集在包装容器表层。这两种现象也可能同时出现，即同一涂料既出现浮层也同时出现沉底现象。

（2）问题原因分析 分散相与分散介质的密度、黏度相差太大，若分散相密度过大，颗粒容易下沉；若分散相密度过小，颗粒容易上浮，形成分散相与分散介质分层现象。

（3）防治措施 应根据分散相与分散介质的密度及之间的差值进行控制，将不同颜色色浆的密度都调节到略大于1，同时在分散介质中添加有机增稠剂，提高分散介质对多彩色颗粒子的承载能力。

3. 多彩颗粒变小，被挤压破碎

（1）问题现象描述 颗粒在贮存运输过程中互相挤压，首先使颗粒发生变形，变形到一定程度后突破颗粒的表面张力，颗粒就会破碎变成细散末状小点，或者因为颗粒之间的挤压力加速了颗粒之间相互渗透，造成颗粒的边缘逐渐模糊，颗粒之间串浆。

（2）问题原因分析 这种问题与颗粒的强度有关系，分散相内部各元素如果能够较强地交联在一起，就不会轻易被外力打散开或打碎。

（3）防治措施 出现这种问题时应该找出分散相中交联比较弱的因素并加以改进。

4. 多彩颗粒过大过硬，影响施工及涂膜外观

（1）问题现象描述 颗粒缺乏黏弹性，喷涂施工困难，且施工成膜后表面过分凸起，粗糙不平。

（2）问题原因分析　多彩颗粒过大的原因是造粒时的工艺参数不多，如搅拌速度过小、搅拌机叶片的形状或分布不好等；过硬的原因是凝聚剂浓度过高或用量太大，或凝聚剂选用不正确，造成造粒时彩色颗粒的交联凝胶度过大。

（3）防治措施　采用正确的造粒工艺，选择有效的凝聚剂种类和用量。

5. 涂层光泽低

（1）问题现象描述　水性多彩涂料施工成膜后，如果不罩光，往往涂膜光泽较低。

（2）问题原因分析　多彩涂料多使用纤维素类的增稠剂，此类增稠剂具有消光作用，如果不涂装罩面清漆，表面的光泽较低。

（3）防治措施　用聚合物增稠剂替代部分纤维素增稠剂，同时使用高光泽乳液可以提高涂膜光泽度。

第三节　合成树脂乳液砂壁状建筑涂料

一、概述

1. 砂壁状建筑涂料的主要性能特征

砂壁状建筑涂料又称喷砂涂料、真石漆、石头漆等，系由合成树脂乳液（基料）和粒径与颜色相同或不同的彩砂颗粒为主要原材料配制成的高装饰性厚质建筑涂料，其涂膜酷似装饰性天然石材。这类涂料的基料为合成树脂乳液，因而称为合成树脂乳液砂壁状建筑涂料。

（1）砂壁状建筑涂料的主要特征在于其涂膜的饰面风格粗犷、质感性强，并能够使涂膜效果在粗犷和细腻之间得到调整，装饰效果极好。例如，通过对砂壁状涂料砂粒大小的调整和（或）不同搭配，或者采用不同风格的涂料施工，都能够得到或粗犷或细腻的不同风格的涂膜；通过对彩砂颜色的调整和不同搭配和（或）外加颜料调色，则能够得到或绚丽、或质朴的不同风格涂膜。此外，通过采用不同的施工方法（喷涂、批涂等）或者对涂膜表面是否采取罩光措施等，也能够得到装饰效果明显不同的涂膜。

（2）砂壁状建筑涂料的适用范围很宽，既可以适用于大面积的室外墙面，也可以应用于内墙。例如，在某些内墙面的高档装饰中适当应用砂壁状涂料，有时能够起到画龙点睛的装饰效果（如用作电视机背景墙的小面积涂装、应用于假山的环境衬托涂装和应用于欧式装饰构件的涂装等）。

（3）砂壁状建筑涂料的施工方法灵活，既可以喷涂施工，也可以批涂施工。不同的施工方法得到的涂膜风格不同，可以根据要求灵活地选用。

（4）由于该类涂料的组成材料中含有大量廉价细砂、其粒径比较粗大，所需要的成膜物质含量很少。因而，涂料的生产成本很低。例如，在砂壁状建筑涂料配方中使用以质量计15%的合成树脂乳液，所得到的涂料就具有很好的物理力学性能。

最后，砂壁状建筑涂料生产工艺简单，只是将涂料配方中的各种原材料放在一起搅拌混合均匀即可，而且由于大量粗粒径砂粒的存在使得涂料混合物很容易搅拌混合均匀。

2. 砂壁状建筑涂料的发展

砂壁状建筑涂料在我国的应用起始于 20 世纪 70 年代，20 世纪 80 年代我国颁布了该类涂料的第一个国家标准，即《合成树脂乳液砂壁状建筑涂料》（GB 9153—88）。21 世纪初又颁布了建工行业标准《合成树脂乳液砂壁状建筑涂料》（JG/T 24—2000），2012 年颁布的化工行业标准《水性复合岩片仿花岗岩涂料》（HG/T 4344-4）实际上也是一种新型砂壁状建筑涂。

在近 40 年的应用与发展过程中，该涂料的应用长盛不衰，并随着时代进展和新材料的出现而不断出现新的发展：性能得到改善，装饰效果提高，产品品种有所增加。但是，现在的砂壁状涂料技术已非 20 世纪的状况可比（这主要体现在涂膜的装饰效果和生产设备的发展两方面）。

（1）涂料性能的改善提高

① 涂膜耐水性的改善 在砂壁状建筑涂料开发应用的早期阶段，限于当时成膜物质（合成树脂乳液）的性能，导致涂料的耐水性差，带来的直接问题是涂膜在受到水（雨水或者其他水）的侵蚀时，涂膜泛白、发花，而且在涂膜干燥后这种泛白现象不能消除，严重影响装

饰效果，使其应用受到约束。这种现象在高耐水性乳液出现后迎刃而解。

② 解决涂膜的耐污染性　由于砂壁状涂料的涂膜表面呈现砂粒堆叠状态，砂粒间的间隙、空隙中易于积累灰尘、尘埃或者其他类污染物，早期这种污染不能够通过表面罩光解决，因为那时的乳液高温回黏现象严重，罩光在夏季会给涂膜带来更严重的污染。因而，该类涂料的耐污染性差是早期发展阶段的又一个性能不足。近年来，随着硅丙乳液的出现使这一问题得到解决。即使用耐水性强、表面能高而不易沾染灰尘以及耐热性好、高温回黏现象不明显的硅丙乳液制备高耐沾污罩光剂，很好地解决了砂壁状涂料涂膜耐污染性差的问题。

当然，直接使用耐污染性好的乳液（如硅丙乳液、氟改性聚丙烯酸酯乳液[5]等）生产，也能够得到耐污染性很好的砂壁状涂料。

③ 涂膜装饰效果的提高　提高砂壁状涂料的装饰效果，是近年来的又一新发展。这类技术措施：一是向涂料组成中引入一种称为"岩片"的组分，使涂膜中出现闪光薄片而提高装饰效果；二是向涂料中引入柔软状态的"彩色颗粒"（通过乳液-颜料混合物破乳而得），使涂膜呈现类似大理石的效果，其仿石材效果逼真，提高了砂壁状涂料的装饰档次；而使用新的施工方法则是提高涂膜装饰效果的施工措施，例如仿外墙面砖施工方法的涂膜仿面砖效果能够非常逼真。

（2）新品种涂料的开发　随着可再分散聚合物树脂粉末的出现，一种类似于装饰砂浆的粉状砂壁状涂料得以开发应用，但目前尚处于初期阶段，还存在关于调色、涂膜装饰效果和泛碱等问题需要解决。此外，批涂施工的砂壁状建筑涂料在组成和原材料选用方面也与喷涂施工产品存在较大差别，实际上也属于新产品开发范畴。

在新产品开发方面，仿花岗岩涂料是在砂壁状涂料的基础上发展起来的。首先，该涂料将砂壁状涂料中的砂粒粒径改变成 120～160目、近乎于粉状的细砂；其次，使用特殊的破乳技术，将以高弹性聚合物乳液为基料的彩色涂料破乳，得到类似于花岗岩纹理的彩色"色料"。在施工时，先喷涂（或批涂），再采用仿瓷涂料那样的施工方法将涂膜表面进行压平、抹光，得到几可乱真的仿花岗岩涂膜。这种涂料适用于内、外墙面的涂装。这类涂料出现不久，应用量还不大，但因涂膜装饰效果好而很受欢迎。

（3）生产机械的发展　过去，往往使用捏合机或者因陋就简地使用普通涂料生产用混合搅拌机生产砂壁状建筑涂料，这在产量、生产效率和混合效果等方面都受到约束。现在，由于砂壁状建筑涂料专用混合搅拌机的普及，具有一定生产量和条件好的工厂已经普遍使用专用生产机械。这种专用混合搅拌机自动化程度高、混料均匀性好，无"搅拌死角"，生产效率高，产量大（单次生产能力可达到 30t），产品质量更易得到保证。

（4）涂料应用的扩展　早期的砂壁状涂料仅突出涂膜质感强、粗犷的效果，因而仅限于外墙使用，建筑物内部很少使用。近年来随着涂料装饰效果的提高和多样化，在建筑物内部的应用已不罕见。除了作为点缀性的应用外，还将涂膜细腻、装饰效果好的砂壁状涂料用于大面积内墙装饰。

随着外墙外保温技术的广泛应用，以及外墙外保温系统中使用面砖、石材等贴面块材装饰受到很大约束，使得砂壁状涂料更多地应用于外墙外保温系统的饰面材料。以合肥为例，近年来砂壁状涂料在外墙外保温系统中应用非常流行，特别是仿外墙面砖、仿装饰石材效果类涂料，更受欢迎。

除了墙面应用的发展以外，在建筑构件上使用，也是砂壁状建筑涂料发展过程中出现的新事物，典型的是各种欧式建筑构件表面的涂膜装饰，该涂料的应用，使得整个建筑物的欧式风格更为突出。

（5）施工方法的发展　目前，砂壁状建筑涂料的施工方法已由过去单一的喷涂施工发展到喷涂、手工批涂和特殊施工等多种施工方法。即使是喷涂施工方法本身，也得到新的发展。例如，过去往往是大面积喷涂（喷涂一道或多道）同一种涂料，得到单一效果涂膜，而现在可以采用两道或多道喷涂两种或更多种不同涂料，即首次喷涂一种质感强、涂膜粗糙的涂料，而后道喷涂颜色不同、涂膜质感细腻的涂料，这样多道喷涂多种涂料，得到的涂膜仿石材效果惟妙惟肖，装饰效果与早期喷涂方法得到的涂膜简直不可同日而语。

近来出现的砂壁状涂料仿外墙面砖施工，是该类涂料施工方法的极大进步，该种方法所得到涂膜几乎达到以假乱真的程度，这弥补了人们对面砖饰面情有独钟，而在外墙外保温系统中面砖饰面又受到限制的缺憾，也使砂壁状建筑涂料得到更大量的应用。

3. 应用中的问题与发展前景

近年来巨大量的工程应用过程中也出现很多问题，择其主要者列举如下。

（1）应用中的问题

① 涂料工程配套腻子质量低劣　造成砂壁状建筑涂料工程质量问题原因最多的是使用劣质腻子，导致涂料工程出现起皮、脱落、开裂等一系列问题。作者在合肥曾见过一个六层的办公楼砂壁状建筑涂料工程，上面四层施工后，下面两层刚开始施工，因为一场大雨的影响，五、六层墙面的涂料就开始脱落、起鼓。合肥某工程因弹性乳胶漆工程质量事故进行检查时发现，该工程的装饰柱、门柱、线条等使用砂壁状建筑涂料装饰的特殊部位处，则由于涂层较厚，涂层本身具有较高强度，虽没有脱落现象，但用手敲发现涂膜已经与基层脱开，空鼓严重[6]。

② 涂膜遇水泛白　这也是一种较常见的现象，尤其在涂料施工后不久即遇到雨天影响时为甚，主要是由于涂料本身质量问题，选用的合成树脂乳液耐水性不良或者选用的成膜助剂不适用于生产砂壁状建筑涂料；或增稠剂使用不当等。

③ 冬期施工导致工程质量问题　由于工期要求，在冬季不适合水性涂料施工的季节强行施工导致涂膜粉化、脱落等。

（2）发展前景　由于砂壁状建筑涂料独特的装饰效果和纹理质感，特别是近年来结合施工方法的改进，水性多彩涂料、岩片等技术或材料的引入，使之上升到新的装饰层次，加之外墙外保温技术的大量应用而对其他类装饰材料的限制，砂壁状建筑涂料将会一如既往地受到欢迎和重视，而由于材料科学、施工技术的不断进步也必将会推动该种涂料在应用方面的新发展和技术上的新进步。

二、砂壁状建筑涂料生产技术

1. 主要原材料的选用

（1）彩砂的选择　彩砂是砂壁状建筑涂料的功能性材料，有天然彩砂和人工合成彩砂两种。天然彩砂使用天然矿石经破碎、筛分得到，以其配制的砂壁状建筑涂料色彩逼真，耐久性好，但不同矿区彩砂色差较大，可能造成不同批次涂料间的颜色差异而引起涂膜发花。因此没有条件时应做好大库量储存和大批量生产。

人工合成彩砂色彩丰富，色差问题相对较小，但保色性不好，容易褪色，耐候性也差。选用时不要将其作为主要品种使用，而只要作为调色的补充。

彩砂的强度要好、颜色纯正，在日光曝晒下颜色坚固。可供选用的彩砂有大理石类（有多种颜色）、天然碎石粒、天然细砾石、陶瓷器碎粒、着色硅砂、着色玻璃碎片等。

除了彩砂种类外，彩砂颗粒粒径的级配对涂料性能有较大的影响。一般地说，当涂料的粗砂用量太大时，涂膜粗糙，容易积尘污染，并可能导致喷涂时回弹大；不同粒径的彩砂配合适当时，涂膜致密，质感强；喷涂可基本无回弹。

（2）合成树脂乳液　应尽量使用性能好的纯丙类乳液，苯丙乳液易使涂膜产生黄变。现在的合成树脂乳液品种很多，如硅丙乳液、氟改性聚丙烯酸酯乳液等，性能好，但价格也高。选择乳液应选择耐水好的产品。

（3）成膜助剂的选择　成膜助剂的使用在砂壁状建筑涂料的生产中是很重要的。品种选用不好，会导致涂膜遇水发白。

常用的成膜助剂有醇酯-12、乙二醇丁醚、丙二醇丁醚等。醇酯-12的成膜效果较好、成膜效率高。醇醚类溶剂对聚丙烯酸酯树脂有良好的溶解性，并能够促进各组分之间的互溶。因此应选择醇酯-12和醇醚类成膜助剂复配使用，能在一定程度上防止因成膜不好而造成的涂膜发花现象。

成膜助剂的选用及其用量与聚合物乳液，特别是乳液的玻璃化温度密切相关。研究发现[7]将不同玻璃化温度（T_g）的乳液根据其成膜温度的不同，在配制砂壁状涂料时添加不同量的成膜助剂，根据涂料成膜过程中涂膜开裂情况而确定了成膜助剂的最佳用量（见表4-21）。

表 4-21　PVC 值为 50％时等体积沙子和石英砂配制涂料时成膜助剂添加量

序号	乳液类型	乳液玻璃化温度(T_g)/℃	成膜助剂添加量(质量)/％
1	硅丙乳液1	34	6.5
2	硅丙乳液2	28	5.5
3	苯丙乳液1	33	6.5
4	苯丙乳液2	29	5.5
5	苯丙乳液3	27	5.0
6	纯丙乳液1	23	4.0

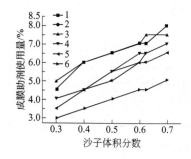

图 4-4　PVC 值为 50％时用不同沙子
体积浓度配制砂壁状建筑涂料所需要
成膜助剂的量

（图中 1、2、3、4、5、6 所代表
乳液的种类见表 4-21)

成膜助剂的选用还与颜填料的种类有关。以沙子、石英砂分别进行配制试验发现，沙子为主要填料相比较于石英砂为主要填料，用沙子配制涂料时成膜助剂用量稍高。这可能是由于沙子粒径分布不均匀，表面不规则程度大于石英砂，乳胶粒子在沙子间隙间的形变和流动更为困难。在涂料 PVC 值相同的情况下，同一种乳液与不同的颜填料配制砂壁状涂料时所需要的成膜助剂的量是不同的，可能与颜料、填料的粒径分布、表面张力和规整度等有关。图 4-4 表明，随着沙子在颜填料中所占的比例增大，成膜助剂的用量也增大。这表明沙子的加入使乳胶粒子成膜变得困难，需要更多的成膜助剂辅助成膜。

（4）增稠剂的选择　由于砂壁状涂料中彩砂的颗粒粗、密度相对大，因而对增稠剂的要求较为苛刻。理想的增稠剂可以赋予涂料适当的稠度并改善其喷涂性、贮存稳定性。例如，可以决定材料从喷枪喷出后的分散状态和附着于底材后的整形性。故需要选用触变性好、增稠效率高、对涂料无副作用、保水性好的增稠剂。碱溶胀型增稠剂的触变性强，是砂壁状涂料常用的增稠剂。此外，作者在实际中发现，配方中使用适量的羟乙基纤维素增稠剂，对防止喷涂时砂粒掉落也很有效。因而，最好的方法是将碱溶胀型增稠剂和羟乙基纤维素类增稠剂复合使用。

2. 基本配方

表 4-22[5] 中给出合成树脂乳液砂壁状建筑涂料参考配方。

表 4-22 氟树脂乳液彩砂涂料配方

原材料	用量（质量）/%	原材料选用说明
聚合物乳液	12.0～22.0	可选用苯丙乳液、纯丙乳液、氟树脂改性丙烯酸酯乳液等
成膜助剂	0.4～0.8	醇酯 12、丙二醇丁醚等
pH 值调节剂	0.1～5.0	AMP-95 多功能助剂、氨水等
增稠剂	0.3～0.5	乳液性碱活化增稠剂、高黏度型号甲基纤维素醚等
防霉剂	0.10～0.15	乳胶漆用防霉剂，如 KATHON LXZ 防霉剂
消泡剂	0.10～0.15	乳胶漆用消泡剂，如 Foamaster NXZ 消泡剂
防冻剂	0.5～1.0	工业级丙二醇
20～40 目彩砂	0～10.0	天然彩砂
40～80 目彩砂	30.0～50.0	天然彩砂
80～120 目彩砂	30.0～50.0	人工或天然彩砂
水	4.5	自来水

3. 配方调整

（1）彩砂 有些天然彩砂色彩比较鲜艳，调浅颜色涂料用的大部分是白砂，加入彩砂的量比较少，遮盖力相对较差，施工喷涂薄厚不均时，薄的地方盖不住底色而造成涂膜发花。用色彩比较鲜艳的天然彩砂来调浅色涂料时，要在配方中调整砂子粒径（目数），可稍微多加些粗砂粒，用它的粗糙感来遮盖发花现象；或者白砂用遮盖比较好的汉白玉，并适当地补加钛白粉来提高遮盖力。

（2）乳液 乳液的添加量要有一定范围，与彩砂的粒径和配合有关。彩砂的粒径大，乳液的用量可小些，反之亦然。但一般地说，乳液的用量不应低于 12%。如果乳液添加量太低，会使涂膜的物理力学性能变差，甚至造成质量事故。

（3）成膜助剂　成膜助剂的品种选择得不适当或添加量少，都能造成涂料成膜不好而使涂膜性能下降，或造成涂膜颜色不同发花。但成膜助剂太多，由于砂壁状建筑涂料有一定厚度，过多的成膜助剂挥发不完全，残留在涂层中，使涂膜发软，表面发黏，使涂膜受污染而发花。成膜助剂的加量要根据乳液的最低成膜温度和用量确定。

（4）增稠剂　碱溶胀增稠剂触变性好，但对防止喷时砂粒溅落没有作用；羟乙基纤维素对防止喷时砂粒溅落作用明显，但耐水性好。因此二者的用量都不能太小或太大，配方设计时应进行综合平衡。

5. 涂料生产简要说明

由于砂壁状建筑涂料中含有 70% 左右的彩砂，因而配方中的水很少，仅用于溶解羟乙基纤维素。由于水的整体数量少，可能很多搅拌机械的搅拌叶片位置不足以接触水而产生搅拌作用。因而羟乙基纤维素应预溶解后投料。

生产时，先投液料（包括预溶解的羟乙基纤维素溶液和聚合物乳液等），液料全部投完并搅拌均匀后，再将各种彩砂全部投料，搅拌均匀。最后用碱溶胀增稠剂调整涂料黏度，即得到砂壁状建筑涂料。

用碱溶胀增稠剂调整黏度时，应先将碱溶胀增稠剂用水稀释两倍，再在物料处于充分搅拌的状况下细流状加入，以防高浓度的碱溶胀增稠剂与料浆中的乳液接触而产生"硬颗粒"现象。

三、砂壁状建筑涂料技术性能指标

建工行业标准《合成树脂乳液砂壁状建筑涂料》（JG/T 24—2000）是目前广泛执行的产品标准。化工行业标准《水性复合岩片仿花岗岩涂料》（HG/T 4344—2012）实际上也是关于砂壁状建筑涂料的标准，该标准将产品分为内用和外用两类，其所规定的技术性能指标分别如表 4-23 和表 4-24 所示。

表 4-23　内用水性复合岩片仿花岗岩涂料技术要求

项　目		指　标	
		P 型(非柔性)	R 型(柔性)
容器中状态		搅拌后均匀无硬块	
施工性		施涂无困难	
低温稳定性		3 次试验后无结块、凝聚及组成物的变化	
热储存稳定性		1 个月试验后无结块、霉变、凝聚及组成物的变化	
干燥时间(表干)/h		≤4	
复合涂层①	涂膜外观	涂膜外观正常,与商定的参比样相比,颜色、花纹等无明显差异	
	耐碱性	48h 涂层无起鼓、开裂、剥落,允许颜色轻微变化	
	耐水性(96h)	48h 涂层无起鼓、开裂、剥落,允许颜色轻微变化	
	柔韧性	—	直径 100mm,无裂纹
	耐冲击性	30cm 无裂纹、剥落及明显变形	50cm 无裂纹、剥落及明显变形
	黏结强度/MPa (标准状态)	≥0.50	

① 也可根据需要仅对主涂层进行试验。

表 4-24　外用水性复合岩片仿花岗岩涂料技术要求

项　目	指　标	
	P 型(非柔性)	R 型(柔性)
容器中状态	搅拌后均匀无硬块	
施工性	施涂无困难	
低温稳定性	3 次试验后无结块、凝聚及组成物的变化	
热储存稳定性	1 个月试验后无结块、霉变、凝聚及组成物的变化	
初期干燥抗裂性	无裂纹	
干燥时间(表干)/h	≤4	

项　目		指　标	
		P 型（非柔性）	R 型（柔性）
复合涂层[①]	涂膜外观	涂膜外观正常，与商定的参比样相比，颜色、花纹等无明显差异	
	耐碱性	96h 涂层无起鼓、开裂、剥落，允许颜色轻微变化	
	耐水性（96h）	96h 涂层无起鼓、开裂、剥落，允许颜色轻微变化	
	耐酸雨性	48h 无异常	
	柔韧性	—	直径 100mm，无裂纹
	耐冲击性	30cm 无裂纹、剥落及明显变形	50cm 无裂纹、剥落及明显变形
	耐温变性	10 次涂层无粉化、开裂、剥落、起鼓，允许颜色轻微变化	
	耐沾污性	5 次试验循环后≤2 级	
	黏结强度/MPa　标准状态	≥0.70	
	浸水后	≥0.50	
	耐人工老化性	600h 涂层无开裂、起鼓、剥落，粉化≤1 级，变色≤2 级	

① 也可根据需要仅对主涂层进行试验。

四、砂壁状建筑涂料仿面砖施工技术

普通砂壁状建筑涂料施工技术比较成熟，且已应用了几十年，其施工技术的可参考资料很多。因而，这里根据某建筑工程的施工作为具体案例，介绍砂壁状建筑涂料的仿面砖施工技术，其他类似工程可以举一反三。

1. 工程概况

合肥市某小区两栋 22 层的高层建筑，外墙采用膨胀聚苯板薄抹灰外墙外保温系统，涂料饰面。涂料饰面类型设计为暗红色砂壁状建筑涂料仿外墙面砖，面砖颜色为暗红色，面砖勾缝颜色为黑色。

2. 材料选用和涂层构造

该工程所选用的主涂料是以天然彩砂为原料制成的合成树脂乳液砂壁状建筑涂料（颜色为暗红色）和黑色底涂料。此外，涂料工程系统还需要配套使用柔性耐水腻子、耐碱封闭底漆和防水、耐沾污罩面漆等。

封闭底漆的主要作用是隔绝基面，防止水分从基面渗出，同时增强涂料与基面的附着力，避免剥落或松脱现象。黑色底涂料形成整个仿面砖饰面涂膜的黑色背景，该黑色背景能够免除大量的勾缝操作。当然，根据设计要求，也可以将黑色底涂换成其他种颜色。

由砂壁状涂料和黑色底涂构成的主涂料系统具有仿面砖颜色和质地效果。最外层的防水、耐沾污罩面涂料实际上是硅丙类罩光剂，能加强涂料表面防水、防紫外线和耐沾污性能，并便于以后使用过程中的清洗。为了得到典雅的面砖饰面效果，罩光剂中添加了白炭黑消光剂，仿面砖涂膜经过该罩光剂罩光后，既手感平滑，又无光泽。

涂料涂层构造（自内到外）为墙体基层→封闭底漆层→腻子层→底涂层→砂壁状主涂层→罩面涂层。

仿外墙面砖砂壁状涂料工程系统材料的性能要求如表 4-25 所示。

表 4-25　仿外墙面砖砂壁状涂料工程系统材料的性能要求

类别	产品名称	性能要求
主涂层系统	砂壁状建筑涂料	满足标准 JG/T 24—2000《合成树脂乳液砂壁状建筑涂料》或 HG/T 4344—2012《水性复合岩片仿花岗岩涂料》（外用要求）；涂膜延伸率满足 JG 158—2004《胶粉聚苯颗粒外墙外保温系统》的要求
	黑色底涂料	满足标准 JG/T 172—2005《弹性建筑涂料》要求
配套材料系统	柔性耐水腻子	满足 JG/T 157—2009《建筑外墙腻子》中 R 型产品的要求
	封闭底漆	满足 JG/T 210—2007《建筑内外墙用底漆》中外墙用产品的要求
	罩面涂料（罩光剂）	主要物理力学性能指标满足标准 GB/T 9755—2014《合成树脂乳液外墙涂料》要求

除了表 4-25 中的涂料系统材料外，施工中需要使用的材料还有泡沫胶带纸、砂纸等；使用的工具有刮刀、抹子、电动搅拌器、塑料搅料桶、盛料桶、手柄加长型长毛绒辊筒等。

3. 基层条件和施工工序

（1）**基层条件**　该工程为膨胀聚苯板薄抹灰外墙外保温系统，涂料施工的基层为抹面胶浆复合耐碱网格布的抗裂防护层。因而，施工前保温系统（包括抗裂防护层）已经过验收合格，基本达到清洁无尘，线条平直、平整度和垂直度满足 JGJ/T 29—2003《建筑涂饰工程施工及验收规程》规定的中级涂装要求。

（2）施工工序　施工工序如图 4-5 所示。

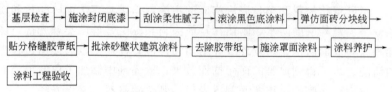

图 4-5　仿外墙面砖施工砂壁状建筑涂料施工工艺流程

4. 施工操作要点

（1）刷涂封闭底漆　在干燥、平整、清洁的基层上，用羊毛滚筒均匀滚涂水性封闭底漆，使其渗入基面，增加墙面防水效果和抗酸碱性，并提高底涂与基层的黏结强度。封闭底漆涂刷后"指触"干燥即可批涂腻子。

（2）批刮腻子　在基面上批刮柔性耐水腻子，所选用的腻子为聚合物水泥基产品，易批涂、固化快、与基层黏结强度高（高于1MPa）。腻子批涂时应力求实、平、光，批涂后 4h 开始打磨。

（3）滚涂黑色底涂料　施工该层涂料的目的是对墙面全面着色，得到仿面砖状砂壁状建筑涂料所需要的黑色背景涂层。该涂料为高固体组分，能够施工得到较厚的涂膜。

（4）弹分格缝线、贴分格缝泡沫胶带纸　底涂料施工 24h 后，开始弹分格缝线和贴分格缝泡沫胶带纸。该工程设计的仿面砖分格块尺寸为 4cm×24cm 和 5cm×20cm 两种。根据设计要求，弹出分块线，然后在分格缝线上贴 2mm 厚、6～8mm 宽的泡沫胶带纸。

（5）批涂砂壁状建筑涂料　底涂料施涂 24h 后，开始手工批涂砂壁状建筑涂料。批涂时应注意压实、批平，操作中要注意不要损伤胶带纸。

（6）去除泡沫胶带纸　一般主涂料施工约 30min 后，应及时将胶带纸撕掉，若待涂料完全固化后再撕，则在撕除时，胶带纸可能会对仿面砖分格缝处的涂料产生损伤，使缝上的涂料粗糙。

（7）施涂罩面涂料 在砂壁状建筑涂料施工 12～24h 后进行罩面涂料的施工。施工时，使用羊毛滚筒均匀滚涂罩面涂料，滚涂应均匀，不得漏涂，为了保证罩面涂层厚薄均匀，无漏涂现象，罩面涂料施工两道。

（8）涂膜养护 施工完毕，涂膜养护一个星期后，拆除防护设施，进行验收交付。

5. 施工注意事项

① 同一墙面使用的砂壁状建筑涂料应为同一批次产品，以防出现色差。

② 封闭底漆、黑色底涂料和罩面涂料在施工时应注意施涂均匀，不得有漏涂现象。

③ 批涂腻子和砂壁状建筑涂料时，应注意用力压实，保证涂膜和基层结合紧密，保证涂膜结构密实，并注意保证表面平整度达到要求。

④ 封闭底漆施工时，抗裂防护层基层的含水率≤10％；pH 值≤10。

⑤ 应在涂料表干前及时撕除泡沫胶带纸。

6. 涂料施工效果

经过上述施工技术得到的仿外墙面砖施工砂壁状建筑涂料，外观极像使用黑色勾缝胶勾缝的暗红色面砖饰面，站在 5m 以外，分辨不出是涂料模仿施工得到的涂层。因而，这种施工方法是成功的。这里的砂壁状建筑涂料采用手工批涂方法施工，而某工程[8]采用的是喷涂施工方法施工。介绍如下：

① 喷砂壁状涂料前先用塑料薄膜保护门窗等不需喷涂的部位，以防喷涂时受到污染。

② 砂壁状涂料喷涂前先用拌器搅拌均匀。

③ 一般分两遍喷涂，第一遍应快速薄喷一层，喷嘴口径为 4～6mm，此时喷嘴与气嘴距离较近，可得到较平坦的涂层。砂壁状涂料喷涂用量为 2kg/m²，第一遍喷涂完毕，表干后开始喷涂第二遍，第二遍喷嘴口径为 6～8mm，并适当调大喷嘴与气嘴的距离，以达到凹凸感较强的涂层，砂壁状涂料用量约为 3.2kg/m²。

喷涂时可通过控制气流开关来控制喷嘴气压，气压一般控制在

0.6～0.8MPa，喷枪与墙面垂直并略往上倾斜，枪口与墙面距离为300～400mm，自左向右移动喷枪，平行移动，轨迹呈环状，到边后紧接其下再向右往左平行环状移动，总体运动轨迹呈S形。

④ 注意控制砂壁状涂料喷涂厚度，防止漏喷、流坠、透底等不均匀现象。喷涂温度约25℃，湿度小于50％时，砂壁状建筑涂料表干时间为2h，实干时间在24h以上，温度越高干燥越快，干透后砂壁状涂料厚度为3mm左右。尽量避开在刮大风及阴雨天气施工。

7. 砂壁状建筑涂料仿面砖施工推广应用价值

（1）提高饰面材料的安全系数，减少隐患 采用面砖饰面的保温墙面在阳光照射情况下，面层热集中效应明显，冷热收缩比大，刚性的面砖易发生脱落现象。仿外墙面砖施工的砂壁状涂料取代传统面砖饰面，既避免了面砖在外墙外保温系统中的使用，消除安全隐患，又得到人们所喜爱的仿面砖饰面。

（2）减少墙体裂、渗隐患 与面砖自身的刚性材质不同，砂壁状涂料是柔性体系，能够适应或消纳保温层的热胀冷缩。砂壁状涂料和缝隙线条使用的弹性乳胶漆都具有良好的柔性，抗开裂效果好，相比于面砖饰面，减少墙面开裂和渗水隐患。

（3）节能 合成树脂乳液砂壁状建筑涂料是原建设部推荐优先选用的外墙装饰材料，无需烧制，大大节约能源消耗。

五、砂壁状建筑涂料实际应用中的几个问题

1. 砂壁状建筑涂料罩光剂的应用问题

（1）罩光剂品种的选择问题 涂膜罩光的主要功能是提高涂膜的物理力学性能（例如耐沾污性、对侵蚀性物质的阻隔性）和装饰效果。罩光最重要的问题是选择性能良好的罩光剂。罩光剂也称罩面涂料，对其性能要求首先是与被罩光涂料的良好结合性，此外要求涂膜具有良好的耐热性、耐污染性、耐紫外线照射的抗粉化能力以及施工时干燥快、流动、流平性好等。通常选用硅丙乳液配制，现在氟碳乳液是性能比硅丙乳液更好的涂料基料，使用氟碳乳液配制的氟碳罩光剂是性能更好的产品，应优先选用，硅丙乳液次之。

此外，使用乳液聚合法得到的硅溶胶-聚丙烯酸酯乳液复合型乳液配制的有机-无机复合型罩光剂，其性能仅次于氟碳罩光剂，和硅

丙乳液类罩光剂性能相当，且价格更便宜。而使用物理拼混制得的硅溶胶-聚丙烯酸酯乳液复合型罩光剂，也具有较好的耐沾污性能和耐热性能。

（2）罩光剂的施涂问题　使用罩光剂应注意的另外一个问题是罩光剂施工时涂膜不宜太厚，太厚会使罩光剂涂膜在长期的紫外线或其他大气环境作用下易于起皮，同时也会增大不必要的涂料系统的成本。这要求罩光剂本身在配制时不宜使用增稠剂增稠而将黏度调得太高，使罩光剂保持较低的黏度，这样罩光剂施工时施涂两道，既能够保持罩光剂涂膜不致太厚，又能够保持不会漏涂。

（3）罩光剂的消光问题　通常，罩光剂涂膜具有良好的光泽。在有些情况下，这能够增加涂膜的装饰效果，例如使涂膜外观油润光亮、颜色鲜艳等；但在有些情况下会影响涂膜的装饰效果，例如当基层的平整度较差且为浅色涂膜时，在光线的物理作用下涂膜看起来颜色发花、不均匀。这种现象是不能够从涂料的颜色均匀性方面解决的，其解决方法是涂膜不罩光，当必须罩光时，应使用无光泽罩光剂。此外，有时候设计要求的就是采用无光罩光剂。因而，对于砂壁状建筑涂料来说，无光罩光剂的应用是很重要的。

使用消光剂能够制备无光罩光剂。常用的消光剂是白炭黑和石蜡乳液。石蜡乳液在紫外线的照射下会黄变，不宜外墙面使用。使用白炭黑制备消光剂时，应注意分散剂、润湿剂的使用。

2. 砂壁状建筑涂料的颜色均匀性问题

颜色均匀性问题是指在涂料配方不变、原材料品种不变的情况下，不同批号的同一种涂料，在施工于同一面墙面时，可能会产生视力能够察觉得到的色差。产生这个问题的原因是砂壁状涂料中使用大量细砂，细砂的颜色直接决定涂料的颜色。而细砂多数是物理加工的天然砂，当批号不同时，细砂的颜色可能会产生差异，而导致涂料颜色的差异。解决这一问题的方法是对于用量大的砂，每次的采购量要大，而当批号不同时应将不同批号的砂进行混合使用，这样就能够解决因使用不同批号彩砂所产生的涂膜颜色的差异问题。一般地说，当涂料生产量大时这个问题容易解决，而当产量小时，由于采购大量彩砂会造成原材料的积压，使得问题的解决变得复杂。

3. 砂壁状涂膜遇水泛白问题及其解决方法

砂壁状涂膜遇水泛白仍然是目前较常遇到的问题，在南方多雨季节施工时这种现象更为突出。造成这种问题的原因是使用耐水性差的合成树脂乳液生产的涂料，因而，解决办法是使用耐水性好的优质乳液或者某些砂壁状涂料专用乳液商品。

此外，生产涂料时从材料选用和配方设计方面考虑，也有利于提高涂膜的耐水性。例如，由于成膜助剂在涂膜的干燥过程中挥发逸失较慢，而留在涂膜中没有挥发的成膜助剂会影响涂膜的耐水性。因而，在保持涂料能够正常施工成膜的情况下，应保持成膜助剂的用量尽可能地低。此外，实践中发现，成膜助剂的品种不同，对涂膜早期干燥阶段耐水性的影响也不同，因而应根据实际使用效果或者经验选择对涂膜耐水性影响小的产品。

纤维素醚类增稠剂在涂料中能够防沉淀，能够防止施工时的喷涂飞溅。但纤维素类增稠剂会显著降低涂料的耐水性。因而，选用纤维素醚时，应选择高黏度型号产品，以降低其用量，减轻其对涂料耐水性的不利影响。

4. 砂壁状建筑涂料在多雨季节的施工问题

砂壁状建筑涂料属于厚质涂料，施涂较厚，加之纤维素醚的添加，因而涂膜干燥慢。有时环境湿度较高时，喷涂24h后涂膜还不能表干；48h后涂膜用手指接触感觉还非常软。若涂膜干燥前受到水侵蚀，可能会受到永久性性能伤害。因而，应尽量避免在多雨季节施工。若因工期或者其他原因，在预报有雨的天气阶段必须施工则一定要充分准备好防雨措施。实际中笔者曾接触到，有的施工单位对上述情况认识不足，没有这方面的经验，在雨季施工时，由于涂料在没有干燥时受到雨水侵蚀，结果很多涂料被雨水冲掉，这无疑造成很大浪费和污染。

5. 砂壁状建筑涂料的颜色迁移问题

所谓砂壁状建筑涂料的颜色迁移，是指涂料施工后涂料中的颜色微粒向基层扩散移动，而使涂膜显现出来的颜色变浅，甚至无色。

砂壁状建筑涂料的调色一般有三种方法：一是直接使用不同颜色彩砂配合得到所需要的颜色；二是使用生产彩砂时产生的废石粉配合颜料或者色浆调色；三是仅使用颜料或者色浆调色。砂壁状建筑涂料的颜色迁移问题主要出现在第三种调色方法中。

从涂料性能方面来说，当使用的颜色（或者色浆）是有机细粒径颜料，例如炭黑、酞菁蓝、酞菁绿颜料时容易出现颜色迁移现象；涂料的基料含量越低，迁移现象越容易出现。从施工方面来说，当封闭底漆的封闭性能不好，或者没有使用封闭底漆时，产生迁移的概率则会更大。

对于涂料来说，预防颜色迁移的方法是在涂料调色时使用适量的钛白粉和微细粉料填料，并保证足够的基料用量，通常能够预防发生颜色迁移现象；而从涂料施工方面时，一定要保证封闭底漆的封闭性能，这除了能够在一定程度上预防颜色迁移外，还能够得到封闭效果的其他效益，例如防止"泛碱"、加固基层、增强涂料对基层的附着性等。

检查病态涂膜是否是颜色迁移造成时，可以将干燥的涂膜用水湿润，若涂膜被湿润后，颜色慢慢变深而回复成涂料原有颜色，则涂膜病态可能是由于颜色迁移造成的。当涂料施工后发生颜色迁移现象时的解决方法是使用透明罩光剂对涂膜进行罩面，有时能够很好地消除颜色迁移现象。

6. 砂壁状建筑涂料施工方法不当引起色差或发花问题

（1）施工时使用不同批次涂料引起色差　由于砂壁状涂料主要使用天然彩砂，因而彩砂的颜色可能因不同批号而发生明显变化，这样导致不同批号涂料的颜色出现色差。

对于这一问题的解决方法是，工程施工要提前做好预算，根据每平方米涂料耗量计算出总用量，在施工时尽量避免不同批次涂料施工在同一墙面上。如同一批次涂料的数量不足以施工同一面墙，则可以将不同批次涂料施工在第一道，而确保面层的第二道使用同一批次涂料。

引起色差的第二个原因是同一面墙涂料的施工时间不同。如一部分是下午温度较高时施工；而另一部分可能是第二天上午温度较低时施工。温度高时施工的涂料成膜好，温度低时施工的涂料成膜不好，这也会引起色差。

显然对于这一问题的解决方法是施工时做好施工计划，保证同一面墙在大致相同的时间内一次性施工。

引起色差的第三个原因是涂膜厚度的影响。砂壁状涂料属于厚涂类产品，涂膜偏薄容易出现露底造成颜色差异；涂膜偏厚干燥时间就会增加，不同部位颜色稳定时间不同，不仅不同部位会出现色差，而且整体施工建筑会出现发花的现象，影响建筑美观。

（2）基层处理不当引起发花　涂料工程施工时用于找平基层的大部分是水泥砂浆，是碱性体系，pH 值高达 11 以上。若基层养护时间不够，基层的碱会随着水分的挥发而迁移到涂膜的表面而造成发花。所以在施工前要对基层进行详细清理，如果基层 pH 值太高，就用草酸溶液进行中和，再用清水清洗干净，一直到 pH 值低于 10。处理完再刷一层封闭底漆将基层封闭严实。

（3）施工不当引起的发花　施工时对工人的施工技术水平和施工环境要有一定的要求。每个工人的施工技术水平不一，施工手法不同会造成砂壁状建筑涂料表面效果有所差异，当涂层完全干透以后会出现局部或整体发花。因此施工前对工人进行相关技术培训，同时施工时应避免交叉施工，防止相互污染。

另外，不同气候环境下施工也会导致表面发花。砂壁状建筑涂料属于厚质涂料，尤其是喷涂，涂层较厚，干燥慢。当温度过低施工时会造成无法成膜或成膜不好而泛白、发花。因此在施工时应保证环境温度在 5℃以上，相对湿度小于 80％。4 级以上大风天气不可施工。大雾天气、雨天或者即将下雨的天气也不得施工。

（4）罩面不当引起发花　由于砂壁状建筑涂料的涂膜表面呈现砂粒堆积状态，表面粗糙，砂粒间的空隙中易积累灰尘、尘埃而受污染。通常采用罩光以提高其耐沾污性。但由于砂壁状建筑涂料施工时表面粗糙度不一，平滑地方罩面后光泽度高，颜色加深而引起发花。因此在罩面时尽量使用喷涂施工，如果使用辊涂施工则要辊涂均匀。

7. 砂壁状建筑涂料涂施工时干燥快

在刮涂施工时涂膜表面干燥快很难回刮，造成涂膜表面状态不均匀，造成这种情况的原因：一是环境和墙体温度高，造成涂膜表面水分挥发过快，影响表干速度；二是环境湿度低造成涂料中与水共溶的溶剂加速挥发，溶剂的挥发带走大量的热，使涂膜表干速度加快。

解决此类问题首先要考虑到涂膜的保水性，可适当增大纤维素增稠剂的用量；其次还可以加大涂料中高沸点溶剂的用量。

8. 砂壁状建筑涂料喷涂施工容易出现的问题

（1）喷涂不流畅　在喷涂过程中砂壁状涂料很难连续均匀地喷涂到墙面上，出现这种情况的主要原因有：①涂料黏度偏高，导致涂料在喷枪罐内不能形成均匀的流动状态，无法保证出漆量的均匀；②施工操作时采用的气压不足；③喷枪喷嘴口径不合适，喷嘴口径应根据涂料中彩砂的大小选择。

平涂砂壁状涂料多选用平枪头，浮雕类效果的多选用锥形喷嘴。此外，喷涂的不流畅还和配方所选用的增稠剂有关，增稠剂的剪切黏度高，涂料触变性强，也容易导致喷涂的不流畅。

（2）喷涂有团聚物　砂壁状涂料在喷涂过程中涂膜很难形成均匀平整的表面，在涂膜上会形成絮凝状的团聚物。出现这种情况的主要原因有：①涂料黏度高，出漆量不均匀，造成局部涂料堆积；②纤维素类增稠剂用量偏高，在涂料稀释后有析出情况，喷涂后絮凝析出的增稠剂被填料包覆，造成涂膜表面出现团聚物；③涂料为了防裂，添加了增强纤维，且增强纤维没有分散开。增强纤维多为木质素类的纤维，原料本身就是团聚在一起的，加入涂料中后需要较高的剪切力才能将其分散开，得到均匀的涂料，剪切力较低或分散时间不足很难将其分散均匀，容易造成喷涂团聚物的现象。

（3）喷涂砂子飞溅　在喷涂砂壁状涂料时涂料飞溅散落在地面或喷涂到墙面后反弹溅落，不能很好地涂布于墙面，出现这种情况的原因主要有：①配方中粗砂粒偏多，基料很难黏附住这些大的砂粒，造成喷涂飞溅；②环境温度高，砂壁状涂料在喷涂雾化过程中漆雾中的水分被高温蒸发形成漆雾颗粒，漆雾颗粒溅在墙体后无法附着造成飞溅现象；③配方中含砂量偏高，导致没有足够的基料包覆砂子。

六、砂壁状建筑涂料涂层病态及其防治

1. 涂层开裂

（1）出现问题的可能原因：①基层开裂；②一次喷涂量太大，涂层太厚；③仿石型涂料喷涂前基层未分割成块，或分割的块太大；④涂料太稠厚，但稀释不当；⑤涂料本身性能有缺陷；⑥涂层在阴阳角开裂，这种开裂主要是由于涂层在干燥过程中受到阴阳角两个不同方向的张力作用，如果不同方位的涂膜干燥速度不同，那么它们的拉伸强度也会不同，容易造成涂膜开裂。

（2）可以采取的防治措施：①检查及处理基层，待符合要求后再施工；②一次喷涂不要太厚，若涂层设计得太厚，可分两道喷涂；③仿石型涂料应做成块状饰面，且块状大小要适当；④正确地稀释涂料；⑤与涂料生产商协商解决；⑥在阴阳角部位施工时尽量保证涂膜厚度的均匀性。

2. 涂层脱落、损伤

（1）出现问题的可能原因：①基层含水率太高；②外力机械冲撞；③因施工气温太低而造成的涂料成膜不好；④揭去胶带时造成的损伤；⑤外墙底部未做水泥脚线；⑥未使用配套封底涂料，且自行选用时选用不当；⑦使用劣质腻子找平打底。

（2）可以采取的防治措施：①基层含水率符合要求时再施工；②即使涂层完全固化，也不能受较大的外力冲击；③应按照规定的施工气候、环境条件施工；④应小心地、以正确的方法揭去胶带；⑤墙根部应做水泥脚线；⑥应使用配套封底涂料或选用正确的封底涂料；⑦砂壁状涂料通常不需要批涂腻子。对于膨胀聚苯板薄抹灰外墙外保温系统，由于使用抹面胶浆施工的抗裂防护层已非常平整，完全能够满足砂壁状涂料的施工要求，因而使用腻子打底是并不恰当的方法。

3. 涂层色差

（1）出现问题的可能原因：①涂料储存时分层或表层出现浮色，喷涂前没有充分搅拌均匀；②同一面墙没有使用同一批号的涂料，两批涂料之间存在色差。

（2）可以采取的防治措施：①对于有分层或表面有浮色的涂料，施工前一定要充分搅拌均匀；②同一面墙应使用同一批次的涂料，当同一面墙使用不同批次的涂料且目视可以分辨出涂料存在色差时，在使用前一定要将涂料全部放在大容器中搅拌均匀再喷涂，或与生产厂商协商解决；或者在第一道喷涂时使用不同批次涂料，而使处于面层的第二道使用同一批次涂料。

4. 涂层不均匀

（1）出现问题的可能原因：①涂料储存时分层，表层出现浮水，喷涂前没有充分搅拌均匀，涂料黏度不同；②喷涂时空气压力不稳；

③喷涂时喷枪喷嘴的口径因磨损或错误安装而发生变化；④涂料批号不同时涂料本身黏度不同。

（2）可以采取的防治措施：①对于有分层或表面出现浮水的涂料，施工前一定要充分搅拌均匀；②喷涂作业时一定注意保持空压机的输出压力稳定；③喷涂时注意保持喷嘴口径的一致；④使用同一批号的涂料。

5. 涂层起泡、起鼓

（1）出现问题的可能原因：①涂料施工时基层的含水率过大；②防护抗裂层或因龄期不够，或因养护温度过低而强度不够，混合砂浆基层强度设计标号偏低，或者施工时配比不正确；③涂料的质量不合格；④砂壁状涂料还没有完全干燥就涂装罩面涂料；⑤没有使用封闭底涂料。

（2）可以采取的防治措施：①基层含水率符合要求时再施工；②应对基层的强度进行检查验收，如不合格应经过正确的处理而符合要求后再进行涂料的施工；③在涂料施工前注意对涂料质量的检查验收，对于不合格的涂料应进行更换，确保涂料的质量合格；④待主涂层完全干燥后才能进行罩面涂料的施工；⑤按要求使用封底涂料。

6. 涂层发白、发花

（1）出现问题的可能原因：①底涂料涂刷不均匀，砂壁状涂料喷涂厚度不均匀或厚度不够；②罩面涂料涂刷得不均匀，有漏涂现象或者只涂刷一道；③罩面涂料涂装后还没有充分干燥即受到雨淋或其他情况的水侵蚀；④主涂层还没有完全干燥就涂装罩面涂料；⑤涂料本身质量原因。

（2）可以采取的防治措施：①涂刷底涂料时注意均匀，不要有漏涂现象，喷涂主涂层时注意厚薄均匀，厚度满足要求；②罩面涂料要涂刷得均匀，不要有漏涂现象，并涂刷两道；③注意天气预报，可能出现下雨天气时不要施工或做好防雨措施；注意罩面涂料没有充分干燥前不要受到水的侵蚀；④待主涂层完全干燥再涂装罩面涂料；⑤更换优质涂料。

第四节　复层建筑涂料

一、概述

1. 涂料特点、涂层结构与种类

（1）涂料特点　复层建筑涂料又称浮雕涂料、喷塑涂料等，其主涂层靠喷涂施工，涂料本身呈稠厚的膏状，因涂膜的装饰效果具有古朴、粗犷、质感丰满等特征，一般也分类为高装饰性涂料，是使用多年不衰的涂料品种。

复层涂料是由多道涂层组成的复合涂膜装饰体系，其主涂层系通过喷涂和滚压，并可以经过罩面以增强装饰效果而得到的具有独特的立体效果且质感丰满的装饰性涂膜，主要用于外墙面和内墙空间较大的场合（例如影剧院、大型的会议厅等公共场所）的装饰。应用于内墙和顶棚时，除了具有装饰效果外，还具有吸声效果。复层涂料在我国的使用已经有 20 多年的时间，一直是很受欢迎的建筑涂料品种。

（2）涂层结构　复层涂料一般由底涂层、主涂层和面涂层组成。底涂层是用于封闭基层和增强主涂料附着力的涂层；主涂层是用于形成立体或平状装饰面的涂层，厚度至少 1mm 以上（若为立体状，指凸部厚度）；面涂层是用于增加装饰效果、提高涂膜性能的涂层。其中溶剂型面涂层为 A 型，水性面涂层为 B 型。能够体现复层涂料独特效果的是主涂料，通过喷涂施工，施工前一般呈稠厚的膏状。

（3）复层涂料的种类　国家标准 GB/T 9779—2005 根据基料的不同对复层涂料进行分类，并分为 CE 类、Si 类、E 类和 RE 类四类。CE 类指的是聚合物水泥系复层涂料，系使用混有聚合物分散剂或可再分散乳胶粉的水泥作为黏结料的涂料；Si 类指的是硅酸盐系复层涂料，系使用混有合成树脂乳液的硅溶胶等作为黏结料的涂料；E 类指的是合成树脂乳液系复层涂料，系使用合成树脂乳液作为黏结料的涂料；RE 类指的是反应固化型合成树脂乳液系复层涂料，系使用环氧树脂或类似系统通过固化反应的合成树脂乳液等作为黏结料的涂料。

（4）聚合物水泥复层涂料的特征　虽然在 GB/T 9779—2005 标

准中规定了四类复层涂料，但实际中应用的绝大多数是 E 类和 CE 类。聚合物水泥系复层涂料结合了聚合物的黏结强度高、柔韧性好、抗开裂和水泥的耐久性好、成本低、强度高以及对环境的影响小等优点，是一个极好的复层涂料品种，该类复层涂料以聚丙烯酯类乳液或乳胶粉或聚乙烯醇树脂粉末、水泥、分散剂、消泡剂、增稠剂、填料、粗骨料、抗裂纤维、着色颜料等组成，具有良好的喷涂施工性，形成的斑点丰满，装饰效果增强。由于组成材料中增加了水泥，使得涂料的成本降低、涂膜的耐水性、与基层的黏结性和耐老化性显著提高。但因为需要现场调拌涂料，使用不方便。

聚合物水泥复层涂料具有一些独特优点：①产品可制成粉状，生产、包装、储存、运输和使用方便，在使用前只需要加入一定量的水搅拌均匀，调制成膏状，即可进行喷涂；②涂膜的黏结强度高；③除了上述的物理力学性能特点外，还可以在稍微潮湿的基层上施工。

2. 复层建筑涂料的发展

复层涂料在我国的应用起始于 20 世纪 70 年代，20 世纪 80 年代我国颁布了该类涂料的第一个国家标准，即《复层建筑涂料》（GB 9779—88）。

在近 40 年的应用与发展过程中，该涂料一直保持着平稳的应用与发展。但是，相比较于砂壁状涂料来说，复层涂料近年来明显受到冷落，发展很慢，应用量也不大。

复层涂料的进步体现在开发粉状复层涂料产品，使用金属光泽涂料作为面涂料和使用硅丙涂料、氟树脂涂料配制复层涂料。以及产品标准制订、修订等方面。

（1）开发粉状复层涂料产品　乳胶粉的实用化使得许多粉状化学建材产品（例如砂浆、防水涂料、建筑涂料等）成为可能。对于对表面细腻程度没有太高要求的厚质涂料的复层涂料来说，生产粉状产品具有许多优势，例如成本、包装、运输和环境等。因而，当乳胶粉出现并在建材产品中成功应用后，研究复层涂料的粉状化便是自然而然的了。

粉状化的复层涂料由于是乳胶粉和白水泥复合使用，因而属于 GB/T 9779—2005 标准的聚合物水泥类。

（2）金属光泽面复层涂料　复层涂料喷涂成型后，表面再施涂具有金属光泽的面涂料，使得复层涂料既有金属装饰的富丽堂皇，而质感性也非常强。因而，在金属光泽涂料开发应用后便被引用到复层涂料系统中来，提高了复层涂料的装饰效果。

（3）硅丙复层涂料和氟树脂复层涂料　这两类复层涂料都属于合成树脂乳液型，是使用硅丙乳液或氟树脂乳液作为成膜物质配制的复层涂料，是利用这两类乳液具有的优异涂料性能来得到改善复层涂料的性能，例如耐沾污性、耐久性等。

（4）产品标准的发展　《复层建筑涂料》（GB/T 9779—1988）标准在施行了近 20 年后，参照日本工业标准 JIS A6906：2000《建筑用加工涂料》进行了修订，并于 2005 年重新颁布实施。此外，针对外墙外保温技术大量应用的情况，原建设部组织制定了建工行业标准《外墙外保温用环保型硅丙乳液复层涂料》（JG/T 206—2007）。

3. 发展前景

复层涂料所具有的高装饰性是近 40 年来经久不衰的主要原因，虽然近年来的发展没有像砂壁状涂料那样快速发展，但也还在不断得到应用，尤其是在内墙和一些空间较大的公共场合中的应用，比砂壁状涂料多。因而，这种涂料仍具有应用和发展的前景，遇到适当的机遇便会出现新的发展。

粉状的聚合物水泥复层涂料的发展刚刚起步，它主要改变主涂料或（和）底涂料的外观形态，但由于具有性能、成本等综合优势，因而为复层涂料增加了新的品种。这种具有性能综合优势的新型品种和其他建筑涂料新技术的结合（例如上述金属光泽涂料、硅丙涂料、氟树脂涂料等），必将有利于复层涂料的应用与发展。同时，粉状复层建筑涂料的优越性能，在以后必然能够取代过去的现场使用液体建筑胶黏剂和普通硅酸盐水泥拌和的聚合物水泥类复层涂料；并能够逐步取代这类用量最大的复层涂料。

二、粉状复层涂料生产技术

1. 原材料选用

复层涂料中起装饰效果的主要是主涂层，并直接影响涂膜的性能。罩面涂料目前还只能使用液体的有机聚合物涂料。因而，下面主要介绍主涂料。

（1）基料

① 聚合物树脂 粉状复层涂料的基料由乳胶粉或者聚乙烯醇微粉和水泥共同构成，即实际上是一种有机-无机复合的或者说是聚合物改性的水泥类涂料。在涂膜结构中聚合物和水泥石复合共同将填料、骨料等黏结在一起，并与基层相黏结。

聚合物树脂的种类、结构形态和分布情况均能对硬化的聚合物水泥基浮雕涂料的结构及性能产生重要影响。聚合物水泥基浮雕结构可分为水泥石相、聚合物相、毛细孔 3 类。硬化后的结构主要由水泥石相和聚合物相组成，在涂料结构中这两相通过无机颗粒与聚合物颗粒间的界面黏结在一起，聚合物树脂在聚合物水泥基浮雕涂料中的效能取决于聚合物胶粉与水泥间的存在形式和相互黏结作用。

不同的聚合物树脂在复层涂膜中的性能如表 4-26 所示[9]。从表中可以看出，使用不同型号的聚乙烯醇所得到的涂料性能差别显著。其中，PV-29 型聚乙烯醇具有较好的性价比，可以选用于复层涂料的基料材料。

表 4-26 两种聚合物粉末在复层涂膜中的性能比较

聚合物种类		聚乙烯醇类			乙烯-醋酸乙烯类胶粉	
		MCP-801	2488	PV-29	N-3056	W-541
黏结强度/MPa	原强度	0.50	0.62	0.88	0.90	0.89
	浸水后强度	0.41	0.48	1.18	1.16	1.20
成本		低	较低	适中	较高	高

② 水泥 水泥作为复层涂料的无机基料，也兼具有填料的作用，一般应使用白色硅酸盐水泥，从其强度标号来说，应使用 425 号普通硅酸盐白水泥。

聚合物和水泥作为复层涂料的复合基料，二者在涂料中的比例会对涂料性能产生显著的影响，图 4-6 中展

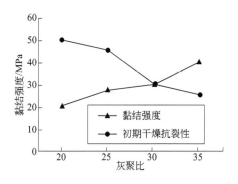

图 4-6 不同灰聚比对粉状复层涂料性能的影响

示出在一定条件下聚合物和水泥的比例不同时对涂料性能的影响。从图中可以看出，在不同的水泥-聚合物比（灰聚比）情况下，随着灰聚比的增加，涂料的黏结强度明显提高，说明涂料中水泥量的增加对涂料的黏结强度产生作用。但是，涂料的抗初期开裂性、喷涂性下降，说明随着涂料中水泥量的增加，胶粉的相对数量减少，涂料的柔韧性降低，干燥速度加快，导致涂料的喷涂性能下降。

（2）抗裂材料（抗裂纤维）　复层涂料系厚质涂料，抗初期干燥开裂性是这类涂料的一项重要性能指标。因为涂料经过喷涂而形成的斑点在干燥过程中因水分的损失而产生体积收缩，在斑点应力集中的地方很易开裂，影响涂膜的装饰效果和物理力学性能。为此，使用抗裂纤维是解决涂膜开裂的很好措施。但是，纤维的加入量应适当。因为随着纤维加入量的增大，涂料的施工性能会降低，即喷涂时容易产生拉丝，导致斑点的装饰效果变差。抗裂纤维除了通常粉状建筑涂料使用的木纤维、聚丙烯纤维和纸粉外，过去还使用石棉粉，其抗裂性能良好[10]。但是，由于石棉纤维会对人体健康产生不良影响，现在已经很少使用。

也可以利用硅灰石粉的微纤维性能来克服主涂料的干裂性。当使用硅灰石粉作为抗裂纤维时，其加入量对抗开裂性和涂料喷涂性的影响如图 4-7 所示。

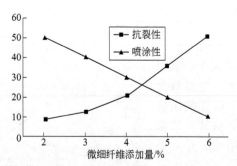

图 4-7　硅灰石粉（微细纤维）加入量对涂料抗开裂性和喷涂性的影响

木纤维作为主涂料的抗裂材料时，具有显著的增稠作用，赋予涂料良好的可操作性；在浆料中形成均匀连续的多向分布，有明显的抗裂性和增韧性。以美国 JRS 公司的 PWC 500 木质纤维素为例，其在主涂料中的用量对涂料性能的影响如表 4-27 所示[11]。

表 4-27 **PWC 500 木质纤维素用量对复层涂料主涂料性能的影响**

性能项目	木质纤维素用量(质量)/%				
	0	0.1	0.2	0.3	0.4
流挂状况(垂直玻璃板上)/cm	8	3	0.5	0.3	0
耐冲击性(50cm)	未通过	未通过	通过	通过	通过
涂层外观	细裂纹较多,涂层细	细裂纹较少,涂层细	基本无细裂纹,涂层光滑	无细裂纹,涂层较光滑	无细裂纹,涂层较粗

由表 4-27 可见，当木质纤维素用量适当（0.3%）时，涂料抗流挂性、耐冲击性、涂层外观都有明显改善。

当使用木纤维、聚丙烯腈纤维等作为涂料的抗裂组分时，选用时应注意，应选择纤维长度在 0.5mm 以下的短纤维，因为长纤维对涂料喷涂性产生的不良影响会更大。

（3）填料和骨料 填料能够增加复层涂料的稠度和涂膜厚度，通常选用价廉的重质碳酸钙、滑石粉等即可。

为了提高复层涂料的喷涂性和消除涂膜在干燥过程中的干缩开裂性，骨料是必不可少的。骨料实际上就是粒径较粗的填料，在混凝土行业称之为细骨料或细集料，在复层涂料中沿用混凝土中的称谓并和填料区分而称为骨料。一定比例的骨料可以使涂料的喷涂性明显改善，且还能够降低涂料调制时的用水量，减少涂膜干燥过程中的体积收缩，防止涂膜开裂。

骨料一般使用 40~120 目的石英砂或白云石砂，实际的目数（粒度或称粒径）根据涂膜的效果要求而定。骨料粒径较大以及用量较大时斑点显得粗糙，其选用原则是对于外墙用的斑点较大的复层涂料，选用粗粒径的骨料；反之，选用细粒径的骨料。

填料和骨料之间的合理配比对防止涂膜初期干燥抗裂性的改善效果明显。例如，在不改变涂料成膜物质和抗裂纤维用量的情况下，使用不同填料和骨料配合比时的涂料初期干燥抗裂性能如表 4-28 所示[12]。

表 4-28　不同填料、骨料配比的涂料的抗裂性

填料、骨料的配比情况（质量）/%				抗裂性能结果
325 目滑石粉	80～120 目白云石粉	250 目石英砂	200 目硅灰石粉	
22	36	0	0	开裂
12	30	10	6	微裂
13	22	20	6	龟裂
12	10	28	8	无裂纹

可见，在满足涂膜装饰性能要求的情况下，应尽量合理调整填料和骨料的种类和比例。

（4）流变改性剂　不管主涂料作为产品是什么形态，但在喷涂施工时必须为黏厚的膏状体，这样在施工固化后能够形成质感丰满、富于变化的凹凸斑点花纹，并有良好的耐水性、耐碱性、耐高低温性、耐老化性、耐初期干燥抗裂性。从这些要求来说，必须在涂料的配方中加入改善涂料流变性的材料组分。该组分在涂料喷涂处于垂直墙体上时，不流挂、不塌陷。该类材料组分在以前一般选用的是无机膨润土。现在高黏度型号的甲基纤维素醚比膨润土具有更好的流变性能。因而，一般选用高黏度型号的甲基纤维素醚。

2. 配方举例

复层涂料系由底涂层、主涂层和面涂层等多层涂层体系组成的复合涂膜，也称浮雕涂料、外墙喷塑涂料等。在复层涂料涂膜体系中，只有主涂层是独立的涂料品种，底涂层和面涂层则是各类涂料中通用的封闭底漆或底漆和装饰性面涂料。不过，在有些场合，复层涂料的主涂层采用透明涂料，即能够透出主涂层和部分底涂层，以显现彩色的效果（这种情况下主涂层和底涂层的颜色不同）。在这种情况下，底涂层则应具有很好的遮盖力，不能再使用透明型封闭底漆，这时底涂料也可以制成粉状产品，并采用刮涂或批涂的方法施工。因而，这里介绍生产技术时，主要介绍的是主涂料和底涂料的生产技术。表4-29 和表 4-30 分别给出这两类粉状涂料的参考配方。

表 4-29　粉状复层涂料主涂料参考配方

原材料	用量(质量)/%	
	配方1	配方2
聚乙烯醇微粉(如 1788 型)	2.5～3.5	—
可再分散聚合物树脂粉末	—	6.5～8.0
白色硅酸盐水泥(强度标号等于或大于 425 号)	35.0～40.0	35.0～40.0
速溶型甲基纤维素(30000～45000mPa·s)	0.3～0.4	0.4～0.5
重质碳酸钙(250 目)	10.0～15.0	10.0～15.0
硅灰石粉(500 目)	15.0～25.0	15.0～25.0
石英砂(80 目)	25.0～30.0	25.0～30.0
粉状分散剂(如 NF 型)	适量	适量
粉状消泡剂(如 Hercules RE 2971 型)	适量	适量
纸粉或木纤维(CF 1000)	0.2～0.3	0.2～0.3
着色颜料	适量	适量

表 4-30　复层涂料底涂料参考配方

原材料	用量(质量)/%	
	普通型	抗裂型
乳胶粉①	5.0	20.0
白色硅酸盐水泥(强度标号 42.5 级)	50.0	35.0
甲基纤维素醚(60000～10000mPa·s)	0.45	0.45
钛白粉	2.0	2.0
重质碳酸钙	30.0	30.0
滑石粉	12.05	12.05
粉状分散剂	0.3	0.3
粉状消泡剂	0.2	0.2
着色颜料	适量	适量

① 对具有抗裂性能的底涂料,应使用玻璃化温度在 $-5℃$ 或更低的乙酸乙烯-乙烯类可再分散聚合物树脂粉末。

在表 4-30 中，给出普通型和抗裂型两种复层涂料底涂料的参考配方。在普通型底涂料配方中，主要成膜物质是白色硅酸盐水泥，用量占 50%，可再分散聚合物树脂粉末起到增强和改性作用，且其用量也已经达到 5%。因而，该涂料具有良好的黏结强度和耐水、耐碱性能以及其他物理力学性能。表 4-30 中抗裂型底涂料的参考配方中，使用大量玻璃化温度低的乳胶粉，涂膜中柔软的聚合物树脂占主要成分，并形成涂膜的连续相，从而具有很好的柔性和抗裂性。这种涂料实际上已经相当于通常所说的弹性外墙乳胶漆，只是涂装方法不同。水泥在其中的作用是为涂膜提供耐水性、耐碱性和对水泥基基层的附着力。并改善涂膜的综合物理力学性能。

这两类底涂料都可以采用刮涂、批涂方法施工。但是，由于其表面还需要喷涂主涂料，有 60% 以上的涂膜被主涂料的斑点覆盖，而且最后还需要再整体涂装面涂料，从涂层的装饰性来说，只需要提供粗略的背景涂层，因而也可以采用喷涂方法施工。

3. 生产要点概述

粉状复层涂料主涂料的生产过程也是完全的物理混合过程，很简单。但在底涂料中有使用颜料着色的问题，因而下面主要介绍着色颜料的分散问题。着色颜料如果不能够基本上以单个的一次性粒子分散于涂料中，则在刮涂或批涂时，涂膜有可能出现"丝状颜色纹痕"。即使是采用喷涂的主涂料，也可能出现颜色不均匀的现象，都会影响装饰效果。因而，在混合前，必须要进行"预分散"的均化处理。下面介绍一种能够使颜料均匀分散于填料中的方法。这种方法是先将颜料和适量的填料一起研磨。具体方法为：

将着色颜料和两倍或三倍于其重量、细度不低于 600 目的重质碳酸钙（或滑石粉）在一起混合至粗略均匀。然后，在间歇式球磨机中进行研磨。研磨 1.5～2h 后，取样检验，待达到基本上是以单个的一次性粒子分散的状态后，出料，即得到用填料"稀释的颜料粉"。这样加工后颜料即能够均匀地分散于涂料中，在施工时不会出现"丝状颜色纹痕"的现象。

使用具有高速剪切分散效果的粉料混合机，也能够使着色颜料和充分混合均匀。

检验颜料是否基本上处于以单个的一次性粒子分散状态，可以使用简单的方法进行检验：取少量试样，按照预先拟定的配方和重质碳酸钙、甲基纤维素醚（或聚乙烯醇微粉）混合至均匀，过 80 目筛后，再次混合均匀并过筛，得到均匀的检验混合料。将该混合料加入适量水调制成膏状，用刮刀在适当的试板上刮涂，若刮涂的涂膜没有"丝状颜色纹痕"，即认为颜料已经基本上处于单个的一次性粒子的分散状态。

若涂料需要的颜色不是使用一种颜料就能够调配的复色颜色，则应预先分析调配颜色所需要的颜料品种，并分别将每个颜料品种制成相应的用填料"稀释的颜料粉"，然后通过小试，确定各个"稀释颜料粉"的用量，得到配方，再按照配方进行生产。

三、复层涂料的技术性能要求

粉状建筑涂料和膏状建筑涂料的差别只是在外观形态上，其各项性能指标应当一致。因而，粉状复层涂料的质量必须符合国家标准《复层建筑涂料》（GB/T 9779—2005）中 CE 型（聚合物水泥系）类涂料的要求。该标准对复层涂料的技术要求如表 4-31 所示。

表 4-31　复层涂料的质量要求

项　目			指　标		
			优等品	一等品	合格品
容器中状态[①]			无硬块，呈均匀状态		
涂膜外观			无开裂、无明显针孔、无气泡		
低温稳定性			不结块、无组成物分离、无凝聚		
初期干燥抗裂性			无裂纹		
黏结强度/MPa	标准状态≥	RE	1.0		
		R、Si	0.7		
		CE	0.5		
	浸水后≥	RE	0.7		
		E、CE、Si	0.5		
涂层耐温变性(5 次循环)			不剥落；不起泡；无裂纹；无明显变色		

项 目		指 标		
		优等品	一等品	合格品
透水性/mL	A 型 <	0.5		
	B 型 <	2.0		
耐冲击性		无裂纹、剥落以及明显变形		
耐沾污性（白色和浅色）[①②]	平状/% ≤	15	15	20
	立体状/级 ≤	2	2	3
耐候性（白色和浅色）[②]	老化时间/h	600	400	250
	外观	不起泡、不剥落、无裂纹		
	粉化/级 ≤	1		
	变色/级 ≤	2		

① 对于粉状产品来说，应是加水调制均匀后无硬块，呈均匀状态。

② 浅色是指以白色涂料为主要成分，添加适量色浆后配制成的浅色涂料形成的涂膜所呈现的浅颜色，按 GB/T 15608—1995 中 4.3.2 规定明度值为 6～9 之间（三刺激值中的 $Y_{D65} \geqslant 31.26$）；其他颜色的耐候性要求由供需双方商定。

四、复层建筑涂料施工技术

相对于薄质涂层来说，复层涂料的涂装技术比较复杂，须多次施工才能完成。

（一）涂装前的准备工作

1. 技术准备

了解设计要求，熟悉现场实际情况，编制施工计划，制订出涂料涂装工艺和质量控制程序。施工前对施工班组进行书面技术和安全交底。

2. 材料准备

（1）材料质量标准

① 复层建筑涂料　质量必须符合国家标准 GB/T 9779—2005《复层建筑涂料》规定的质量指标要求。其中，耐候性应符合相应的产品等级，即人工加速老化时间合格品的为 250h，一等品的为 400h，优等的为 600h；应进行初期干燥抗裂性试验，以防喷涂施工时涂

膜开裂，影响装饰效果。

外墙复层涂料需要喷涂的斑点往往较大，斑点厚度也随之增加。这种情况下复层涂料的初期干燥抗裂性至关重要。若涂料的初期干燥抗裂性不好，施工时涂膜在干燥过程中可能会出现开裂现象。因而，在施工前可以首先对涂料的初期干燥抗裂性进行实际的试喷涂检验。

对于硅丙乳液复层涂料，质量应符合建工行业标准 JG/T 206—2007《外墙外保温用环保型硅丙乳液复层涂料》的要求，耐候性应满足人工加速老化 1500h 的要求；黏结强度应≥0.6MPa。

② 封闭底漆　封闭底漆应符合建工行业标准 JG/T 210—2007《建筑内外墙用抗碱封闭底漆》要求。

（2）进场材料核查

① 涂料产品检查　检查涂料及其配套材料是否与设计要求的品种、品牌、型号、颜色（色卡号）相一致；检查涂料及其配套材料的包装、批号、重量、数量、生产厂名、生产日期和保质期等，以及检查涂料及其配套材料是否有结皮、结块、霉变和异味等不正常状况。

② 核查产品出厂合格证和法定检测机构的性能检测合格报告（复制件）。

3. 施工工具准备

扫帚、铲刀、盛料桶、手提式搅拌器、手柄加长型长毛绒辊筒、喷斗（采用不锈钢或铜质材料制成的较好，既坚固耐用，又不会因发生锈蚀而产生污染）、空气压缩机（压力范围一般为 0.4～1.0MPa，排气量一般应大于 0.4m³/min）、硬质橡胶辊筒等。

4. 工序衔接

（1）细部物件　地面、踢角、窗台应已做完，门窗和电器设备应已安装。

（2）物件的预保护　墙面周围的门窗和墙面上的电器等明露物件和设备等应适当遮盖。

5. 基层检查

（1）基层检查　对于基层是复合耐碱网格布的抗裂砂浆层或复合耐碱网格布抹面胶浆基层（这是外墙外保温系统涂装涂料最常遇到的基层），一般仅检查其含水率和 pH 值即可。这些墙面的胶凝材料为聚合物改性水泥，其强度绝大多数情况能够满足涂装要求。

（2）基层条件　含水率≤10%；pH 值≤10。

（二）复层涂料施工工艺

1. 基本施工操作程序

内、外墙面涂装复层涂料的工艺过程稍有不同，分别如图 4-8 和图 4-9 所示。

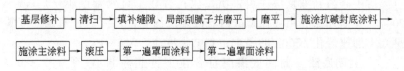

图 4-8　外墙面涂装复层涂料的工艺程序

注：1. 如需要半圆球状斑点时，可不必进行滚压工序。

2. 聚合物水泥系主涂层喷涂后，应在干燥 24h 后才能施涂罩面涂料。

3. "施涂抗碱封底涂料"工序仅对聚合物水泥系主涂料而言。

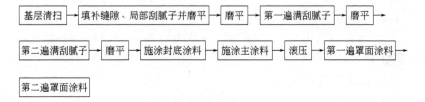

图 4-9　内墙面涂装复层涂料的工艺程序

注：1. 如需要半圆球状斑点时，可不必进行滚压工序。

2. 聚合物水泥系主涂层喷涂后，应在干燥 24h 后才能施涂罩面涂料。

3. "施涂封底涂料"工序仅对聚合物水泥系主涂料而言。

2. 基层处理

（1）清理污物　新墙面要彻底清理残留砂浆和沾污、油污等杂物的污染；旧墙面应根据旧涂膜种类和已破坏程度确定处理方法：溶剂型旧涂膜用 0～1 号砂纸打磨；乳胶漆类旧涂膜应清除粉化层；水溶性旧涂膜应彻底铲除。

（2）局部找平　填补凹坑，磨平凸部、棱等以及蜂窝、麻面的预处理等。

3. 施工操作细则

（1）封底涂料　从喷涂、辊涂或刷涂三种方法中任选一种方法满涂底涂料。

（2）中（主）涂料涂装　将涂料搅拌均匀，用喷斗喷涂，要求斑点均匀，大小与设计或样板一致。

喷涂时空气压缩机的压力通常为 0.4～0.7MPa。如果喷涂压力过低，则喷得的斑点表面粗大或成堆状；反之，压力过高，喷得的斑点过细、不圆滑。外墙喷涂宜选用大直径（6～8mm）的喷嘴，内墙喷涂宜选用小直径（2～4mm）的喷嘴。也可根据喷涂斑点大小来选用喷嘴和掌握喷涂压力。一般来说，大斑点时用 6～8mm 喷嘴，0.4～0.5MPa 的喷涂气压；中斑点时用 4～6mm，0.5～0.6MPa 的喷涂气压；小斑点时用 2～4mm 喷嘴，0.6～0.7MPa 的喷涂气压。喷涂涂装时，视空压机功率的大小，一台大型空压机可以带一支、两支或更多支喷斗操作。

此外，主涂料的黏度会对喷涂斑点的效果产生重要影响。如果主涂料黏度过低，会发生流挂；如果黏度过高，则斑点不能形成光滑的曲面，干燥后的斑点表面将会棱角犹在，凹凸不平（图 4-10）。

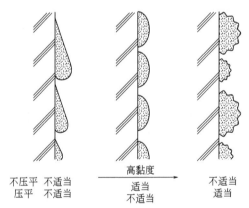

图 4-10　主涂料的黏度对喷涂斑点效果产生影响示意图

（3）压平　待喷涂的斑点已经表干时，即可进行压平。压平时，使用硬橡胶滚筒蘸松香水或者 200 号溶剂汽油压平，以防在滚压操作时滚筒上沾黏涂料，损坏斑点。

在早期的复层涂料施工中，作者还见到采用金属抹子进行压平操作的，只要操作者得心应手，亦能得到好的效果。

成功地进行压平操作有两个因素：一是判断开始压平时的表干程度；二是压平操作。就表干程度来说，如果滚压过早凸面斑点会破裂而使饰面斑点受到损害；如果滚压过迟，斑点干燥过度，滚压会很费力。

分两次滚压能够得到更好的饰面效果[13]：第一次滚压用力应该轻些；第二次稍重，这样可以得到很好的高台形状。如果一次用力滚压，则有可能产生滚压成斑点的顶部面积大于底面积的悬垂状物（见图 4-11）的现象，不仅难看，而且罩面涂料也难以涂布均匀。

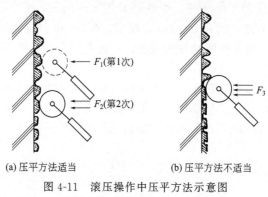

(a) 压平方法适当　　　　　　(b) 压平方法不适当

图 4-11　滚压操作中压平方法示意图

注：图中，F 表示压平操作时用力的大小，$F_3 > F_2 > F_1$。

（4）面涂料涂装　面涂料（包括涂料或罩光剂）宜采用滚涂或刷涂的方法涂装，喷涂易溅落。但是，金属光泽面涂料必须采用喷涂。

面涂料要求两道成活，因为凹凸斑点的影响，面涂料采用辊涂法施工时应注意来回往复辊涂，否则可能出现漏涂刷现象。

（5）施工注意事项

① 气候条件　除溶剂型涂料外，气温低于 5℃ 不能施工；外墙在雨天不能施工；大风时不能涂装溶剂型面涂。

② 环境条件　施工现场应干净、整洁，无粉尘。

③ 施工细节　涂装面涂料时，应防止凹陷处漏涂，凸起处流挂；喷涂主涂料时，应根据斑点的设计选择喷嘴口径和喷涂压力；喷枪口与墙面的距离以 40～60cm［如图 4-12（a）所示］为宜，喷涂时喷嘴轴心线应与墙面垂直，喷枪应平行与墙面移动，移动速度连续一致，在转折方向时应以圆弧形转折［如图 4-12（b）和（c）所示］，不应

出现锐角走向［如图 4-12（d）所示］；喷斗中的主层涂料在未用完前就应加料，否则喷涂效果不均匀；喷涂聚合物水泥主涂料时，可在主涂料干燥后，再次采用抗碱封底涂料封闭，然后再涂装面涂料。外墙的门、窗、落水管等处，内墙的转角、顶板与墙面的接界处等都要用挡板或塑料纸遮盖，以保持喷涂的均匀，如果要做分格，则在喷涂前应预先粘好木格条。

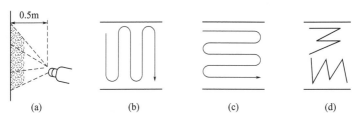

0.5m

(a)　　　　　(b)　　　　　(c)　　　　　(d)

图 4-12　喷枪与墙面的距离和喷枪移动轨迹

（三）涂料施工质量要求

复层涂料的质量应能够满足国家有关的质量验收标准。国家标准 GB 50210—2001《建筑装饰装修工程质量验收规范》规定的复层涂料的施工质量验收标准分主控项目和一般项目。主控项目和水性涂料涂饰工程的主控项目相同，即所用涂料的品种、型号和性能应符合设计要求；涂饰工程的颜色、图案应符合设计要求；应涂饰均匀、黏结牢固，不得漏涂、透底、起皮和掉粉以及应对基层进行适当的处理等；一般项目如表 4-32 所示。

表 4-32　复层涂料工程质量要求

项次	项 目	质量要求	检验方法
1	反碱、咬色	不允许	
2	喷点疏密程度	疏密均匀,不允许有连片现象	观察
3	颜色	颜色一致	

建工行业标准 GJ/T 29—2003《建筑涂饰工程施工及验收规范》规定的复层涂料的施工质量要求如表 4-33 所示。

表 4-33　复层建筑涂料涂饰工程的质量要求

项次	项　目	水泥系复层涂料	硅溶胶、合成树脂乳液、反应固化型等类复层涂料
1	漏涂、透底	不允许	不允许
2	返锈、掉粉、起皮	不允许	不允许
3	泛碱、咬色	不允许	不允许
4	喷点疏密程度、厚度	疏密均匀、厚度一致	疏密度均匀,不允许有连片现象,厚度一致
5	针孔、砂眼	允许轻微、少量	允许轻微、少量
6	光泽	均匀	均匀
7	开裂	不允许	不允许
8	颜色	颜色一致	颜色一致
9	五金、玻璃等	洁净	洁净

注:开裂是指涂料开裂,不包括因结构开裂引起的涂料开裂。

(四)　两种特殊效果的复层涂料施工方法

上面介绍的是一般复层单色涂料的施工技术。除此之外,实际工程中还常常遇到一些具有特殊要求和装饰效果的复层涂料。例如套色复层涂料和表面为金属罩面的复层涂料等,下面介绍这两种复层涂料的施工技术。

1. 套色复层涂料

套色复层涂料是在单色复层涂料施工的基础上施工的。即是在单色复层涂料饰面完工的基础上,进行下一道较为细致的工序。首先在硬塑料筒芯上套一个薄的尼龙丝网状圆筒,要紧绷在辊子上不能放松,并将两端封好。将要套色的第二种颜色的涂料蘸在辊子上,轻轻按顺序在做好一种颜色的涂膜上进行套色滚涂。这样,凸起的斑点上就滚涂上了要套色的涂料,而平涂部分仍保留原来第一种涂料的颜色,形成双色饰面。

另外还有如下一种更为可行的套色做法:

① 滚涂能够遮盖基层的白色或者其他颜色的基层封闭涂料。

② 在封闭涂料上喷涂白色或者其他颜色的主涂料。不同颜色的主涂料可分多道喷涂,每一道喷涂一种颜色。若需要扁平状时可用硬

塑料辊将带颜色的斑点压平。

③ 在干燥的复层涂膜上施涂罩光剂，使涂膜有光泽，提高装饰性、耐久性和耐污染性。这样施工就形成了有两种或者多种颜色的复层涂膜饰面。

2. 具有金属光泽的复层涂膜的施工

具有金属光泽的复层涂膜就是在主涂料施工后，再喷涂金属光泽涂料进行罩面，使复层涂膜具有金属光泽效果，增加其装饰性。因而，这种涂膜的施工步骤中，在主涂料及其之前的施工和普通复层涂料是一样的。下面介绍施工步骤。

（1）喷涂主涂料　按照正常方法施工。但由于主涂料施工后还有多道工序，需要注意对于含有水泥组分的双组分主涂料或者粉状主涂料，施工完毕且涂膜干燥后应以水养护至少三遍。并待 pH 值小于 10 后方可进行下道工序的施工。

（2）刷涂封闭底涂　封闭底涂一般无需另外加稀释剂进行稀释。一般选用滚涂方法施工，既方便又快捷。

（3）施涂中间漆　待封闭底涂干燥后，施涂一道中间漆。根据待使用的施工方法和产品说明书的说明调整中间漆的施工黏度。为了使涂料具有好的流平性和施工性，施工时一般都需要加入一定量的稀释剂进行稀释。

在喷涂和刷涂时，需要将涂料的黏度调整低些，稀释剂的添加量可以只有说明书中规定的上限；滚涂施工时，黏度要相对高些。为了保证涂膜具有好的丰满度和避免流挂，应避免稀释剂添加量过大。

（4）喷涂金属面漆和罩面清漆　金属面漆和罩面清漆在施工时，可适量添加稀释剂调整黏度，但应注意尽量保持涂料的施工黏度一致。并将气压、喷嘴和喷涂距离等调整至喷涂最佳状态。在有大风和空气湿度较大时应停止施工。施工时要确保喷涂均匀，涂膜厚度一致。

五、施工质量问题和涂膜病态及其防免

1. 涂膜有气泡

（1）出现问题的可能原因　①施工时基层过度干燥或过度潮湿；②空气湿度高或气候干燥；③滚涂时速度太快；④辊筒的毛太长；⑤

涂料本身性能有缺陷。

（2）可以采取的防治措施　①用水湿润基层或待基层干燥后再施工；②选择适当的气候条件施工或者根据气候条件施工或对涂料黏度稍作调整；③调整滚涂速度；④选用短毛辊筒；⑤与涂料生产商协商解决或向涂料中加入消泡剂。

2. 针孔

（1）出现问题的可能原因　①刷涂、喷涂操作速度太快；②基层有孔穴或过于干燥；③涂料黏度过高。

（2）可以采取的防治措施　①调整施工速度；②采取适当措施处理基层；③用水或稀释剂稀释涂料。

3. 色差

（1）出现问题的可能原因　①涂料不是同一批号，本身有色差；②涂料有浮色现象，涂装前没有搅拌均匀；③施工时涂膜厚薄不均匀。

（2）可以采取的防治措施　①用同一批号的涂料统一涂装一道或两道；②涂装前将涂料充分搅拌均匀；③增加涂饰道数，保证涂膜的遮盖力。

4. 光泽低

（1）出现问题的可能原因　①施工时气候干燥多风或气温太高；②空气湿度高；③稀释剂使用不当；④涂料涂布不均匀或涂布量不足。

（2）可以采取的防治措施　①选择适当气候条件施工或选择适当稀释剂调整涂料挥发速度；②空气湿度高时不宜施工；③采用与涂料配套的稀释剂或生产商推荐的稀释剂；④保证涂料的足够涂布量；使涂料涂布均匀；增加涂装道数。

5. 光泽不均匀

（1）出现问题的可能原因　①稀释剂使用不当导致涂料干燥速度慢；②涂膜厚薄不均匀。

（2）可以采取的防治措施　①使用规定的稀释剂；②按规定的道数和涂料用量进行均匀喷涂，必要时重新喷涂。

6. 涂膜脱落

（1）出现问题的可能原因　①基层强度不够；②基层未涂封闭

剂；③涂料本身质量存在缺陷。

（2）可以采取的防治措施　①应严格处理基层；②应按要求涂饰封闭剂；③更换质量合格的涂料。

7. 涂膜开裂

（1）出现问题的可能原因　①基层强度低；②主涂料质量差；③厚度超过规定；④强风下施工。

（2）可以采取的防治措施　①正确处理基层；②更换质量合格的涂料；③涂膜总厚度或每道施工的涂膜厚度不能太厚；④强风气候下不施工。

8. 成膜不良

（1）出现问题的可能原因　①水泥系涂料可能因为夏季日光直射、强风、基层未涂刷封闭剂而显著渗吸等原因而使涂料干燥过快，因冬季气温过低而使涂料固化不良和涂料没有均匀混合而黏结不良等；②乳液类涂料可能因为在低于涂料成膜温度的气温下施工；③反应固化型涂料可能因为固化剂加入有误（例如冬季施工时使用夏季使用的固化剂配比）、气温太低等原因。

（2）可以采取的防治措施　①夏季施工时采取措施避免日光的直接照射、大风气候下不施工、用水湿润基层（如使用溶剂型底层涂料时基层不能湿润）、混合涂料加足用水量；②在低于最低成膜温度的气温下不施工或对涂料采取处理措施；③按规定比例加入固化剂，并充分混合，气温太低时不施工，冬季、夏季施工的涂料配比要分辨准确。

9. 斑点不均匀

（1）出现问题的可能原因　①喷涂时，压缩空气压力不恒定；②喷嘴与墙面的距离、喷涂操作或滚涂操作前后不一致；③主涂层上黏附有喷出物；④在大风气候条件下施工。

（2）可以采取的防治措施　①调节空气压缩机，使空气压力和排气量保持恒定；②按有关规定进行喷涂操作或滚涂操作，并注意保持斑点疏密均匀一致；③保持喷涂压力和涂料黏度均匀一致，减少不必要的重复喷涂；④风力过大时（如超过4级时）停止施工。

第五节 拉毛涂料

一、概述

拉毛涂料是在拉毛水泥的基础上发展起来的，是合成树脂乳液建筑涂料的一种。拉毛涂料与普通乳胶漆的差别仅在于对涂料流变性的调整，即拉毛涂料是一种黏度较高、并具有适当触变性的乳胶漆。

拉毛涂料属于厚质涂料，有弹性和非弹性两种，主要应用于外墙，一般是将涂料用普通滚筒滚涂成一定厚度的平面涂料，在其已经初步干燥，但并没有表面干燥前，用海绵状拉毛花样辊，滚拉出凹凸不平、近程无序而远程有序（即小范围无规律，大范围有规律）的拉毛饰面涂膜。

拉毛涂料的特点类似于复层涂料，但涂膜不是靠喷涂而得到的斑点，而是靠海绵滚筒拉起的呈波纹状尖头的毛疙瘩。这种毛疙瘩在干燥前能借助于湿涂料的表面张力和涂料的轻微流动性而形成不同的角度，进而产生出悦目的外观。但是，二者之间也存在着一定的差别。例如，复层涂料的斑点表面平坦，拉毛涂料的毛疙瘩则是呈尖头，且毛疙瘩的大小和形状较之复层涂料的斑点更富于变化。拉毛涂料正是因为其所具有的高装饰性才从过去的拉毛水泥饰面演变至目前的拉毛状饰面涂料，在几十年跨度期间未遭淘汰且有了新发展。

在配制普通乳胶漆时需要着力提高流平性，而拉毛涂料则是需要具有一定的触变性，因为拉毛施工时要求滚筒拉出的毛疙瘩能够保持其大致的形状。但是，触变性也不能太大，否则毛疙瘩太尖，装饰效果也不好。

二、拉毛涂料配方及生产工艺

1. 原材料选用

拉毛涂料的原材料选用和普通乳胶漆的原材料选用相似，差别在于对涂料的黏度调整。一般将适当黏度型号的纤维素醚和碱活化型增稠剂复合使用即能够达到要求的效果。

有的研究使用硅酸盐类无机胶凝增稠剂[14]，有的配方则使用拉毛定形增稠剂，都有一定的实用性，关键是要得到好的拉毛效果。多年来，作者仅将几种乳胶漆常用的流变增稠剂复合使用（见表4-34）即能够得到较好的拉毛效果。

2. 配方举例

表4-34中给出弹性型和普通型两种拉毛涂料的基本配方。

表 4-34　弹性拉毛涂料配方举例

原材料名称	功　能	商品型号或产地	用量(质量)/%	
			弹性型	普通型
水	分散介质	自来水	10.0～20.0	17.20
丙二醇	冻融稳定剂	通用化工原料	1.0～1.3	1.00
弹性聚丙烯酸酯乳液	成膜物质	Primal 2438 型	35.0～45.0	—
聚丙烯酸酯乳液	成膜物质	AS-398 苯丙乳液	—	30.00
消泡剂:681F 型	消泡	德国罗纳普朗克公司	0.1～0.2	0.10
Foamaster NXZ 型	消泡	德国汉高公司	0.10～0.15	0.15
润湿剂(PE-100)	降低涂料表面张力	德国汉高公司	0.15～0.25	—
AMP-95 多功能助剂	调节 pH 值,分散	美国安格斯公司	0.10～0.15	—
氨水	调节 pH 值	通用化工原料	—	0.10
Orotan 731A 分散剂	分散	美国罗门哈斯公司	0.4～0.6	—
"快易"分散剂	分散	美国罗门哈斯公司	—	0.30
防霉剂(A26 型)	防腐、杀菌	德国舒美公司	0.10～0.15	0.10
金红石型钛白粉	颜料	通用涂料原材料	8.0～15.0	6.00
重质碳酸钙(325 目)	填料	通用涂料原材料	20.0～30.0	34.00
轻质碳酸钙	填料	通用涂料原材料		2.50
滑石粉(325 目)	填料	通用涂料原材料	10.0～15.0	—
超细煅烧高岭土	填料	通用涂料原材料	10.0～15.0	8.00
羟乙基纤维素	增稠、调整干燥时间	通用涂料原材料	0.2～0.3	0.25
ASE-60 增稠剂	增稠、调整涂料流变性能	通用涂料原材料	—	0.30
SCT-275 型增稠剂	增稠、改善涂料流变性能	美国罗门哈斯公司	0.2～0.6	

配方调整说明如下：

拉毛涂料的配方调整在于通过调整成膜物质和颜填料比例（或者是 PVC 浓度）以确定涂膜的物理力学性能。这和普通乳胶漆没有差别，差别在于使用通用涂料原材料流变增稠剂调整涂料的黏度和流变性能。

首先，可使用羟乙基纤维素的不同黏度型号进行涂料触变性的调整。羟乙基纤维素的黏度高，触变性强，增稠效果也显著；反之则结果相反，通常使用 60000mPa·s 黏度型号的产品或者更高些的为好。若触变性过高，可以使用聚氨酯类流变增稠剂（例如 SCT-275 型增稠剂）进行调整。

3. 生产程序

这里以表 4-34 中的弹性拉毛涂料为例说明生产过程。

① 向搅拌罐中投入水和甲基纤维素搅拌均匀，投入氨水，搅拌至羟乙基纤维素充分溶解，再投入防霉剂，搅拌均匀。

② 投入"快易"分散剂、丙二醇、NXZ 消泡剂和 681F 消泡剂等搅拌均匀。

③ 向搅拌罐中投入超细煅烧高岭土、轻质碳酸钙、重质碳酸钙和钛白粉等搅拌均匀。

④ 将上述混合料通过砂磨机或者其他磨细设备研磨至细度小于 $30\mu m$。若混合料黏度太高，可以加入适量 Primal 2438 弹性丙烯酸酯乳液搅拌均匀后进行磨细。磨细后将混合料转移至搅拌罐中。

⑤ 向搅拌罐中投入 Primal 2438 弹性丙烯酸酯乳液搅拌均匀，再投入 PE-100 润湿剂搅拌均匀。

⑥ 将 SCT-275 缔合型增稠剂用等量的水和丙二醇稀释均匀后，缓慢地加入搅拌罐中。滴加完后再搅拌均匀，然后用 NXZ 消泡剂消泡。即得到成品拉毛乳胶漆（SCT-275 缔合型增稠剂的用量可以根据乳胶漆的黏度情况作适当调整，以适合于拉毛施工为准），用 40 目筛网过滤出料。

三、拉毛涂料技术性能指标

目前尚无拉毛涂料标准。通常，弹性拉毛涂料执行建工行业标准《弹性建筑涂料》（JG/T 172—2005）；非弹性拉毛涂料执行国家标准

《合成树脂乳液外墙建筑涂料》（GB/T 9755—2014），主要技术性能指标见表 4-35。

表 4-35　GB/T 9755—2014 对合成树脂乳液外墙涂料面漆的技术要求

项　目		指　标		
		合格品	一等品	优等品
容器中状态		无硬块,搅拌后呈均匀状态		
施工性		刷涂二道无障碍		
低温稳定性		不变质		
干燥时间（表干）/h　≤		2		
涂膜外观		正常		
对比率（白色和浅色[①]）　≥		0.87	0.90	0.93
耐沾污性（白色及浅色[①]）/%　≤		20	15	15
耐洗刷性（2000 次）		漆膜未损坏		
耐碱性[②]（48h）		无异常		
耐水性[②]（96h）		无异常		
涂层耐温变性（3 次循环）		无异常		
耐人工气候老化性[②]	时间和要求	250h 不起泡、不剥落、无裂纹	400h 不起泡、不剥落、无裂纹	600h 不起泡、不剥落、无裂纹
	粉化/级　≤	1	1	1
	变色/级≤　白色和浅色[①]	2	2	2
	变色/级≤　其他色	商定	商定	商定

　　① 浅色是指以白色涂料为主要成分，添加适量色浆后配制成的浅色涂料形成的涂膜所呈现的浅颜色，按 GB/T 15608 中规定明度值为 6～9 之间（三刺激值 $Y_{D65}\geqslant31.26$）。
　　② 也可根据有关方商定测试与底漆配套后或与底漆和中涂漆配套后的性能。

　　此外，GB/T 9755—2014 中还规定了底漆和中涂漆的技术要求，分别如表 4-36 和表 4-37 所示。

表 4-36　GB/T 9755—2014 对合成树脂外墙乳液涂料底漆的技术要求

项　目	指　标	
	Ⅰ型	Ⅱ型
容器中状态	无硬块,搅拌后呈均匀状态	
施工性	刷涂无障碍	
低温稳定性	不变质	
干燥时间(表干)/h　≤	2	
涂膜外观	正常	
耐碱性(48h)	无异常	
耐水性(96h)	无异常	
抗泛盐碱性	72h 无异常	48h 无异常
透水性/mL　≤	0.3	0.5
与下道涂层的适应性	正常	

表 4-37　GB/T 9755—2014 对合成树脂外墙乳液涂料中涂漆的技术要求

项　目	指　标
容器中状态	无硬块,搅拌后呈均匀状态
施工性	刷涂二道无障碍
低温稳定性	不变质
干燥时间(表干)/h　≤	2
涂膜外观	正常
耐碱性[①](48h)	无异常
耐水性[①](96h)	无异常
涂层耐温变性(3 次循环)	无异常
附着力[①]/级　≤	2
耐洗刷性(1000 次)	漆膜未损坏
与下道涂层的适应性	正常

　① 也可根据有关方商定测试与底漆配套后的性能。

四、外保温工程中拉毛弹性乳胶漆的涂装

弹性拉毛涂料的施工是在弹性乳胶漆施工的基础上，使用拉毛滚筒拉出毛疙瘩，并根据设计要求决定是否压平、是否罩光等，下面介绍这类涂料的施工工序和操作技术要点，其他项目，例如准备工作、基层要求与处理、工程施工管理以及外保温的界面层要求等与普通外墙弹性乳胶漆相同，此不赘述。

1. 腻子施工

拉毛涂料属于厚质涂膜，批刮腻子只要对明显的凹凸处批刮腻子，进行大致找平，不必像薄质涂料那样严格地要求平整和多道批涂。

2. 涂料施工

（1）施工工序　拉毛涂料的施工工艺为：

$$\boxed{涂饰封闭剂（两道）} \rightarrow \boxed{滚涂平面涂膜（1\sim2道）} \rightarrow \boxed{拉毛} \rightarrow \boxed{压平} \rightarrow \boxed{罩面}$$

其中，压平和罩面工序需要根据涂层设计的风格是否要求确定。

（2）操作要点　待腻子层完全干燥（约需 24h）后，用羊毛滚筒滚涂耐碱封闭底涂料两道，中间间隔时间为 2h。待底涂干燥后，滚涂 1～2 道涂料，要注意涂刷均匀，不要漏涂，但涂后不必再用软纹排笔顺刷；涂层干燥后，再滚涂待拉毛的涂料。在该道涂料表干之前，使用特殊的海绵滚筒或者刻有立体花纹的拉毛滚筒进行拉毛（或者滚压出相应的花纹）。拉毛涂层干燥后，根据是否要求进行压平或罩光。

（3）施工注意事项

① 滚筒的滚拉速度和用力都要均匀，这样才能够使毛疙瘩显露均匀，大小一致。滚涂和拉毛操作最好两人配合进行。一人滚涂，一人拉毛。

② 若需要压平则要等待涂层表干后进行。一般使用硬橡胶光面滚筒进行压平，也可以使用金属抹子进行压平。为了防止压平工具上黏附涂料，操作时可以蘸有机硅油或者 200 号溶剂汽油进行压平。

③ 涂膜若需要表面罩光，则需要等待涂层实干后采取滚涂或喷涂方法进行罩光。

（4）其他问题　施工环境同薄质合成树脂乳液外墙涂料（外墙乳

胶漆）的要求相同。

3. 施工质量要求

拉毛涂料目前尚无法定的验收质量标准。但是，国家标准 GB 50210—2001《建筑装饰装修工程质量验收规范》对美术涂饰工程的质量验收作出质量要求，并分为主控项目和一般项目，因为拉毛涂料也属于一种美术涂饰，所以列于这里作为参考。美术涂饰工程的主控项目如下：

① 美术涂饰的图案、颜色和所用材料的品种必须符合设计要求。检验方法：观察检查；检查设计图案、检查产品合格证书、性能检测报告、进场验收记录及复检报告。

② 美术涂饰工程必须涂饰均匀、黏结牢固，严禁漏涂、起皮、掉粉和透底。检验方法：观察检查。

③ 基层处理质量应达到本规范和工艺标准的要求。检查方法：观察检查；手摸检查，检查隐蔽工程验收记录和施工自检记录。

美术涂饰工程质量验收的一般项目如下：

① 表面洁净，无污染和流坠。

② 花纹分布应均匀，不应有明显接茬。

③ 套色涂饰的图案不得移位，纹理和轮廓应清晰。

一般项目的检查方法：观察检查。

4. 施工容易出现的问题及其防免

（1）涂膜气孔多　这是弹性拉毛涂料容易且经常出现的问题。从涂料质量方面来说，其原因是该类涂料的黏度高、涂料中的乳液用量大，乳液中大量的表面活性剂带入涂料中，在涂料的生产、运输和施工等的机械作用下而容易产生气泡。当生产乳胶漆时如果消泡剂选用得不好，在施工时尤其会出现气孔多的现象。

从施工方面来说，如果基层过于干燥，腻子的质量差等都容易出现气孔多的问题。

解决这类问题的方法是属于涂料质量的问题，可以通过与涂料供应商协商，在施工时加入高效消泡剂解决；属于施工方面的原因，一是当基层太干燥时，可以采用施涂封闭剂的方法解决；如果是腻子质量差，则应该更换腻子，特别是注意对于很平整的基层，最好是不满批涂腻子，而只局部找平即可。

（2）滚涂时飞溅　在平面滚涂或者拉毛时，随着滚筒的运动会溅出很多涂料。产生该问题的原因主要是乳胶漆的质量不好，乳胶漆的流变性能没有调整到适合于滚涂的范围。

从施工方面来说，滚涂时滚筒蘸漆过多，或者过度滚涂都可能造成一定程度的飞溅。

首先，为了避免飞溅应当选用优质拉毛乳胶漆。其次，掌握正确的滚涂方法也很重要。如滚筒蘸漆量适中、滚涂速度适度等。第三，如果选用弹性适度的优质滚筒，能够有助于减少飞溅。

（3）涂膜流坠　涂料在滚涂后，出现流挂现象。拉毛涂料是厚质涂料，如果没有正确地掌握滚涂、拉毛技术，可能会在施工前对涂料进行加水稀释，这有可能会导致涂料流挂。此外，涂料生产时没有采用正确的增稠体系，如没有使用触变型增稠剂，也是造成流挂的原因。

显然，首先要使用优质拉毛乳胶漆进行拉毛涂装；其次注意在施工时不能对涂料随意加水稀释。

第六节　仿幕墙合成树脂涂层

一、概述

仿幕墙合成树脂涂层又称仿铝板外墙涂层、合成树脂幕墙等，是一种复合构造的高装性涂层。它以溶剂型氟碳外墙涂料通过采用特殊的施工工艺，经过多道施工，涂装出装饰效果相似于铝塑复合板饰面的高装饰性涂层。

由于溶剂型涂料的污染大，其后发展了水性氟碳外墙涂料。与溶剂型氟碳外墙涂料相比，水性产品的环境污染小，成本有所降低，但性能相应下降。水性氟碳外墙涂料的出现，为仿幕墙涂料增加了一个重要的新品种。该类涂料系以氟碳乳液为成膜物质，以水性铝粉颜料为主要材料制成，除了涂膜具有很好的物理力学性能外，还具有金属铝的质感，很富有装饰性。

国家标准《建筑用仿幕墙合成树脂涂层》（GB/T 29499—2013）规定了该种装饰涂层的两种基本构造，分别如图 4-13 和图 4-14

所示。

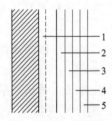

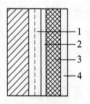

图 4-13 平面装饰效果的仿幕墙
合成树脂涂层基本构造示意图
1—由找平腻子和耐碱玻璃纤维网布构成的
防裂增强层（图中虚线表示耐碱玻璃纤维
网布）；2—柔性腻子层；3—抛光腻子层；
4—底漆层；5—面涂层

图 4-14 立体装饰效果的仿幕墙
合成树脂涂层基本构造示意图
1—由找平腻子和耐碱玻璃纤维网布构
成的防裂增强层（图中虚线表示耐碱
玻璃纤维网布）；2—底漆层；3—质感
涂层；4—面涂层

从图 4-13 和图 4-14 中可以看出，仿幕墙合成树脂涂层和其他建筑涂料类装饰涂层的主要差别：一是在涂层构造中使用了由找平腻子和耐碱玻璃纤维网布构成的防裂增强层；二是面涂层使用的氟碳外墙涂料。

二、溶剂型金属光泽外墙涂料

金属光泽涂料是从涂膜类型分类的一种涂料，原来是高档汽车工业用涂料的主要品种，后来经过对配方的调整和生产技术的改进应用于外墙涂料的涂装。作为外墙面使用的金属光泽涂料，与汽车涂装使用的金属光泽涂料至少在两个方面的要求存在着明显差别：一是涂装时基层的不同（金属和混凝土的差别）；二是涂膜表面的装饰效果要求的不同。因而，配制外墙金属光泽涂料时，应考虑到这些具体情况的不同。所以，并不能把汽车金属漆直接用于外墙面的涂装，而应根据外墙面的要求调整配方和相应的配制程序，来配制新用途的涂料。

1. 原材料选用

（1）成膜物质　外墙涂料成膜物质的主要品种有氟树脂、有机硅—丙烯酸复合树脂、含羟基丙烯酸树脂和聚氨酯复合的双组分树脂以及丙烯酸树脂等，例如美国罗门哈斯公司的 B66 粉末状固体丙烯酸树脂。

（2）金属颜料和着色颜料　金属颜料主要是铝粉和铜粉，在建筑金属光泽涂料中应用的是铝粉颜料。铝粉金属颜料过去在建筑涂料中很少使用，铝颜料对可见光和紫外线有高度的反射性。从物理性能来说，铝粉颜料分为漂浮性铝粉和非漂浮性铝粉两类。漂浮性铝粉主要用于银粉漆，其在涂膜中总是漂浮在涂膜的最外面一层。

制备金属光泽涂料时应选择非漂浮性铝粉。非漂浮性铝粉则是均匀、平行于基层地分布于整个涂膜中。如图 4-15 所示。

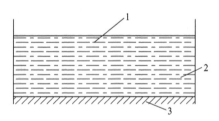

图 4-15　非漂浮性铝粉在涂膜中的分布
1—均匀、平行于基层地分布在涂膜中的铝鳞片；2—涂膜；3—基层

作为一种金属颜料，铝粉颜料具有一些不同于一般涂料颜料性能的特征。

① 遮盖力　铝颜料遮盖力的大小主要取决于颜料中薄片表面积的大小，亦即薄片的径厚比，薄片薄而大时组成的颜料其遮盖力较高，反之亦然。

② 屏蔽性能　铝颜料鳞片在涂膜中定向地平行于基层排列，形成的是一层连续的金属膜层，对光、水、气等均具有极好的屏蔽性能，能够阻隔这些物质向涂膜中的侵入。这种性能能够有效地增强涂膜的保护功能和延长涂膜自身的寿命。

③ 色衰减性能　当涂料需要配制彩色而加入其他颜料时，会导致涂料体系的色彩明度、饱和度产生较大幅度的衰减。因而当涂料中除还需要使用其他着色颜料时，其用量应尽可能降低。

④ 金属光泽效果　铝颜料的金属光泽效果与其颗粒（薄片）的大小有关，铝薄片越大，金属光泽效果越充分，金属感越强；反之亦然。因而，配制金属光泽外墙涂料应选择颗粒较粗的铝颜料。但是，颗粒也不宜过分粗大，因颗粒越粗大，遮盖力越差，涂料储存时越易沉淀。

除铝颜料外，有的情况下还需要使用着色颜料。此时应考虑两个问题：一是颜料的耐候性必须很好；二是对涂料的光泽影响不能太大。因而，应选择诸如透明氧化铁系颜料、透明酞菁蓝、酞菁绿等颜料，并且在满足颜色要求的情况下应尽量减少其用量，以免对涂料的金属光泽产生太大的影响。

（3）助剂

① 防沉剂　铝颜料密度较大，颗粒相对较粗，因而在储存过程中较易沉淀，在配制时必须采取良好的防沉淀措施，可以从两个方面解决问题：一是保持涂料有较高的黏度；二是使用防沉剂。溶剂型金属光泽涂料常选用高分子蜡系防沉剂。该防沉剂除具有防沉淀功能外，在涂料成膜时还能够帮助铝鳞片定位整齐，促进铝颜料的分散。在这里，促进铝鳞片整齐定位对于保证涂膜有很好的金属光泽效果是至关重要的。如果铝鳞片在成膜过程中不能平行于基层整齐地定位排列，其金属光泽效果将会大为削弱。

② 流平剂　铝鳞片颗粒粗大且呈薄片状，须选用适当的助剂促进涂料在成膜过程中的流平和帮助铝鳞片整齐定位。溶剂型金属光泽涂料可选用聚醚改性聚硅氧烷系流平剂、乙酸丁酸纤维素流平剂等，它们除了能够促进涂料的流动和流平外，还具有很好的促进涂膜中溶剂挥发的功能，使涂料具有很好的干燥性能。

（4）分散介质（溶剂）　溶剂型金属光泽涂料只能选用溶剂作为分散介质，如乙酸丁酯、乙酸乙酯、二甲苯、丙二醇丁醚等。通常选择一种具有适当溶解力和挥发速度的溶剂为主溶剂，从溶解力和挥发速度的要求再选择辅助溶剂和稀释剂复合使用。

2. 基本配方与调整

（1）基本配方　表 4-38 中展示出以丙烯酸树脂为基料的金属光泽外墙涂料的参考配方；表 4-39 中为双组分氟树脂金属光泽建筑涂料的基本配方[15]。

表 4-38　金属光泽外墙涂料配方举例

原材料	功　用	用量（质量分数）/%
B66 丙烯酸树脂	基料	30.0～40.0
金属铝粉浆	金属颜料，产生金属光泽效果	3.0～6.0

原材料	功　用	用量(质量分数)/%
防沉剂	防止沉淀,促进铝鳞片定位	2.5～5.5
流平剂	促进涂料流平和铝鳞片定位,有利于溶剂挥发	0.3～0.8
溶剂	分散介质	补足100%配方量

（2）配方调整

① 铝粉颜料　金属光泽涂料中铝颜料应有适当的用量。当铝颜料用量太少时,除涂料的金属光泽不够充分外,涂料的遮盖力也很差;当铝颜料的用量太多时,涂料的金属光泽并不会因为铝颜料用量的增大而显著增大。这可能是由于铝颜料用量太多时,铝颜料在涂膜中不能很好地平行于基层整齐地定向排列,而是出现堆积、堆叠的情况。这样,除了影响涂膜的某些性能外,还会浪费昂贵的铝颜料,增大涂料的成本。因而,必须保持适当的铝颜料用量。

② 防沉剂　防沉剂能够有效地防止涂料中铝颜料的沉淀,但防沉剂会影响涂膜的光泽。所以并不能完全依靠增大防沉剂的用量来防止涂料沉淀,可采取其他辅助措施,例如增大涂料的黏度与之结合使用。

③ 乙酸丁酸纤维素　具有很好的流平性和促进溶剂挥发能力,但当其用量超过一定数量时,涂膜的柔韧性变差,因而,乙酸丁酸纤维素作为流平剂使用时,其用量也不能过大,保持适当的用量,以求得涂料性能之间的平衡。

④ 为了防止涂料沉淀,涂料黏度调整得很高。这种高黏度的涂料涂装时,很难得到好的涂膜效果,必须配套相应的稀释剂,将涂料稀释后再施工。此外,对于同一个涂料,经稀释后,采取刷涂和喷涂施工时,涂膜的金属光泽效果明显不同,后者的效果要好得多。这是因为,刷涂施工时铝颜料颗粒不能很好地平行于基层而整齐地定向排列,因而,为了取得更好的金属光泽效果,这类涂料应采取喷涂的方法施工。

表 4-39 具有金属质感的双组分氟树脂外墙涂料参考配方

原材料名称	商品型号	生产厂商	用量(质量)/%
涂料组分			
氟树脂	XF－ZB200	大连明辰振邦公司	35～50
有机硅-丙烯酸酯树脂	坚固王	上海市建筑科学研究院	0～15
CAB凝胶	①	美国伊士曼(Eastman)公司	25～30
铝粉浆(50%)	②	进口	8～10
分散剂	TEXAPHOR3073	德国汉高公司(Henkel)	0.5
消泡剂	PERENOL E9		0.5
固化剂组分			
固化剂	(与 XF-ZB200 树脂配套产品)	大连明辰振邦公司	5～10

① CAB凝胶的配方(质量分数)为:二甲苯 25;乙酸丁酯 4;甲基异丁基甲酮 17;CAB 381-0.5 10;CAB 381-206(CAB 381-0.5 和 CAB 381-20)均为美国伊士曼(Eastman)公司的商品;制备时将 CAB 加入溶剂中,中速搅拌至 CAB 完全溶解,体系呈透明凝胶态。

② 铝粉浆是提前 24h 将铝粉和二甲苯以 1:1 的比例混合,低速到中速搅拌 30～40min,直至体系完全混合均匀。

在金属光泽外墙涂料中,除铝粉颜料外,有的情况下需要配制具有一定色彩的涂料,这时还需要使用着色颜料。由于颜料的使用总是会对涂膜的金属光泽产生不良影响,因而应考虑两个问题:一是颜料的耐候性必须很好;二是对涂料的光泽不能影响太大。因而,应选择诸如透明氧化铁系颜料、透明酞菁蓝、酞菁绿等颜料,并且在满足颜色要求的情况下应尽量减少其用量,以免对涂料的金属光泽产生太大的影响。

3. 生产和使用技术要点

① 金属光泽外墙涂料在生产过程中只能采取适当的速度(中速到高速)搅拌,不能研磨。需要使用的着色颜料在加入涂料中应制备成色浆加入。

② 使用不同的成膜物质,可以得到不同性能和不同装饰效果的涂料。例如,在相同的配方组成情况下,使用聚氨酯-丙烯酸复合基料,得到的涂料无论是涂膜的金属光泽效果,还是涂膜的各种物理力学性能,都优于丙烯酸系涂料。

③ 为了提高涂膜的金属闪光效果，在涂装时可以采取涂饰罩面涂料的施工措施。应注意所使用的罩面涂料要有良好的耐黄变性。

④ 为了保证金属闪光效应，金属光泽涂料中的金属铝粉粒度一般较粗，因而在储存过程中较易沉淀，为此除了使用一些助剂以外，涂料的黏度一般保持得较高。这样，涂料在施工时需要加入稀释剂。表 4-40 中给出以丙烯酸树脂为基料时常用的稀释剂。

⑤ 金属光泽外墙涂料的涂膜一般较薄，宜采取喷涂施工。喷涂前，应先用稀释剂稀释。稀释后的涂料黏度低，便于涂料在成膜过程中溶剂挥发时铝鳞片平行于基层地定向排列，以得到金属光泽效果充分的涂膜。若采用刷涂施工，则涂膜的金属光泽效果变差。

表 4-40　丙烯酸金属闪光涂料常用稀释剂举例

溶剂名称	用量（质量）/%		
	普通（20～30℃时使用）	快干（低于 20℃时使用）	慢干（30℃以上时使用）
二甲苯	60	40	50
甲苯	10	40	0
乙酸丁酯	10	10	0
丁醇	5	5	15
乙二醇丁醚	15	5	35

三、水性金属光泽氟碳外墙涂料

1. 原材料选用说明

水性氟碳外墙涂料主要在于氟碳乳液、铝粉浆和一些功能性助剂。其中，氟碳乳液使涂料具有良好的耐久性、光泽和耐污染性等；铝粉浆赋予涂膜以金属质感的效果。通常的铝粉浆是铝粉和有机溶剂的混合物，适用于溶剂型涂料。水性氟碳外墙涂料必须使用能够稳定存在于水性涂料中的商品金属铝粉，这类铝粉通常经过特殊的表面处理，例如二氧化硅包覆处理或者铬酸钝化处理；功能性助剂能够使铝粉薄片更好地平行于基层（或者涂膜表面）定位，得到光泽充分、平整、光滑的涂膜。

2. 参考配方

表 4-41 中给出水性氟碳外墙涂料的基本配方[16]，表中只给出各种涂料组分，需要使用的具体材料尚需根据实际情况选择。此外，有些商品水性涂料用金属铝粉的材料供应商在销售材料时也给出相应的参考配方。这些配方可以作为实际研发操作时的起点，具有参考意义。

表 4-41　水性氟碳仿铝板外墙面涂料基本配方

原材料名称	功能	用量(质量)/%
水	分散介质	20.0～25.0
润湿分散剂	润湿、分散	0.5～1.0
成膜助剂	助溶剂,提高成膜性能	1.0～5.0
金属质感颜料	赋予涂膜金属质感	3.0～8.0
效果颜料(着色颜料)	赋予涂膜彩色效果	5.0～10.0
氟碳乳液	成膜物质	40.0～50.0
表面控制助剂	提高铝粉薄片平行于表面定位	0.2～0.5
消泡剂	消泡	0.2～0.5
增稠剂	赋予涂料流变性能	0.5～1.0

3. 特殊涂膜饰面效果的配套施工简介

表 4-39 中的是一种具有金属质感的水性面涂料，可应用于仿幕墙涂料的罩面涂装。此外，通过不同的施工工艺，使用这种面涂料罩面还能够得到具有不同装饰效果的涂膜。例如，使用砂壁状涂料，采用喷涂的施工方法，然后再进行涂膜封闭，最后喷涂 2～3 道水性氟碳仿铝板外墙面涂料，能够得到砂壁状金属质感装饰效果的涂膜；使用复层涂料主涂料，采用喷涂的施工方法，再进行压平（或者不压平），再喷涂 2～3 道水性氟碳仿铝板外墙面涂料，能够得到圆斑点状金属质感的复层涂膜或平斑点状金属质感的复层涂膜；使用弹性拉毛涂料，拉毛施工后再使用水性氟碳仿铝板外墙面涂料进行罩面，能够得到金属质感的拉毛饰面效果外墙面涂料；使用其他特殊涂料施工，然后再使用水性氟碳仿铝板外墙面涂料罩面，能够得到金属质感的特殊饰面效果氟碳外墙涂料。

四、氟碳外墙涂料的技术性能指标

1. 建工行业标准《合成树脂幕墙》（JG/T 205—2007）

JG/T 205—2007 标准将氟碳外墙涂料等类涂料（主要是指溶剂型涂料）施工的涂膜称为合成树脂幕墙。该标准将氟碳外墙涂料分成氟树脂、聚酯树脂和硅树脂幕墙三类。鉴于系统性和参考性，将该标准规定的三类幕墙的技术性能指标列于表 4-42。

表 4-42　氟树脂、聚酯树脂和硅树脂三类幕墙的技术性能要求

项　目		幕墙种类		
		氟树脂类	聚酯树脂类	硅树脂类
外观		正常		
硬度		≥H	≥HB	≥B
耐冲击性/cm		50		
耐水性		168h 无异常		
耐碱性		168h 无异常	48h 无异常	
耐酸性		168h 无异常	48h 无异常	
耐洗刷性/次		≥10000		≥6000
耐人工老化	白色及浅色[①]	3000h 不起泡、剥落，无裂纹	2000h 不起泡、剥落，无裂纹	1500h 不起泡、剥落，无裂纹
	变色/级	≤1	≤1	≤1
	失光/级	≤2	≤2	≤2
	粉化/级	≤2	≤2	≤2
耐沾污性（白色及浅色[①]）/%		≤8	≤10	≤12
涂层耐温变性（20 次循环）		无异常		
黏结强度/MPa		≥1.0		
拉伸强度/MPa		≥3.5	≥3.0	≥2.5

① 浅色是指以白色涂料为主要成分，添加适量色浆后配制成的浅色涂料形成的涂膜所呈现的浅颜色，按 GB/T 15608—1995 中 4.3.2 规定明度值为 6～9（三刺激值中的 Y_{D65} ≥31.26）。

2. 化工行业标准《交联型氟树脂涂料》（HG/T 3792—2005）

HG/T 3792—2005 标准根据交联型氟树脂涂料的两个主要应用领域，分为两种类型：Ⅰ型为建筑外墙用氟树脂涂料；Ⅱ型为金属表面用氟树脂涂料，该标准规定的Ⅰ型涂料性能指标如表 4-43 所示。

表 4-43　交联型氟树脂涂料的技术性能指标

项目		指标（Ⅰ型）
容器中状态		搅拌后均匀无硬块
细度/μm（含铝粉、珠光颜料的涂料组分除外）		商定
溶剂可溶物氟含量①/% ≥		18
干燥时间/h ≤	表干（自干漆）	2
	实干	24
遮盖率 ≥	白色和浅色②（含铝粉、珠光颜料的涂料除外）	0.90
	其他色	商定
涂膜外观		正常
适用期（5h）（烘烤型除外）		通过
重涂性		重涂无障碍
光泽（60°）（含铝粉、珠光颜料的涂料除外）		商定
附着力/级 ≤		1
耐酸性（168h）		无异常
耐砂浆性（24h）		无变化
耐水性（168h）		无异常
耐湿冷热循环性（10 次）		无异常
耐洗刷性/次 ≥		10000
耐污染性		通过
耐沾污性（白色和浅色②）（含铝粉、珠光颜料的涂料除外）/% ≤		10
耐溶剂（二甲苯）擦拭性/次 ≥		100

续表

项目		指标(Ⅰ型)
耐人工气候老化性(白色和浅色)	2500h 不起泡、不脱落、不开裂	
	粉化/级　≤	商定
	变色/级　≤	商定
	失光/级　≤	商定

① 对于双组分涂料,是指漆组分中的氟含量。

② 浅色是指以白色涂料为主要成分,添加适量色浆后配制成的浅色涂料形成的涂膜所呈现的浅颜色,按 GB/T 15608—1995 中 4.3.2 规定明度值为 6～9(三刺激值中的 $Y_{D65} \geqslant 31.26$)。

3. 国家标准《建筑用仿幕墙合成树脂涂层》(GB/T 29499—2013)

GB/T 29499—2013 标准是综合性标准,首先规定了构成材料的性能要求,其中:

① 找平腻子和柔性腻子应分别符合《建筑外墙用腻子》(JG/T 157—2009) 中 P 型和 R 型的要求;

② 抛光腻子除了要求腻子膜的吸水率 ≤0.5g/10min 外,其他和找平腻子一样;

③ 底漆的性能要求应符合《建筑内外墙用底漆》(JG/T 210—2007) 中Ⅰ型外墙用底漆的要求;

④ 质感层涂料的性能要求除了标准状态和 5 次冻融循环状态的拉伸黏结强度分别 ≥0.7MPa 和 ≥0.5MPa 外,与合成树脂乳液外墙涂料的性能要求是一样的;

⑤ 面层涂料的性能Ⅰ型应符合 HG/T 3792—2005 中Ⅰ型涂料的要求;Ⅱ型应符合其他相关类型外墙涂料优等品的要求;

⑥ 仿幕墙合成树脂涂层的性能应符合表 4-44 的要求。

表 4-44　仿幕墙合成树脂涂层的性能要求

序号	项目		指　标	
			Ⅰ型	Ⅱ型
1	外观	颜色	在色差范围内或无显著差异	
		掉粉、起皮、开裂	不允许	
		流挂、疙瘩	不允许有显著的	

续表

序号	项 目		指 标	
			Ⅰ型	Ⅱ型
2	耐水性		168h 无异常	96h 无异常
3	耐碱性		168h 无异常	48h 无异常
4	耐候性		表面无裂纹、粉化、起泡剥离现象	
5	耐冻融(30 次循环)		表面无裂纹、空鼓、起泡剥离现象	
6	耐人工气候老化性	白色及浅色①	2500h 不起泡、不剥落，无裂纹	1000h 不起泡、不剥落，无裂纹
		粉化/级	≤1	
		变色/级	≤2	
		其他颜色	商定	
7	耐冲击性		无裂纹、剥落和明显变形现象	
8	耐沾污性(白色及浅色①)/%		≤10	≤15
9	拉伸黏结强度/MPa		≥0.6MPa	

① 浅色是指以白色涂料为主要成分,添加适量色浆后配制成的浅色涂料形成的涂膜所呈现的浅颜色,按 GB/T 15608—1995 中 4.3.2 规定明度值为 6～9(三刺激值中的 Y_{D65} ≥ 31.26)。

　　从以上对 GB/T 29499—2013 的介绍可以看出，仿幕墙合成松脂涂层涉及到较多材料，且由多道涂层复合而成，因而是一个系统工程。

五、仿幕墙合成树脂涂层施工技术

1. 基本施工程序
合成树脂幕墙施工的基本程序如图 4-16 所示。

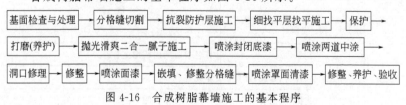

图 4-16　合成树脂幕墙施工的基本程序

2. 准备工作与施工条件

（1）准备工作 合成树脂幕墙施工前，应先对基层进行检查验收，保证基层符合涂料施工要求。

（2）基层条件 基层表面pH值要小于10，含水率小于8%（基层含水率小于15%时可以进行基层处理，底漆施工时基层含水率要小于8%），外保温系统中的抗裂防护层施工后干燥时间不少于14d。

3. 分格缝施工

（1）分格缝设置、定位 分格缝的深度、宽度、横竖方向以及整体分布按甲方要求进行，按照甲方指定的规格弹线、分格。

（2）分格缝切割 使用切割器切割分割缝，一般切割深度和宽度均为1～3mm，如图4-17所示，具体按照设计要求进行切割，要横平竖直。切割后，用凿子凿平，并用水清洗缝内灰尘。

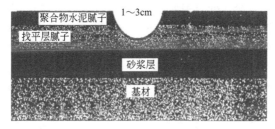

图4-17 分割缝切割示意图

（3）分格缝填充与修补 分次填补分格缝专用腻子，要深浅均匀，每次填补前要用砂纸打磨，并用水润湿分格缝；对缺角进行修补，做到棱角分明，最后一道用圆管压成半弧形。

4. 施工复合抗裂防护层和细找平层

用批刀将腻子满批在分格块内，趁腻子尚未表干，铺设耐碱玻纤网布，紧接着再满批腻子将耐碱玻纤网布收平，使用拷尺靠平，赶靠3～5次使耐碱玻纤网布完全镶嵌在腻子层中。

耐碱玻纤网布的接头须重叠100mm以上，阴阳角须铺设耐碱玻纤网布，而且阴角和阳角网格布必须是整网，不能断开。使用拷尺靠平时，应上下、左右批刮，用力均匀，宜一次到底不宜中间停顿。

5. 施工细找平柔性抗裂腻子

施工细找平柔性抗裂腻子的目的是对抗裂防护层进一步找平。腻子采用批涂、批刮方法施工，一般薄批 2 道，但还应根据基层具体状况确定。

（1）腻子施工　批涂时用批刀将腻子满批在分格块内，一次不能够太厚，如果墙面不平，可先批凹处，分次批涂；再用拷尺上下、左右批刮，应注意拷尺的角度，用力均匀，宜一次到底不宜中间停顿。同时拷尺应尽量少拖泥，尽量平滑，具体道数依墙面情况而定，阴阳角用铝合金方管靠直。

打磨是腻子施工过程中的重要环节，应保持施工一道，打磨一道。第一道表干后用砂纸打磨。打磨后，用拷尺测量表面的平整度。对凸起部位重点打磨，对凹下部位进行点补。打磨后及时保养。打磨要在养护前进行。否则，硬度、强度太高，难以打磨；打磨要用打磨器打磨，打磨时用力均匀；打磨后及时检查，工作面要求平整、光滑，尤其是批刀交茬处一定要磨平，工作面要求平整、光滑。

腻子膜打磨后要进行养护。要养护至最佳状态，具体养护次数及程度需要根据气候状况而定。

其后，是批第二道细找平腻子，以填补拷尺操作时留下的毛糙面，批涂时要用力，紧贴墙面，手松易造成不平。第二遍批刮前，用水润湿表面，批刮后，一到表干，便可以用砂纸打磨，如第二道批刮已经满足平整度要求，便可以进入养护工序。否则，应进行第三道批刮。

（2）保护　合成树脂幕墙施工工序多，尤其是颜色交叉部位等半成品均需要保护，做好的成品也需要保护。同时，由于与其他施工项目交叉施工，因此必须做好对其他装饰项目的保护；也应防止其他装饰项目对合成树脂幕墙的污染与破坏。

6. 抛光

抛光是填补找平腻子膜中的粗糙孔隙，提供光滑、滑爽的涂膜基层，以保证合成树脂幕墙的平整度，维护高档装饰效果。

（1）施工方式、道数和材料用量　批涂施工 1～2 道，材料用量为 $0.5～0.6kg/m^2$。

（2）施工方法　批涂膏状滑爽腻子时手要紧，一次不能够太厚；阴阳角用合金方管靠直。

（3）打磨、养护　批涂一次，必须打磨、养护。干后用砂纸打磨，打磨后，及时养护。打磨要在养护前进行，以防强度高难以打磨；具体养护次数及程度需根据气候状况而定。

再批找平腻子，用靠尺测量平整度，如有不平之处，对凸起部位重点打磨；对凹下部位进行点补。然后，再进行第二遍批刮。批刮前，用水润湿表面，批刮后，一到表干，便可以用砂纸打磨，阴阳角用铝合金方管靠直。

7. 施工抗碱封闭底漆

（1）施工方式、道数和材料用量　喷涂或滚涂施工，喷涂时喷嘴尺寸 1.5～2.0mm，压力 0.2MPa；施工 1 道；材料用量 $12m^2/kg$。

（2）施工方法　须待抛光腻子完全干透才能施工封闭底漆。

喷涂封闭底漆前打磨并用水将表面冲洗干净，干燥后可喷涂。喷涂封闭底漆时要薄喷。

8. 中涂涂料施工

（1）施工方式、道数和材料用量　喷涂 2～4 道施工，喷嘴尺寸 1.5～2.0mm，压力 0.2MPa；材料用量 $6m^2/kg$。

（2）施工方法　中涂施工必须待封闭底漆完全干透后才能进行。

中涂涂料一般采用双组分溶剂型氟碳涂料。施工时，将中涂 A/B 组分与稀释剂按照比例调配，搅拌均匀，无可见杂质。专用稀释剂具体加量以适宜于施工为宜。要充分搅拌保证均匀，调配好的涂料应在 8h 内用完，涂料黏度明显提高时不能再用。涂料要现用现配，未配、未用的涂料要盖好。将配好的涂料静置 30min，使反应充分，然后投入使用。对相邻已经喷好的涂料且干燥的墙面覆盖至少 1m 的距离，以免污染。

中涂喷涂第一遍喷涂薄涂，纵横交叉喷涂两道。最少 6h，干燥后用 600 号砂纸水磨，并等待水分干燥后进行第二次喷涂，二次喷涂应厚涂，纵横交叉喷涂两道。

（3）注意事项　涂料需稀释时必须使用配套稀释剂，严禁使用水、香蕉水、醇、汽油等。

9. 洞口整理

进行洞口修补时，应注意先使用胶粉聚苯颗粒保温浆料将洞口大概修补平整，然后用专用补洞腻子进一步修补。修补时应注意防止洞疤产生，或者因为施工洞口的后期施工造成的大面积干燥不同步造成的涂膜发花。

（1）工具 批刀、铲刀、搅拌机、台秤、200目砂纸、打磨器。

（2）材料和配比 胶粉聚苯颗粒保温浆料（必要时可以添加适量乳胶粉）、合成树脂幕墙专用补洞腻子等。

（3）施工方式、道数和数量 施工方式：批涂、批刮；施工道数：2～3道；施工数量：根据基层具体状况而定。

（4）施工方法 先使用胶粉聚苯颗粒保温浆料将洞口大概修补平整。待干燥后，将补洞腻子粉按照比例加水，搅拌均匀，无可见杂质，加水量以适宜于施工为准。用批刀将腻子满批在用砂浆填充过的洞口内。一次不能够太厚；用专用工具批涂，注意工具的角度，用力要均匀。同时，刮尺要尽量少拖泥，尽量平滑。具体道数根据洞口情况而定。

10. 修补

修补的作用是对前期工序中不完善的或者有隐患的地方进行休整，如平整度、硬度、养护与打磨、分格缝的横平竖直和阴阳角等。

修整应当特别注意的是要检查全面，特别是分格缝、窗边、平整度、裂缝、返碱等，查找施工日记，对各种情况进行分析，并提出针对性修整方案。需要配合和交叉作业的，应积极和其他工种进行沟通。

11. 面涂涂料喷涂

（1）涂料调配 面涂涂料一般也采用双组分溶剂型氟碳涂料。施工时按照产品说明书的比例调配涂料。搅拌均匀，无可见杂质。专用稀释剂具体加量以适宜于施工为宜。要充分搅拌保证均匀。

（2）施工 面涂喷涂第一遍薄喷，纵横交叉喷涂两道。最少6h，干燥后用600号水砂纸打磨，并等待水分干燥后进行第二次喷涂，二次喷涂应厚涂，纵横交叉喷涂两道。

（3）注意事项 施工温度0～35℃，湿度85%以下，在雨、雪、雾、大风或相对湿度85%以上时严禁施工；基层不要低于5℃。材料储存要注意防潮、防水、防太阳曝晒；必须在中涂涂料完全干透才能够喷涂面涂；每次配料量不宜过多。涂料需稀释时必须使用配套稀释剂，严禁使用水、香蕉水、醇、汽油等。

调配好的涂料在8h内用完，变稠的料不能再用；涂料要现用现配，未配、未用的料要盖好。配好的料要静置 30min，使反应充分，然后投入使用。喷涂前打磨并用水将表面冲洗干净，去除水分后方可喷涂，且对相邻已经喷好的料且干燥的墙面覆盖至少 1m 的距离，以免污染。

（4）安全措施和预防方法　施工时佩带防护面具，避免吸入漆雾以及沾染皮肤、眼睛等。如眼睛和皮肤上受到沾染，应及时用水清洗或就医。施工环境严禁烟火，遵守国家和地方政府规定的安全法规。

氟树脂涂料的储存必须按照易燃、易爆物品进行处理；储存温度：5~35℃；避免阳光直射或雨淋。

12. 养护与验收

对施工面漆后的合成树脂幕墙，应防止粉尘、腐蚀性气体和烟雾等的污染，在养护期内应避免雨淋和外部机械作用。视气温不同养护 3~5d 即可提交工程验收。

六、合成树脂幕墙施工中易出现的问题及其防治措施

合成树脂幕墙施工中可能出现以下一些质量缺陷（也称涂膜病态），下面介绍出现的原因和预防方法。

1. 涂膜起泡

（1）起泡的原因　氟树脂涂膜的透气性差，若基层中残留有水分，则难以逸出，当遇到温度升高或水分过多时，就会产生气泡。合成树脂幕墙要求基层水分小于 8%，水分是起泡的根源，杜绝水分的产生或保证基层的干燥，是解决起泡的关键。

① 基层抹灰　基层没有干透就进行施工，是起泡的重要原因。

② 腻子层　腻子生产过程中，加入大量保水剂，腻子批刮时由于局部批刮过厚，或过分赶工期，腻子膜还没有彻底干透，残留水分过多。

③ 底漆　底漆未干透就遇到水，经日晒受热时会起泡。

④ 涂膜与水接触，或暴露在高湿度的大气中；调整涂料黏度时稀释剂使用得不合适，由于挥发速度太快而引起气泡。

（2）防治措施

① 保证基层含水率符合要求；② 做好基层防水层的处理；③ 装饰所用的腻子应具有相应的强度，抗开裂，以防止防水层破坏而渗

水、漏水引起起泡，同时腻子也要有一定的防水功能；④引导水分逸出。对于微量的水分，可加入气体调节剂，使涂膜具有类似皮肤的单向透气功能，防止气泡的产生；⑤选用封闭底漆封闭微量水分；⑥分格缝的设置使微量水分增加了可以渗出的途径，防止水分逸出时带来的气泡。对窗边、檐口等易进水部位进行封闭，防止水分进入。

2. 平整度/分格缝与阴阳角的处理

平整度和分格缝的横平竖直、深度均匀是合成树脂幕墙的一个重要指标，仿铝板氟碳喷涂的平整度标准是 1mm，比高级抹灰的 2mm 要求高很多。

（1）平整度

① 配合总包方对基层进行验收，要求抹灰面达到高级抹灰的要求；②根据建筑特点和甲方要求，对墙面进行分格；③用 2mm 专用拷尺上下、左右进行测量，并附以检测工具，要求平整度达到 1mm；④用拷尺在分格面操作，最终收茬到分格缝；⑤为了保证平整度，专用腻子的用量必须达到 $3\sim4kg/m^2$。

（2）分格缝的设置与处理

① 分格缝的设置不仅起美观作用，还能够对细小裂缝起缓冲作用，避免裂缝的产生；②分格缝的深度、笔直对美观都有直接的影响，应配备专门的切缝、补缝的技术工人，再配备专用工具，保证分格缝的美观、横竖笔直、深浅均匀。

（3）阴阳角处理

① 阴阳角不能有尾巴，必须平整，养护要到位；

② 阴阳角施工保护要用挡板、保护纸或保护膜。

3. 脱落

（1）产生原因

① 基层处理不当，表面有污物、锈垢、水汽、灰尘和化学药品等；②底漆未干透前就罩面漆或清漆，漆膜易发生脱落或开裂；③涂膜太厚，底层未干透，面漆干燥过程中收缩过甚而引起开裂、脱落等；④在潮湿或发霉的砖和水泥基层上涂装涂料，涂膜与基层的附着力不好。

（2）防治措施

① 施工前基层要彻底处理干净；②一般应在底涂完全干透后再

罩面涂或清漆；③施工过程中每道涂膜不宜太厚；④砖和水泥基层应经过干燥和彻底处理后再涂装涂料。

4. 涂膜开裂

（1）产生原因

① 头道漆未干透前就涂二道漆；②涂膜太厚，未干透；③涂料有分层或沉淀，在使用前没有搅拌均匀；④面涂中稀释剂添加太多，影响成膜的结合力。

（2）预防和解决方法

① 应在头道涂料完全干透后再涂二道涂料；②施工过程中每道涂膜不宜太厚；③应充分搅拌均匀再施工；④面涂的质量应符合标准要求。

5. 涂膜粗糙

（1）问题产生原因

① 涂料在储存和使用过程中混入杂质，使用前没有过滤；②涂料中混入水分，颜料颗粒凝聚变粗；③调整涂料黏度时稀释剂加入过多；④喷枪口径小，喷涂压力过大，喷枪喷嘴距离喷涂面距离太大。

（2）预防和解决方法

① 涂料在使用前应过滤；②涂料在使用后应注意密封，防止水分的混入；③按照要求正确稀释涂料；④调整正确的压力、选择适当的喷嘴和正确地进行喷涂。

6. 皱纹

（1）产生原因

① 涂料的黏度过高，或涂膜太厚；②施工后涂膜受到太阳光的直接曝晒。

（2）预防和解决方法

① 涂料的黏度调整合适后再施工，一次涂装涂膜不宜太厚；②施工涂料时工作面不宜直接受日光曝晒。

7. 针孔

（1）产生原因

① 涂料黏度过高，施工时气温较低或涂料搅拌后静置的时间短，仍有残存气泡；②低沸点溶剂用量大，涂膜表面干燥后内部没有完全干透；③喷枪口径小，喷涂压力过大，喷枪喷嘴距离喷涂面距离太

大；④涂料中有水分，空气中有灰尘；⑤在发汗和油垢的表面施工涂料。

（2）预防和解决方法

① 应在环境条件满足施工条件要求时再施工；应将涂料的黏度调整合适再施工；搅拌后应静置一段时间；②注意溶剂的搭配和使用性能合适的稀释剂；③调整喷枪口径，掌握好喷涂技术；④施工时避免将水分带入涂料中，净化空气；⑤基层处理干净后再施工。

8. 橘皮

（1）产生原因

① 喷枪口径小，喷涂压力过大，喷枪喷嘴距离喷涂面距离太大；②施工时气温较低或过高；③低沸点溶剂用量大，挥发速度太快；④涂料中有水分。

（2）预防和解决方法

① 应掌握好喷涂技术；②应在环境条件满足施工条件要求时再施工；③注意溶剂的搭配和使用性能合适的稀释剂，稀释剂中可适当增加高沸点的溶剂；④施工时避免将水分带入涂料中。

9. 缩孔

（1）产生原因

① 涂料中硅油类消泡剂加入量太大；②溶剂或稀释剂中含低沸点、高沸点的溶剂过多，而且比例也不合适；③喷涂施工中带入油和水，喷枪口径小，喷涂压力过大，喷枪喷嘴距离喷涂面距离太大；④涂料黏度过高或过低。

（2）预防和解决方法

① 应控制涂料中硅油类消泡剂的加入量；②应注意低沸点、高沸点溶剂的使用量和溶剂的调整；③施工时避免将水分和油带入涂料中；应掌握好喷涂技术；④应将涂料的黏度调整合适再施工。

10. 流挂

（1）产生原因

① 涂料黏度过低，涂膜较厚；②施工气温高，涂料本身干燥速度慢，在成膜过程中的流动性较大；③基层表面凹凸不平，表面处理得不好，含有油和水；④基层的棱角和凹槽处施工时积聚的涂料过多；⑤喷涂压力掌握得不均匀，喷枪喷嘴距离喷涂面距离掌握得不均

匀；⑥稀释涂料时使用的稀释剂的挥发速度较慢或较快。

（2）预防和解决方法

①调整涂料的黏度，增加施工道数，每道涂膜不宜太厚；②施工气温不宜过高，一般应在 35℃ 以下，温度过高时不宜施工，应保持施工场所的适当通风；③应对基层进行彻底处理；④注意施工时基层的棱角和凹槽处不要积聚涂料；⑤应掌握好喷涂技术；⑥使用挥发速度适中的稀释剂。

11. 浮色发花

（1）产生原因

①装饰色交叉部位没有得到正确的保护；②施工洞口与墙面不平整造成的色差；③施工洞口、进料口等的喷涂与大面施工不同步。

（2）预防和解决方法

①要正确地保护装饰色交叉部位，防止喷涂时雾化涂料的污染；②预先补洞，补洞之处应低于大面；③保持施工洞口、进料口等的喷涂与大面同步进行。

参 考 文 献

［1］　吴庆喜，石军，吴勇. 水性多彩涂料的研制与应用. 现代涂料与涂装，2011，14（6）：31-33.

［2］　安徽省建筑科学研究设计院科技成果鉴定资料. ZZY 仿大理石涂料与应用技术研究. 合肥：安徽省建筑科学研究设计院，2012.

［3］　秦明明. 水性多彩涂料的研究与制备. 北京：北京化工大学，2009.

［4］　张雪芹，裘国良，应晓猛. 水性多彩涂料的发展概况及常见问题解决方法. 新型建筑材料，2014，（1）：62-66.

［5］　高达，赵兴顺，张绪锋等. 氟树脂乳液砂壁状涂料的研制. 新型建筑材料，2006，（4）：51-53.

［6］　徐峰. 从某涂料工程失败看我国外墙腻子存在的问题. 上海涂料，2010，48（7）：14-18.

［7］　郭康，陈启明，闫志平. 砂壁状仿砖外墙涂料配制与研究. 2014，17（1）：11-14.

［8］　鲁晓光. 外墙真石漆仿面砖施工工艺. 山西建筑，2012，38（32）：95-96.

［9］　路国忠，顾军，盛满刚等. 粉状浮雕涂料的研制. 化学建材，2005，21（2）：12-13.

［10］　徐峰，李新琪. NC 新型复层涂料研制报告. 硅酸盐建筑制品. 1993，（4）：37-41.

［11］　张春茂，杨雪琴，宋富有. 复层建筑涂料主涂层研制及施工应用. 上海涂料，2006，44（3）：13-15.

［12］　路国忠，顾军，刘洪波等. 合成树脂乳液复层涂料用原材料的选择. 涂料工业，

2002，32（7）：37-39.

[13] 室井宗一著. 高分子乳液在建筑涂料中的应用. 吴国和，纪永亮译. 北京：化学工业出版社，1988.

[14] 蔡青青，何庆迪，孔志元. 硅酸盐类无机胶凝增稠剂在建筑涂料领域汇总的应用. 新型建筑材料，2009，（11）：29-31.

[15] 张瑾璐等. 氟碳树脂在建筑涂料中的应用研究. 第二届中国建筑涂料发展战略与技术研讨会论文集. 全国化学建材协调组建筑涂料专家组汇编. 2002.

[16] 全国建筑涂料会议资料汇编. 水性氟碳仿铝板的研制和应用. 上海振涛信息科技有限公司，2005.

第五章

建筑反射隔热涂料及其应用技术

第一节　概述

一、建筑保温隔热涂料的种类与特征

根据热传导机理，可以把建筑外墙保温隔热涂料分为阻隔型、反射型和辐射型三类，这三类节能涂料的绝热机理不同，应用场合和所得到的效果也不相同。

1. 阻隔型建筑保温隔热涂料

（1）特征　阻隔型建筑保温隔热涂料的隔热机理是通过热传递的阻抗作用实现隔热保温，这要求涂膜具有低的热导率，并具有一定的厚度，以维持高热阻。常用的大部分保温隔热涂料属于这类涂料，尽管其可能不以涂料名之（如胶粉聚苯颗粒保温浆料、保温砂浆）。

（2）阻隔型建筑保温隔热涂料的发展　我国阻隔型保温隔热涂料的研制始于 20 世纪 80 年代，以硅酸盐保温隔热涂料为主，主要应用于管道、设备表面的隔热保温，大多以无机材料（如水泥、水玻璃等）为成膜物质，以石棉纤维、膨胀珍珠岩、海泡石粉和膨胀蛭石等无机硅酸盐类材料为保温隔热填料制成。

这类保温隔热涂料虽然热导率较低，成本也低，但存在干燥周期长、抗冲击能力弱、干燥收缩大、吸水率大、黏结强度低、无装饰效果等弊端。这类涂料不能在建筑物墙面上使用。

20 世纪 90 年代，我国颁布了阻隔型建筑保温隔热涂料的第一个国家标准，即《硅酸盐复合绝热涂料》（GB/T 17371—1998）。

进入 21 世纪以来，随着外墙外保温技术的发展，外墙保温隔热

涂料也逐渐受到人们的重视，建筑行业习惯称之为"保温砂浆"、"轻质绝热砂浆"、"胶粉聚苯颗粒保温浆料"的粉状建筑保温隔热涂料得到广泛应用，此间颁布了建工行业标准《胶粉聚苯颗粒外墙外保温系统》（JG 158—2004）；其后修订了 GB/T 17371—1998 标准（变成2008 版）。

近年来，国内相继开发成功以有机高分子聚合物（弹性）乳液（包括聚丙烯酸酯乳液、苯丙乳液和硅丙乳液）为成膜物质，以膨胀聚苯乙烯颗粒、玻化微珠、玻璃空心微珠、膨胀珍珠岩等为隔热骨料，以聚丙烯纤维、木纤维等为抗裂改性材料的外墙保温隔热涂料，通过复合制备成新型保温隔热涂料，但投入实际应用的并不多，还仅处于研究的层面。

2. 反射型建筑保温隔热涂料

太阳以大约 1.77×10^{17} J/s 的速度将能量辐射到地球表面，给地球生命提供了生存条件，但夏季强烈的热辐射也给人类生活带来诸多不便。自 20 世纪 70 年代以来，美国、英国、日本等国家开始研究能反射太阳热量的隔热涂料，因其具有经济、使用方便和隔热效果好等优点而越来越受重视。

我国各地区气候差异很大，不同地区的建筑节能设计要求不同。在夏热冬暖和夏热冬冷地区，夏季炎热时间长，年平均气温高，太阳辐射强烈。这类地区夏季持续的高温使空调能耗居高不下。同时，将建筑物内部的温度降低 1℃ 所需能耗是将温度升高 1℃ 所需能耗的 4 倍[1]。因此，使用建筑反射隔热涂料降低外墙表面温度来减少通过墙体向室内传导的热量，是一种被动利用太阳能的方法，对节约能源、保护环境有重要意义。

反射型建筑保温隔热涂料即建筑反射隔热涂料（非透明型），该涂料能够有效反射太阳热辐射，降低建筑物表面对太阳辐射能量的吸收。因此，在夏热冬冷和夏热冬暖地区，外墙表面涂装这类涂料后，夏季墙体表面温度能够显著降低，从而减少通过墙体向建筑物内的传热，实现明显的节能效果，此外还能够解决外墙外保温系统所带来的开裂、渗水和涂膜老化迅速等问题。

3. 辐射型建筑保温隔热涂料

红外气象学的研究表明，在大气环境中热量吸收和辐射存在如图

5-1 所示的马鞍形现象，在波长 8～13.5μm 的区域内，地面上的红外辐射可以直接辐射到外层空间。采用红外辐射材料的辐射型建筑保温隔热涂料能提高这一区域的热辐射，把建筑物吸收的日照光线和热量以一定的波发射到空气中，从而达到隔热降温效果，可使涂层表面温度比环境低 7～15℃。

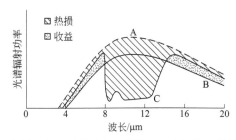

图 5-1　涂层在大气环境中存在热量吸收和辐射的马鞍形现象

辐射型保温隔热涂料也称为红外辐射隔热涂料，国外对红外辐射隔热涂料的研究始于 20 世纪 70 年代[2]。20 世纪 80 年代美国研究开发生产红外辐射陶瓷涂料，1983 年美国政府一家实验室试验证明，使用红外辐射涂料进行建筑物的保温隔热后，可使空调费用大大降低。目前欧美等国家的许多高层建筑的楼顶都使用了红外辐射材料，如镀铝薄膜和红外辐射涂料等。除了收到热工效应外，红外辐射涂料的使用还能够使其他建筑材料的寿命延长，降低建筑维修和置换费用。

辐射型保温隔热涂料的优势还在于，该类涂料不同于上述的阻隔型保温隔热涂料和反射型保温隔热涂料，因为这两类涂料只能减慢但不能阻挡热能的传递。白天太阳能经过涂装有保温隔热涂料的屋面和墙壁不断传入室内空间及结构中，这些传入的热能在室外气温下降后，再反过来通过涂装有保温隔热涂料的屋面和墙壁向外传递的速度同样很缓慢。而辐射型保温隔热涂料却能够以热辐射的形式将吸收的热量辐射掉，从而促使室内和室外以同样的速率降温，因而具有较高的降温速度。

作为外墙节能材料使用的辐射型保温隔热涂料需要有高发射率，美国 ASTM C 1483-04《建筑外用太阳能辐射控制涂料标准规程》规定，太阳能辐射控制涂料在环境温度下的红外发射率应不小于80％。我国目前这类涂料在建筑保温隔热领域中的应用还只是处于研究阶段，尚无实际应用，其应用仅限于非建筑绝热领域，已经见诸报道的有用于冶金、炼钢系统工作人员的工作服，以反射炼钢炉内高温物体的红外辐射，以及红外辐射窗帘布等。

二、建筑反射隔热涂料的种类及其应用原理

根据涂膜的性能，建筑反射隔热涂料可分为透明型和不透明型两类。

1. 透明型建筑反射隔热涂料

顾名思义，透明型建筑反射隔热涂料的涂膜是透明的，绝大多数入射的可见光波能够透过涂膜，这类涂膜反射的只是能够转换成热能的红外光波。

这类涂料的应用原理是，由于太阳光的主要热量来自红外区，而纳米级的半导体材料［如氧化铟锡（ITO）、氧化锡锑（ATO）和氧化铝锌（AZO）等］对红外光的反射性很强，但能够允许紫外光波和可见光波透射。因而，利用纳米氧化锡锑（ATO）和氧化铝锌（AZO）等作为功能性填料，以聚丙烯酸酯树脂、聚氨酯树脂或者硅丙树脂等对紫外线透明的树脂为成膜物质，制备得到的涂料具有反射红外光波而阻隔热量传递，而不会妨碍紫外线透过涂膜，因而具有透明和阻隔太阳辐射热的双重功能。

透明型建筑反射隔热涂料有溶剂型和水性两种，但由于该涂料的涂覆基层是玻璃和一些表面黏结性能较差的有机材料（如涤纶薄膜、聚酯薄膜或者其他类似透明塑料薄膜），以及对于涂膜的物理力学性能（例如附着力、耐擦拭性和耐水性等）的苛刻要求，因而其主要应用还是以溶剂型涂料为主。

2. 不透明型建筑反射隔热涂料

不透明型建筑反射隔热涂料的基本原理是通过涂膜的反射作用将日光中的红外辐射反射到外部空间，从而避免物体自身因吸收太阳辐射能导致的温度升高，其涂膜反射隔热的原理如图5-2所示。

这类反射隔热涂料是通过适当选择透明性好的树脂（目前常用的是聚丙烯酸酯树脂）和反射率高的玻璃空心微珠为功能性填料，制得

高反射率的涂膜，以达到反射光和热的目的。

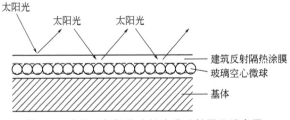

图 5-2　建筑反射隔热涂料涂膜反射原理示意图

不透明型反射隔热涂料利用涂膜对光和热的高反射作用使太阳照射到涂膜上的大部分能量得到反射，而不是被涂膜吸收；同时，由于玻璃空心微珠的绝对体积比例，这类涂膜本身的热导率很小（玻璃空心微珠的热导率很小），绝热性能很好，这就阻止了热量通过涂膜的传导，使得涂膜自身的温度不会像使用传统铝粉那样升得很高。此外，由于不透明型建筑反射隔热涂料的高反射性和涂膜的低热导率，使得涂膜在超过一定厚度时，其反射性能只与涂膜表面的反射率有关，而与涂膜厚度无关。

不透明型反射隔热涂料主要应用于外墙面和屋面，以降低墙面和屋面在夏季的温度。这类涂料也有溶剂型和水性两种，但由于应用于外墙面和屋面，绝大多数是以聚丙烯酸酯乳液（包括弹性乳液和普通建筑乳液）为成膜物质的水性产品。

可见，透明型和不透明型建筑反射隔热涂料除了选用的功能性填料不同而得到不同反射原理的涂料外，其应用场合也全然不同，透明型产品应用于透明基层，而主要是建筑门窗的玻璃；不透明型产品应用于墙面和屋面。此外，透明型涂料的功能是阻止红外光波通过涂膜传播；而不透明型涂料则是减少涂膜对照射到其上的能量的吸收。

三、建筑反射隔热涂料的发展

反射隔热涂料开始是为满足军事上和航天上的需求而发展起来的，即通过该涂料的作用可以降低和削弱敌方热红外探测设备的效能，改变目标自身的热辐射特征或使目标自身的综合热散射特征和周围背景相适应[3]。

国外 20 世纪 50 年代研制成功反射隔热涂料并投入生产，20 世纪 70~80 年代其理论表述已经形成，20 世纪 90 年代后期，随着技术的发展，高性能树脂的合成、高反射率的颜填料发现以及更精确、更快捷检测仪器的研制成功，使反射隔热涂料技术更加完善。

由于反射隔热涂料能够显著地降低暴露于太阳热辐射下的物体的表面温度，因而该类涂料迅速在石油化工行业得到应用。用于储存和运输石油、液化天然气的金属储罐、管道等设施，夏季受太阳光的照射，表面和内部的温度迅速升高，由此会带来一系列问题。使用反射型隔热涂料能有效地降低因太阳热辐射引起的温升，达到阻止这些设施表面温度升高和热的传导、改善工作环境和提高安全性的目的，因而该类涂料的应用受到重视，并得到较多的研究，已被广泛应用于建筑工程、石油、运输、造船及军工、航天等行业[4]。

我国在建筑工程中应用反射隔热涂料始于 20 世纪末 21 世纪初，由于国外新型高效能反射材料玻璃空心微珠的出现及其对商品的推销，反射隔热涂料首先在我国南方夏热冬暖地区建筑物上应用[5]，即在建筑物围护结构表面采用反射隔热涂料，能够减少建筑物对太阳辐射热的吸收，阻止建筑物表面因吸收太阳辐射导致的温度升高，减少热量向室内的传入。起初主要是研究并在屋面上应用，以降低温升和对屋面防水材料起保护作用[6]。

2006 年我国开始强制实施建筑节能以来，在夏热冬暖、夏热冬冷地区出现对建筑反射隔热涂料的应用热情，许多厂家开始推广该涂料，但由于没有解决涂料应用的配套技术和对节能效果的定量化，并没有能够真正在建筑工程中推广应用。虽然在 2007、2008 年分别颁布了建材行业标准《建筑外表面用热反射隔热涂料》（JC/T 1040—2007）和建工行业标准《建筑反射隔热涂料》（JG/T 235—2008），也没有有效解决涂料的应用技术支撑问题，对该涂料的应用并没有起到推动作用。这期间该类涂料在夏热冬冷地区几乎没有真正的推广应用。

直到 2010 年国家标准《建筑用反射隔热涂料》（GB/T 25261—2010）颁布实施，由于该标准规定了建筑反射隔热涂料等效热阻的计算方法，加之人们对其作用认识的深化而解决了涂料应用配套技术问题，该类涂料的应用才具有一定规模。

到了 2014 年，建工行业标准 JG/T 235—2008 重新进行修订，变成 2014 版。其间，广东、江苏、重庆和安徽等省市先后制订了相应的《建筑反射隔热涂料应用技术规程》地方标准，达到规范市场，为材料供应、设计、施工和验收提供依据的目的，为其应用提供了技术支撑。至此，建筑反射隔热涂料的应用逐步趋于规模化。

四、建筑反射隔热涂料的应用

1. 基本应用特征

随着对节能意义的认识和重视以及强制推行，近年来建筑反射隔热涂料得到越来越多的应用，而以不透明型建筑反射隔热涂料得到的应用更多。

透明型和不透明型建筑反射隔热涂料在建筑领域应用方面有两个共同特征，即具有极强的地域性，也就是只有在夏热冬冷和夏热冬暖地区才有实际应用价值。因为在这类地区，在夏季具有巨大的太阳能量辐射。虽然在冬季需要太阳的辐射能量时涂膜的反射起到的是不利作用，但冬季光照时间短，太阳的辐射能量低，反射的能量也相对少得多。而在寒冷和严寒等气候区的情况则相反，因而不适合使用反射隔热涂料。

2. 透明型建筑反射隔热涂料的应用

对于透明型建筑反射隔热涂料，众所熟知的应用可能是汽车玻璃贴膜，因能够有效地反射红外光波而产生显著的隔热作用而防止车内的温度升高。

透明型反射隔热涂料在建筑领域的应用目前尚不多，并且用量不大，应用也不广泛，但具有更好的应用前景。目前，这类涂料的一个隔热效果显著的应用是涂覆在中空玻璃外窗中。

利用透明反射隔热涂料对红外光波的阻隔性和对紫外线、可见光的透过性，将涂料先涂覆于玻璃上，再将涂覆该涂料的玻璃制成中空玻璃。由于涂膜位于中空玻璃的空腔中，克服了涂膜耐擦拭性不良和受到水、腐蚀性气体、固体和液体材料腐蚀而性能下降影响玻璃使用效果的弊端，同时利用了涂料透明和隔热的功能。可见，这种应用方法虽然简单，却堪称巧妙。

透明型建筑反射隔热涂料另一个成功的应用是将该涂料涂覆于透明涤纶薄膜上，然后再将该薄膜粘贴于门窗玻璃表面，以实现其反射热的功能。安徽省已经建成这种产品的生产线，所生产的产品经工程实用证明透明性良好，隔热效果明显。

3. 不透明型建筑反射隔热涂料的应用情况

与透明型建筑反射隔热涂料的应用相比，不透明型涂料的应用更为广泛，应用的时间长，应用量也大得多。特别是近年来建筑节能的强制实施，使其有了更好的应用环境；国家标准 GB/T 25261—2010 的颁布，使等效涂料热阻的计算得以量化；新的节能系统的研发使其具有更好的技术可靠性和先进性；一些地方规程的明确规定，使其具有得以应用的技术支撑；而生产供应商的销售推动则使之在应用量上显著提高，甚至在局部地区已经实现规模化。

在应用技术逐步趋于成熟的同时，应用过程中也出现了很多问题，诸如不切实际地强调涂料的节能作用、没有配套可靠的保温层和外墙保温隔热系统、彩色涂料的等效热阻的确定、涂膜反射率随使用时间延长的衰减等对涂料效热阻的影响，以及不正确的设计、施工而带来的一系列问题等，都有待于在今后的应用与发展过程中解决。

第二节　建筑反射隔热涂料原材料的选用

建筑反射隔热涂料（非透明型）实际上是一种功能性合成树脂乳液外墙涂料，其生产用原材料的选择和普通合成树脂乳液外墙涂料的大部分相同，本节仅对其一些特殊性能的要求而需要特别选用的原材料进行介绍。

一、成膜物质的选用

从理论上来说，建筑反射隔热涂料的成膜物质应根据涂膜的耐候性、反射率和吸收率的要求选用。

从耐候性来说，建筑反射隔热涂料处于太阳光的直接照射和大气环境的作用下，采用的聚合物乳液应具有良好的耐候性。

就对涂膜的反射隔热性能来说，不同种类树脂作为涂料成膜物质对反射隔热性能的影响很小[7]。

用于反射型建筑隔热涂料的树脂要求对可见光和近红外光的吸收率低，通常要求树脂的透明度高（透光率应在 80% 以上），对辐射能吸收率低（树脂分子结构中尽量少含 C—O—C、C＝O、—OH 等吸能基团）。

根据这些要求，目前用于合成树脂乳液外墙涂料的建筑乳液，如聚丙烯酸酯乳液、有机硅改性聚丙烯酸酯乳液、氟树脂改性聚丙烯酸酯乳液等都是其良好的成膜物质。

二、合成树脂乳液建筑涂料用助剂的选用略述

生产合成树脂乳液涂料需要选用的助剂有防霉剂、润湿、分散剂、成膜助剂、消泡剂、pH 值调节剂和流变增稠剂，下面将这些助剂的选用概述于表 5-1 中。

表 5-1　合成树脂乳液建筑涂料用助剂的选用略述

种类	基本定义	功能作用或作用原理	选用要点	常用商品举例
润湿剂	能够显著降低液体涂料表面张力的表面活性剂	加速分散介质对凝聚、附聚的颜填料颗粒解聚、缩短涂料生产过程的研磨时间、防止涂料浮色发花、降低涂料表面张力、有利于涂料涂装时在基层上的铺展和流平	应选用在涂料中相容性好、降低表面张力效果显著和起泡性小以及在酸、碱介质中稳定的产品，烷基酚类聚氧乙烯醚（AEO）会产生人体生殖器官损伤，已被淘汰	PE-100、RI-TON® X-405、CF-10 等
防霉剂	能够杀死、阻止或抑制涂料中微生物和细菌生存的添加剂	对各种霉菌和细菌产生毒杀至死或抑制其生长，保持涂料在储存过程中不霉变、不腐败	应选用广谱、高效、对人的毒性低或无毒的商品防霉剂，防霉剂不应对涂料性能产生影响，并在广泛的 pH 值范围内有效且价格低廉	Skane M-8、Preventol D6、Dowicil 7 5 防霉、防腐剂等

种类	基本定义	功能作用或作用原理	选用要点	常用商品举例
分散剂	能够提高涂料分散体系稳定性的表面活性物质	分散剂的活性基团一端吸附在颜、填料粒子表面，另一端溶剂化进入基料中形成吸附层靠阴离子的电荷斥力使颜、填料粒子在涂料体系中长时间处于分散悬浮状态	高分子聚电解质类和丙烯酸酯共聚物类分散剂主要用于无机颜料的分散，前者会使涂料的色浆接受性差而产生调色障碍，需配用润湿剂。线型大分子化合物类分散剂适用于无机、有机颜料和炭黑的分散。聚磷酸盐和聚硅酸盐类无机分散剂在其用量很小时就可以分散多种无机颜料，但须与非离子型湿润分散剂或聚合物类分散剂复合使用。生产涂料时应选择两种或多种分散剂进行复合	DP 512、H-30A、MD20、Disperser NL、Disperbyk-181 等
成膜助剂	能够降低乳胶漆的最低成膜温度和短时间内降低其玻璃化温度的助剂	既对乳液中聚合物微粒有溶解性，又能和水相互混溶，成膜助剂在乳液粒子的融合和结膜阶段起溶剂作用，使聚合物颗粒表面溶胀，变软而容易变形。在成膜助剂的作用下，乳液粒子之间的界面消失而成膜	从能有效降低最低成膜温度、有优异的水解稳定性、不会影响涂料的贮存稳定性和涂膜的各种物理性能等方面选用，并考虑其毒性应尽可能小，如乙二醇丁醚的毒性很大，而性能和效果与之相近的丙二醇丁醚的毒性很小	Texanol 酯醇、醇酯-12 和丙二醇丁醚等
消泡剂	能够使涂料中的泡沫迅速破灭并抑制泡沫再次产生的涂料助剂	消泡剂吸附到气泡膜壁的表面，然后渗透到气泡膜壁的表面，在气泡膜壁表面上扩散，并吸附表面活性剂；因气泡膜壁的表面张力不平衡而引起破泡	应选用在涂料中具有不相容性、高度扩展能力和低表面张力的消泡剂，消泡剂不应引起涂料"油缩"现象。对于黏度高、乳液用量大、消泡困难的涂料可选用某些专用消泡剂	Foamex 1435、SN-De-foaming agent 345、BYK 036、Nopco309-A 消泡剂

种类	基本定义	功能作用或作用原理	选用要点	常用商品举例
pH 值调节剂	调节水性涂料 pH 值的助剂	pH 值调节剂通过自身的碱性而赋予涂料分散介质碱性，通常将涂料的 pH 值调节在 7.5～9.5 的碱性状态	应选用经时稳定和在涂料稀释时有缓冲性的产品，AMP-95 除了调节 pH 值外，还有分散等功能	氨水、AMP-95 和 AMP-90
流变增稠剂	能够显著提高涂料黏度和改善涂料流变性能的助剂	增稠剂能够增加涂料的黏度，赋予涂料所需要的流变性能，使之满足涂料生产、贮存和施工等不同阶段的使用要求	纤维素醚类增稠剂增稠效果好，但对涂料流平性不利；碱溶胀型增稠剂低剪切速率下涂料黏度高，亦使流平性不良；缔合型增稠剂在低剪切速率下涂料黏度亦低，有利于流平性。因而，应将不同种类增稠剂复合使用	Natrosal 250（羟乙基纤维素）、ASE-60 增稠剂（丙烯酸酯类）、WT-105A（缔合型聚氨酯类增稠剂）
冻融稳定剂	通过降低冰点改善乳胶涂料抗冻融性的助剂	能够降低乳胶涂料分散介质的冰点，使其在受到冰冻破坏时不会产生破乳破坏	外墙涂料一般选用乙二醇，防冻效果好	乙二醇、丙二醇等

三、颜、填料的选用

颜料的主要作用是使涂膜具有一定的遮盖力和呈现不同的色彩，因此要使涂膜具有优异的耐候性，颜料就需具有较好的遮盖力和着色力、较高的分散度、鲜明的色彩以及对光的稳定性等。

1. 白色颜料

白色颜料中应用最广泛、效果最好的是金红石型钛白粉，它耐光、耐热、耐稀酸和碱，是生产白色和浅色外墙涂料不可缺少的颜料。有研究认为其用量对建筑反射隔热涂料反射率的影响如图 5-3 所示。

由图 5-3（a）可知，随着钛白粉用量的增加，白色涂层的反射率先增大后降低；在用量为 12%～15% 时达到最高值，之后随着用量的增加，反射率反而有所下降。其原因可能是：当钛白粉开始逐渐添加时，涂膜内颜料的相对密度增多，起反射作用的颜料粒子数增大，

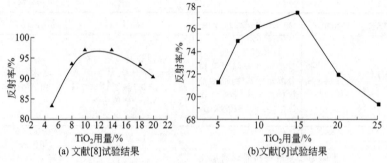

(a) 文献[8]试验结果　　　　(b)文献[9]试验结果

图 5-3　金红石型钛白粉用量对建筑反射隔热涂料反射率的影响

故反射率呈上升趋势；当用量到达一定值以后，随着用量的进一步增加，分散的颜料颗粒开始重新聚集，使反射的比表面积减少，反射效率降低，导致反射率下降。所以，钛白粉用量并不是越大越好，而是有一个较佳范围。

此外，沉淀硫酸钡、氧化锌作为钛白粉的辅助颜料，因价格便宜，常与钛白粉配合使用，以减轻紫外线对基料的破坏，赋予涂料良好的施工性及优良的力学性能。沉淀硫酸钡（又称钡白）质地细腻，白度高，耐酸、碱、光、热，润滑性和分散性好，制成隔热涂料涂膜光泽度高流平性好。氧化锌（又称锌白）耐候性良好，不粉化，可改善涂膜的柔韧性和硬度，有清洁和防霉作用，作为紫外线吸收剂、固化剂或杀菌剂使用。

2. 彩色颜料

颜色对反射型建筑保温隔热涂料的反射率有很大影响。要达到高的热反射率，必须选用高折光系数的颜料，涂膜颜色选用白色或浅色比较容易达到，或采用光谱选择性材料配成一定颜色。配制有色隔热反射涂料的关键之一是选择较低吸收率的颜料。美国军标规定深色涂料反射率应在 50% 以上。

（1）外墙涂料常用颜料的太阳光反射性能　外墙涂料常用颜料有氧化铁红、氧化铁黄、无机黑、钼红、酞菁绿和酞菁蓝等，表 5-2 中列出其中的部分颜料太阳光反射性能[10]。

表 5-2　几种单一颜料色漆体系的太阳光反射比

颜料种类	太阳光反射比	颜料种类	太阳光反射比
氧化铁红	0.28	酞菁绿	0.14
无机黑	0.06	永固紫	0.19
钼红	0.33	酞菁蓝	0.18
酞菁蓝＋玻璃空心微珠	0.22	酞菁蓝＋硫酸钡	0.19
酞菁蓝＋玻璃微珠	0.17		

从表 5-2 可以看出，颜色的明度越高，太阳光反射比越高，而对于明度低的颜料，红外反射率呈现明显高于可见光波段反射率的特征。

（2）不同颜色、不同明度墙体的表面温度　在德国，曾对不同颜色、不同明度外墙的表面温度进行实测，其结果的部分数据如表 5-3 所示。从表中的实测结果可以看出涂膜颜色对反射太阳光性能的影响，有助于建筑反射隔热涂料颜色的选择。

表 5-3　不同颜色、不同明度外墙表面温度的实测结果

颜色	明度	表面温度	
		西南墙 195°,2001 年 8 月	西南墙 45°,2003 年 8 月
白色	91	40.6	45.4
黄色	70	48.9	54.5
	65	51.1	59.3
红色	70	44.9	49.7
	11	60.9	70.9
蓝色	68	47.1	53.6
	5	68.1	81.0
绿色	70	46.1	53.2
	18	60.5	72.9
黑色	4	73.7	86.8

从表 5-3 中可见，颜色的明度越高墙面的温度越低，说明对太阳

光的反射性能越强。例如，明度为 91 的白色墙面温度为 40.6℃，而明度为 4 的黑色墙面温度高达 73.7℃。

3. 冷颜料（红外反射颜料）

（1）定义　冷颜料也称红外反射颜料，通常定义为具有高太阳光反射率和良好的耐温性、耐候性，并且自身化学稳定性非常优异的一类颜料。一些复合无机"冷颜料"系经 800℃ 以上的高温煅烧而成的，因而具有优异的耐候性、耐高温性和环保性。

（2）"冷颜料"在反射隔热涂料中的应用　为了提高建筑反射隔热涂料的反射性能，可采用光谱选择性颜料，即"冷颜料"配成一定颜色，"冷颜料"能提高红外区的反射率。

配制有色反射隔热涂料的关键技术之一是选择较低吸收率的黑色颜料。一般地说，配制相同颜色的涂料，用红外反射颜料的涂料和用普通颜料的涂料相比其反射率会较高。且颜色越深，差值越大，最大可达20%以上。美国军标规定深色涂料反射率在50%以上；美国绿色涂料环境标志（GS-11 Green Seal Environmental Standard for Paints and Coatings）对墙面建筑涂料的要求是浅色涂料反射率在65%以上，深色涂料反射率在40%以上。用相同颜色涂料涂饰的外墙面，反射隔热涂料和普通涂料相比，其表面温度会较低，颜色越深明度越低，差值越大（见表 5-4）[11]

表 5-4　不同明度反射隔热涂料和普通涂料表面的温差

明度	20	50	70
表面温差/℃	24	20	11

颜料的颜色特性决定了该着色物体对太阳光的吸收和反射率的高低。作为"冷颜料"的特殊功能，它主要体现在着色物体对太阳光的反射率方面，颜料越"冷"，其反射率越高。因紫外线的穿透性很强，所有颜料往往在该波段几乎都不反射。所以，在可见光和近红外波段，反射率的高低决定着该颜料是否是"冷颜料"的关键。白色的颜料（全反射可见光）大多是"冷颜料"，而且反射率和冷效果最好。相反，黑色颜料（全吸收可见光）则应该是"热颜料"。

（3）颜料近红外反向散射能力分类　美国劳伦斯伯克利国家实验室（LBNL）根据颜料近红外的反向散射测试结果，将颜料进行了分级，分别为强、中、弱近红外散射性颜料，具体分类如表 5-5 所示。从 5-5 可以看出，冷颜料大多数属于强、中近红外散射性颜料。

表 5-5 颜料近红外反向散射能力分类

强近红外散射性颜料 （系数＞1000mm^{-1},1μm）	中近红外散射性颜料 （系数 10～1000mm^{-1},1μm）	弱近红外散射性颜料 （系数＜10mm^{-1},1μm）
钛酸铬黄、氧化铬铁黑、钛酸镍黄、掺片状云母的金红石型二氧化钛、金红石型二氧化钛	镉橘黄、亚铬酸钴蓝、绿、钛酸钴绿、钛铁棕、改性氧化铬绿、酞氰红、氧化铁红铁棕	铝酸钴蓝、二芳基黄、汉莎黄、二萘嵌苯黑、酞氰蓝绿、喹吖酮红、群青

（4）"冷颜料"的基本性能举例　表 5-6 为 Ferro 公司 Eclipse 系列"冷颜料"中几种产品的基本性能。

表 5-6 几种"冷颜料"产品的基本性能

项 目	性 能				
	V13810 铁红	V9118 镍钛黄	V9250 钴铝蓝	10241 铬铝绿	V778 铁铬黑
颜料索引号	P. R. 101	P. Y. 53	P. B. 28	P. G. 17	P. G. 17
密度/(g/cm^3)	5.15	4.55	4.30	5.00	5.20
pH 值	7.0	7.0	8.7	6.8	6.5
吸油量/(g/100g)	20.0	14.0	18.7	12.0	13.0
粒子尺寸/μm	0.27	0.83	0.62	1.65	1.02

（5）"冷颜料"的太阳光总反射率（TSR）　颜料应用在涂料体系中，一般很少会出现纯透明体系涂料，而且大多数涂料中都会加入白色颜料如钛白粉，这就使得浅色涂料系统往往会自带"冷涂料"的效果（实际为钛白粉的作用）。因为黑色颜料一般为全吸收，如炭黑无论加入何种涂料体系中其太阳光总反射率（TSR）值都很低，所以黑色复合无机冷颜料的出现无疑对建筑反射隔热涂料的发展和应用具有重要意义。

以 Ferro 公司系列 Eclipse "冷颜料"为例，对其在 PDVF 氟碳涂料体系按透明和不透明（1：4 钛白粉比例）体系，测试涂料的 TSR 值，结果见表表 5-7[12]。

表 5-7　Ferro 冷颜料用于透明和不透明体系涂料的反射率

颜料 C. I.	颜色	太阳光总反射率(TSR)值/%	
		透明	不透明
钛白粉	白色	＞80	＞80
炭黑	黑色	5～6	5～6
镍钛黄 PY-53	黄色	72	78
钴铝蓝 PB-28	正蓝色	36	63
铁铬黑 PG-17	黑色	30	52
铬铝绿 PG-17	军绿色	42	66
铁红 PR-101	铁红	46	63

由表 5-7 可见，黑色冷颜料 PG-17（铁铬黑）在透明涂料体系中 TSR 值已有超过 30％的，这拓宽了建筑反射隔热涂料在黑色和深色涂料体系中的应用。由于复合无机颜料大都为金属化合物经过高温煅烧生产，所以相比其他无机颜料而言其成本相对较高。冷颜料在国内涂料领域中的应用目前还处于推广起步阶段。

表 5-8 为采用功能反射填料，几种以白色为主色的复色涂料的太阳光反射性能。

表 5-8　几种以白色为主色的复色涂料的太阳光反射性能

编号	涂料配方特征	配比或明度值	太阳光反射比	可见光反射比
1#	纯白色	纯色	0.810	0.87
2#	特殊黑色	纯色	0.200	0.05
3#	白色＋特殊黑色	2/1	0.330	0.12
4#	调色	与 3# 颜色相近	0.120	0.12
5#	白色＋特殊黑色	10/1	0.440	0.26
6#	白色＋黑色	55.20	0.244	0.28
7#	白色＋蓝色	66.82	0.573	0.44
8#	白色＋红色	58.26	0.608	0.51
9#	白色＋黄色	89.64	0.758	0.77
10#	白色＋黄色	84.53	0.716	0.69

从表 5-8 可见，采用特殊黑色隔热颜料的涂料，其太阳光反射比远大于炭黑的太阳光反射比，用该颜料调配的涂料比用一般颜料制备的涂料太阳光反射性能好很多。同时，由普通颜料制备的不同复色涂料太阳光反射比差异较大，其中的可见光部分反射率对总反射率的贡献较大。

（6）"冷颜料"赋予涂膜的太阳光反射性能　图 5-4[13] 展示出灰色系涂膜的太阳光反射图谱。

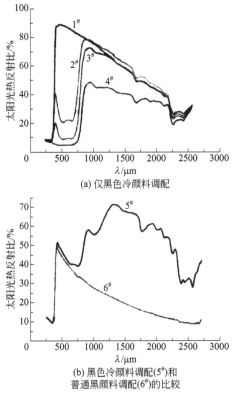

(a) 仅黑色冷颜料调配

(b) 黑色冷颜料调配(5#)和
普通黑颜料调配(6#)的比较

图 5-4　灰色系涂膜的太阳光反射图谱

图 5-4（a）中的 1# 为白色涂料，4# 为黑色涂料，2#、3# 为由 1# 和 4# 按照一定比例调配的涂料。从图 5-4（a）中可以看出，黑色冷颜料的加入仅降低可见光反射率，而在红外区仍然维持较高的反射率。

图5-4（b）为用普通颜料（6#）和冷颜料（5#）调配的相近的灰色涂料。从图5-4（b）中可以看出，6#和5#在可见光区域太阳热反射谱图相近，几乎重叠（颜色相近），而在红外区域用冷颜料制备的5#涂料比用传统炭黑制备的6#反射性能优异。

颜色决定涂膜的装饰效果，实际应用中不可能都选用白色或浅色涂料。通常，白色建筑涂料使用率在20％以下，有色建筑涂料使用率达80％以上。因而，颜料对建筑反射隔热涂料的生产与应用是非常重要的。利用普通颜料配制彩色涂料，总会使涂膜的反射性能降低，而利用"冷颜料"调色可以使这一问题得到减轻。因而，利用冷颜料调配反射隔热涂料的颜色对于其应用具有重要意义。

（7）建筑反射隔热涂料中"冷颜料"的利用　研究认为[14]，由于白色建筑反射隔热涂料的太阳光总反射率大于80％（浅色大于65％），其光、热反射性能较好，数值比较高，使用"冷颜料"对太阳光总反射率降低作用有限，效果不明显；而对于深色涂料结果则相反，因而深色建筑隔热涂料适宜使用"冷颜料"。例如，铬铁黑等"冷颜料"能够有效提高涂料太阳光总反射率，降低太阳辐射吸收率（ρ），节能明显，节能效率10％～14％。

四、玻璃空心微珠

玻璃空心微珠也称陶瓷空心微珠，是一种功能性填料，是赋予建筑反射隔热涂料功能性的最重要材料。功能性填料中除了玻璃空心微珠外，作为辅助性功能填料使用的还有粉煤灰空心微珠、云母粉等。

1. 基本特性

玻璃空心微珠是一种中空薄壁坚硬轻质的球体或近似球体，球体内部封闭有稀薄的惰性气体，具有良好的耐酸、耐碱性，不溶于水，软化温度为500～550℃，抗压强度高。

图5-5为玻璃空心微珠的偏光显微镜照片，从图5-5中可以

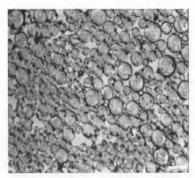

图5-5　玻璃空心微珠的偏光显微镜照片

看出，微珠是一颗颗透明的微米

级玻璃质密闭中空球体，圆形度很高。此外，它还有坚硬的球壳，球体内充有稀薄的 N_2。玻璃空心微珠作为一种新型的功能填料，具有以下优点[15]：

① 热导率低，20℃时，可在 $0.0512 \sim 0.0934 W/(m \cdot K)$ 之间进行调节。

② 真密度小，在乳液体系中均匀分散，可在 $0.25 \sim 0.60 g/cm^3$ 之间进行密度调节。

③ 抗压强度高，可在 $5 \sim 82 MPa$ 之间进行调节，在混合过程中不易破碎，能充分发挥隔热作用。

④ 密封性好，能够保持涂料体系稳定。

玻璃空心微珠的各项理化性能见表 5-9。

表 5-9　玻璃空心微珠的各项理化性能

项目	性能
外观	流动性良好的白色粉末
热导率(20℃)/[W/(m·K)]	$0.0512 \sim 0.0934$
堆积密度/(g/cm³)	$0.147 \sim 0.42$
真密度/(g/cm³)	$0.25 \sim 0.60$
粒径范围/μm	$2 \sim 125$
抗压强度/MPa	$5 \sim 82$
pH 值	$7 \sim 8$

2. 在反射隔热涂料中的作用机理

玻璃空心微珠在反射隔热涂料中作用的基本原理是，当反射隔热涂料涂布在基层形成涂膜时，玻璃空心微珠赋予涂膜以太阳光反射性能，使涂膜能够通过反射太阳光来阻隔外部热量向基体的传导。

太阳光是一种电磁波，地球表面的太阳辐射光谱见

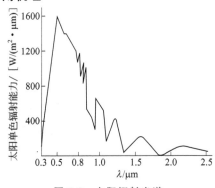

图 5-6　太阳辐射光谱

图 5-6。

通过对地球表面太阳辐射的光谱图分析发现，太阳辐射通过大气后，其强度和光谱能量分布都发生变化。在地球表面的整个太阳光谱里，紫外线波长在 $0\sim0.4\mu m$ 之间，它在整个太阳光谱的比例为 3%；可见光波长在 $0.4\sim0.8\mu m$ 之间，它在整个太阳光谱里的比例是 44%，近红外波长在 $0.8\sim2.5\mu m$ 之间，它在整个太阳光谱里所占比例是最大的（53%），由于产生热能的光波是近红外光波，故远红外光波可以忽略不计。因此，反射隔热涂料的主要作用区域为可见光区域和近红外光区域。

反射隔热涂料在施工成膜后，在涂膜中形成一个由玻璃空心微珠组成的中空层，玻璃空心微珠其外部呈近似的圆球形，具有很好的红外光反射性能，对可见光具有很好的反射作用。由于玻璃空心微珠的中空特点，其会紧密排列成对热有隔阻性能的中空气体层，阻隔热量通过传导机理的传导。

紧密排列的玻璃空心微珠内部含有稀薄的气体，使其热导率很低，使涂层具有好的隔热保温效果。因而，建筑反射隔热涂料可以对太阳光的可见光和红外光进行反射（如前述图 5-2 所示），达到降低涂膜表面温度升高而阻隔热量传导的目的。

3. 玻璃空心微珠在建筑反射隔热涂料中的作用

当然，玻璃空心微珠在建筑反射隔热涂料中的最主要的作用还是赋予涂膜以反射性能。但除此之外，玻璃空心微珠在建筑反射隔热涂料中还能具有以下一些作用：

① 单个玻璃空心微珠近似于球形，在涂料中具有自润滑作用，可有效增强涂层的流动、流平性。由于球形具有同体积物体最小的比表面积特性，使得玻璃空心微珠比其他填料具有更小的吸油率，可降低涂料其他组分的使用量；

② 玻璃空心微珠内含有气体，具有较好的抗冷热收缩性，增强涂层的弹性，减轻涂层因受热胀冷缩而引起的开裂倾向；

③ 玻璃空心微珠的玻璃化质表面具有良好的抗化学腐蚀性，能够增强涂膜的防沾污、防腐蚀、耐紫外线老化和耐黄变效果。

4. 玻璃空心微珠在反射隔热涂料中应用应注意的问题

① 构成玻璃空心微珠的材料应为优质玻璃。只有优质的玻璃其

表面才能够有效提高反射隔热涂料的热反射率和发射率。

② 玻璃空心微珠应具有合理的粒度分布。玻璃空心微珠粒度应呈正态分布，这样有利于形成稳定的中空层。

③ 玻璃空心微珠应具有良好的力学性能、抗酸、碱性和抗老化性能，这是其在建筑反射隔热涂料中应用的基本要求。

④ 玻璃空心微珠应具有良好的表面结合性能，其表面和涂料中有机分子结合的亲和性（相容性）决定最终涂膜的力学性能。

第三节　建筑反射隔热涂料生产技术

一、基本配方及其调整

1. 涂料基本配方

建筑反射隔热涂料是一种高性能的功能性涂料，其使用环境直接处于室外，除了反射性能外，对涂料的其他物理力学性能要求也很高，例如耐候性、耐大气腐蚀性、耐酸雨等。因而，其配方的特征之一是在满足涂膜反射性能的要求下涂料的 PVC 浓度不能太高，否则对涂料的物理力学性能和耐候性都不利。

配方的特征之二是空心玻璃微珠的含量不能太低，其在涂料成膜时应能够在涂膜中形成连续的反射层面。从各种文献中的参考值和商品供应商推荐的用量来看，其用量以质量计应在 20％左右。

配方的特征之三是如果基料使用热塑性树脂，应注意树脂的玻璃化温度不能太低，一般应高于 25℃，或者选用具有自交联性能的聚合物树脂乳液。

配方的特征之四是不能选用会显著吸收光和热的材料，特别是在选用填料、颜料时更要注意这个问题。

表 5-10 中给出建筑反射隔热涂料的基本配方。

表 5-10　建筑反射隔热涂料的基本配方

原材料		用量/质量份
名称	供应商或生产商	
水	（自来水）	12.0～20

续表

原材料		用量/质量份
名称	供应商或生产商	
K20 型防霉剂	德国舒美公司	0.1
乙二醇(或丙二醇)	普通工业产品	1.0～1.5
Texanol 酯醇(或丙二醇丁醚)	美国 EASTMAN 公司	0.6～1.0
阴离子型分散剂("快易"分散剂＋731A 分散剂)	原美国罗门哈斯公司(Rohm and Hass)[①]	0.4～0.6
增稠剂(TT-935 增稠剂)		0.1～0.5
羟乙基纤维素	通用涂料原料	0.1～0.25
PE-100 型润湿剂	德国汉高公司	0.15
氨水(pH 值缓冲剂)	普通工业产品	0.20
钛白粉(金红石型)	通用化工产品	8.0～15.0
超细高岭土(1200 目)	通用涂料原料	3.0～6.0
空心玻璃微珠(TK35 型＋TK70 型)	德国 MOLUS 公司	20.0～25.0
着色颜料浆	通用化工产品	适量
弹性聚丙烯酸酯乳液＋普通聚丙烯酸酯乳液[②]	如原美国罗门哈斯公司(Rohm and Hass)的 Primal® 2438 和 Primal® AC 261	40.0～45.0
681F 型消泡剂	德国罗纳普朗克公司	0.4

① 美国罗门哈斯公司(Rohm and Hass)已被陶氏化学公司收购。
② 也可以只使用一种乳液。

2. 涂料配方调整要点

(1) 为满足涂膜反射太阳光性能进行配方调整　建筑反射隔热涂料最主要的性能是太阳光反射性能和半球发射率。配方的调整应以满足这一性能为基本出发点。

影响太阳光反射性能的最主要因素是空心玻璃微珠的质量及其用量，即空心玻璃微珠本身需要具有良好的光反射性能，其在配方中的用量虽然没有绝对数值，但其用量应使涂料的 PVC 值小于 CPVC 值。

涂料 PVC 值的确定是由涂料中的颜、填料用量和聚合物乳液的用量共同决定的。因而，聚合物乳液的用量应不小于一个最低值，根据作者的经验，聚合物乳液的用量以质量计应在 35%～45% 范围内。因为玻璃空心微珠是一种新型功能性涂料原料，对其性能和应用的研究还不充分，尤其是对其在涂料中应用时的临界 PVC 值及其给涂料性能带来变化的研究至今仍是空白。

为了保证涂料的太阳光反射性能，涂料中不能使用吸光性强和对玻璃空心微珠遮蔽性强的材料，例如轻质碳酸钙、白炭黑、硅藻土等类材料。

（2）鉴于满足涂膜物理力学性能的配方调整　涂膜物理力学性能主要包括耐候性、耐沾污、强度和对各种腐蚀性物质（例如碱、酸、盐等）的耐性等。在这种情况下，涂料配方的调整主要从选用聚合物乳液和涂料 PVC 值的设置方面考虑。

由于使用不同聚合物乳液时涂膜的耐候性、耐沾污、强度和耐性的差别很大，因而应选择使用聚丙烯酸酯乳液，或者经过改性的具有更优异性能的聚丙烯酸酯乳液，如有机硅改性、环氧树脂改性、氟树脂改性的聚丙烯酸酯乳液等。文献中对使用这些高性能树脂制备建筑反射隔热涂料的研究都有报道[16]。

由于涂料的 PVC 值超过其 CPVC 值后涂料的各种物理力学性能都会急剧下降，因而外用涂料的 PVC 值应小于 CPVC 值。

此外，润湿剂、分散剂的使用也会影响涂膜的耐水性、耐碱性等，除了在用量上予以考虑尽量降低外，对于分散剂还应选择对涂膜耐水性影响小的品种。

（3）鉴于涂料流平性的配方调整　流平性直接关系到涂膜的反射性能，因而对于反射隔热涂料来说非常重要。流平性的调整主要通过流变增稠剂实现。表 5-10 中使用了羟乙基纤维素和 TT-935 增稠剂。如所熟知，羟乙基纤维素的黏度型号越高，增稠效果越好，但对涂料的流平性越不利。因而，为了照顾涂料的流平性，应选用黏度型号比普通合成树脂乳液外墙涂料低的羟乙基纤维素类产品。

TT-935 增稠剂是一种聚氨酯缔合型增稠剂，在低剪切速率下的黏度低，流动性好，因而能够赋予涂料更好的流平性，其用量可比普通涂料大些。

应注意的是，反射隔热涂料一般不要选用碱活化型增稠剂，因为这类增稠剂在低剪切速率下的黏度高，触变性强，会使涂料的流平性变差。

二、建筑反射隔热涂料生产程序

1. 生产工艺流程

建筑反射隔热涂料生产工艺流程如图 5-7 所示。

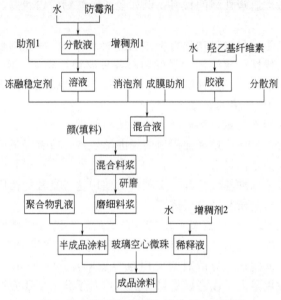

图 5-7　建筑反射隔热涂料生产工艺流程

2. 建筑反射隔热涂料生产操作过程

建筑反射隔热涂料的生产是物理混合过程，在生产过程中不涉及到任何化学反应，只是将各种原材料经过严格计量后，分批次地投入涂料混合罐中，搅拌混合即可。但是，在生产工艺流程的设计上应注意空心玻璃微珠不能够受到研磨，否则会使其破碎而损失反射性能，而其他颜料、填料则必须进行研磨，以使这些颜料、填料保持较高的细度，以减轻对建筑反射隔热涂料反射性能的影响。

建筑反射隔热涂料生产操作过程如下：

① 在生产涂料时，首先清洗各种涂料生产用设备和器具，校正好计量用具。

② 按照要求称量精度，准确称量水、防霉剂（K20 防霉剂）、冻融稳定剂（乙二醇或丙二醇）、成膜助剂（如 Texanol 酯醇或丙二醇丁醚）、两种阴离子型分散剂（"快易"分散剂、731A 分散剂）、润湿剂（PE-100 润湿剂）、pH 值缓冲剂（氨水）、增稠剂（TT-935 增稠剂）和适量消泡剂（681F 消泡剂），备用。

③ 开动混料罐搅拌机，在搅拌的状况下将羟乙基纤维素投入混料罐中，稍加搅拌后，投入氨水，搅拌至羟乙基纤维素溶解成均匀的羟乙基纤维素胶液。

④ 将上述称量好的其他原材料按照上列先后顺序投入混料罐中，混合均匀，再投入钛白粉、超细高岭土搅拌均匀，制得混合料浆。

⑤ 将该料浆通过砂磨机研磨至合格细度（30μm）后，将该料浆通过振动筛过滤出料，并转移至出料罐中备用。

⑥ 将细度合格的磨细料浆转移至调漆罐中，再投入两种聚丙烯酸酯乳液（Primal® 2438 弹性建筑乳液和 Primal® AC 261 聚丙烯酸酯乳液）慢速（不高于 400r/min）搅拌均匀。

⑦ 向调漆罐中投入空心玻璃微珠中速（600～700r/min）搅拌10min，使之充分均匀。

⑧ 最后，视涂料中泡沫的多少，再补充消泡剂，慢速搅拌消泡，并根据涂料的黏度状况，使用适量的增稠剂（TT-935 增稠剂）调整涂料的黏度至适宜范围（80～100KU）。

三、建筑反射隔热涂料的技术性能指标

关于建筑反射隔热涂料的技术标准，目前有三个，即《建筑用反射隔热涂料》（GB/T 25261—2010）、《建筑反射隔热涂料》（JG/T 235—2014）和《建筑外表面用热反射隔热涂料》（JC/T 1040—2007）。下面介绍 GB/T 25261—2010 标准和 JG/T 235—2014 标准的技术要求。

1. GB/T 25261—2010 标准的技术要求

（1）反射隔热性能要求 GB/T 25261—2010 标准对建筑反射隔热涂料的反射隔热性能要求如表 5-11 所示。

表 5-11 GB/T 25261—2010 标准对建筑反射隔热涂料反射隔热性能的要求

序号	项　目	指标
1	太阳光反射比(白色)	≥0.80
2	半球发射率	≥0.80

（2）对建筑反射隔热涂料基本涂料性能的要求　产品的性能除应符合表 5-11 的要求外，产品的人工气候老化性能和耐沾污性能应满足相应的国家或行业标准的最高等级要求，其他性能还应满足相应的国家或行业标准的要求。

2. JG/T 235—2014 标准的技术要求

（1）反射隔热性能要求　JG/T 235—2014 标准按涂层的明度不同将建筑反射隔热涂料分为低明度、中明度和高明度三种；对其反射隔热性能的要求如表 5-12 所示。

表 5-12 JG/T 235—2014 标准对建筑反射隔热涂料反射隔热性能的要求

序号	项　目		指　标		
			低明度	中明度	高明度
1	太阳光反射比	≥	0.25	0.40	0.65
2	近红外反射比	≥	0.40	L^*值/100	0.80
3	半球发射率	≥	0.85		
4	污染后太阳光反射比变化率[①]	≤	—	15%	20%
5	人工气候老化后太阳光反射比变化率≤		5%		

① 该项仅限于三刺激值中的 Y_{D65}≥31.26(L^*≥62.7)的产品。

（2）对建筑反射隔热涂料基本涂料性能的要求

①金属屋面使用时，除应符合表 5-12 的要求外，还应符合 JG/T 375—2012 的规定；其他屋面使用时，还应符合 JG/T 864 的规定。

② 外墙使用时，除应符合表 5-12 的要求外，根据产品类型的不同还应符合 GB/T 9755—2014、GB/T 9757—2001、JG/T 172—2005、HG/T 3792—2005 或 HG/T 4104—2009 等标准中某一相应产品标准最高等级的规定。

第四节　建筑反射隔热涂料应用技术

一、建筑反射隔热涂料应用技术的关键问题

1. 涂料等效热阻的确定

作为一种功能性建筑涂料，反射隔热涂料在应用中最急需解决的问题是涂料应用所能够达到的实际节能效果，因为目前我国的建筑节能需要量化。从这个意义上说，《建筑用反射隔热涂料》（GB/T 25261—2010）的颁布实施对于建筑反射隔热涂料的实际应用非常有意义，该标准在附录中给出涂料等效热阻的计算方法，解决了建筑反射隔热涂料应用技术上的关键问题。

显然，建筑反射隔热涂料的等效热阻取值与气候区有关。GB/T 25261—2010 标准在附录 A 中给出涂料等效热阻的计算公式。计算公式中的"冬、夏季的太阳辐射强度"参数可从地方气象中心得到原始数据，然后处理成计算数据后便可通过清华斯维尔节能设计软件（BECS20120720）进行计算。

GB/T 25261—2010 标准在附录 A 中还给出等效涂料热阻计算举例数值。对于夏热冬冷地区来说，以南京地区气候为代表，当太阳反射率和半球发射率为 0.80 时，等效涂料热阻可以达到 $0.16\sim0.20$ $m^2 \cdot K/W$（根据朝向、基层墙体不同有区别）。对于夏热冬暖地区来说，以广州地区气候为代表，当太阳反射率和半球发射率为 0.80 时，等效涂料热阻可以达到 $0.15\sim0.28m^2 \cdot K/W$（根据朝向、基层墙体不同有区别）。

2. 几个地区对建筑反射隔热涂料纳入热工计算的规定

从原理上来说，反射隔热涂料能够因两种因素减少热量通过墙体的传递：一是使墙体表面温度显著降低；二是涂膜本身热导率很小，具有一定热阻。因而，在建筑节能设计中，外墙采用反射隔热涂料时，可以考虑一定的等效热阻，或者对其传热系数进行适当修正。而对于热工设计中的另一个重要参数，即热惰性指标，一般认为使用反射隔热涂料不增加墙体的热惰性指标。下面介绍上海、江苏等几个地区对建筑反射隔热涂料纳入热工计算的规定。

（1）上海市　上海市《居住建筑节能设计标准》规定，当外墙采用建筑反射隔热涂料时，其传热系数值可以按照表 5-13 取值。

表 5-13　外墙采用建筑反射隔热涂料时传热系数的修正系数

反射隔热涂料的太阳光反射比 α	＜0.80	≥0.80，＜0.90			≥0.90		
平均传热系数（修正前）		≥1.4	＜1.4，≥1.1	＜1.1	≥1.4	＜1.4，≥1.1	＜1.1
修正系数 C_1	1.0	0.95	0.96	0.97	0.91	0.92	0.93

（2）江苏省　江苏省《建筑反射隔热涂料应用技术规程》（苏 JG/T 026—2009）中规定，在进行建筑节能设计时，对不同方向的墙面使用反射隔热涂料可选取不同的等效热阻：东、西方向墙体的等效热阻为 0.20m²·K/W；朝南方向墙体的等效热阻为 0.19m²·K/W；朝北方向墙体的等效热阻为 0.18m²·K/W。该规程所考虑的反射隔热涂料的等效热阻比上海市《居住建筑节能设计标准》中的大。

（3）重庆市　重庆市《建筑反射隔热涂料外墙保温系统技术规程》（DBJ/T50 076—2008）规定，当外墙使用建筑反射隔热涂料作为隔热饰面层时，外墙的平均传热系数应按下式修正：

$$K_m = \beta \cdot K'_m$$

式中　K_m——修正后的外墙平均传热系数，$W/m^2 \cdot K$；

　　　K'_m——修正系数，根据设计计算的外墙平均传热系数 K'_m 的按表 5-14 取值。

表 5-14　重庆市标准 DBJ/T 50 076—2008 规定的修正系数 β 取值

$K'_m/(W/m^2 \cdot K)$	K'_m＞1.30	1.0＜K'_m≤1.30	K'_m≤1.0
β	0.85	0.90	0.95

当按表 5-14 修正后的外墙平均传热系数满足节能设计标准的规定，而热惰性指标 $1.7 \leq D < 3.0$ 时，可认为设计建筑外墙的隔热性能符合要求，不需进行隔热设计验算。

（4）安徽省　安徽省《建筑反射隔热涂料应用技术规程》（DB34/T 1505—2010）规定，建筑反射隔热涂料的等效热阻值应根据国家标准 GB/T 25261—2010 附录 A 中公式 A.1 进行计算。当不具备条件进行计算时，涂料等效热阻值可以取 $0.16m^2 \cdot K/W$。并规定，在建筑节能计算时，不考虑建筑反射隔热涂料对热惰性指标的贡献。

3. 涂膜最小厚度

涂膜的反射是表面反射，反射性能只与涂膜的反射率有关，而与涂膜厚度无关。但是，实际上在一定的涂膜厚度范围内，反射率还是随着涂膜厚度的增加而提高，只有在涂膜达到一定厚度值后，由于光线并不能够透过涂膜照射到基层，因而涂膜厚度再增加，涂膜的反射率却不明显提高。例如，有研究发现[17]，当涂层厚度小于 $100\mu m$ 时，随着涂膜厚度的增加，隔热效果增加；当厚度达到 $100\mu m$ 时，继续增加涂膜的厚度，隔热效果基本趋于稳定。

综合一些研究发现，达到最高反射率时的涂膜厚度在 $80 \sim 120\mu m$ 范围内。因而，不同的标准规定的最小涂膜厚度略有差别。例如，安徽省《建筑反射隔热涂料应用技术规程》DB34/T 1505—2010 规定的建筑反射隔热涂料的涂膜设计厚度为不应小于 $100\mu m$；而江苏省《建筑反射隔热涂料应用技术规程》（苏 JG/T 026—2009）中规定的建筑反射隔热涂料的涂膜设计厚度为不应小于 $120\mu m$。

二、建筑反射隔热涂料在建筑节能应用中的基本规定

在目前强制性建筑节能规定的大政策前提下，建筑反射隔热涂料在工程中应用，必须遵循国家有关的基本要求。作者在实际工作中发现，很多建筑反射隔热涂料的生产商只注意产品本身的质量而没能很好地掌握或很好地理解这一精神而使其产品在实际应用中有很大障碍。因而这里予以介绍以引起重视。

（1）采用建筑反射隔热涂料的建筑外墙的节能工程必须依据国家和我省现行的有关规程、标准以及相应建筑反射隔热涂料应用技术规程进行设计、施工和验收。

（2）建筑反射隔热涂料涂层及涂层系统应具有以下性能：

① 应能耐受室外气候的长期反复作用而不产生破坏。

② 应能适应基层的正常变形而不产生裂缝。

③ 应具有防水渗透性能。

④ 建筑反射隔热涂料涂层中使用的材料之间必须相容。

⑤ 当建筑反射隔热涂料在外墙外保温系统中应用时,构成建筑反射隔热涂料涂层的材料应与外保温系统材料相容。

(3)采用建筑反射隔热涂料的建筑物,其外围护结构的热工性能必须符合国家和相关地方标准现行建筑节能工程的规定。

(4)在正常使用和维护条件下,应对建筑反射隔热涂料涂层的使用寿命作出明确规定,且当涂层系统的隔热性能、装饰性能不能满足要求时,应及时使用建筑反射隔热涂料进行维修或者翻新。

三、建筑反射隔热涂料工程应用中的技术要求

1. 涂料产品的技术要求

如前所述,目前关于建筑反射隔热涂料的标准有国家标准、建工行业标准、建材行业标准,但作者认为,从工程应用的实际情况和需求来看,仍应当以国家标准 GB/T 25261—2010 作为应用的依据。原因很简单,因为该标准规定了在实际工程中应用时最重要的涂料等效热阻的定量方法。建工行业标准 JG/T 235—2014 虽然版本很新,且规定了涂膜受老化后和受污染后的太阳光反射性能和红外反射性能,但由于没有关于涂料等效热阻的概念,因而缺少应用中的实际技术支撑。

2. 涂层系统的技术要求

建筑反射隔热涂料在工程应用中是以涂层系统的形式为基本应用条件的。构成涂层系统的材料还有底漆、腻子,这些材料的性能应当满足相应产品的技术要求:

① 封闭底漆的技术性能指标应符合《建筑内外墙底漆》(JG/T 210—2007)的规定。

② 柔性耐水腻子的技术性能应符合《外墙外保温柔性耐水腻子》(JG/T 229—2007)或《建筑外墙用腻子》 (JG/T 157—2009)的要求。

③ 构成涂层系统的各材料之间应具有相容性。

3. 其他材料的技术要求

在建筑反射隔热涂料的工程应用中,可能还会遇到保温腻子、玻璃纤维耐碱网格布等材料,应满足相应产品的技术规定。

4. 在外墙外保温系统中应用的技术要求

在目前强制实施建筑节能的大前提下，在夏热冬冷地区建筑反射隔热涂料很少能独立应用，必须配合相应的保温层应用。在这种情况下，建筑反射隔热涂料和保温层一起形成新的外墙外保温系统。所形成的外墙外保温系统应当能够符合相应的技术标准要求。例如，建筑反射隔热涂料和无机保温砂浆一起形成无机保温砂浆-建筑反射隔热涂料外墙外保温系统，所形成的新系统的技术性能应符合相关标准的要求，以安徽省为例，则应满足《建筑反射隔热涂料应用技术规程》（DB34/T 1505—2011）的规定。

四、建筑反射隔热涂料在工程应用中的设计

1. 基本设计要求

（1）应满足建筑节能规定的要求　采用建筑反射隔热涂料的建筑物传热阻值应符合《夏热冬冷地区居住建筑节能设计标准》、《公共建筑节能设计标准》、地方节能设计标准的要求。

（2）应做好防水设计　应做好建筑反射隔热涂料涂装基层的密封和防水构造设计，确保水不会渗入涂装基层系统，重要部位应有详图。水平或倾斜的出挑部位以及延伸至地面的部位应做防水处理。穿过涂层系统安装的设备或管道应固定于基层上，并应做密封和防水设计。

（3）应做好变形缝设计　建筑反射隔热涂料涂层应配合外墙保温系统设置变形缝。变形缝处应做好防水和构造处理。

2. 建筑反射隔热涂料的热工参数取值

设计时应进行热工计算，并应考虑建筑反射隔热涂料对墙体传热阻值的贡献。这种贡献以建筑反射隔热涂料所能够产生的等效热阻值为计算根据。建筑反射隔热涂料的等效热阻值应根据国家标准 GB/T 25261—2010 附录 A 中公式 A.1 进行计算。

由于建筑反射隔热涂料应用时形成的涂膜很薄，热惰性指标的贡献非常小，因而设计时可不考虑其对热惰性指标的贡献。

3. 最小涂膜厚度设计

设计时应对建筑反射隔热涂料的最小涂膜厚度给出明确规定。

4. 与保温腻子配合使用时的设计

当建筑反射隔热涂料在无需外墙外保温系统的节能型砌块（如芯

孔插保温板混凝土砌块、加气混凝土砌块等）墙体上配合保温腻子应用时，应对保温腻子的质量要求、保温腻子层的厚度作出明确设计，并在保温腻子层较厚时设计增强措施（例如在腻子层中设置耐碱网格布）。

5. 建筑反射隔热涂料涂层构造设计

（1）外墙外保温系统　当建筑反射隔热涂料在外墙外保温系统中应用时，外墙外保温系统的构造由保温层、底涂层、柔性耐水腻子层和建筑反射隔热涂料涂层构成，如图 5-8 所示。

（2）建筑反射隔热涂料-保温腻子系统　当建筑反射隔热涂料在无须外墙外保温系统的节能型砌块（如芯孔插保温板混凝土砌块、加气混凝土砌块等）外墙上配合保温腻子应用时，所形成的建筑反射隔热涂料-保温腻子系统由保温腻子层、底涂层、柔性耐水腻子层和建筑反射隔热涂料涂层构成，如图 5-9 所示。

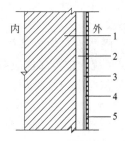 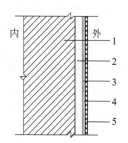

图 5-8　应用建筑反射隔热涂料的外墙外保温系统构造示意图

1—基层墙体（混凝土墙或各种砌体墙）；2—配套有抗裂防护层的保温层〔即界面（黏结）层＋保温层＋抗裂防护层〕；3—底涂层（封闭底漆涂层）；4—柔性耐水腻子层；5—建筑反射隔热涂料涂层

图 5-9　建筑反射隔热涂料-保温腻子系统构造示意图

1—基层墙体（混凝土墙或各种砌体墙）；2—保温腻子层；3—底涂层（封闭底漆涂层）；4—柔性耐水腻子层；5—建筑反射隔热涂料涂层

五、建筑反射隔热涂料施工技术

1. 材料进场验收

材料进场验收应符合下列规定：

① 对材料的品种、型号、包装和数量等进行检查验收，并经监理工程师（建设单位代表）确认，形成相应的验收记录。

② 对材料的质量证明文件进行核查，并经监理工程师（建设单位代表）确认，纳入工程技术档案。进入施工现场用于建筑反射隔热涂料涂层系统的材料均应具有出厂合格证、中文说明书及相关型式检验报告；进口材料应按规定进行入境商品检验。

2. 施工准备

（1）施工条件　建筑反射隔热涂料的施工，应在保温层与保温抹面层的施工质量验收合格后进行；外脚手架或操作平台、吊篮应验收合格，满足施工作业和人员的安全要求。

（2）施工工具与机具准备　建筑反射隔热涂料的施工应准备好以下工具和器具：毛刷、排笔、盛料桶、天平、磅秤等刷涂及计量工具；羊毛辊筒、配套专用辊筒及匀料板等滚涂工具；无气喷涂设备、空气压缩机、手持喷枪、各种规格口径的喷嘴、高压胶管等喷涂机具。

（3）材料准备　建筑反射隔热涂料涂层使用的材料和存放应符合下列要求：

① 应根据选定的品种、工艺要求，结合实际面积及材料单位用量和损耗，确定材料用量。

② 应根据选定的色卡颜色订货。超过色卡范围时，应由设计者提供颜色样板，并取得建设方认可后订货。

③ 材料应存放在指定的专用仓库，并按品种、批号、颜色分别堆放。专用仓库应阴凉干燥且通风，温度在5～40℃之间。

④ 材料应有产品名称、执行标准、种类、颜色、生产日期、保质期、生产企业地址、使用说明书和产品合格证，并具有出厂检验报告、形式检验报告。

3. 施工环境要求

在施工时及施工后24h内，建筑反射隔热涂料的施工现场环境温度和墙体表面温度不应低于5℃。夏季应避免阳光曝晒，必要时在脚手架上搭设临时遮阳设施，遮挡墙面。在5级以上大风天气和雨天不得施工，如施工中突遇降雨，应采取有效遮盖措施，防止雨水冲刷墙面。

4. 施工工序

建筑反射隔热涂料涂层的施工工序见表 5-15。

表 5-15　建筑反射隔热涂料涂层的基本施工工序

项次	工序名称	施工工序[1]
1	基层清理	√
2	填补缝隙、局部刮腻子找平、磨平	√
3	施涂底涂层（两道）	√
4	刮第一道柔性耐水腻子	√
5	磨平	√
6	刮第二道柔性耐水腻子	√
7	磨平	√
8	复补腻子	△
9	磨平	△
10	弹分色线	△
11	第一道涂料	√
12	第二道涂料	√
13	涂膜保养固化	√

　① 表中"√"号为应进行的工序；"△"号为选择工序，即根据具体工程情况确定是否进行。

5. 施工操作

（1）一般要求　一般情况下，建筑反射隔热涂料宜按"两底两面"的要求施工。后一道涂料的施工必须在前一道涂料干燥后进行。涂料应施涂均匀，涂料层与层之间必须结合牢固。对有特殊要求的工程可增加涂层施工道数。

建筑反射隔热涂料涂层中，封闭底漆应施工两道，并不得有漏涂现象；建筑反射隔热涂料涂层施工厚度应满足设计要求。

施工过程中，应根据涂料品种、施工方法、施工季节、温度等条件严格控制，并由专人按说明书要求负责涂料和柔性耐水腻子的调配。配料及操作场所应经常清理，保持整洁和良好的通风条件。未用完的涂料应密封保存。施工现场不应使用机械对建筑反射隔热涂料进行搅拌。

同一墙面同一颜色应使用相同批号的涂料，当同一颜色的涂料批号不同时，应预先混匀，以保证同一墙面不产生色差。

施工过程中应采取措施防止对周围环境的污染。

施工后应采取必要的措施进行成品保护。

（2）建筑反射隔热涂料涂层施工

① 基层清理与处理　清理基层并局部找平；用柔性耐水腻子对基层局部低凹不平处进行修补，干燥后用砂纸打磨。

② 施涂底涂层　应采用辊涂或喷涂方法施涂底涂层。底涂层应施涂均匀，不得漏涂；底涂层应施工两道，两道之间的间隔时间不小于 2h。

③ 第一道满刮柔性耐水腻子　批刮柔性耐水腻子，待干燥后，用砂纸将腻子残渣、斑迹磨平、磨光，然后将打磨粉尘清扫干净。

④ 第二道满刮柔性耐水腻子　在刮第二遍腻子之前，可根据情况对局部进行填补、打磨等处理，使墙面平整、均匀、光洁，然后满刮柔性耐水腻子，并待腻子膜干燥后磨平。

⑤ 复补腻子、磨平　再次对不能够满足涂装要求的局部进行复补腻子，并待干燥后打磨平整。

⑥ 弹分色线　若墙面设计上布置有分格缝，应在喷涂涂料前弹分色线，并根据设计的分格缝颜色涂刷涂料，待干燥后粘贴防污染胶带。

⑦ 涂料施工　待腻子层完全干燥（约需24h）后施工涂料。建筑反射隔热涂料应采用喷涂或滚涂方法施工，喷涂应按照制作样板件时确定的方法（包括喷枪的喷嘴口径、喷涂压力等）操作。喷涂时，应先调整好气压，做好试喷，然后喷涂。喷涂时每道不宜喷涂得太厚，以防流坠。喷枪口与墙面的距离以 30～60cm 为宜，喷嘴轴心线应与墙面垂直，喷枪应平行于墙面移动，移动速度平稳、连续一致。喷涂时的转折方向不应出现锐角走向。两道喷涂之间的间隔时间宜在 4h 左右。一般喷涂两道，但以涂膜达到要求厚度和装饰效果为止。第二道涂料的施工应待第一道涂料干燥后进行。喷涂时应有防风措施，防止污染作业环境和周边环境。

滚涂施工时，每次辊筒蘸料后宜在匀料板上来回滚匀或在筒边刮涂均匀，滚涂时涂膜不应过薄或过厚，应充分盖底，不透虚影、针眼、气孔等，表面均匀。

⑧ 涂膜的保养固化　涂料经过最后一道施工工序后，要经过一定时间的保养固化，保养固化时间视不同的涂料或气候条件而有所差别，一般夏季应不少于 1 个星期，冬季不少于 2 个星期。

（3）施工注意事项

① 反射隔热涂料的主要功能填料是空心玻璃微珠，在强烈的机械搅拌作用下，会将空心微珠大量搅碎，使涂料的反射隔热功能大大降低。因而，涂料施工前，应采用手工棍棒搅拌使之均匀，而应杜绝机械强力搅拌。

② 虽然反射隔热涂料可以采用滚涂、刷涂和喷涂等方式施工，但由于涂膜表面的平滑程度直接决定其反射性能，即涂膜表面越平滑，其反射率越高，因而应采用能够得到质量最好涂膜的涂装方式涂装。而在各种涂料施工方法中，喷涂（特别是无气喷涂）所得到的涂膜质量最好。因而，反射隔热涂料最好采用喷涂方法施工。

③ 因混凝土或者抹灰基层中有碱性物质，为了防止涂料施工后可能对涂膜的影响，需要使用封闭底漆进行封闭。封闭底漆需要耐碱。封闭底漆只有达到一定涂膜厚度才能够产生良好的封闭性能，故底漆的施涂道数不应少于两道。

第五节　建筑反射隔热涂料生产与应用新技术研究

一、使用缔合型增稠剂改善建筑反射隔热涂料的流平性

流平性对建筑反射隔热涂料来说非常重要，直接影响涂膜的反射性能和耐沾污性能。另一方面，建筑反射隔热涂料的流平性不如普通合成树脂乳液外墙涂料。正因为如此，有经验的人仅凭视觉就能够根据涂料的流平效果辨别出建筑反射隔热涂膜的真伪性。因而，采取措施提高建筑反射隔热涂料的流平性就变得很有意义。下面介绍使用缔合型增稠剂改善建筑反射隔热涂料的流平性技术。

1. 缔合型增稠剂的增稠机理

纤维素醚和碱溶胀丙烯酸类增稠剂只能对水相增稠，对水性涂料中其他组分则无增稠作用，也不能使涂料中的颜料和乳液的颗粒产生明显的相互作用，因而无法调节涂料的流变性。缔合型增稠剂的特征在于除了通过水合作用增稠外，还通过其本身之间，与分散颗粒之间以及与体系中其他组分之间产生的缔合作用而增稠。这种缔合结构在高剪切速率下脱开，在低剪切速率下又重新恢复缔合，因而可以调节涂料的流变性。

缔合型增稠剂的增稠机理在于其分子是线性亲水链，两端接有亲油基的高分子化合物，即在结构中具有亲水及疏水基团，因而具有表面活性剂分子的性质。这类增稠剂分子除了可以水合溶胀而使水相增稠外，在其水溶液浓度超过一定值时就形成胶束。胶束能够与乳液的聚合物粒子、已吸附有分散剂的颜料颗粒相互缔合形成三维网状结构，互相联结缠绕而使体系黏度增加（图 5-10）。更为重要的是这些缔合作用处于动态平衡状态，那些缔合的胶束受外力作用时可以互调位置，使涂料具有流平性。此外，由于一个分子带有几个胶束，这种结构可降低水分的迁移趋向，因而能够提高水相的黏度。

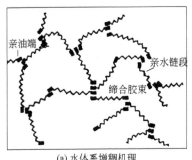

(a) 水体系增稠机理

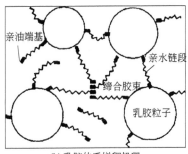

(b) 乳胶体系增稠机理

图 5-10　缔合型增稠剂的增稠机理示意图

2. 增稠剂种类对涂料流变性能的影响

图 5-11 中展示出不同种类的增稠剂对乳胶漆流变性能的影响。其中，曲线 1 为纤维素类增稠剂的结果；曲线 2 为缔合型聚氨酯类增稠剂的结果；曲线 3 为丙烯酸酯类增稠剂（触变型增稠剂）的结果。可见，由于增稠剂的作用，涂料在受到剪切时黏度下降很快，呈现假

塑性。但缔合型聚氨酯类增稠剂在处于低剪切速率区时表现出较低的表观黏度，能够使涂料具有好的流平性。

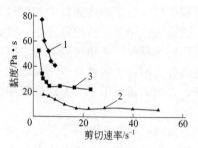

图 5-11　不同增稠剂对涂料流变性能的影响

3. 缔合型增稠剂在涂料中的作用

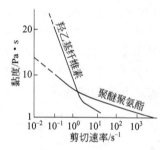

图 5-12　羟乙基纤维素和聚氨酯类增稠剂的增稠黏度曲线比较

缔合型增稠剂多数为聚氨酯类，其分子量在 $10^3 \sim 10^4$ 数量级之间，比普通分子量在 $10^5 \sim 10^6$ 之间的聚丙烯酸类和纤维素类增稠剂低两个数量级。由于分子量低，产生水合后的有效体积增加较少，因而其黏度曲线比非缔合型增稠剂的平坦，如图 5-12 所示[18]。

由于缔合型增稠剂的分子量较低，其在水相中的分子间缠绕有限，因而其对水相的增稠效果不显著。在低剪切速率范围内分子之间缔合转换多于分子间的缔合破坏，整个体系保持固有悬浮分散状态，黏度接近分散介质（水）的黏度。因而，缔合型增稠剂使合成树脂乳液涂料体系处于低剪切速率区时表现出较低的表观黏度。缔合型增稠剂因在分散相粒子间的缔合而提高分子间的势能。这样，在高剪切速率下为打破分子间的缔合就需要更多的能量，要达到同样的剪切应变需要的剪切力也更大，使体系在高剪切速率下呈现出较高的表观黏度。

较高的高剪切黏度和较低的低剪切黏度则正好可以弥补普通增稠剂使涂料的流变性能方面存在的不足，即可以将两种增稠剂复合使用来调节合成树脂乳液涂料的流变性能，达到涂装成厚膜和涂膜流平等的综合要求。用缔合型增稠剂调整涂料流变性能的具体方法如下。

如图 5-13 所示，先用普通增稠剂调节中等剪切速率的黏度约 1.2Pa·s 即 90KU（用 Stormer 黏度计，它的剪切速率为 $50\sim100s^{-1}$）。以此点（图中的 P 点）为轴心，用普通型和缔合型两种增稠剂（一般不变动总用量）配合，使黏度曲线处于过高和过低两曲线之间。一般来说，低剪切速率（$<10s^{-1}$）下的黏度在 1Pa·s 可在涂刷时有足够的厚度而有较好的干遮盖力。

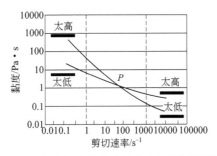

图 5-13　合成树脂乳液涂料流变性的调整用图

4. 使用缔合型增稠剂改善建筑反射隔热涂料的流平性

流平是指涂料在涂覆后，湿涂膜由于表面张力的作用，逐渐收缩成最小面积并形成平整光洁的涂膜的过程。

由于水性建筑反射隔热涂料是非牛顿型流体，流平性一般较差，因为这类涂料在低剪切时的黏度大，在多孔性底材上涂刷时，水分可以迅速进入孔隙中，而聚合物粒子不能进入孔隙，黏度变得更大，流平性也就更差。当水挥发到一定程度，即使是处于最低成膜温度（MFT）之上时，聚合物粒子碰到一起立刻形成半硬的大粒子结构，流平性严重变差。因而，流平性不良造成涂膜的不平整是合成树脂乳液类涂料的固有弊端。

对于合成树脂乳液类反射隔热涂料来说，目前还很难通过使其达到如溶剂型涂料一样的流平性。但是，将上述的缔合型增稠剂和低黏度羟乙基纤维素类增稠剂复合使用，可以大大改善这类涂料的流平性，使之接近于普通合成树脂乳液涂料的流平性。

二、色浆对建筑反射隔热涂料反射性能的影响

向建筑反射隔热涂料中添加色浆制成彩色涂料后，其隔热效果会降低，但不同浓度的色浆对反射性能的影响是不同的。下面介绍关于添加不同浓度、不同种类的色浆对反射性能影响的研究[19]。

1. 试验概况

（1）基础白色反射隔热涂料 采用某进口白色隔热涂料为试验的基础涂料，其中主要白色颜料为金红石型二氧化钛，还添加部分中空陶瓷微珠。

（2）色浆 色浆包括铁红、铁黄、酞菁蓝和酞菁绿，所有色浆均为市售外墙涂料用色浆。通过添加不同浓度的色浆，分别配制成深浅两种色调的彩色涂料，包括浅红色、浅黄色、浅蓝色、浅绿色、深红色、深黄色、深蓝色、深绿色共 8 种。

2. 较低浓度色浆对不同光谱范围太阳能反射比的影响分析

添加色浆浓度较低，形成浅色调时，太阳能反射比曲线见图 5-14。

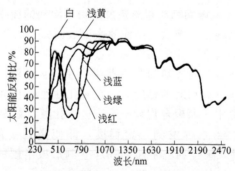

图 5-14 浅色调彩色涂料太阳能反射比曲线

从图 5-14 可知，

① 添加较低浓度的色浆时，色浆种类对涂料在 1200～2500nm 近红外范围内反射比影响很小，在 900～1200nm 近红外范围内反射比的影响较小。

② 添加较低浓度的酞菁蓝和酞菁绿色浆，对涂料在 780～900nm 近红外范围内反射比产生了较大的影响；但添加较低浓度的铁黄和铁

红时，对涂料在 780～900nm 近红外范围内反射比影响较小。

3. 较低浓度色浆对建筑反射隔热涂料太阳能反射比的影响

添加较低浓度色浆时，根据图 5-14 中的反射比数据，按 GJB 2502—95《卫星热控涂层试验方法》中计算太阳能反射比的公式计算出不同颜色涂料太阳能（250～2500 nm）反射比（见表5-16）。

表 5-16 浅色系不同颜色建筑反射隔热涂料太阳能反射比

涂料颜色	白色	浅红色	浅黄色	浅蓝色	浅绿色
太阳反射比/%	83.7	62.2	70.0	59.8	59.0

由表 5-16 可以看出，浅黄色对太阳能反射比的影响最小，而浅蓝色和浅绿色影响较大。

4. 较高浓度色浆对不同光谱范围太阳能反射比的影响分析

添加色浆浓度较高而形成深色调时，太阳能反射比曲线如图 5-15 所示。

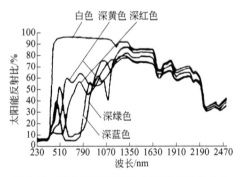

图 5-15 深色调彩色涂料太阳能反射比曲线

由图 5-15 可知：

① 添加较高浓度的色浆，不分色浆种类，对涂料在 1200～2500nm 近红外范围内反射比影响较小，由于该范围内的反射比曲线基本处于平行状态，所以，可以认为反射比和色浆种类的相关性远小于和色浆浓度的相关性。而添加较高浓度的色浆，对涂料在 900～1200nm 近红外范围内反射比的影响较大。

② 添加较高浓度的酞菁蓝和酞菁绿色浆，对涂料在 780～900nm

近红外范围内反射比产生了非常大的影响；添加较高浓度的铁黄和铁红时，对涂料在 780～900nm 近红外范围内反射比也产生了较大影响。

5. 较高浓度色浆对建筑反射隔热涂料太阳能反射比的影响

添加较高浓度色浆时，根据式 GJB 2502—95《卫星热控涂层试验方法》中计算太阳能反射比的公式计算不同颜色涂料太阳能（250～2500nm）反射比见表 5-17。

表 5-17　深色系不同颜色建筑反射隔热涂料太阳能反射比

涂料颜色	白色	深红色	深黄色	深蓝色	深绿色
太阳反射比/%	83.7	41.4	47.8	34.3	39.4

由表 5-17 可以看出，深黄色对太阳能反射比的影响相对较小，而深蓝和深绿影响相对较大。

从以上介绍的研究可知：随添加色浆浓度的加深，对涂料在 280～780nm 可见光范围的反射率影响最大，在 780～900nm 近红外范围内，色浆浓度对反射率影响也很大，在 900～1200nm 近红外范围内，色浆浓度对反射率影响开始减小，而 1200～2500nm 范围内，色浆浓度对反射率影响较小；铁黄色浆添加到建筑反射隔热涂料中对太阳能反射比的影响较小。

三、环氧改性聚丙烯酸酯乳液反射隔热涂料[20]

聚丙烯酸酯乳液具有储存稳定、光泽高和耐候性好等优点，但存在抗回黏性差和耐热性不良等不足，利用环氧树脂良好的硬度和耐热性优势对聚丙烯酸酯乳液进行物理共混改性，能够制得性能更为优异的复合乳液。以此乳液为基料的建筑反射隔热涂料性能得到显著提高。

1. 环氧共混改性聚丙烯酸酯乳液的制备

（1）配方设计　表 5-18 为研究设计的各环氧改性聚丙烯酸酯乳液配方。

表 5-18　环氧改性聚丙烯酸酯乳液配方

乳液种类	用量(质量)/%											
	1	2	3	4	5	6	7	8	9	10	11	12
聚丙烯酸酯乳液	100	85	79	73	67	61	55	49	43	37	31	25
环氧乳液(E-44)	0	5	7	9	11	13	15	17	19	21	23	25

（2）制备　按照表 5-18 所示配方，在烧杯中加入一定量的水、E-44 型环氧树脂和 2%～3%复合乳化剂高速搅拌后，再加入聚丙烯酸酯乳液中速搅拌均匀；最后，调节 pH 值为 8～9，即得到改性复合乳液。其中，复合乳化剂为辛基酚聚氧乙烯醚（OP-10）：十二烷基硫酸钠（SDS）＝1.35。

2. 性能测试

研究以乳液涂膜的耐盐水性和乳液的贮存稳定性为主要参考指标。测试方法为将涂膜样板 2/3 浸入温度为 25℃的 NaCl 溶液中，以一定的时间间隔取出样板，用自来水洗除盐迹，并用滤纸吸干。观察漆膜有无剥落、起皱、变色和失光等现象。

3. 涂料制备

（1）配方　研究使用的涂料配方如表 5-19 所示。

表 5-19　研究使用的涂料配方

原材料	用量(质量)/%
改性复合乳液	30～40
空心玻璃微珠	适量
水	30～40
滑石粉	2～5
轻质碳酸钙	5～8
增稠剂	1.22
润湿剂	1.01
消泡剂	0.81
分散剂	0.68
成膜助剂	0.85

（2）制备　按照上述配方，先将水、润湿剂、分散剂、增稠剂、1/4 量消泡剂混合，搅拌均匀。然后加入成膜助剂、滑石粉和轻质碳酸钙，高速搅拌均匀。再将空心玻璃珠、乳液、剩余消泡剂加入混合料浆中，低速搅拌均匀后，用氨水调样品至 pH 值为 8～9 即得到涂料。

空心玻璃微珠加入量通过实验确定，加入量设计见表 5-20，其他填料的加入量和比例参考空心玻璃微珠加入量及涂料的相关性能要求调节。

表 5-20　空心玻璃微珠加入量

试验编号	1	2	3	4	5	6	7
空心玻璃微珠加入量（质量）/%	10	15	20	25	30	35	40

4. E-44 型环氧树脂含量对贮存稳定性的影响

环氧改性聚丙烯酸酯乳液涂膜耐盐水性和乳液贮存稳定性的实验结果如表 5-21 所示。

表 5-21　聚丙烯酸酯乳液涂膜的耐盐水性和乳液贮存稳定性

编号	1	2	3	4	5	6	7	8	9	10	11	12
耐盐水性/h	75	80	87	98	103	111	117	116	120	124	125	128
贮存稳定性	均匀稳定							<6 个月分层			<3 个月分层	

由表 5-21 可以发现，随着共混乳液中 E-44 型环氧树脂含量的增加，乳液涂膜的耐盐水性增强，但其乳液的贮存稳定性却大大下降，说明两种聚合物的相容性不是很好，虽然加入了复合型乳化剂增加其稳定性，但还是有所局限。所以选择 7 号乳液改性配方，配制环氧共混改性聚丙烯酸酯乳液，作为后续涂料制备的基料。

5. 空心玻璃微珠含量对热反射率的影响

空心玻璃微珠含量对涂料热反射率的影响如图 5-16 所示。

由图 5-16 可见，随着空心玻璃微珠含量的增加，涂料的反射率逐渐上升，在含量为 25% 左右时达到最大，此时反射率为 82%。

随着空心玻璃珠含量的继续增加，反射率反而下降。这是因为空心

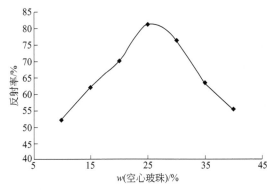

图 5-16 空心玻璃微珠含量对涂料热反射率的影响

微珠热导率只有 $0.03 \sim 0.07 W/(m \cdot K)$，其堆积密度小，随着空心微珠用量的增加，涂膜密度减小，产生反射作用的粒子增多，隔热性能相应提高，反射率增大。但是，如果用量过多时，由于空心玻璃珠和水的表面张力很大，不容易互相混合，空心玻璃珠易上浮在表面形成结膜，反而降低了反射率。因此，空心玻璃珠的含量以 25% 较为适宜。

6. 环氧树脂的改性作用

两种聚合物进行共混，在共混聚合物中不同的组分之间借各种分子间作用力，包括范德华力、偶极力或氢键，或由于主链相互缠绕而达到相互分散，交融一体。由于聚丙烯酸酯乳液耐水性和抗回黏性差、耐热性不良，环氧树脂结构中的醚键具有优良的耐水性，羟基发挥强的黏结作用，而苯环具有耐腐蚀性与耐热性好的作用，同时还有高的硬度。所以二者具有很好的相互补充性，经共混可达到改性的目的。

四、建筑反射隔热涂料的环境适应性[21]

在实际应用中，反射隔热涂料会经受日晒雨淋、灰尘及汽车尾气的影响而发生老化与沾污，使反射隔热性能发生变化。涂层老化后会变薄，产生反射功能的填料也会在风雨作用下脱离涂层体系，导致涂层失去反射隔热性能。沾污后的涂层表面会黏附污染物而直接影响涂层反射隔热性能。

反射隔热涂料由于具有较高的太阳反射比与半球发射率才能起反射隔热作用，在评价反射隔热涂料环境适应性时应将这两个参数的变化作为主要指标。

在美国，能源之星与美国冷屋面制品热性能评级理事会在其认证指标中要求现场或送至指定老化实验场曝晒 3 年后反射隔热涂料太阳反射比与半球发射率的值满足其最低限值。

日本标准 JIS K5675—2011《屋顶高反射率涂料》中要求反射隔热涂料经自然气候耐候性试验后，近红外太阳反射比保持率为 80% 以上。然而自然曝晒用时太长，环境影响因素复杂多变，不同地区环境条件差异较大，试验结果重现性差，所以以研究通过实验室老化与沾污方法分析经老化与沾污后反射隔热涂料反射隔热性能的变化。

1. 试验情况描述

（1）试验样板　试验样板为涂覆有反射隔热涂料的铝板，其参数如表 5-22 所示。

表 5-22　试验样板参数

编号	颜色	明度	太阳反射比	近红外区太阳反射比	半球发射率
1	白色	98.6	0.866	0.896	0.87
2	白色	97.8	0.857	0.895	0.86
3	白色	96.0	0.795	0.807	0.87
4	灰白色	87.4	0.698	0.733	0.83
5	浅红色	89.3	0.694	0.726	0.83
6	珊瑚白	85.8	0.660	0.696	0.83
7	玉灰色	86.0	0.657	0.687	0.85
8	灰色	69.4	0.405	0.577	0.87
9	黑色	35.4	0.283	0.394	0.84

（2）试验过程　将每个编号的样品取 2 块均分成 A、B 两组。A 组样品按照 GB/T 9780—2005 规定的涂刷法进行耐沾污试验，测试各样品沾污后的太阳反射比、近红外区反射比与半球发射率。B 组样品先测试其颜色明度值，然后按 GB/T 16259—2008 进行人工加速老化试验，测试各样品老化后的明度值、失光率、太阳反射比、近红外

区反射比与半球发射率；依据 GB/T 9780—2005 进行耐沾污试验，测试各样品的太阳反射比、近红外区反射比与半球发射率。

按 GJB 2502.2—2006 测试样品面层反射隔热涂料在 0.29～2.5μm 光谱范围的太阳反射比以及在 0.78～2.5μm 光谱范围的近红外区反射比；按 ASTM C1371—2004 测试样品面层反射隔热涂料的半球发射率；按 GB/T 11186.2—1998 测试样品颜色的明度值；按 GB/T 9754—2007 测试样品的失光率。

2. 沾污对反射隔热涂料隔热性能的影响

沾污前后样品的太阳反射比和半球发射率如图 5-17 和图 5-18 所示。

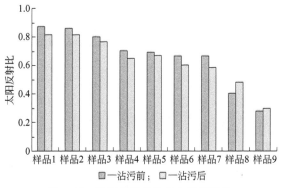

图 5-17 沾污前后样品的太阳反射比

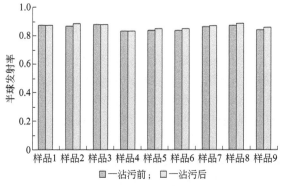

图 5-18 沾污前后样品的半球发射率

从图 5-17、图 5-18 可以看出，沾污后样品的半球发射率略有升高；而太阳反射比则变化不同，样品 1~7 沾污后太阳反射比均下降，样品 8~9 沾污后太阳反射比反而升高。这是因为耐沾污试验后样品表面会黏附一定量的污染灰，污染灰的太阳反射比为 0.424，致使沾污前太阳反射比高于污染灰的样品，沾污后太阳反射比下降；而沾污前太阳反射比低于污染灰的样品，沾污后太阳反射比升高。

依据波长的大小，可将太阳辐射划分为紫外光区、可见光区及近红外光区，太阳辐射能量主要集中在可见光区与近红外光区。由于物体呈现的颜色是对可见光选择性吸收的结果，相同颜色的反射隔热涂料与普通涂料两者在可见光区的反射比相同；要提高反射隔热涂料在该区域的反射比，关键是通过添加红外反射颜填料提高其在近红外光区的反射比。

沾污前后样品在近红外光区反射比如图 5-19 所示。

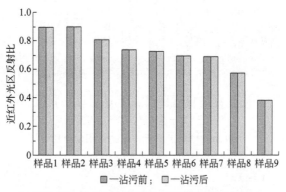

图 5-19　沾污前后样品在近红外光区反射比

由图 5-19 可知，沾污后样品在近红外光区反射比基本不变，而从图 5-17 不难看出沾污后样品在整个光谱的太阳反射比却明显发生变化。可见光区与近红外光区在整个光谱中占据的比重最大，这说明沾污对样品在可见光区反射比的影响较大，对近红外光区反射比影响不大。

3. 老化对反射隔热涂料隔热性能的影响

老化前后样品的太阳反射比、半球发射率、明度值及近红外反射比见图 5-20~图 5-23。

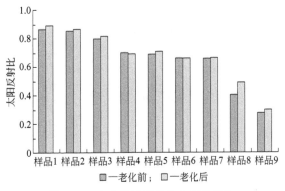

图 5-20　老化前后样品的太阳反射比

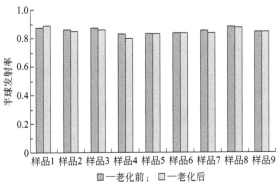

图 5-21　老化前后样品的半球发射率

由图 5-20 与图 5-21 可知，样品老化后太阳反射比均升高，半球发射率有所降低。这是由于树脂受氙灯辐照发生降解致使折射率变小；而反射隔热涂料的功能填料为玻璃空心微珠，具有优良的耐老化性能，折射率变化不大；因此颜料与树脂折射率比值增大，即颜填料对光的散射能力增强，提高了样品的太阳反射比。此外，由图 5-22可知，老化后涂料的明度值均有所升高，颜色变浅，减弱了涂料对太阳光的吸收，进而提高其太阳反射比从图 5-23 可以看出，老化后样品在近红外光区的反射比略微增大，这也是由于老化后树脂折射率变小而增强了颜填料对光的散射能力，进而提高了样品在近红外光区的反射比。

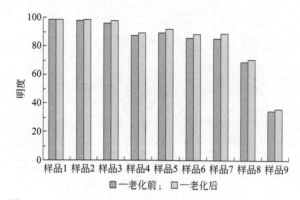

图 5-22　1000h 人工加速老化试验前后样品明度值的大小

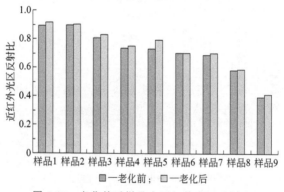

图 5-23　老化前后样品在近红外光区反射比

　　虽然反射隔热涂料经受 1000h 的人工加速老化试验后太阳反射比升高，但是并不能因此认为老化对反射隔热涂料反射性能影响不大，反而有助于反射性能的提高。反射隔热涂料与普通涂料一样也是由树脂与颜填料复合而成的。失光是树脂受紫外线作用导致光降解。表5-23 显示样品经历 1000h 人工气候加速老化试验后失光率的大小。从失光率来看，样品经老化后涂层树脂性能确实下降。一般来说，涂料经历不同程度的老化而顺序呈现的现象为失光、变色、粉化、开裂等。由此可以推测，随着老化时间的延长，反射隔热涂料也会出现粉化、开裂。涂层变薄，红外反射颜填料也会在风雨的作用下脱离涂层，致使样品的太阳反射比降低，最终使其失去隔热功能。

表 5-23　人工加速老化试验后样品失光率的大小

样品	1	2	3	4	5	6	7	8	9
失光率/%	3.1	11.0	2.5	10.6	16.6	15.5	10.9	5.7	8.4

4. 老化沾污复合作用对反射隔热涂料隔热性能的影响

在实际应用中，沾污与老化会同时作用于反射隔热涂料。涂层污染程度不仅取决于外部环境状况，也取决于涂膜自身的性质。涂层经历老化时其自身性质会发生劣化，促进对空气颗粒物的吸入，致使自身沾污更为严重。在 GB/T 9780—2005 中涂层受污染的程度用涂层反射系数下降率表征。老化前后反射系数下降率及近红外区反射比差值见图 5-24 和图 5-25。

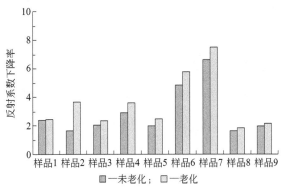

图 5-24　老化前后样品的反射系数下降率

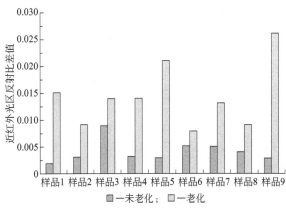

图 5-25　未经老化与老化后样品沾污前后近红外光区反射比差值

从图 5-24 可以看出，老化后样品反射系数下降率明显增大，与老化前对比，其黏附的污染物更多，污染程度更为严重。从图 5-25 可以看出，受黏附在涂层表面污染物的影响，经老化的样品比未经老化样品沾污前后在近红外光区反射比差值较大，表明涂层只有黏附足够量的污染物才能使太阳反射涂料在近红外光区反射比降低。

图 5-26 和图 5-27 为老化沾污前后样品的半球发射率和太阳反射比。

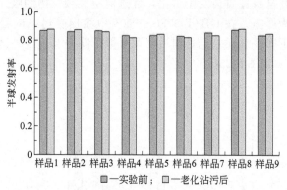

图 5-26　老化沾污复合作用前后样品的半球发射率

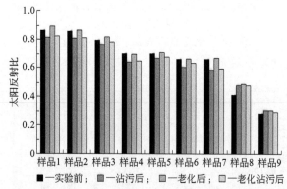

图 5-27　实验前与经历老化、沾污及老化沾污复合作用后样品的太阳反射比

由图 5-26 可知，老化沾污后各样品半球发射率变化不一致，有些升高，有些降低。这与样品经历老化或沾污后半球发射率所呈现的

变化不相同有关。从整体上看，无论是沾污老化还是老化沾污复合作用后样品的半球发射率变化不大。这是因为非金属材料的半球发射率值与材料表面状况的关系不大。

从图 5-27 可以看出，老化沾污复合作用下各样品太阳反射比呈现的规律与沾污后各样品太阳反射比变化情况类似，只是老化沾污后各样品太阳反射比大于单纯沾污后各样品的太阳反射比，这是因为样品经历老化后太阳反射比均有所提高的缘故。此外，老化沾污复合作用下各样品太阳反射比介于单纯老化与单纯沾污后相应各样品太阳反射比之间，表明老化沾污复合作用下太阳反射比的变化更能反映反射隔热涂料的环境适应能力。

从以上介绍的研究可见，与近红外光区反射比相比，反射隔热涂料在可见光区受沾污与老化影响显著。当反射隔热涂料黏附足够量的污染物时，其在近红外光区反射比才会降低。为了使反射隔热涂料经历沾污与老化后仍保持较高的太阳反射比，不仅要求其自身具有较高初始近红外光区反射比及耐沾污性能，而且还要求制备反射隔热涂料的树脂具有较高的耐老化性能。

在实际使用过程中，反射隔热涂料要同时受到沾污与老化的影响。老化沾污复合作用下太阳反射比的变化能够真实地反映反射隔热涂料环境适应性的能力。

五、夏季工况新旧建筑反射隔热涂料的热工性能

建筑反射隔热涂料涂覆在建筑物外表面，易被污染而降低涂膜的反射太阳光性能，影响节能效果。某研究[22]结合试验房外墙反射隔热涂料使用 1 年后与新涂料的实测数据进行分析比较，研究新旧反射隔热涂料对建筑温度影响的差异。

1. 试验概况描述

（1）试验地点及试验样板房　重新将涂覆建筑反射隔热涂料一年后的试验房屋顶及西墙中的一半面积抹灰并涂装涂料，连续动态监测新、旧隔热涂料。涂料颜色均为白色，热反射隔热涂料的反射比为 0.86，使用一年后该涂料的太阳光反射比下降为 0.66。白色普通涂料使用一年后的太阳光反射比为 0.40。

试验房采用单层单玻铝合金窗，普通木外门，主要用于监测试验

数据。平时门窗紧闭，除采集数据及检查设备外，其他时间无人出入。未开启室内空调。

（2）试验仪器及所监测参数　主要检测仪器设备为 R70B 建筑热工温度热流巡回检测仪、温度传感器（Pt 电极），对试验房进行室外空气温度、西向及屋顶向内外壁表面温度等参数监测，每 30min 记录 1 次。测试期间记录当日天气状况。

（3）测试结果分析　从连续监测数据中选 2011 年 9 月 15～18 日数据进行分析。测试期间天气晴朗，东南风，微风。

2. 试验结果

（1）室内外表面温度比较　为验证反射隔热涂料的隔热效果，将测试数据按不同朝向对比，分析三栋建筑内外表面温度数据。

B 代表涂覆建筑反射隔热涂料的房间，B_n 指在新涂覆反射隔热涂料房间墙面上的测点，B_o 指使用一年后原涂覆反射隔热涂料房间墙面的测点；C 代表涂覆普通涂料房间，C_o 指使用一年后的原普通涂料房间墙面测点。

结果表明，建筑墙体表面温度随室外气温变化出现高低起伏，白天屋面内外表面温度从高到低的房间依次为 $C_o > B_o > B_n$，外表面最高温度 B_n 房间与 B_o 房间最大温差为与 9.94℃；B_o 与 C_o 房间最大温差为 8.94℃；内表面最高温度 B_n 房间与 B_o 房间最大温差为 0.96℃。B_o 与 C_o 房间最大温差为 1.29℃。

西墙内外表面温度同样为 $C_o > B_o > B_n$。西墙外表面最高温度 B_n 房间与 B_o 房间最大温差为 1.56℃；B_o 与 C_o 房间最大温差为 7.61℃；内表面最高温度 B_n 房间与 B_o 房间最大温差为 0.11℃；B_o 与 C_o 房间最大温差为 0.87℃。

这些数据表明，外墙饰面层抹灰的反射隔热涂料一年后比新抹灰反射隔热涂料的反射隔热性能有明显衰减，但相比普通涂料来说，污染老化后的反射隔热涂料仍具有较好的反射隔热性能。

（2）涂料隔热性能折减率比较　为更好地验证反射隔热涂料涂膜污染老化前后的隔热性能，将新旧反射隔热涂料屋面温度实测数据与涂刷一年后的普通白色涂料屋面数据相比较，结果见表 5-24 和表 5-25。

表 5-24 屋顶新旧反射隔热涂料隔热性能最高温差折减率对比分析

房间	表面最高温度/℃		比较温差/℃				新旧涂料表面最高温差折减率/%	
	外表面	内表面	外表面		内表面		外表面	内表面
B_n	40.67	30.50	B_o-B_n	9.30	B_o-B_n	0.81		
B_o	49.97	31.31	C_o-B_o	7.82	C_o-B_o	1.15	45.68	58.67
C_o	57.79	32.46	C_o-B_n	17.12	C_o-B_n	1.96		

表 5-25 屋顶新旧反射隔热涂料隔热性能平均温差折减率对比分析

房间	表面最高温度/℃		比较温差/℃				新旧涂料表面最高温差折减率/%	
	外表面	内表面	外表面		内表面		外表面	内表面
B_n	28.96	29.96	B_o-B_n	2.80	B_o-B_n	0.39		
B_o	31.76	30.35	C_o-B_o	1.65	C_o-B_o	0.71	37.07	64.55
C_o	33.41	31.06	C_o-B_n	4.45	C_o-B_n	1.10		

表中内（外）新旧反射隔热涂料表面最高温差折减率＝［普通涂料内（外）表面最高温度－旧反射隔热涂料内（外）表面最高温度］／［普通涂料内外表面最高温度－新反射隔热涂料内（外）表面最高温度］；新旧反射隔热涂料表面平均温度差折减率＝［普通涂料内外表面平均温度－旧反射隔热涂料内（外）表面平均温度］／［普通涂料内（外）表面平均温度－新反射隔热涂料内（外）表面平均温度］。

根据表 5-24 和表 5-25，无论新涂覆的还是使用一段时间老化污染后的反射隔热涂料，其对太阳光的反射能力都比普通涂料好。新反射隔热涂料与涂覆一年后的旧普通白色涂料房间屋面表面温度相比，外表面温度最大温差为 17.12℃，内表面温差为 1.96℃，而新旧反射隔热涂料屋面表面温度间的差别较小，新旧涂料屋面外表面温度差 9.30℃，内表面温差 0.81℃。对比发现，新旧反射隔热涂料外表面与普通涂料相比最高温差的折减达 45.68%，对应内表面的折减也达 58.67%；外表面平均温差折减达 37.07%，内表面平均温差折减达

64.55%。所以旧涂料污染老化后的反射隔热性能虽有所衰减，但与普通涂料相比仍具有较好的隔热性能。

（3）延迟时间比较　围护结构内侧空气温度稳定，外侧受室外温度谐波作用，围护结构内表面温度谐波最高值（或最低值）出现时间与室外温度谐波最高值（或最低值）出现时间的差值即为围护结构延迟时间。

在所测数据中寻找当日室外空气温度、内表面温度最大值的时刻及相应的峰值数据，以室外最高温度出现的时刻为基准计算点，计算测试期间内各房间与朝向的平均延迟时间并进行分析对比，结果如图5-28 和图 5-29 所示。

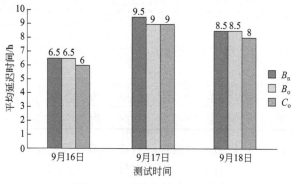

图 5-28　西墙延迟时间对比

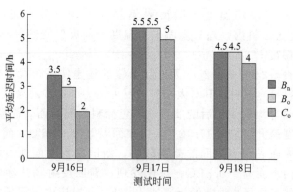

图 5-29　屋顶向延迟时间对比

从图 5-28 和图 5-29 可发现，涂覆反射隔热涂料的房间延迟时间基本接近，而 C_o 房间稍差些。从平均测试期间的延迟时间可发现，屋顶向的平均延迟时间依次为 $B_n > B_o > C_o$，新涂料 B_n 比旧涂料 C_o 进入内表面高温的时间约晚 0.8h，而西向的平均延迟时间依次为 $B_n > B_o > C_o$，B_n 比 C_o 进入内表面高温的时间约晚 0.5h。可见浅色涂料越新，反射比越高，延迟时间越长。涂料越旧，反射比越低，延迟时间越短。饰面层的新旧程度影响建筑物表面的反射比及围护结构延迟时间，进而影响隔热性能。

3. 软件模拟分析

经实测发现，外墙反射隔热涂料受污染老化后，外表面温度比新涂料上升幅度大，说明其反射比降低，由此带来的能耗变化无法实际跟踪，因此采用《夏热冬暖地区居住建筑节能设计标准》节能设计综合评价软件进行软件模拟计算。该模拟使用同一建筑模型围护结构表面太阳吸收系数 ρ 分别取 0.14（新反射隔热涂料）、0.34（污染后反射隔热涂料）及 0.4（白色普通涂料），模拟过程以广西南宁为例，模拟结果如表 5-26 所示。

表 5-26　模拟计算能耗对比分析

模拟被测建筑物		B_o(污染后反射隔热涂料)($\rho=0.34$)	B_n(新反射隔热涂料)($\rho=0.14$)	C_o($\rho=0.14$)
空调耗电指数		78.39	66.89	138.37
年耗电指数		78.39	66.89	138.37
对比节电量 /[kW·h/(m²·a)]	$B_o - B_n$	11.5		
	$C_o - B_o$	59.98		
旧反射隔热涂料耗电量与新涂料相比增加/%		14.67		
旧反射隔热涂料耗电量与普通白色旧涂料相比减少/%		43.35		

对比表 5-26 数据可知，反射隔热涂料经 1 年的环境作用后，涂膜已受到沾污，对应的反射性能随之降低。因此以参考建筑物为基准，模拟计算经污染后的外饰面涂料能耗发现（表 5-26），C_o 年耗电

量为 B_0 的 1.77 倍，二者对比节电量达 59.98kW·h/(m²·a)。相比之下，涂覆反射隔热涂料的试验房外饰面沾污后，其年耗电量为新抹灰的反射隔热涂料的 1.17 倍，年耗电量较新施工涂料多 11.5 kW·h/(m²·a)。

可见，反射隔热涂料实际应用后，因污染、老化，反射太阳光的能力降低，外表面温度比新涂料升高，内表面温度也相应升高。

污染老化后的旧涂料其反射隔热性能虽有衰减，但无论是新涂覆的还是使用过一段时间已老化污染的反射隔热涂料，其对太阳光的反射能力相对普通涂料来说均仍具有较好的反射隔热性能。而通过对比延迟时间发现，新涂料的平均延迟时间较旧普通涂料至少延长 0.5h，相比原隔热涂料平均延长 0.2h。

软件模拟分析说明，在广西南宁地区旧反射隔热涂料建筑耗电量与新涂料建筑相比增加 14.67%，旧反射隔热涂料建筑耗电量与普通白色旧涂料建筑相比减少 43.35%。因而，在实际建筑节能研究中，以取污染后的反射隔热涂料的节能效果评价为宜。

六、建筑热反射涂料现场反射率检测技术

太阳反射比是表征建筑反射涂料的重要性能指标，由于检测设备体积庞大，不便于现场检测。研制适合现场检测涂膜太阳反射比的仪器对于保证建筑热反射涂料工程质量具有重要意义。下面介绍一种能在现场即时检测建筑反射涂料反射率的便携式分光光度计[23]。

1. 便携式分光光度计基本构造

所述便携式分光光度计基本构造的示意图如图 5-30 所示。

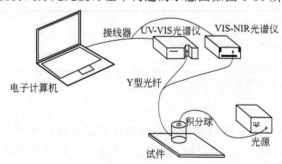

图 5-30 便携式分光光度计结构示意图

2. 实验仪器及试样

（1）实验仪器　实验室检测用 U-4100 紫外、可见、近红外分光光度计，波长范围 200～2600nm；AvaSR-96 便携式分光光度计，波长范围为 350～2500nm。

（2）实验试件　实验试件取自广东及海南的商品反射隔热涂料。标准白板在中国计量科学研究院进行绝对反射率检定。用 U-4100 分光光度计对各试件共检测 3 次并取平均值。便携式分光光度计对相同试件检测。共检测 3 次并取平均值。

3. 测试结果

通过 U-4100 分光光度计和便携式分光光度计对试件进行检测，检测结果如表 5-27 所示。从表 5-27 中可知，便携式分光光度计测得结果较 U-4100 分光光度计偏高，相对误差低于 3%。二者测得结果从数据上分析较为接近。

表 5-27　U-4100 分光光度计与便携式分光光度计检测结果

试件编号	试件颜色	太阳反射比		
		U-4100 分光光度计	便携式分光光度计	相差/%
GD-2	粉色	75.47	76.48	1.34
GD-3	黄色	73.63	74.40	1.05
GD-4	蓝色	69.98	70.50	0.74
HN-1	浅灰色	75.28	75.67	0.52
HN-2	粉红色	80.35	81.17	1.02
HN-3	黄色	79.95	80.74	0.99
HN-4	浅绿色	78.25	79.06	1.04
HN-5	浅蓝色	73.58	73.62	0.05
HN-6	白色	84.75	86.396	1.9

4. 测试曲线对比

图 5-31～图 5-33 是不同厂家、不同颜色的热反射涂料的太阳反射比曲线。

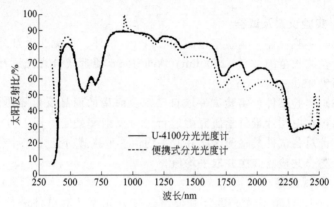

图 5-31　GD-4-1 热反射涂料的太阳反射比曲线

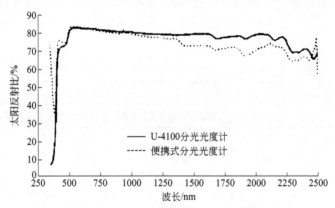

图 5-32　HN-1-1 热反射涂料的太阳反射比曲线

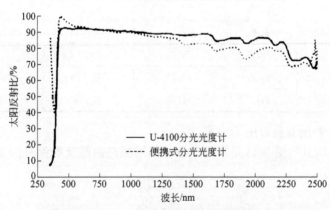

图 5-33　HN-6-1 热反射涂料的太阳反射比曲线

图中便携式分光光度计与 U-4100 分光光度计测得的曲线走势基本吻合。400～1000nm 波段吻合较好，二者的曲线基本重合，但在 500nm 波段左右，便携式分光光度计测得的数据较分光光度计高；1000～2500nm 波段便携式分光光度计测得的数据较 U-4100 分光光度计低，且在 2400～2500nm 波段二者的数据吻合不理想，便携式分光光度计测得数据较异常；在 350～400nm 波段便携式分光光度计测得数据与 U-4100 分光光度计测得数据相差较大。

总体而言，便携式分光光度计与 U-4100 分光光度计测得的曲线变化趋势一致，可作为参考值，但在波段的起始和终止部分有较大差异。应对比标准数据进行调整，使二者的差距缩小，曲线更加平稳准确。

5. 便携式分光光度计三个测量值对比

图 5-34～图 5-36 是便携式分光光度计测得的 3 个数据太阳反射比曲线，用以比较便携式分光光度计的稳定性。

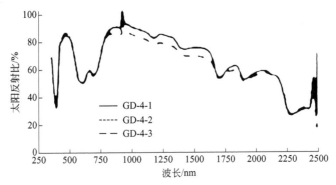

图 5-34　GD-4-1，GD-4-2，GD-4-3 热反射涂料的太阳反射比曲线

图 5-35、图 5-36 中的数据吻合较好。图 5-35 中 3 个数据有两个吻合较好，一个产生偏离。产生偏离的原因可能是图 5-34 中的试件制备时均一性不好，使其中某个数据发生偏离。而图 5-35、图 5-36 涉及试件是同一单位提供试件均一性较好，故曲线吻合较好。总之，便携式分光光度计测试同一种试件时的稳定性重复性较好。

从上述可知，所述便携式分光光度计能覆盖 350～2500nm 波段，可在现场方便地对已施工完的建筑热反射涂料进行太阳反射比检测，并能输出反射率数据，为建筑热反射涂料的验收提供保证。但是，在

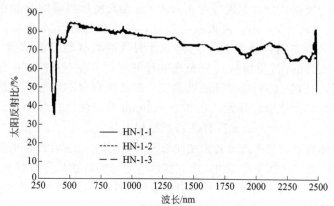

图 5-35 HN-1-1，HN-1-2，HN-1-3 热反射涂料的太阳反射比曲线

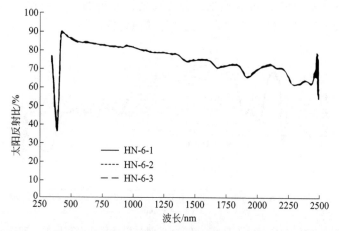

图 5-36 HN-6-1，HN-6-2，HN-6-3 热反射涂料的太阳反射比曲线

350nm 和 2500nm 波段，即起止位置便携式分光光度计较 U-4100 分光光度计有一定差异，应根据数据对比进行改进，最终使二者的吻合度达到一致。总之，这种新型便携式分光光度计的应用不仅可规范建筑反射隔热涂料的验收，保证工程质量，还能规范和促进建筑反射隔热涂料的健康发展。

七、建筑反射隔热涂料在粮食仓储中的应用

建筑反射隔热涂料应用于仓房屋顶表面，能够使仓库降低仓温仓

湿和增强仓房的保温密闭性能。下面介绍建筑反射隔热涂料在粮食仓储中的应用。[24]

1. 试验材料和方法

试验材料为太阳热反射涂料，太阳热反射率达到90％以上，同时能够快速散失表面积聚的热量。可使整个屋面温度降低15℃以上。

试验选取储粮量基本相同的11号仓、12号仓高大平房仓进行试验。12号仓为涂装太阳热反射涂料试验仓，11号仓为对照仓。总涂装面积为2700m²，施工完成后分别在两仓内安装自动温度测试记录仪器。

2. 试验方法

（1）施工步骤　对仓房表面使用高压水枪进行清洗，清理灰尘及杂物，然后对仓房表面进行三道涂刷。最后安装测温记录仪器。

（2）温度采集方法　粮仓温度均采用自动测温记录装置，定时检测仓内温度变化；记录仪设定为每2h记录1次温度。

3. 试验数据

在表5-28和图5-37中列出了研究得到的数据。

表5-28　7月11号仓和12号仓粮仓内温度对比

时间	气候情况	每日 20:00～22:00 温度对比/℃		
		11号仓	12号仓	温差
7月1日	阴	31.9	29.1	2.8
7月2日	多云	33.4	30.4	3.1
7月3日	晴	33.7	30.1	3.6
7月4日	阴	31.9	29.5	2.4
7月5日	晴	35.5	31.9	3.6
7月6日	晴	36.2	32.7	3.5
7月7日	多云	34.9	32.3	2.6
7月8日	多云	30.9	29.5	1.4
7月9日	晴	34.5	31.0	3.5

时间	气候情况	每日 20:00～22:00 温度对比/℃		
		11 号仓	12 号仓	温差
7 月 10 日	晴	34.8	31.7	3.1
7 月 11 日	多云	35.3	31.8	3.4
7 月 12 日	阵雨	34.3	31.7	2.6
7 月 13 日	多云	32.3	30.4	1.9
7 月 14 日	下雨	29.1	28.1	1.0
7 月 15 日	阴	30.4	27.3	3.1
7 月 16 日	晴	31.1	28.0	3.1
7 月 17 日	阴	30.9	28.0	3.1
7 月 18 日	晴	33.9	29.5	4.4
7 月 19 日	晴	35.7	30.8	4.9
7 月 20 日	多云	34.6	30.8	3.8
7 月 21 日	晴	36.1	32.2	3.9
7 月 22 日	晴	36.9	33.3	3.6
7 月 23 日	晴	37.0	33.6	3.4
7 月 24 日	晴	37.0	33.6	3.4
7 月 25 日	晴	37.4	33.5	3.9
7 月 26 日	晴	37.3	33.5	3.8
7 月 27 日	晴	37.8	34.1	3.7
7 月 28 日	晴	38.0	34.4	3.6
7 月 29 日	晴	39.1	35.1	4.0
7 月 30 日	多云	38.3	34.8	3.5
7 月 31 日	晴	36.6	34.1	2.5

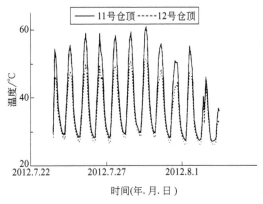

图 5-37　7 月 23 日至 8 月的屋顶温度对比

4. 试验结果分析

分析表 5-28 和图 5-37 中所列示的测试结果可以看出，涂装反射隔热涂料后，仓温最高可降低 4.9℃，平均温差为 3.2℃，降温效果明显。依据国家公共建筑节能设计标准 GB 50189—2005 以及暖通设计标准，室内温度每少变化 1℃，可节约能耗 8％～10％。

由于采集数据时传感器直接暴露于阳光之下，传感器表面接受阳光辐射升温也计入其中，因此 12 号仓实际表面温度较测得结果会更低，改用红外测温枪测得正午 12 时、11 号仓表面温度为 60～65℃，12 号仓表面温度为 40～45℃。

从图 5-37 中可看出，12 号仓顶相对于 11 号仓顶每日最高温大幅下降，相差 10℃ 左右，并且涂装涂料后仓顶每日最高温与最低温跨度缩小。

沥青的软化点一般为 80～90℃，表面温度过高会使其软化，加速老化。同时昼夜温差过大也会破坏防水层，一方面由于沥青与基体保温板材的热胀系数不同，反复的升温-降温变化冲击会使防水层与基体脱离，形成鼓泡或鼓包（有的粮库施工时已普遍发现有防水层鼓起的情况）；另一方面反复的膨胀收缩会使防水层以及接缝处产生应力疲劳，出现渗漏点，缩短防水层使用寿命。此外，由于沥青为芳烃化合物对紫外线的抵抗能力很差，长时间受紫外线照射会使沥青变脆、硬化。

尽管很多防水层采用了改性沥青来增强其抗紫外线能力，但效果往往不好。建筑反射隔热涂料采用特殊紫外交联固化的聚丙烯酸酯树脂，抗紫外线能力强，使用寿命可达 8～10 年，施涂于沥青表面后可有效防止紫外线破坏沥青防水层，延长沥青防水层使用寿命，降低维护成本。

5. 经济效益分析

常用的储粮仓库屋顶有架空隔热层、铝箔、建筑反射隔热涂料和有机保温板材等。

架空隔热层成本太高，隔热效果不好。建筑反射隔热涂料不但价格比铝箔便宜，隔热效果也好，使用年限久，兼具防水防腐功能。实际应用中有的铝箔屋顶使用不到两年，铝箔就已氧化脱落，不但丧失隔热效果，也直接影响下面防水层的构造，对后期改造工程造成很大困难。

使用太阳热反射隔热涂膜，可直接取消架空隔热层、有机保温板材、铝箔等，并减少一道柔性防水层，建设成本显著降低。

6. 建筑反射隔热涂料在储粮仓库屋顶上的应用优势

与常用的储粮仓库屋顶保温隔热措施相比，使用建筑反射隔热涂料具有成本较低、耐用期限长、隔热性能可靠，对防水层保护性能良好以及保养维护、翻新等方便、成本低等优势。

八、建筑反射隔热涂料在屋面上应用的优势

1. 屋面上应用建筑反射隔热涂料的节能

屋面上应用建筑反射隔热涂料在美国称为"丙烯酸屋面反射节能涂料技术"[25]，其原理是通过高性能耐候性的纯丙烯酸乳液将钛白粉、氧化锌等耐紫外线性能优异的颜填料牢固地吸附在屋面基材上，利用其白色反射太阳光照，并且在长时间内保持良好高效的反射性能。在美国，具有优异性能的丙烯酸屋面涂料可以获得能源之星机构的认证，但必须满足以下要求：①初始太阳光反射率大于 65％；②3 年后太阳光反射率大于 50％；③每个产品都经过 3 处屋面平行实验。

传统黑灰色屋面较容易吸收并储存热量，易受紫外光破坏老化。在各种颜色中，白色的反射效果是最佳的。图 5-38 显示了在同一天的不同时刻，白色屋面涂料对屋面表面温度的影响。

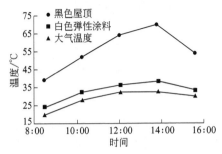

图 5-38　白色屋面涂料对屋面温度的影响

由图 5-38 可以看到，与传统的沥青黑屋面比较，使用丙烯酸白色屋面涂料后，室内外温差最大时可达 30℃。

白色丙烯酸屋面涂料可减少室温受外界变化干扰，维持室内温度平衡，节约室内控温所需能耗。资料表明，使用该技术后，可节约 20%～25%的能耗。

2. 丙烯酸屋面涂料对屋面的保护作用

相对于垂直墙面，屋面是一个更为苛刻的环境。屋面直接经受风吹雨打、日晒雨淋，其日夜冷热温差远大于墙面，建筑结构的热胀冷缩也会更加剧烈；由于降雨，平屋面或低坡度的屋面容易积水，并可能长时间存在。因此，屋面都有比较高的防水要求。

丙烯酸屋面涂料技术是一种能与现有各种屋面防水体系良好兼容，保护耐候性不佳的各种防水卷材和产品，延长屋面寿命，综合性能卓越的涂料技术。它是一种直接施工在旧屋面或是新建筑表面的弹性涂层，此涂层干燥后为白色并且保持此颜色来反射太阳辐射热，轻质耐候。一般来说，油毡屋面、聚氨酯屋面、金属屋面和混凝土屋面等都适用于丙烯酸屋面涂料体系。

屋面的材料多种多样，低档沥青材料容易老化，单层高分子卷材易开裂，金属屋面又容易被腐蚀，国内外近年来比较流行的聚氨酯发泡屋面防水系统的耐候性能不佳等。这些有着高防水性能的产品如果得不到很好的保护，会缩短其使用寿命。

白色屋面涂料技术可在各种不同屋面防水产品上形成一道无缝的高耐候性涂层，即使在－35℃的低温下仍具有良好柔韧性，不开裂。在进行必要维护时，屋面修补因为丙烯酸体系的使用而被大大简化。

3. 高性能丙烯酸屋面涂料的综合优势

（1）降低成本和屋面荷重 丙烯酸屋面涂料体系与传统的屋面不同，没有昂贵的需要胶黏拼接的橡胶卷材，仅仅是一个牢固、轻质而又具有柔韧性的涂层，具有足够的耐候性，为屋面提供更经济有效的保护。

一个轻质的屋面材料还可以减轻屋面承重，降低建筑成本。在使用高性能的丙烯酸屋面厚涂体系时，通常会建议进行一些良好的屋面前期底材处理，然后进行喷涂施工，过程简单。

（2）施工快捷，可以减少工期和成本 使用丙烯酸屋面涂料体系，所需要的工人数量少，人力成本低，而且工人仅需在处理好的屋面底材上刷涂、辊涂或喷涂，然后等待干燥。

另外，新屋面完成的工期与传统屋面体系相比大大缩减。结合丙烯酸屋面涂料体系能大大节省屋面翻新的时间。当遇到要在迫切需要短时间内修补屋面的问题时，这个系统将是最优的选择。

丙烯酸屋面涂料体系不仅节约工期、人力成本和材料成本，而且比传统屋面更简单，质量优于砂砾油毛毡屋面。丙烯酸屋面涂料体系在整个使用期间，可以持续节约能源消耗成本和维护成本。

参 考 文 献

[1] Sebastian von Wolf，张庆风. 中国建筑节能手册. 德国能源署，中华人民共和国建设部，2007：45.

[2] 沃群鸣等. 红外建筑涂料的应用开发研究. 第二届中国建筑涂料产业发展战略与合作论坛论文集. 全国化学建材协调组建筑涂料专家组汇编，2002.

[3] 战为民，邓永青，陈少春. 反射型建筑绝热涂料的研究. 现代涂料与涂装，2001，（2）：12-14.

[4] 高延敏，陈立庄，钱浩杰等. 太阳遮热涂料的研究与应用. 现代涂料与涂装，2005，（6）：14-15.

[5] 徐峰，么文新. 日光热反射型外墙涂料. 南方涂饰，2003，（4）：30-31.

[6] 任秀全等. 太阳热反射弹性涂料的研究. 新型建筑材料，2004，（2）：26-28.

[7] 廖翌滏，曾碧榕，陈珉，等. 反射隔热涂料的制备与隔热性能. 高分子材料科学与工程，2012，28（4）：118-124.

[8] 王晓莉，孟赟，杨胜. 颜料对水性反射隔热涂料性能的影响. 新型建筑材料，2010，（11）：86-88.

[9] 蔡会武，王瑾璐，江照洋. 颜填料对隔热涂料反射性能的影响研究. 涂料工业，2008，38（4）：29-31.

[10] 李运德. 太阳热反射隔热涂料标准及主要技术要点解析. 涂料技术与文献，2011 (6)：20-26.

[11] 张雪芹，曲生华 ，苏蓉芳等. 建筑反射隔热涂料隔热性能影响因素及应用技术要点. 新型建筑材料，2012，(11)：16-19.

[12] 厦晶. 复合无机颜料. 涂料技术与文献，2011 (9)：40-44.

[13] 李运德，张惠英，毛方桂等. 反射隔热涂料颜填料选择关键技术研究. 涂料工业，2013，43 (4) 1-4.

[14] 林惠赐，杨文睿. 建筑外墙反射隔热涂料节能效率探讨. 涂料工业，2011，41 (12)：71-75.

[15] 刘亚辉，冯建林，许传华. 玻璃空心微珠在反射隔热涂料中的应用. 现代涂料与涂装，2013，(8)：15-16.

[16] 杨鸿斌，蔡会武，陈创前等. 新型反射保温涂料的制备与性能研究. 涂料工业，2007，37 (4)：41-43.

[17] 王金台，路国忠. 太阳热反射隔热涂料. 涂料工业，2004，34 (10)：17-19.

[18] 谭俊峰. 流变助剂对乳胶漆流变性能的影响. 涂料工业，1998，(6)：3-5.

[19] 时志洋，诸秋萍，王伶. 色浆对热反射隔热涂料热反射性能的影响. 新型建筑材料，2008，(11)：78-79.

[20] 李建涛，蔡会武，王瑾璐等. 环氧改性纯丙乳液反射隔热涂料的研制. 涂料工业，2009，39 (10)：46-49.

[21] 蒋荃，刘顺利，刘翼. 建筑用太阳热反射涂料环境适应性的研究. 涂料工业，2012，42 (12)：44-47.

[22] 谢雪玲，杨丽萍，朱惠英等. 夏季工况新旧热反射隔热涂料热工性能研究. 建筑技术，2013，44 (9)：789-791.

[23] 李宁，孟庆林，张楠. 建筑热反射涂料现场反射率检测研究. 建筑技术，2013，44 (7)：614-616.

[24] 朱庆锋，张锡贤，孙苟大等，新型太阳热反射隔热涂料在粮食仓储中的应用. 粮油仓储科技通讯，2013，(4)：45-46.

[25] 王肖峰，王艳艳. 丙烯酸屋面反射节能涂料技术. 新型建筑材料，2011，(8)：54-56.